矿田三维地质调查方法与实践

——以江西相山火山盆地为例

郭福生　谢财富　邓居智
杨海燕　林子瑜　吴志春　等　著

科 学 出 版 社
北　京

内 容 简 介

本书是作者在江西相山火山盆地开展三维地质调查与建模研究的成果总结。以我国最大的火山岩型铀矿田为例，介绍了三维地质调查技术方法和三维建模方法流程，阐述了研究区三维地质调查主要成果与经验体会，展示了系列大地电磁测深剖面、地质解译图件及三维地质模型，图文并茂，简明实用。

全书共分七章，第一章介绍了三维地质调查国内外进展、相山火山盆地三维地质调查工作简况；第二章总结了研究区地质和地球物理概况；第三章介绍了研究区目标地质体特征；第四章阐述了三维地质调查总体技术流程；第五章详细阐述了三维地质调查数据采集方法及其取得的数据与主要成果；第六章叙述了三维地质建模方法和所建模型性能；第七章总结了本书取得的主要成果以及对三维地质建模的一些思考。

本书可供区域地质、地球物理、三维建模技术方面的科研和教学人员，以及相关专业研究生和高年级本科生参考。

图书在版编目（CIP）数据

矿田三维地质调查方法与实践：以江西相山火山盆地为例 / 郭福生等著. —北京：科学出版社，2017．6

ISBN 978-7-03-051693-0

Ⅰ. ①矿… Ⅱ. ①郭… Ⅲ. ①矿产地质调查 – 方法 Ⅳ. ① P622

中国版本图书馆 CIP 数据核字（2017）第 022862 号

责任编辑：张井飞　韩　鹏　陈娇娇 / 责任校对：何艳萍
责任印制：肖　兴 / 封面设计：耕者设计工作室

科学出版社 出版
北京东黄城根北街 16 号
邮政编码：100717
http://www.sciencep.com

中国科学院印刷厂 印刷
科学出版社发行　各地新华书店经销
*
2017 年 6 月第　一　版　开本：889 × 1194　1/16
2017 年 6 月第一次印刷　印张：12 3/4
字数：376 000

定价：168.00 元

（如有印装质量问题，我社负责调换）

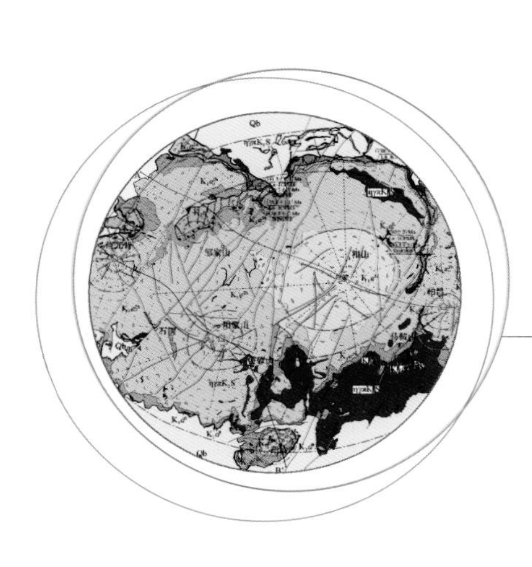

本书主要作者

郭福生　谢财富　邓居智　杨海燕　林子瑜

吴志春　周万蓬　杨庆坤　姜勇彪　李红星

方根显　黎广荣　蒋振频　刘林清　李　祥

陈留勤　张树明　张文华　张士红　罗　勇

国家自然科学基金项目（41572185）
中国地质调查局项目（1212011220248,1212011120836） **资助成果**
江西省“赣鄱英才555工程”领军人才计划项目

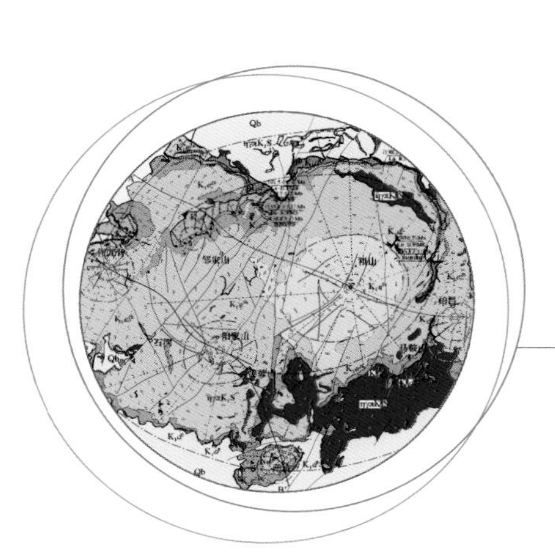

序

“上天、入地、下海”是当代人类向科学进军和挑战自然极限的伟大创举，是衡量一个国家科技水平和综合国力的重要标志。随着科学技术的进步，人类在“上天、入地、下海”的追梦征程中已经迈出了坚实的步伐。我国已经把“深空、深地、深海”列为国家发展战略，并在深空、深海探索研究上取得了突破性进展。在航天工程方面，我国成功开展了多次载人航天飞行，太空站的建立和登月计划也已提上了议事日程。在深海方面，开展了包括深海远洋地质矿产在内的海洋调查和科学研究，基本查明了我国海域的状况。在地球深部探测方面，我国已经开展了地质、地球物理、地球化学相结合的调查研究和大陆科学钻探工程，完成了11000余千米的深反射地震探测，取得了丰富的地质资料和数据，为揭示地球内部各圈层组成和构造提供了大量新信息。然而，我国的深地探测起步较晚，科学技术比较滞后，所获成果还难以全面了解和认识我国深部地质情况。随着我国工业化、城镇化进程的加快，资源需求不断增长，地质灾害频发，地质环境问题日趋严重，迫切需要系统的深部地质资料和数据支撑，深化对地球深部的认知。随着信息技术的迅猛发展和大数据时代的到来，传统基础地质调查面临新的机遇与挑战。我国“十三五”规划提出了“深空、深海、深地”三大战略，其中深地目标就是要为解决地学重大基础理论问题、国家能源与资源勘查开发以及扩展经济社会发展空间提供保障。

三维地质调查是开展深地研究的重要内容，是在地表地质填图的基础上，以解决关键地质问题为目标，采用现代地学理论、先进的综合勘查方法和三维可视化信息技术而开展的综合立体式的地质调查。我国三维地质调查工作始于二十世纪八十年代，开展了一些重要造山带、金属矿集区和油气盆地的深部探测。中国地质调查局2012年启动了“三维地质调查”试点工作，选取了五类关键地区或盆地开展三维地质填图与深部地质调查，目的在于为后续全国性的三维地质调查提供示范。试点项目实施以来，取得了较为突出的成绩和明显的成效。

我国的地质调查与研究正从二维走向三维、从单一学科向多学科融合发展，是传统地质调查的一次重要革新，对实现找矿突破、提升地质工作的服务功能和支撑作用具有重大意义。

郭福生教授研究团队负责的“相山火山盆地深部地质调查”工作项目是针对矿集区三维地质调查试点而设置的。江西相山火山盆地是我国著名的火山岩型铀矿田，不仅铀矿储量大，而且深部还伴生有Pb-Zn-Ag矿化，显示出了巨大的找矿潜力。项目组经过五年的研究，通过地表地质填图、地球物理探测和计算机三维地质模拟等多学科、多方法体系的交叉融合，获得了丰富的资料与成果，揭示了相山地区三维地质结构。为更广泛地提供有关部门和专家参考使用，特以专著形式出版。

作者在书中系统阐述了相山盆地主要岩浆岩体的产状、火山机构特征，厘定了盆地岩浆演化序列，探索了主要断裂的性质及断裂系统对铀多金属成矿的控制规律。根据大地电磁测深解译和钻孔数据圈定了主要地层、岩体和断裂带等目标地质体的空间分布。融合上述地质、地球物理研究结果，在GOCAD软件平台上构建了多个不同数据源、不同精度的三维地质模型。

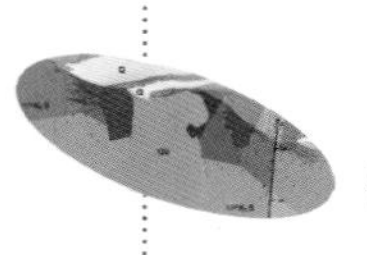

我国系统的三维地质调查工作刚刚启动，研究方法和手段还处于摸索与实践阶段。我相信本书的出版对相山盆地找矿实践、对我国三维地质调查方法体系的完善将起到推动和示范作用。

最后，热烈祝贺本书的出版面世，谨以序致贺。

中国科学院院士
中国地质科学院研究员 李廷栋

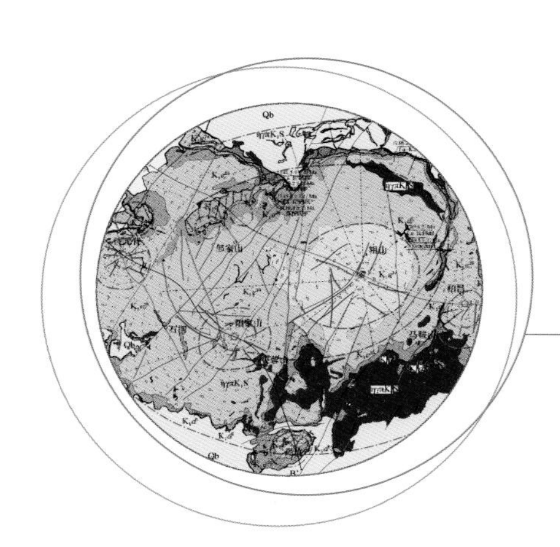

前　　言

江西相山火山盆地因产有我国最大的火山岩型铀矿床而引人瞩目，查明该区三维地质结构，对新一轮铀多金属矿产勘查意义重大。2012 年中国地质调查局正式启动三维地质调查试点工作，笔者承担的“相山火山盆地三维地质调查”是其中工作项目之一。该项目在地表地质填图、钻探与坑探资料分析、重磁三维反演、深孔综合测井等工作手段的基础上，根据深部目标地质体情况部署了覆盖全区的大地电磁测深（MT）工作，通过多参数交互解译确定了相山火山盆地 2000m 以浅目标地质体的三维空间展布特征与成因联系；在 GOCAD 软件平台上构建了该区三维地质模型，为深部找矿勘探提供依据。本书在该项目成果以及近年来其他项目研究成果的基础上，总结出三维地质调查技术方法，阐述了研究区三维地质结构特征。

本书介绍了“数字地质填图建模”和“地质剖面建模”两种建模方法。这两种方法既能直接利用数字地质填图数据，又可综合应用物探解译的深部地质剖面和矿山勘探资料。其中数字地质填图建模既可以作为地表区域地质填图的一种新型表达方式，也是一种过渡性模型，可用于更深层次三维地质调查的工作部署基础和建模约束条件，具有很好的应用推广价值。

本书是项目组成员集体劳动成果。第一章由郭福生、谢财富、杨庆坤执笔；第二章由谢财富、周万蓬、姜勇彪、李红星、罗勇执笔；第三章由周万蓬、蒋振频、谢财富、李红星、张文华执笔；第四章由郭福生、邓居智、陈留勤执笔；第五章第一节由姜勇彪、刘林清、黎广荣、张树明执笔；第五章第二节由邓居智、杨海燕、李红星、方根显执笔；第五章第三节由林子瑜、杨海燕、杨庆坤、吴志春执笔；第六章由吴志春、刘林清、李祥、林子瑜、张士红执笔；第七章由郭福生、邓居智、吴志春执笔；郭福生负责统稿。

参加工作的人员还有：侯增谦、孟祥金、李子颖、谢尚平、陈辉、陈凯、应阳根、时国、聂江涛、王健、胡荣泉、王昇、李符斌、王龙、曹寿孙、朱永刚、曾文乐、李芳、郑翔、罗建群、侯曼青、周邓、王峰、张洋洋等。本项研究工作得到中国地质调查局基础部、中国地质调查局南京地质调查中心、江西省地质调查研究院、核工业二七〇研究所等单位的大力支持及于庆文、张智勇、毛晓长、卢民杰、郭坤一、翟刚毅、邢光福、吕庆田、程光华、张彦杰、楼法生、张芳荣、李超岭、马金清、卢清地、张万良、张赣萍、余达淦、饶明辉、巫建华等专家给予的关怀和指导。中国地质科学院地质研究所、江西省核工业地质局二六一大队、中核抚州金安铀业有限公司、核工业北京地质研究院给予了通力合作。李凯明、潘家永、胡宝林、陈志德、朱忠、刘燕学、田世洪、周肖华、陈荣清、张作宏、杨轮凯、吴怀春等专家审阅了书稿。笔者致以诚挚的谢意！

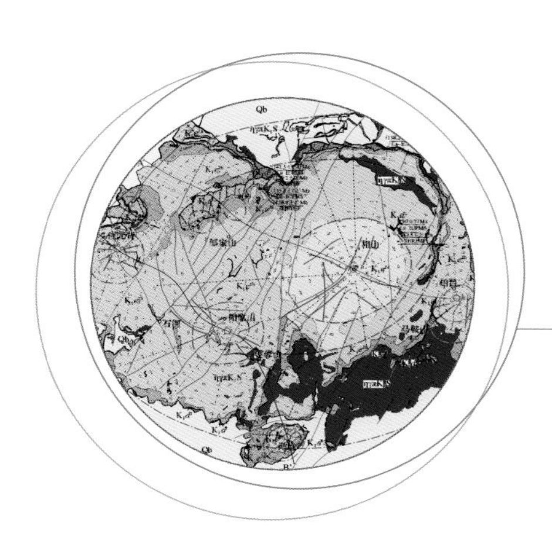

目 录

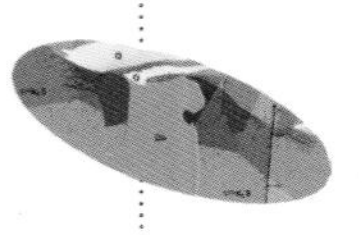

第一章 绪　言

第一节　三维地质调查国内外进展

矿产勘查走向深部调查已成为国际大趋势。近100多年的勘查实践表明，勘查技术的每次进步都会带来一批新矿床的发现，并使勘探深度不断加大（Gordon, 2006）。在深部探测的基础上，开展三维地质建模可以了解一个地区的结构框架，助力深部成矿预测。2001年，澳大利亚政府率先启动“玻璃地球”（Glass Earth）计划，应用地质、地球物理勘探和三维可视化技术使大陆表层1000m以浅“像玻璃一样透明”，并通过计算机网络技术为地质工作者及社会公众提供地学信息分析及决策支持服务（Carr *et al.*，1999）。它主要用于描述地壳浅层地质结构、成分及其空间拓扑关系，采集、管理和处理基础地质调查、矿产地质勘查、矿产资源开采、地下水管理、矿权管理与生产安全监控、工程地质及灾害地质勘察等信息。加拿大和法国接着提出了类似的计划，把目标提高到地下3000m以浅（De Kemp，2000；Farquharson and Craven，2009；Glynn *et al.*，2011；Russell *et al.*，2011）。随后，其他欧美国家纷纷响应并制定了相应的规划，开展了关键技术研究（Carr *et al.*，1999；吴冲龙等，2012），其中深部勘探技术和三维地质建模技术得到长足发展（Houlding, 1994；Carr *et al.*，1999；Egan *et al.*，1999；Esterle and Carr，2003；武强、徐华，2004；Graymer *et al.*，2005；柯丹等，2005；潘懋等，2007；吴冲龙等，2011，2012）。近年来，三维地质建模已经成为矿体形态描述和深部成矿预测的常规手段，其中大地电磁测深、深反射地震技术等在三维地质建模中起到关键约束作用（Milkereit *et al.*，1992；Goleby *et al.*，2002；Malehmir *et al.*，2006，2007）。在资源与环境的双重压力下，让地球深部“透明化”已经成为越来越多国家关注的热点。

我国区域地质调查工作取得丰硕成果，为社会经济建设和国家安全提供了强有力的资源保障。然而，随着我国工业化和城镇化进程的加快与资源需求急剧上升，地质环境问题日趋严重，建立我国重要矿产资源储备体系、地质灾害调查评价与监测预警体系的任务也日趋紧迫。积极发展地球深部能源资源勘查和开发，切实保障我国能源资源有效供给和高效利用势在必行。但在当前，我国地质找矿和地质灾害监测预警所需的深部地质信息却极为匮乏，迫切需要基础地质工作转变工作模式。近年来，随着计算机三维技术的迅速发展，三维地质填图和建模作为描绘地质信息的技术手段也逐渐成熟（吕鹏等，2013）。因此，我国基础地质调查“从传统走向现代、从单一走向综合、从二维走向三维”的理念呼之欲出。

我国的三维地质调查与建模研究始于20世纪80年代，主要涉及地矿、石油、冶金、铁路等领域（魏世臧等，1983）。1985年以来，我国陆续在一些造山带、含油气盆地、多金属成矿带，如唐山、邢台、延庆－怀来盆地、东秦岭、燕山褶皱带等地开展了深地震反射探测，试图揭示区域深部结构（王椿镛等，1993，1994；张先康等，1996；高锐等，2002；张先康等，2002；杨宝俊等，2003；Yuan *et al.*，2003；

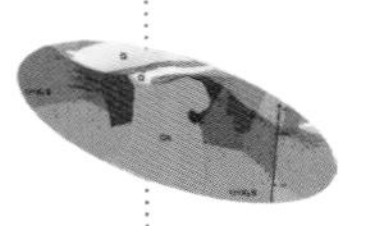

朱日祥，2007；刘保金等，2009）。1998年，中国地震局实施了“长白山天池火山岩区岩浆系统、地壳结构的三维深地震测深研究”。2000年，中国科学院启动了“华北地区内部结构探测研究计划”。2001年，董树文等完成了横贯大别山前陆褶皱带的深地震反射剖面探测，近年来实施的横穿造山带内部的深反射地震剖面揭示了造山带内的地壳结构（董树文等，2005）。2008年开始，中国地质调查局先后启动了长江中下游综合地球物理调查的立体地质填图应用试验和华南岩体形态圈定与研究项目，初步尝试了利用物探和钻探开展三维地质填图的方法组合技术（祈光等，2012；Lü *et al.*，2013）。2009年，中国地质科学院岩石圈中心在华北地区开展了一条550km的深反射剖面，南起怀来盆地，北至内蒙古二连盆地，揭示了华北北缘与兴蒙造山带的深部结构。21世纪以来许多地矿与勘测部门在城市地质、工程地质、固体矿产及其可视化研究应用方面做了大量的尝试（陈昌彦等，1998；黄地龙等，2001；朱大培等，2001；钟登华等，2004），获得了一批数据并积累了一定的经验。2004年上海市启动了三维城市地质调查工作，建立了三维基岩地质、第四纪地质、工程地质和水文地质结构模型，开启了地质工作社会化服务的新篇章（魏子新，2010）。

在三维技术领域方面，龚健雅等（1997）、李德仁等（1998）、李清泉等（1998）提出了矢量与栅格集成的3D数据模型，指出空间实体由多种空间对象组成，这些对象可以由矢量或栅格数据表达。朱良峰等（2004）提出了一种由工程钻孔数据构建三维地层模型的方法，能够将钻孔剖面图融入实际建模流程。张宝一等（2007）提出了一种利用三维地质建模与可视化技术进行固体矿产储量估算的可行性方案，并提出了应用轮廓线进行三维矿体表面建模时尖灭与分支情况处理、带约束的三维矿体表面建模的解决方案。程朋根和文红（2011）探讨了建模算法设计。高阳等（2013）利用国产3DMine矿业工程软件系统建立了广东石人嶂钨矿的地层模型、构造模型、矿体模型、地质工程模型等，实现了矿区深部数据的三维可视化。陈建平等探讨了成矿带和含矿地质体三维模型建立并进行储量估算（陈东越等，2013；陈建平等，2014）。

根据建模数据来源可以将三维地质模型分为基于钻孔数据、基于地球物理测深数据、基于平面地质图和基于多源混合数据等类型（李超岭等，2008；潘懋等，2007；王功文等，2011；孙波、刘大安，2015；武强、徐华，2004）。由于受经济条件的制约，钻孔、勘探线剖面和物探资料等数据不易获取，数量有限，分布离散且不均匀（杨东来等，2007；邵毅等,2010；毛先成等，2011；徐峰，2014）。平面地质图成本相对低廉，容易获取且是能覆盖整个研究区的数据源，在一定程度上可缓解数据源带来的瓶颈（侯卫生等，2006，2007；李延栋等，2011）。因此，在其他地质数据匮乏的前提下，利用平面地质图构建区域三维地质模型是一种有效的解决方法（Ichoku *et al.*，1994）。它既可以从整体上了解研究区域的地质构造，又可为后续增加钻孔、剖面数据后进一步精化模型作准备（Kaufmann and Martin，2008）。已有许多学者对以平面地质图为主要数据源的三维地质建模方法进行了研究（胡进娟，2008；周良辰等，2013；徐峰，2014）。笔者认为，在未开展地球物理测深工作，钻孔、坑道资料不多的地区，可以开展这种地质图三维建模，或者称地质概念模型。

由于资金投入及地质构造复杂程度等因素的限制，很多三维数据模型尚处于探索和尝试阶段。目前，成熟的三维地质模拟技术仅集中于简单层状地质体的三维结构与可视化表达分析上，而对结构复杂、物化属性分布不均匀的复杂地质体的三维可视化建模研究还不够深入。当前，随着我国综合国力的增强，信息技术的快速进步，开展不同类型地区三维地质填图试点工作客观上已经成为可能。

2011年3月，中国地质调查局在北京召开了三维地质填图学术交流与研讨会，交流三维地质填图的前期经验，研究和部署我国三维地质填图试点工作。会议认为，开展三维地质填图适应我国当今地质工作需求和未来发展趋势，是地质调查工作的一次重大创新，对实现地质调查由二维向三维的转变，显著提升地质工作的服务功能和支撑作用具有重大意义。2012年，中国地质调查局实施了第一轮三维地质调查试点项目。由笔者主持的“相山火山盆地三维地质调查”是其中一个工作项目，重点探索矿集区1：5

万甚至更大比例尺的三维地质调查方法。笔者在地表地质填图的基础上，综合运用已有的钻探与坑探资料，开展遥感解译、重磁三维反演、深孔综合测井和专题研究工作，根据深部目标地质体情况有针对性地部署 MT、CSAMT 测量工作，通过多参数交互解译确定目标地质体的三维空间展布特征，在 GOCAD 软件平台上构建不同类型的三维地质模型，为找矿勘探提供深部依据，总结了矿集区三维地质调查方法（郭福生等，2017a，2017b；林子瑜等，2013；吴志春等，2015a，2015b，2016；Guo Fusheng *et al.*，2017）。

第二节 相山火山盆地三维地质调查工作简介

相山火山盆地三维地质调查属中国地质调查局“地质矿产调查评价专项”工作项目，是在“江西 1∶5 万陀上、鹿冈、乐安县幅区调”工作项目的基础上，于 2012 年转为以开展相山火山盆地深部调查和三维建模为主要目的而设立的，历时 5 年。

项目的总体目标任务是，通过地表地质填图、地球物理剖面探测和信息技术等综合手段，开展 1∶5 万三维地质调查，探测区内 2000m 以浅的流纹英安岩、碎斑熔岩、粗斑花岗斑岩、变质基底、主干断裂带等目标地质体的空间分布并建立三维模型，为深部找矿提供依据，研究总结矿集区三维地质填图方法。

一、研究区位置交通、自然地理及社会经济简况

（一）位置交通

研究区位于江西省抚州市乐安县、崇仁县交界地区（图 1-1），涵盖整个相山铀铅锌多金属矿集区。主要位于 1∶5 万陀上幅（G50E003008）内，少部分位于乐安县幅（G50E004008）、宜黄县幅（G50E003009）、二都幅（G50E004009）。地理坐标：115°46′24″E～116°03′30″E，27°27′01″N～27°38′12″N，面积 582km²。向（塘）—乐（安）铁路通达本区北侧江边村。区内交通以公路为主，有 S329、S221 两条省道从测区西侧通过，抚吉高速 S46 从测区东南角穿过，相山矿田内部有供地质勘探和矿山开采所用的公路，研究区内各乡（镇）村都有公路相通，交通尚属便利。

（二）自然地理

研究区属武夷山余脉，主要为中低山和丘陵区，山势较陡峻，山谷切割深度一般为 300～1000m，正向地形，中间高，四周低。最高峰为相山，海拔 1219.2m；其次为芙蓉山，海拔 1070.8m；其他地方海拔一般为 500～800m，低洼处海拔 100m 左右。区内绝大多数地方植被茂密，终年郁郁葱葱，路径稀少，岩石露头差，通视条件较困难。

区内主要属抚河流域，部分属赣江流域，多为小河流。河流径流量随季节而变化，雨季水量很大，可引发洪涝灾害，旱季水量明显减少。较大的河流有东部的凤岗河（西宁水）和西北部的公陂河，于测区北侧注入崇仁河，再汇入抚河。

研究区属赣中南亚热带潮湿多雨区，夏季炎热，冬季较寒冷，年均气温为 17℃，极端最低气温为 -7.5℃，极端最高气温为 39.6℃。年均日照时数约 1776 小时，无霜期 266 天。3～6 月为雨季。年均降水量 1500～2000mm，年均蒸发量 1100～1600mm。

（三）社会经济概况

研究区居民点较分散，主要分布在相山四周的地势平坦处。山区内部狭窄的山谷平坦地或坡地，也有少量居民点。居民以汉族为主，有畲族等少数民族，是畲族聚居较多的地区。当地工业不发达，中核抚州金安铀业有限公司是区内最大工矿企业。区内以农业和林业生产为主，主要农林和畜牧产品有水稻、

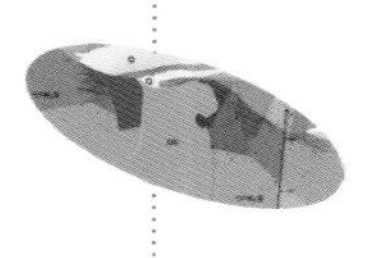

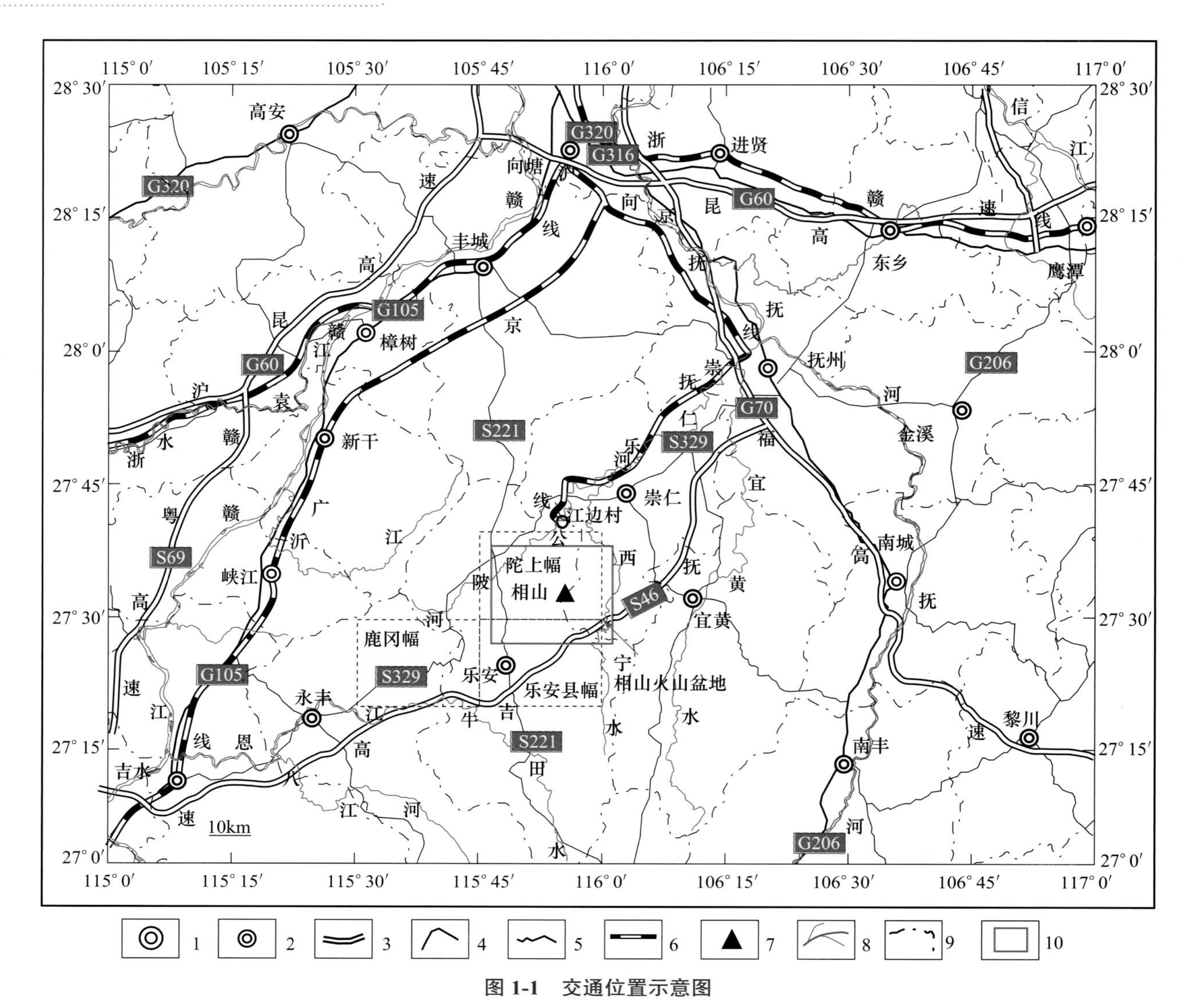

图 1-1　交通位置示意图

1. 设区市；2. 县城；3. 高速公路；4. 国道；5. 省道；6. 铁路；7. 制高点；8. 水系；9. 县界；10. 研究区

棉花、烤烟、蚕桑、蘑菇、商品蔬菜、毛竹、山笋、油茶、松、杉、生猪等。特产有霉豆腐、霉鱼、茶薪菇等。乐安县是全国商品木竹基地县，也是江西省林业、蚕桑产出重点县。崇仁县是江西省主要产粮县之一，也是芝麻的重点产出县。

二、已有地质工作程度

工作区地质调查工作始于新中国成立之后。1957 年 8 月，核工业中南三〇九大队四队（航测队）开展该区 1∶25000 放射性航空伽马测量时，在相山盆地北部发现 6 个异常点，揭开了相山地区找矿勘查和地质矿产调查研究工作的序幕。此后，诸多单位和众多学者在区内先后开展了矿产勘查、区域地质（矿产）调查、化探、物探、遥感、地质科学研究等工作，并有多个矿床已开采或正在开采，为本次工作奠定了坚实基础并提供了便利条件。

（一）区域地质调查程度

江西区域地质调查大队于 1974～1977 年完成了 1∶200000 新干幅区域地质矿产调查，对测区地层、岩石、构造的时空分布与地质地球化学特征进行了全面调查研究，并开展了矿（化）点检查或概查。1977～1980 年，核工业华东地勘局二六一队开展了相山矿田岩性、岩相填图（1985 年提交报告），测制了多条地质短剖面，对相山火山－侵入杂岩岩性、岩相进行了详细调查，认为相山矿田的矿床总体上受塌陷火山构造盆地（破火山口）的控制，主体岩性为碎斑熔岩。1982～2002 年江西地质矿产调查研究大队及中国地质大学（武汉）等相继完成了毗邻区 1：5 万戴坊街幅、八都幅、白陂幅、宜黄县幅、二都幅区域地质调查或区域地质矿产调查，提高了邻区的地质矿产调查程度，对测区工作具有借鉴意义。2004～2007 年江西省地质调查研究院对 1：25 万抚州幅进行数字地质填图修测，对测区的地层、岩石系统进行了全面清理和重新划分、厘定。2010～2013 年东华理工大学开展了涵盖研究区主体部分的 1：5 万陀上幅、乐安县幅区域地质调查，为本次三维地质调查提供了系统的地表地质调查新资料。

（二）地质矿产勘查和开采工作程度

相山地区自 1957 年航测发现 16 个异常点后，由核工业地勘单位开展了大量矿产勘查工作，累计投入钻、硐探工作量 200 多万米，探明了 27 个铀矿床。勘查工作量主要在相山矿田西部和北部，而东部和南部勘查程度较低。西部和北部仅对浅部勘查程度较高，而对深部的控制程度也较低，钻孔深度多小于 500m，少数为 500～1200m。2012～2013 年在邹家山东侧施工了 1 个深达 2818.88m 的科学深孔，近期在河元背地区施工完成了一个 1535m 的深钻。

相山矿田于 1958 年开始开采，有 11 个矿床已开采或正在进行开采，1 个矿床正在筹建矿山，已累计完成井巷工程量约 360000m、井下钻探工程量约 110000m。

（三）地球物理探测工作程度

由于铀矿具放射性特征，所以与其他矿产资源相比较而言，放射性测量在其勘查过程中有更多的应用和更显著的成效。自 1957 年 8 月核工业中南三〇九大队四队（航测队）开展 1：25000 航空伽马测量并在相山北部发现了 903 号异常后，前人相继在该区做了大量的放射性测量工作，累计控制有效面积大于 5000km^2。工作方式从航测到地面测量；比例尺为 1：1000～1：50000；方法运用方面，前期（1958 年前）为单一伽马测量，后来逐步发展到运用爱曼、深孔爱曼、径迹、钋法、地球化学、植物、α 卡、活性炭等。

除放射性测量外，相山矿田还开展了大量其他物探工作。1976 年江西省核工业地质局二六一大队开展了邹家山－如意亭电法工作。1978～1979 年由江西省地质矿产勘查开发局物化探大队开展了新干幅 1：20 万航空磁测、1：20 万重力测量，涵盖本区。1989 年核工业航测遥感中心完成本区 1：5 万航磁测量。1991～1996 年，江西省核工业地质局二六一大队、二六六大队联合开展了相山地区 1：2.5 万地面高精度磁法测量。1991 年 4 月～1997 年 1 月，江西省核工业地质局二六六大队完成相山矿田 1：5 万山地重力测量。1993～1995 年，江西省核工业地质局二六一大队、江西省核工业地质局二六六大队、核工业二七〇研究所联合在相山开展重力攻深、遥感 TM 数据增强处理，并开展基底变质及构造变形和矿床现代温热水形成机制等研究，以查明矿田深部地质背景和成矿地质环境。提出了富大铀矿控制因素及成矿规律的新认识，对相山地区攻深找盲工作有指导意义。2000 年以后，核工业北京地质研究院、核工业二七〇研究所和江西省核工业地质局二六一大队先后在相山矿田开展了可控源音频大地电磁测量（CSAMT）、音频大地电磁测量（AMT）、高频大地电磁测深（EH4）和少量的频谱激电及浅层地震等物探工作，对研究成矿构造和探查岩性分界面提供了一定依据。

（四）地质科学研究程度

1970～1972 年，原二机部北京地质局组织的“3 队 1 所 1 矿”联合科研队对相山矿田以往地质资料进行了全面的总结，提出矿田北部控矿的花岗质小岩体为次火山岩体，对其展布特征编制了系列图件。并对相山地区进行了以构造地质为主的综合研究，编制了第一份相山构造地质图（1：10000），揭示了深断裂对铀矿化的控制作用。

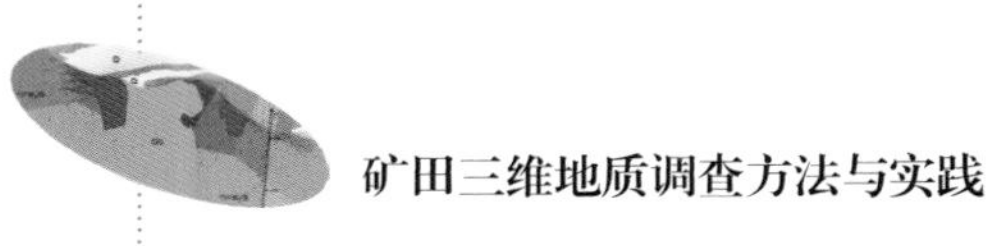

1978～1980 年，核工业北京地质研究院、江西省核工业地质局二六一大队联合调研组对相山矿田进行系统研究，进一步提出相山盆地是破火山口（火山塌陷盆地），铀矿田在总体上受其控制，矿床成因为“双混合”模式（热液和矿源都为混合来源）。

1982～1986 年，核工业二七〇研究所，以及江西省核工业地质局二六一大队、二六五大队、二六八大队、二六九大队联合对赣杭构造火山岩成矿带开展了综合研究，并系统总结了相山的成矿特征和成矿规律，所编写的《赣杭构造火山岩成矿带铀成矿规律及成矿预测研究》获国家科学技术进步奖一等奖。

1975～1995 年，东华理工大学（原华东地质学院）余达淦、赵永祥、李学礼、孙占学等在相山地区开展过矿床地质及水文地质等方面多项专题研究，在区域成矿规律和成矿古水热系统方面取得了许多新认识，对相山地区铀成矿理论的深入研究起到了重要推动作用。

2006～2007 年，核工业二七〇研究所、中国地质科学院地质力学所等单位开展“江西省乐安县山南铀矿接替资源勘查”（试点）项目时设立了“江西省乐安县相山铀矿田控矿因素研究及找矿预测”专题研究。系统研究总结了控矿因素，有较高参考价值。对碎斑熔岩、流纹英安岩和粗斑二长花岗斑岩等的研究获得了五个高精度锆石 SHRIMP U-Pb 年龄以及一批同位素和流体包体等测试数据。

2010 年以来，核工业北京地质研究院、核工业二七〇研究所、江西省核工业地质局二六一大队、东华理工大学、南京大学等开展了“相山核原料基地”“相山铀矿整装勘查”等相关项目，对成矿地质条件、矿床成因、深部成矿环境等进行了较深入的研究。

此外，还有许多学者对相山矿田的岩浆岩、基底变质岩、火山－沉积地层、构造、矿床特征、矿床成因、找矿勘查方法等方面开展了大量研究，其成果见于各种刊物和专著中。

相山火山盆地是我国第一大、世界第三大火山岩型铀矿区，并且深部伴有 Pb-Zn-Ag 矿化。与铀多金属矿化有关的垂向蚀变幅度达千米（张万良，2012）。该矿区研究历史有 60 余年，积累了大量的基础地质和矿山探采资料。但随着研究的深入，争论也从未间断。争论焦点之一是含铀火山盆地的火山机构。相山盆地碎斑熔岩的产状由四周往内倾，并且火山盆地在平面上呈现近椭圆形，剖面上呈南北对称、东陡西缓的漏斗状（方锡珩等，1982），因此多数地质工作者认为这是一个塌陷火山盆地，碎斑熔岩主火山口位于相山主峰附近（李邦达，1993；张万良，2012）。该结论得到重力资料的支持，相山主峰周围 10 余平方千米出现明显的负异常（邱爱金，2001），可能指示区域内存在一个或数个古火山通道。魏祥荣和龙期华（1996）尝试通过遥感与重力相结合的方法探讨相山火山岩盆地的构造，然而受限于反演技术等条件，对火山通道位置及盆地基底等讨论较少。陈正乐等（2012）通过地貌、遥感等技术对相山铀矿田火山构造特征进行了讨论，认为：①该盆地中部的相山主峰及芙蓉山是两个古火山口；②存在石马山等六个面积大约为 10km^2 的次级火山机构。近年来，东华理工大学科研团队通过大地电磁测深技术来探测地下结构，根据火山岩磁组构定向性和地面流动构造来确定古火山通道位置，取得了较好的成效。

三、三维地质调查工作概况

相山火山盆地三维地质调查工作以探测区内 2000m 以浅的流纹英安岩、碎斑熔岩、粗斑花岗斑岩、变质基底、主干断裂带等目标地质体的空间分布并建立三维模型为主要目的，开展的主要工作有以下 8 个方面。

（1）充分收集和分析原有地、物、化、钻、坑、遥等资料，特别是设立专题对相山矿田钻孔资料和矿山坑道资料进行筛选集成和数字化再开发，对已有的 1∶5 万重力和 1∶2.5 万磁力数据进行三维反演及解译。

（2）开展地表 1∶50000 地质填图，施测穿越整个盆地的 1∶5000 地质综合剖面，以揭示相山火山盆地的岩性岩相分布及火山构造特征，并为大地电磁测深剖面的解译工作提供约束和参照。

（3）开展高分辨率遥感解译，解译地层、岩体、断裂、蚀变带及火山构造等地质体或地质形迹的地表展布和隐伏情况，为地表填图和地质体三维结构解译提供帮助。采用ASTER多光谱数据进行研究区蚀变矿物填图。该数据从可见光到热红外有14个波段，可基本满足蚀变矿物填图的需要。选用ALOS遥感数据对研究区进行高分辨率地质解译。该数据的全色波段分辨率为2.5m，多波段分辨率为15m，两者融合后的多波段数据分辨率可达2.5m。对解译结果进行野外验证，不断优化解译标志，修正解译结果。

（4）对区内主要填图单元的各类岩（矿）石进行物性测定，为地球物理勘查方法的选择和地球物理探测资料的反演解译提供岩石物理参数。

（5）对岩浆、构造、成矿系统进行专项研究，为目标地质体三维模型及成矿模型的构建提供地质依据。岩浆系统专项研究主要是通过野外地质观测、遥感解译、岩石磁组构测量，以及薄片鉴定、矿物电子探针分析、元素地球化学和Sr-Nd-Pb-Hf多元同位素地球化学研究、锆石原位U-Pb同位素年代学研究等，查明相山火山－侵入杂岩的分布、形态产状、相互接触关系、形成时代、岩石学、地球化学及火山构造特征，厘定岩性岩相类型和火山机构，建立岩石序列，探讨物质来源、形成构造背景和成因机制。构造系统专项研究主要是通过野外观测、遥感解译、显微组构研究及岩组分析等，查明测区各类构造形迹的分布、产状、力学性质、运动方向等特征，分析其成因机制、序次关系与组合特征，以及对沉积盆地、岩浆活动和成矿作用的控制作用。成矿系统专项研究主要查明相山铀多金属矿田各类矿化的地质地球化学特征、时空分布规律及主要控矿因素，探索成矿物质来源及矿床成因，建立成矿模型。通过对盆地20余个U、Pb-Zn矿床（点）的全面调查，选取具有代表性的（不同矿化类型）4个典型铀矿床（邹家山、沙洲、山南、云际）及牛头山隐伏铅锌矿床，进行详细的矿床野外地质、矿相与岩相学、流体包裹体、元素和同位素地球化学、成矿年代学研究，重点对成矿物质来源、成矿流体属性及其演化过程、蚀变矿物组合与矿化类型及其空间分布、成矿时代等方面展开工作，以期追溯还原成矿流体起源、运移与演化全过程，剖析热液蚀变－矿化机制，揭示典型矿床矿化系统的时空结构。通过典型矿床研究，总结归纳矿集区内U-Pb-Zn成矿系统的各类矿化时空分布规律和成矿物质来源，结合矿集区火山－侵入作用、构造作用及其成矿效应分析，解析盆地U-Pb-Zn成矿系统结构，剖析矿集区U-Pb-Zn矿化的成因联系，建立矿集区成矿系统模型。

（6）分层次进行物探剖面探测。通过两条十字型大地电磁（MT）骨干剖面测量，大致查明火山－沉积盆地、变质基底、大型断裂、岩浆通道的基本格架；通过17条大地电磁精细剖面测量，探查测区目标地质体的三维形态；在矿田关键成矿部位，部署可控源音频大地电磁（CSAMT）测线探查主要地质体界面和断裂带的精细三维结构。在对物探数据进行处理和反演的基础上，开展多参数交互解译，建立三维地质－地球物理模型。

（7）开展关键部位深钻孔地球物理测井，获取深部原位岩石物性参数，以便与岩心及地表标本所测得的物性参数互为参照；并获得地下分层数据，为物探数据反演提供约束。

（8）综合集成各类资料，构建不同目的、不同区域、不同类型的三维地质模型。资料集成与三维地质建模工作主要内容是将收集的各类地理资料、地质图、勘探线剖面图、中段平面图、钻孔资料、地球物理反演和解译资料等进行整理或数字化，并在一定的软硬件平台上建立三维地质模型，实现资料成果的数据集成、三维可视化编辑与展示，建立基于数字地质填图的陀上幅浅表三维地质模型、邹家山和沙洲典型矿床模型、邹家山－居隆庵CSAMT工作区精细三维地质模型和相山火山盆地三维地质结构模型等五个模型。

第二章 研究区地质及地球物理概况

相山火山盆地位于湘桂赣地块北东缘乐安－抚州断隆带上，北距钦杭结合带约 50km，东距鹰潭－安远大断裂约 15km（图 2-1）。该区遭受了扬子期—加里东期、海西期—印支期造山作用，燕山期处于北东东向赣杭构造火山岩带西南端与近南北向赣中南花岗岩带的交接地带，发生了强烈的构造－岩浆－成矿作用。

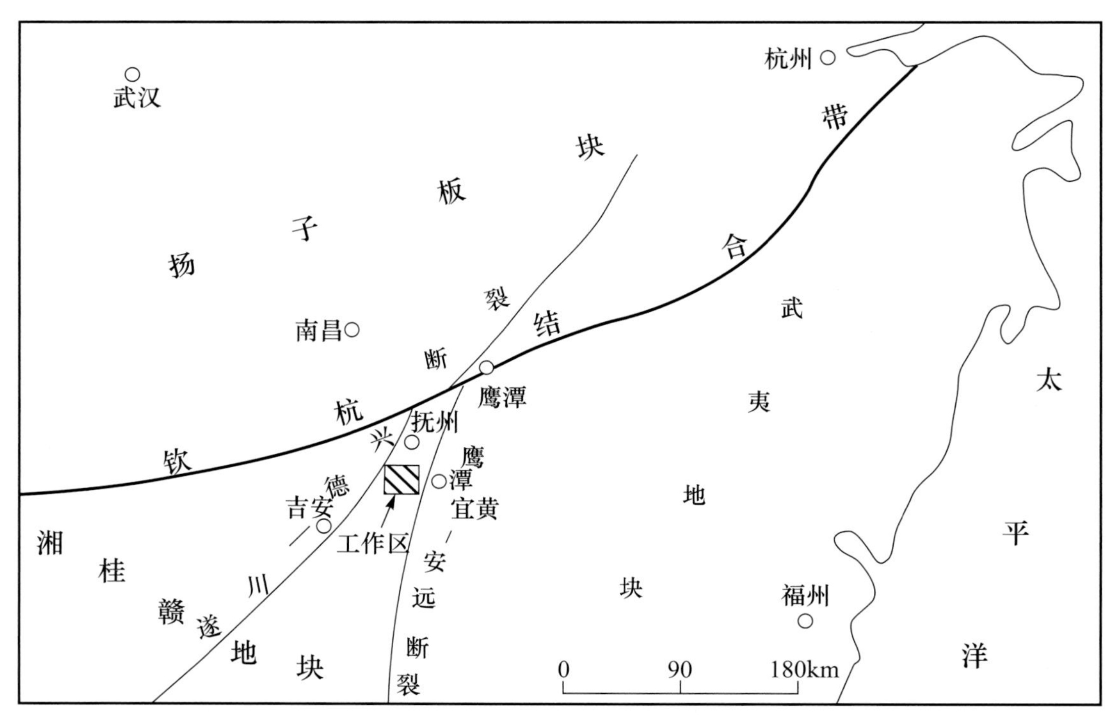

图 2-1　相山地区大地构造位置图

研究区主要出露早白垩世酸性火山－侵入杂岩，其次为青白口系神山组、库里组和上施组中－浅变质岩，另有少量泥盆纪片麻状中粗粒巨斑黑云二长花岗岩、中细粒黑云二长花岗岩、中泥盆统云山组滨浅海碎屑岩、上三叠统紫家冲组河湖相碎屑岩、下白垩统打鼓顶组一段及鹅湖岭组一段火山－沉积岩、上白垩统河口组—塘边组红层，以及第四系冲洪积物、残坡积物（图 2-2）。其中，青白口系构成本区变质基底，中、新生界地层构成盆地盖层。构造主要有北东向、近南北向（北北东向）、北西向断裂及北东东向褶皱带。在成矿区划上处于乐安－广丰铀多金属成矿带（主要与火山－浅成侵入岩有关）和大王山－于山铀多金属成矿带（主要与花岗岩有关）的交汇部位，产出以铀为主的多金属矿产及非金属矿产。

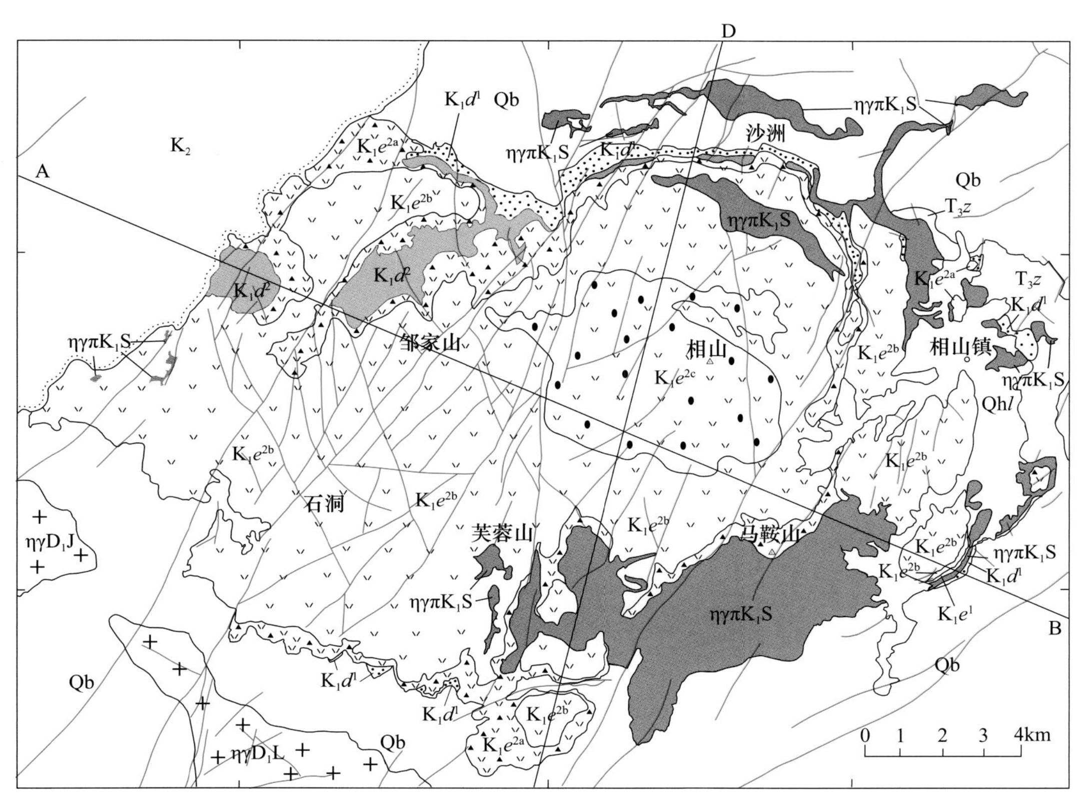

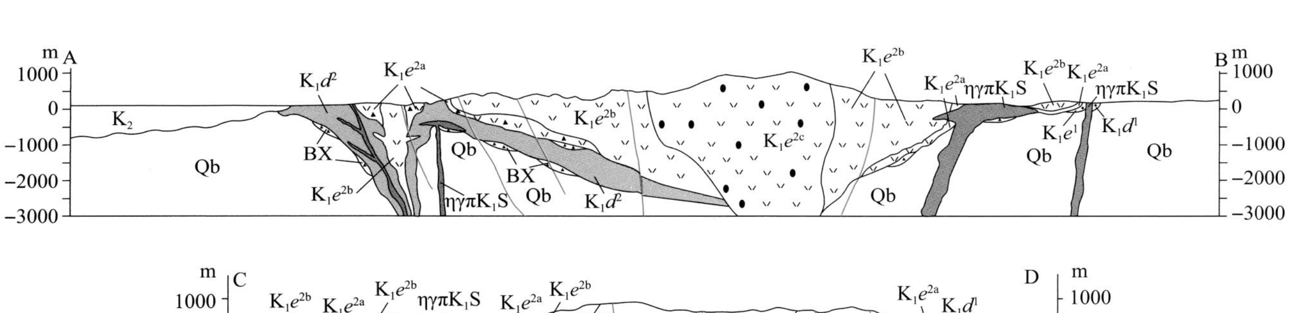

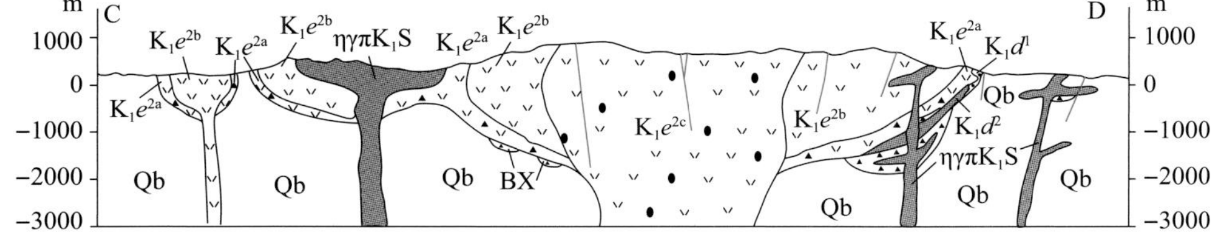

图 2-2　研究区地质简图

Qh*l*. 第四系联圩组；K_2. 上白垩统红层；K_1e^{2c}. 下白垩统鹅湖岭组二段中心相含花岗质团块碎斑熔岩；K_1e^{2b}. 下白垩统鹅湖岭组二段过渡相碎斑熔岩；K_1e^{2a}. 下白垩统鹅湖岭组二段边缘相含变质角砾碎斑熔岩；K_1d^2. 下白垩统打鼓顶组二段流纹英安岩；K_1d^1. 下白垩统打鼓顶组一段；T_3z. 上三叠统紫家冲组；Qb. 青白口系变质岩；$\eta\gamma\pi K_1S$. 早白垩世沙洲单元粗斑二长花岗斑岩或似斑状微细粒二长花岗岩；$\eta\gamma D_1L$. 早泥盆世乐安单元中粗粒巨斑状黑云母花岗岩；$\eta\gamma D_1J$. 早泥盆世焦坪单元中细粒黑云母花岗岩；BX. 隐爆角砾岩（隐爆碎屑岩）

第一节　地　　层

研究区出露的地层有青白口系、中泥盆统、上三叠统、下白垩统、上白垩统、第四系。

1. 青白口系（Qb）

研究区出露其上部潭头群，分为神山组（Qb$\hat{s}$）、库里组（Qb*k*）和上施组（Qb$\hat{s}\hat{s}$），环绕相山火山－侵入杂岩体的北、东、南部分布，主要由千枚岩、绢云石英片岩、变质粉砂岩和变质砂岩等绿片岩相区

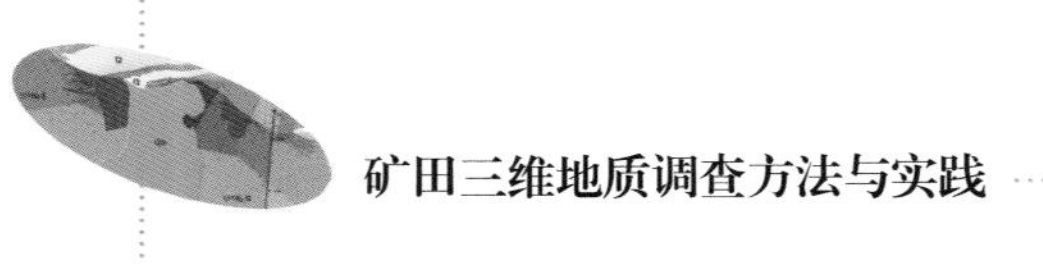

域变质岩组成，局部叠加了中－低级热接触变质作用。特别是在相山北部地区，热接触变质作用较强烈，生成大量较粗大的，并切割千枚理和片理的黑云母、石榴子石、十字石等新生变质矿物。青白口系厚度大于 1000m。原岩为浅海陆棚相－次深海相泥砂质沉积，夹杂有凝灰质火山物质，局部夹变基性熔岩。其变质砂岩中可能代表凝灰质来源的 LA-ICP-MS 锆石 U-Pb 平均年龄为 808.4～804.6Ma，属青白口纪晚期。

2. 中泥盆统云山组（D_2y）

中泥盆统云山组仅少量出露于研究区东部，为石英质砾岩、粉砂岩及泥岩，属滨海相沉积。

3. 上三叠统紫家冲组（T_3z）

上三叠统紫家冲组也只少量出露于研究区东部，由灰白色中－细粒石英砂岩、砾岩、碳质粉砂岩、页岩组成，局部含煤线，属湖泊－沼泽相沉积。

4. 下白垩统（K_1）

下白垩统分布于相山盆地中，为一套陆相火山－沉积岩系，为本次重点研究和探测的目标，分为打鼓顶组和鹅湖岭组。

1）打鼓顶组一段（K_1d^1）

打鼓顶组一段呈不完整的环形分布在相山火山－侵入杂岩体周边。下部岩性以紫红色粉砂岩、细砂岩为主，夹绿色流纹质晶屑玻屑凝灰岩、熔结凝灰岩，底部可见砾岩、含砾砂岩；中部为流纹质熔结凝灰岩夹薄层紫红色细砂岩、含砾细砂岩；上部主要为紫红色、杂色砂岩及粉砂岩，含有较多钙质结核。厚度不一，相山北部最厚，近 300m。本次测得熔结凝灰岩、凝灰岩 SHRIMP 锆石和 LA-ICP-MS 锆石 U-Pb 年龄为 138～142Ma。

2）打鼓顶组二段（K_1d^2）

打鼓顶组二段主要分布于相山火山－侵入杂岩体西部和北部，东部和西南部出露甚少，南部完全缺失，出露面积约 10km^2，厚度变化很大，零至近千米。多呈似层状，局部呈岩墙状或岩枝状。岩性主要为流纹英安（斑）岩，中部和下部局部地段夹紫红色薄层状凝灰质粉砂岩、粉砂质泥岩；上部有的地段见火山集块岩或火山角砾岩，其集块、角砾成分与胶结物的成分一致，均为流纹英安质。与下伏打鼓顶组一段产状基本一致，局部可见侵入切割或捕虏下伏火山－沉积岩的现象。岩石中的锆石 SHRIMP 和 LA-ICP-MS U-Pb 年龄为 134.8～141.6Ma，绝大多数为 135～137.4Ma（何观生等，2009；杨水源等，2010；陈正乐等，2013a，2013b；郭福生等，2015）。

3）鹅湖岭组一段（K_1e^1）

鹅湖岭组一段在流纹英安岩（K_1d^2）和碎斑熔岩（K_1e^2）间呈透镜状零星产出，厚 0～50m，分布于相山火山－侵入杂岩体靠外圈部位，仅西南部缺失。下部岩性以紫红色粉砂岩、凝灰质粉砂岩、沉凝灰岩为主。据前人资料（吴仁贵，1999），底部可见含砾粉砂岩、砾岩，与下伏的打鼓顶组二段呈平行不整合接触；砾石成分主要为流纹英安岩，并具一定的磨圆度，粒径变化很大，最大可达 1m。本次发现有的地段底部也可为熔结凝灰岩或凝灰岩。中部为流纹质晶屑玻屑凝灰岩、弱熔结凝灰岩，还发育有塑变浆屑和少量下伏岩层的岩屑。上部为暗紫红色含砾粉砂岩、细砂岩，局部夹凝灰质砂岩。郭福生等（2015）通过对该段熔结凝灰岩进行 LA-ICP-MS 锆石 U-Pb 测年，得到其成岩年龄为（135.6±1.2）Ma。

4）鹅湖岭组二段（K_1e^2）

鹅湖岭组二段为相山盆地的主体岩石，出露面积约 250km^2，约占盆地内火山岩出露面积的 80%。岩性为浅灰色、浅肉红色流纹质碎斑熔岩。与下伏岩层的接触面，总体上由四周向盆地中心（相山主峰北西侧一带）倾斜，倾斜度南北对称、东陡西缓，向深部逐渐变陡，呈“蘑菇”状（岩盖状）。以侵出相为主，局部为溢流相，与较老地层的接触关系为超覆、侵入并存。碎斑熔岩是矿田内主要含矿岩性之一，厚度大于 1380m。其锆石 SHRIMP 和 LA-ICP-MS U-Pb 年龄为 133～135Ma（杨水源等，2010；陈正乐等，2013a，2013b；郭福生等，2015）。

5. 上白垩统（K_2）

上白垩统包括河口组和塘边组，为紫红色复成分砾岩、砂砾岩、含砾砂岩、粉砂岩、泥质粉砂岩。多为冲洪积或辫状河沉积，少量为浅湖相沉积。

6. 第四系（Q）

第四系主要为松散堆积物，呈不规则线状、面状分布于现代河谷及山间低洼地带，主要有冲洪积和残坡积两种成因类型，常堆积形成一级阶地及河漫滩。属于全新世联圩组，主要为黄褐色含卵石砂砾石、亚砂土、亚黏土层。

第二节　岩　浆　岩

一、火山岩

研究区火山岩主要见于下白垩统打鼓顶组和鹅湖岭组中，为一套形成于陆内（板内）伸展拉张构造环境、以壳源为主的酸性火山岩系。此外，在青白口系地层中含有少量酸性凝灰质火山物质，在东北角贯下—奥村一带的青白口系库里组中夹有少量变基性火山岩层。下面仅介绍早白垩世火山岩的地质概况。

（一）地质特征

研究区早白垩世火山岩及火山－沉积岩分布于相山火山－沉积盆地中，岩性以熔岩（流纹英安岩、碎斑熔岩）为主，少量火山碎屑岩类（流纹质熔结凝灰岩、凝灰岩）及火山碎屑沉积岩类等。其中打鼓顶组一段和鹅湖岭组一段发育熔结凝灰岩、凝灰岩和火山碎屑沉积岩类，打鼓顶组二段主要发育流纹英安岩，鹅湖岭组二段主要发育碎斑熔岩类。

1. 打鼓顶组一段火山岩

打鼓顶组一段火山岩由灰色凝灰岩、褐黄色－暗紫色熔结凝灰岩、灰绿色沉凝灰岩、紫红色含凝灰质粉砂岩等组成，与灰绿色砂砾岩及紫红色（含砾）粉砂岩互层。下部常夹1～3层流纹质晶屑玻屑凝灰岩，厚度一般为几十厘米至几米不等，但在东部的外城岗东剖面流纹质凝灰岩厚度大于52.3m。中上部发育1～2层熔结凝灰岩，厚几米至几十米，以石马山所见厚度最大，达53m以上，向东西两端逐渐变薄，有的地方往上转变为凝灰岩和沉凝灰岩。由于受后期火山－次火山作用的破坏，打鼓顶组一段出露零星，且常常层序不全，如盆地西南部、南部及东南部地区，仅残存下部的岩层。

2. 打鼓顶组二段火山岩

打鼓顶组二段火山岩主要由流纹英安岩组成，局部见流纹英安质火山集块岩、火山角砾岩，偶见紫红色粉砂岩、凝灰质粉砂岩、流纹质晶屑玻屑凝灰岩呈捕虏体状出现在流纹英安岩中。流纹英安岩主要为似层状（局部岩墙状），不连续分布于相山盆地的西北部，厚度变化大，零至近千米不等。而流纹英安质火山集块岩、火山角砾岩一般呈岩管状、枝脉状或不规则状产出，零星见于如意亭－石宜坑一带，偶见于梅峰山西侧—八古山—横涧—罕坑一带。

3. 鹅湖岭组一段火山岩

鹅湖岭组一段火山岩以火山爆发或火山灰流成因的晶（玻）屑凝灰岩、弱熔结凝灰岩为主，少量为沉凝灰岩和凝灰质沉积岩。岩层厚度不大且不太稳定，最大厚度为37m，一般小于20m。

4. 鹅湖岭组二段火山岩

鹅湖岭组二段火山岩是相山盆地的主体岩石，为侵出－溢流亚相的碎斑熔岩，呈蘑菇状（岩盖状）超覆于先期沉积岩、火山岩和变质岩地层之上，总厚度大于1380m。碎斑熔岩平面上呈椭圆形分布，长轴近

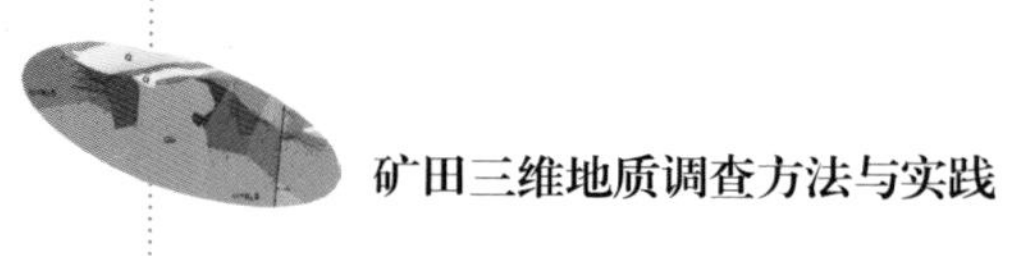

东西向，长 26.5km，南北宽 15km，面积约 250km^2。主体呈似层状，总体上由四周向中心倾斜，上部倾角较小（一般为 20°～40°），向下延伸倾角变大，形成总体上边部薄、中心厚的不对称蘑菇状形态。经深部钻孔揭示，局部地区碎斑熔岩体底部有明显的隆凹特征，这可能是受到当时的地形或次火山口形态的影响。

（二）岩石地球化学特征

研究区早白垩世火山岩 SiO_2 含量为 64.53%～77.56%，属酸性火山岩。每个亚旋回的早期岩石往往更酸性，而往晚期 SiO_2 含量减少。未蚀变岩石碱（$Na_2O + K_2O$）含量较高，多为 7.6%～8.8%；K_2O 含量较高，多为 4.8%～5.6%，K_2O / Na_2O 值几乎都大于 1；里特曼指数（σ）绝大多数为 1.7～3.0，为钙碱性岩类、钾玄岩系列或高钾钙碱性系列。A/CNK 值绝大多数为 0.94～1.1，总体属弱过铝质。

（三）火山岩相及火山旋回划分

1. 火山岩相类型

研究区早白垩世火山岩相可划分为火山喷发 - 沉积相、爆发相、喷溢相、侵出 - 溢流相。

火山喷发沉积相：打鼓顶组一段和鹅湖岭组一段均有该岩相，岩性主要为沉火山碎屑岩类及火山碎屑沉积岩类，见粒序层理与水平层理，局部有透镜状层理。以中层 - 薄层状为主，有的地方可见其与含钙质和铁锰质结核的泥岩相伴生，反映岩石形成于浅水湖泊环境。

爆发相：是构成打鼓顶组一段和鹅湖岭组一段的重要岩相之一，其岩性为各类凝灰岩，局部为火山集块岩、火山角砾岩。普遍见玻屑、浆屑塑性形变，具定向排列，构成假流动构造。晶屑从下往上变少，具向火山碎屑沉积岩演变的趋势。集块和角砾呈棱角状，成分为早期喷发的火山岩，是近火山通道的典型岩相标志。

喷溢相：打鼓顶组二段的似层状流纹英安岩属于该相。

侵出 - 溢流相：鹅湖岭组二段碎斑熔岩体属于侵出 - 溢流相。

此外，与火山活动相关的还有潜火山岩相、隐爆相，分别形成粗斑二长花岗斑岩（沙洲单元）、细斑花岗斑岩、霏细（斑）岩、流纹英安斑岩及石英二长斑岩等潜火山岩及各种隐爆碎屑岩。潜火山岩相的岩石主要呈岩墙、岩床、岩枝分布于相山火山盆地的外圈及周边区域，主要受火山机构中的环状、放射状断裂及近水平层间张裂带控制，与围岩呈侵入接触关系。

2. 火山旋回划分

早白垩世火山 - 潜火山活动从早至晚，岩相上经历了自爆发相→溢流相→潜火山岩相发展周期后，经短暂停歇，又发生了爆发相→侵出 - 溢流相→潜火山岩相第二个相似的发展周期；与这两个岩相发展周期相对应，岩石成分在经历了从酸性往偏基性逐渐演化的第一个演变历程后，又经历了另一个相似的演变历程。其火山活动划分为两个亚旋回（表 2-1）。

表 2-1　研究区白垩纪火山旋回划分表

亚旋回	时间 /Ma	所属地层及侵入岩单位	火山岩及相关岩石岩性类型	岩相
第二亚旋回	135～131	沙洲单元	粗斑黑云二长花岗斑岩、微细粒黑云二长花岗岩	潜火山岩相
		鹅湖岭组二段（K_1e^2）	含变质角砾碎斑熔岩 - 碎斑熔岩 - 含花岗质团块碎斑熔岩	侵出 - 溢流相
		鹅湖岭组一段（K_1e^1）	流纹质熔结凝灰岩、晶（玻）屑凝灰岩、沉凝灰岩、凝灰质砂岩、凝灰质粉砂岩等	爆发相、爆发 - 沉积相
第一亚旋回	142～135	岩脉	流纹英安斑岩	潜火山岩相
		打鼓顶组二段（K_1d^2）	流纹英安岩，局部见火山集块岩、火山角砾岩	喷溢相为主
		打鼓顶组一段（K_1d^1）	流纹质熔结凝灰岩、晶（玻）屑凝灰岩、沉凝灰岩、凝灰质砂岩、凝灰质粉砂岩等	爆发相、爆发 - 沉积相

第一亚旋回火山活动产物对应打鼓顶组，形成打鼓顶组火山岩、火山－沉积岩及相关潜火山岩类。其早期阶段是在区域伸展拉张作用形成断陷沉积盆地的基础上，出现间隙性的强烈火山爆发，形成火山碎屑岩和火山碎屑沉积岩，构成打鼓顶组一段的主体岩石。晚期阶段以喷溢为主，形成流纹英安岩；偶有少量爆发，形成火山角砾岩、火山集块岩。末期火山活动强度减弱，有少量的潜火山岩侵入，形成流纹英安斑岩脉。

第一火山亚旋回之后进入短暂火山间歇期，随后开始了第二亚旋回火山活动，形成了鹅湖岭组火山岩，平行不整合于第一亚旋回岩石之上。据火山作用方式和产物不同，将第二亚旋回分为两个阶段：早期阶段发生强烈的爆发式火山作用，形成熔结凝灰岩、晶屑（玻屑）凝灰岩、凝灰质砂岩及粉砂岩等，构成鹅湖岭组一段之主体岩石；晚期阶段是中心式溢流－侵出，形成碎斑熔岩构成穹状火山。末期潜火山岩岩墙、岩床等侵入到火山塌陷形成的空隙中。

（四）火山构造

研究区属于赣杭中生代火山带（Ⅱ级）东乡－相山火山喷发带（Ⅲ级）中的相山火山盆地（Ⅳ级）（图 2-3），火山构造划分见表 2-2。

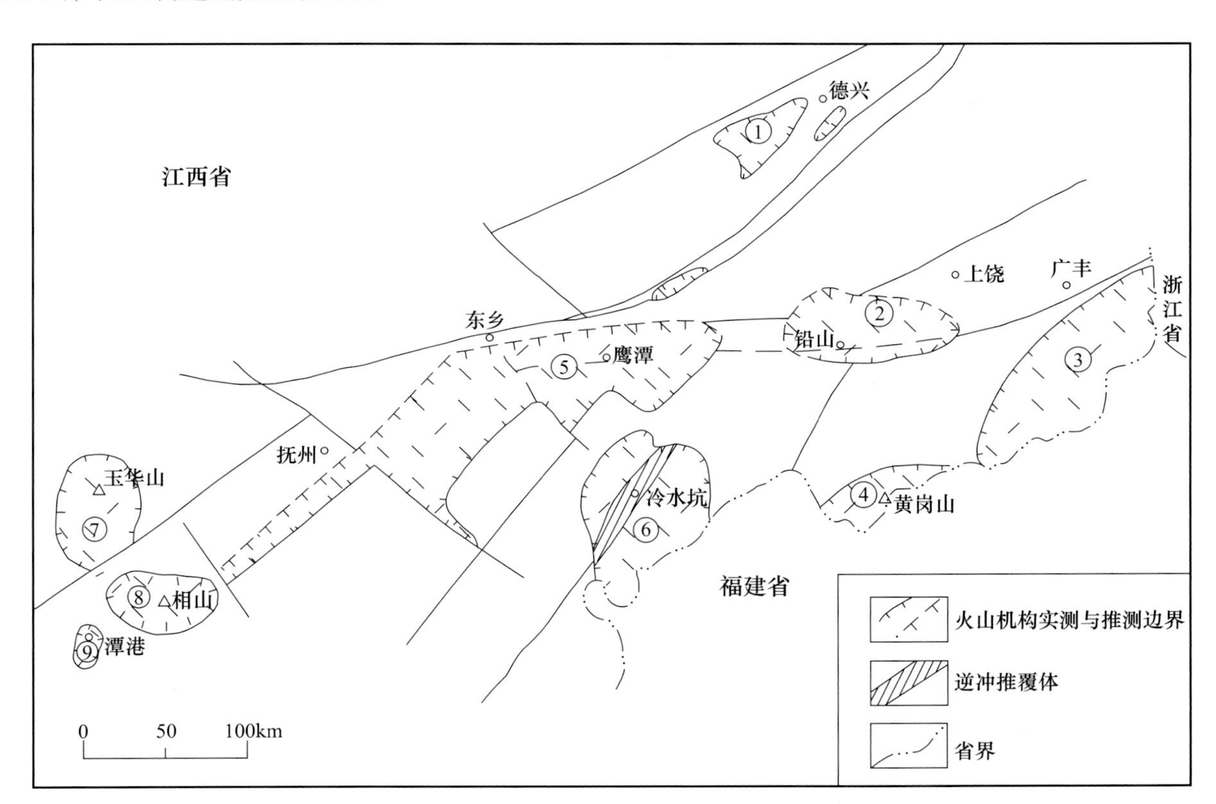

图 2-3　赣杭火山带西段早白垩世火山－构造分布略图（据江西省区域地质志，1984，修改）

①德兴盆地；②铅山盆地；③铜拨山盆地；④黄岗山盆地；⑤东乡－盛源盆地；⑥冷水坑盆地；⑦玉华山盆地；⑧相山盆地；⑨潭港盆地

表 2-2　研究区火山构造划分表

Ⅳ级火山构造	Ⅴ级火山构造	火山作用方式	火山活动时期
相山火山盆地	相山穹状火山、河元背穹状火山、阳家山穹状火山、严坑穹状火山。在研究区外东边还有柏昌穹状火山	爆发、溢流－侵出、潜火山	鹅湖岭期（K_1e）
	相山破火山、石宜坑层状火山、济河口－堆上－如意亭层状火山	爆发、喷溢、潜火山	晚打鼓顶期（K_1d^2）
		爆发、喷溢	早打鼓顶期（K_1d^1）

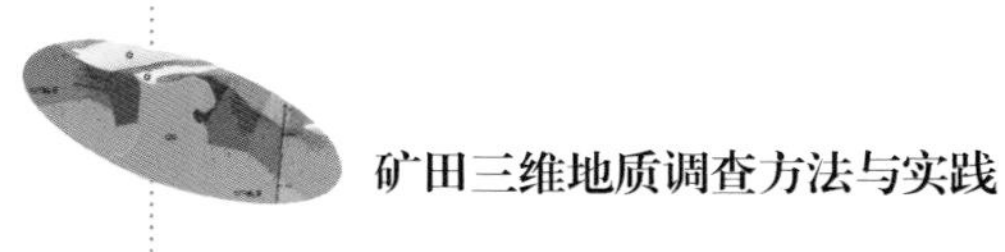

二、侵入岩

研究区侵入岩主要有早白垩世潜火山岩及少量早泥盆世花岗岩。

（一）早泥盆世花岗岩

早泥盆世花岗岩分布于研究区西南部和西部。西部为焦坪岩体，岩性为中细粒黑云二长花岗岩。西南部为乐安单元（乐安岩体），岩性为中粗粒巨斑状黑云母二长花岗岩。

1. 焦坪岩体

焦坪岩体分布于相山盆地西侧焦坪（同富—西保）一带，为一北西－南东向延伸的不规则状岩株，仅其东部少部分位于研究区内，面积约 5km^2。该岩体侵入于青白口系库里组及上施组，接触面常凹凸不平，其产状以向围岩外倾为主，倾角约 50°。内接触带边缘岩石粒度略有变细（多小于 2mm），常见围岩捕虏体；外接触带发育热接触变质作用，形成黑云母、白云母、石英等新生矿物，局部生成石榴子石。岩石为块状构造，中细粒花岗结构。长石常强烈绢云母化、黑云母绿泥石化。获得 LA-ICP-MS 锆石 U-Pb 年龄为 414.2±4Ma。

2. 乐安岩体

乐安岩体为北北西向纺锤状，仅其西北端少部分位于研究区，区内出露面积约 11.7km^2。侵入于青白口系神山组、库里组和上施组中，侵入面呈舒缓波状，外倾，倾角为 28°～70°，围岩有宽 200～2000m 的热接触变质带，形成黑云母、白云母、石英等新生矿物，局部见有石榴子石。乐安岩体为片麻状－弱片麻状构造，片麻理与岩体侵入接触界面基本和谐，属同侵位韧性变形产物。岩石呈似斑状结构，斑晶成分为钾长石，基质为中粗粒花岗结构，主要由钾长石、斜长石、石英、黑云母组成，局部可有少量白云母。副矿物以钛铁矿、磷灰石、锆石、榍石为主，局部含电气石、石榴子石、独居石、磷钇矿。局部含少量微细粒镁铁质包体。获得 LA-ICP-MS 锆石 U-Pb 年龄为 405.2±3Ma（周万蓬等，2016）。

（二）早白垩世潜火山岩

早白垩世潜火山岩主要为沙洲单元粗斑二长花岗斑岩－微细粒似斑状黑云二长花岗岩环状岩墙、岩床。另有一些隐爆碎屑岩及少量霏细（斑）岩、细斑花岗斑岩、流纹英安斑岩、辉绿岩、煌斑岩和石英二长斑岩脉。

1. 沙洲单元

沙洲单元出露面积约 40km^2，多呈岩墙及岩床，极少量呈岩枝或岩滴产出。主要见涪漳、沙洲、游坊、相山镇、王泥坑、芙蓉山、郭前、石洞、水背、王田、王枧、何家、巴泉 13 个侵入体。主要呈多圈（2～3 圈）半环带状分布于相山火山－侵入杂岩区的北部、东部和南部；在西部，也有少量钻孔中见及，甚至出露地表。有时可见其下部为岩墙状，往上部转为岩床状（岩床多发育于青白口系变质岩与早白垩世火山－沉积岩交界部位），构成岩墙－岩床组合体，横断面上呈“T”型或“7”型。岩性主要为粗斑黑云二长花岗斑岩、微细粒斑状黑云二长花岗岩，在沙洲和王泥坑岩体的深部为细粒（或中粒）斑状黑云二长花岗岩。岩石呈灰白色－浅肉红色，块状构造，斑状结构或似斑状结构，斑晶中钾长石斑晶（或部分钾长石斑晶）粒径较粗，一般为 10～30mm，而石英、斜长石斑晶（有时还包括部分钾长石斑晶）粒径较细，以 1～6mm 为主。副矿物主要有磁铁矿、锆石、褐帘石、磷灰石、黄铁矿、石榴子石。SHRIMP 和 SIMS 锆石 U-Pb 年龄平均为 132～136Ma（杨水源等，2010；陈正乐等，2013a，2013b；郭福生等，2015）。

2. 隐爆碎屑岩类

隐爆碎屑岩类呈脉状、枝状、筒状、囊状或不规则状产出，宽几厘米至几十米。常穿插流纹英安岩、碎斑熔岩、粗斑花岗斑岩、变质岩等围岩产出，也可被碎斑熔岩、粗斑花岗斑岩侵入切割，具有多期次发育的特点。在北部巴泉 617 铀矿床粗斑花岗斑岩中产有角砾岩筒，以及邹家山矿床邹－石断裂下盘坑道壁上发现了碎斑熔岩中的隐爆角砾岩（王圣祥，1998），已经识别为热液隐爆角砾岩。此外，作者本次在相山矿田中还识别出其他大量热液隐爆碎屑岩类以及岩浆隐爆角砾岩（隐爆凝灰岩）、震碎角砾岩等，它们产于流纹英安岩、含角砾碎斑熔岩、粗斑花岗斑岩边部及内部，尤其多见于这些地质体的下部边界处。

隐爆碎屑岩类主要为紫红色或灰绿色、灰色、灰黑色，角砾状或含角砾结构，角砾含量为1%～95%，大小为0.2cm至几十厘米，多呈棱角状、撕裂状，也有一些呈次棱角－浑圆状，部分角砾之间可拼合。角砾成分有的以异源变质岩为主，有的以近同时的同源岩浆岩为主，还可有碳酸盐、脉石英、黄铁矿、镜铁矿，以及早期异源岩浆岩、沉积岩角砾等。基质和胶结物主要由岩粉、岩浆结晶的隐晶质长石石英集合体或热液蚀变的赤铁矿、绢云母、石英、碳酸盐、绿泥石等矿物组成。

3. 霏细（斑）岩或细斑花岗斑岩脉

研究区发育了多期次的霏细（斑）岩或细斑花岗斑岩脉，视厚度几厘米到二十多米不等，主要分布于碎斑熔岩、流纹英安岩、粗斑花岗斑岩、隐爆角砾岩中，尤其是它们的边界部位较为多见。这些岩脉在地表较少见，多为隐伏岩脉，前人资料常将其误定为凝灰岩。岩脉呈块状构造，斑状结构，斑晶主要由石英、钾长石、斜长石组成。基质为霏细结构或微粒结构。常见较多细脉浸染状黄铁矿。

4. 流纹英安斑岩脉

流纹英安斑岩脉出露于如意亭、堆头及石宜坑等地。据居隆庵矿区钻孔资料，在碎斑熔岩的下方有较大的流纹英安斑岩体分布。地表流纹英安斑岩主要呈脉状、岩枝状侵入于打鼓顶组或鹅湖岭组中，出露宽度为几米到几十米不等，延伸长度为几十米到上百米。颜色为深灰色、青灰色、灰绿色，风化表面呈灰白色，具块状构造，斑状结构。斑晶主要为斜长石及少量透长石、石英，石英斑晶常可见锥状晶形；基质为隐晶质。

5. 辉绿岩脉及煌斑岩脉

辉绿岩脉及煌斑岩脉在地表和钻孔中偶见。脉宽几十厘米至十几米，穿插于相山火山盆地早白垩世酸性火山－次火山岩或盆地旁侧的变质岩、花岗岩中，呈块状构造，煌斑结构或辉绿结构。主要由斜长石、辉石组成，常绿泥石化、钠黝帘石化、碳酸盐化。

第三节 构 造

本区构造主要有北东东向褶皱及北东向、南北向（北北东向）、北西向断裂带，另外还有一些反映火山机构的环形断裂。

一、褶皱构造

研究区褶皱主要见于青白口系基底地层中，均为大型复式褶皱，有北东部的培坊倒转向斜、中部的潭港－相山复式背斜和东南部的南美峰－上河向斜，主要形成于加里东期。出露于地表的地层由青白口系库里组、上施组构成，褶皱轴走向为60°～75°，宽度约20km。褶皱两翼地层的倾角都较大，多为70°～80°，翼间角较小，属较为紧闭的褶皱。枢纽产状近水平，轴面产状接近于直立。

培坊倒转向斜北翼东端延伸出研究区之外，西端被早白垩世火山－沉积岩系、晚白垩世碎屑沉积岩系覆盖，北翼略有倒转。潭港－相山复式背斜两端都延伸出研究区，中部因相山早白垩世火山盆地发育而被破坏或覆盖，仅东段和西段在区内有小面积出露，其中西段有早泥盆世乐安岩体沿其横断层穿插侵入。南美峰－上河向斜仅北翼有部分处于区内，其东端延伸出研究区，西端被早泥盆世、中三叠世花岗岩体侵入破坏。这些褶皱都受到少量断层穿切破坏，断层延伸到盖层的碎屑沉积岩系、火山－沉积

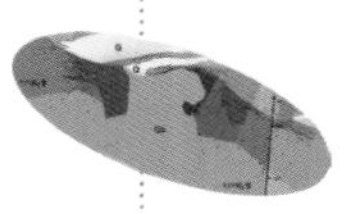

岩系或附近的侵入岩体中，且与褶皱没有一定的几何学和动力学关系，属于褶皱作用之后的构造产物。

二、断裂构造

研究区位于永丰－抚州断裂（即遂川断裂东段）东南侧，区内主干断裂以北东向断裂为主，北西向断裂次之，在北东向、北西向断裂带两侧及夹持带可发育南北向、近北西向派生或次生断裂。此外，在相山早白垩世火山－沉积岩系内还发育了与火山构造相关的环状断裂及层间沉陷引张断裂。根据断裂的空间组合及交切关系分析，北东向断裂带的形成时代大多较早，活动延续时期较长，而其他断裂带除少量基底断裂外大多形成时代较晚。

（一）北东向断裂

北东向断裂展布于整个研究区，规模较大，是研究区内最主要的断裂构造，延伸长度数十千米，其中在区内的延伸长度也都在 10km 以上。大多为加里东期北东向基底断裂在各构造运动期继承性活动而衍生的产物，长期表现为左行走滑性质，直至燕山早期才转变为以逆掩位移为主，燕山中晚期因区域应力场拉张断陷而转变为正断层性质。在研究区西北部控制了晚白垩世断陷盆地的形成和演化；在相山火山盆地内控制着主要矿床（热液型铀矿床）的分布。根据断裂构造的空间分布，由北西向南东依次产出了梨公岭－中格田－石宜坑－芜头、小陂－芜头、邹家山－石洞、南寨－庙上－布水和严坑－马口五条断裂带。

这些北东向断裂延伸方向多为 40° 左右，倾向大多北西，个别倾向南东，倾角普遍较大（大多 60° 以上，个别可低至 50°）。由于强烈的风化剥蚀作用，地貌上常形成北东向沟谷，覆盖有较厚的第四系，断裂形迹出露较差。沿断裂带发育的构造岩主要为碎粒岩、碎粉岩，旁侧劈理化发育，显示为压扭性逆－左行平移断层特征。断裂带两侧常发育与其相交的小型次级断裂，次级断裂的产状也都较陡立。

断裂带主要切过相山早白垩世火山－沉积岩系和沙洲单元侵入岩体。其中分布于北西部的断裂带局部地段沿晚白垩世红色碎屑沉积岩系与早白垩世火山－沉积岩系的接触界面延伸，控制了红层的分布，并使其发生明显的左行位移，表现为控盆断裂的特征。其中的小陂－芜头断裂带、邹家山－石洞断裂带，两侧派生大量北西向、南北向次级断裂，断裂中普遍存在强烈的钾长石化、水云母化、绿泥石化、黄铁矿化、萤石化和碳酸盐化，局部可见黄铁矿细脉、萤石脉和方解石脉。蚀变带中铀矿化明显，是研究区内众多铀矿床的产出部位。

（二）北西向断裂

北西向断裂是研究区内较为醒目的构造形迹之一，主要分布于相山火山盆地西部的湖田－邹家山附近。这些北西向断裂错断上述北东向断裂，大多属于北东向断裂带继承性左行滑动过程中派生的次级断裂，为张扭性质，与北东向主断裂大角度相交。其中，发育在相山早白垩世火山－沉积岩系之内的，常有强烈的热液蚀变现象，如钾长石化、水云母化、绿泥石化、钠长石化、黄铁矿化、萤石化和碳酸盐化等，并常有铀矿化发生，是相山铀矿田的主要容矿构造。主要活动时代为燕山晚期。

（三）近南北向断裂

近南北向断裂大多规模较小，延伸长度多为数千米，主要发育在相山早白垩世火山－沉积岩系内的东部区域，个别发育于基底变质岩系中。倾向不稳定，倾角多数较大。与前述北东向断裂小角度相交，大多分布于北东向、北西向断层围限的断块中，少数错断北东向、北西向断层，属于北东向断裂带左旋平移派生形成的近南北向扭裂带。也常有较为明显的热液蚀变现象，如钾长石化、水云母化、绿泥石化、钠长石化、黄铁矿化、萤石化和碳酸盐化等，并常有铀矿化，是相山铀矿田的容矿构造之一（云际矿区的铀矿化，主要分布于该组断裂中）。活动时代主要为燕山晚期。其中的罕坑－油家山－张家边－寨里南北向断层规模较大，全长约 17km。断层带内裂隙十分发育，岩石呈碎裂状，主要有断层角砾岩、碎粒岩等。断层中还发育有大小不等的构造透镜体，大多呈扁平状斜列式分布。在破裂面或构造透镜体包络面上可见断层泥或碎粉岩、近水平擦痕和阶步。根据构造透镜体的排列方式、断层擦痕和阶步的特点判断，断层性质为扭性左行平移断层。

第四节 矿　　产

研究区属乐安－广丰北东东向铀多金属成矿带与大王山－雩山北北东向铀多金属成矿带交汇部位，成矿条件优越，矿产资源丰富。相山铀矿田铀储量已达特大型，伴生钍、钼、钇（稀土）、磷、铅、锌、银等金属，铅、锌（银）局部可构成独立矿床，还产有萤石、瓷土等非金属矿。具有上部铀矿，下部铀多金属矿或独立铅锌（银）矿的分带特点。相山铀矿田是中国境内规模最大、品位最富的热液型铀矿床，有“中国铀都”之称。

相山铀矿田已探明铀矿床 27 个，其中大型矿床 3 个，中型矿床 7 个。还发现矿点 18 个、矿化点 21 个和一大批矿化异常点（带、晕）。目前已探明的矿床主要分布在矿田北部和西部，仅 1 个矿床（中型）分布在东部。容矿围岩主要有流纹英安岩、碎斑熔岩、粗斑二长花岗斑岩，已发现有一个矿床赋存于热液隐爆角砾岩筒中（胶结物以绿泥石和钠长石为主）。

除隐爆角砾岩筒控制的矿体呈似柱状外，矿田内铀矿（化）体都呈脉状或群脉状，受断裂及其次级裂隙控制，产状较陡。矿脉多平行排列，也常呈侧列。单条矿脉规模一般较小，通常长度为 20～50m，延伸深度与长度相近，厚度在 1m 左右，呈薄板状。受裂隙密集带或断层破碎带控制的矿体则规模较大，长度常为上百米至几百米，厚度可达几米。有工业意义的铀矿化主要分布在火山－侵入杂岩体范围内的粗斑花岗斑岩、碎斑熔岩、流纹英安岩中，其外围的变质岩和火山－沉积岩中局部也存在工业铀矿化，但距前三类岩浆岩接触带一般不超过 400m。

矿床围岩蚀变强烈，具有多阶段发育、在空间上相叠加并具有分带性的特点：①成矿前蚀变。在矿田北部和东部主要为以钠长石化为代表的碱性蚀变，在西部为以水云母化为代表的酸性蚀变。②成矿期蚀变。早阶段以赤铁矿化为主，伴随有钠长石化、绿泥石化、水云母化等；晚阶段以萤石化、水云母化、绿泥石化为主，伴随有碳酸盐化、黄铁矿化等。③成矿后期蚀变。主要为碳酸盐化、硅化、萤石化等，呈脉状充填于裂隙之中（黄志章等，1999；邵飞等，2008a；张万良、余西重，2011）。

铀矿石类型有铀－赤铁矿型、铀－绿泥石型、铀－萤石型和铀－硫化物型四种（表 2-3），各矿床中都有铀－赤铁矿型矿石。西部矿床以铀－萤石型和铀－硫化物型矿石为主；北部和东部矿床以铀－赤铁矿型和铀－绿泥石型矿石为主。

表 2-3　相山铀矿田矿石类型及其特征（据邵飞等，2008b）

矿石类型	主要金属矿物		主要脉石矿物	构造	铀的存在形式
	主要铀矿物	其他金属矿物			
铀－赤铁矿型	沥青铀矿、钙铀云母、硅钙铀矿	赤铁矿、方铅矿、闪锌矿、辉钼矿、黄铜矿	方解石、绿泥石、绢云母、磷灰石和萤石	浸染状为主，少量为细脉状或网脉状	主要为独立铀矿物形式，其次为吸附状态
铀－萤石型	沥青铀矿、钛铀矿、铀石、钙铀云母、硅钙铀矿	黄铁矿、方铅矿、闪锌矿、黄铜矿	萤石、水云母、方解石、石英等	细脉状、网脉状、浸染状、巢状	呈细粒状、浸染状、胶状形式存在
铀－绿泥石型	沥青铀矿、铀黑	方铅矿、闪锌矿、黄铜矿、黄铁矿	钠长石、磷灰石、方解石、绿泥石、少量萤石	细脉状、网脉状、浸染状	呈细脉状沿绿泥石脉体分布

续表

矿石类型	主要金属矿物		主要脉石矿物	构造	铀的存在形式
	主要铀矿物	其他金属矿物			
铀－硫化物型	沥青铀矿、钙铀云母、硅钙铀矿	黄铁矿、黄铜矿、辉钼矿、磁铁矿	绿泥石、绢云母、萤石、方解石	条带状、细脉状、网脉状、角砾状	呈半自形粒状、葡萄状与黄铁矿等紧密共生

前人测得各矿床的沥青铀矿 U-Pb 同位素表面年龄为 89～143Ma，显示铀矿化持续时间较长或具有多阶段性。同时，花岗斑岩内的铀矿化时间与斑岩体形成时间一致，暗示铀矿化与该期岩浆活动关系密切。

第五节　地球物理场特征

一、区域重力场特征

从区域布格重力异常图（图 2-4）可以看出，相山火山盆地位于广昌－信丰重力异常低值区与波阳－吉安重力异常高值区的交接部位，总体为北东向的梯级带，与区域主构造线方向一致。区域重力异常值变化较大（15×10^{-5}～$70\times10^{-5}m/s^2$），由北西向南东逐渐降低。

图 2-4　区域布格重力异常分布图（据江西省核工业地质局二六一大队，1997）

相山地区重力剩余异常平面等值图（图 2-5）显示，在盆地内部总体表现为近东西向重力异常低值带。以相山主峰为中心，负异常同心环的长轴呈北东走向，与火山机构和区域构造线方向吻合性较好。

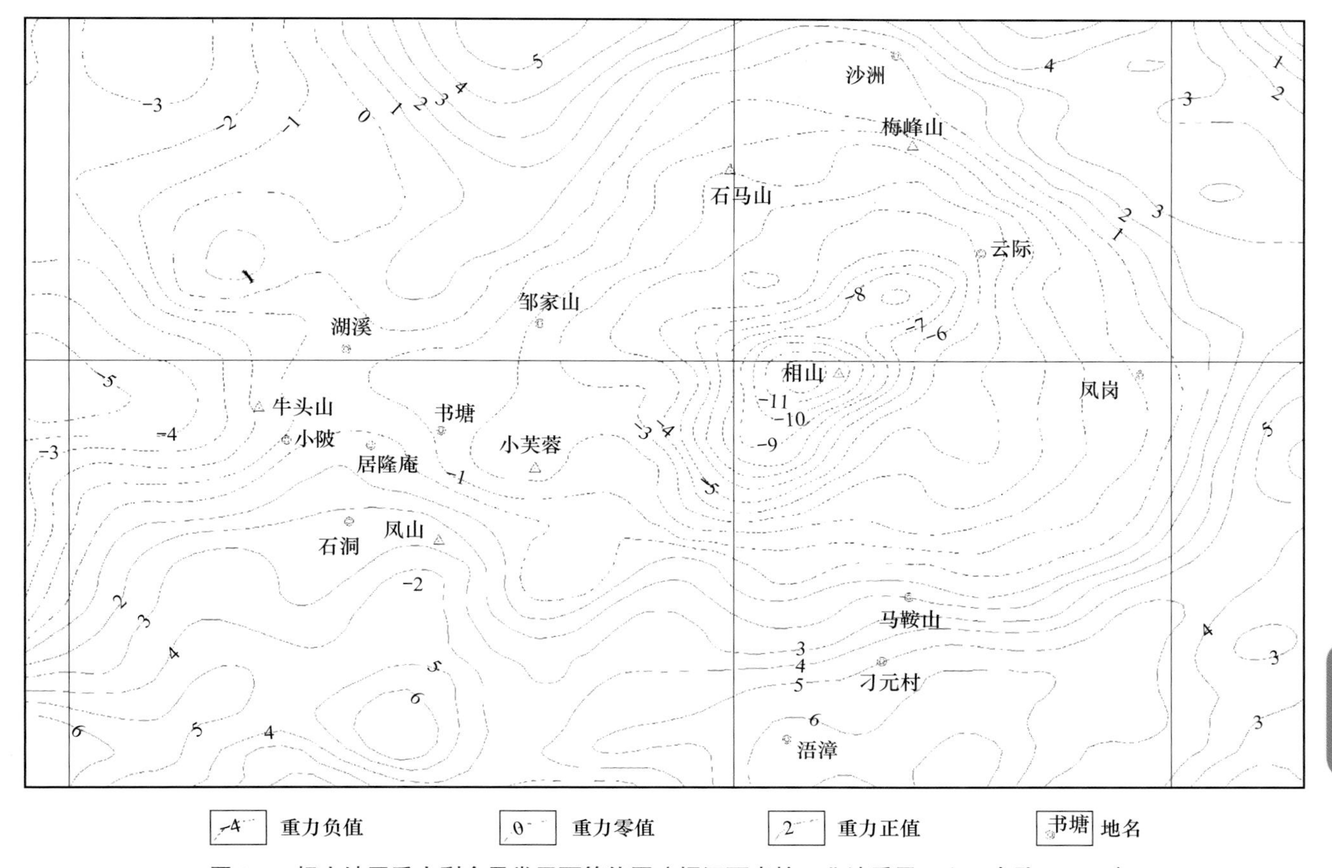

图 2-5　相山地区重力剩余异常平面等值图（据江西省核工业地质局二六一大队，1997）

二、区域磁场特征

除局部异常外，相山盆地磁场具有北低南高分带特征，可分为三个东西向带：河元背 - 邹家山 - 云际梯度带以北，为负异常带；该梯度带以南至芙蓉山 - 马鞍山 - 河口排梯度带之间，为正负相间异常带；芙蓉山 - 马鞍山 - 河口排梯度带以南，基本为正异常带（图 2-6）。磁异常分带贯穿整个盆地，受基底东西向主构造线控制，这是本区磁场的一级分布特征。

局部磁异常的形态，呈与火山盆地范围相吻合的长轴为东西向的椭圆形，且其分布区域有较明显的环带特征，可分为外环、中环、内环。①外环位于火山塌陷构造的外部，为异常杂乱环带。此处火山岩盖层较薄，基底变质岩基本无磁性，这种浅源场的磁性具不均匀性，致使产生变化剧烈的磁场。②中环位于塌陷构造内侧至火山中心侵出相的边缘，为异常相对稳定环带。此处基底变深，火山岩层巨厚，产生的磁场较为平稳。③内环位于火山中心部位，为相对高异常的椭圆环带。此处为中心侵出相的火山岩，有较强磁性。环带存在东西不对称的特点。西部开阔、层次较清晰，东部环带连续性不太好，反映了火山岩层东陡西缓的特征。存在磁场南北分带与环状分带双重特征，使得环带（外环、中环）呈现南北幅值有差异。局部异常的环状分布，受火山构造控制，这是本区磁场的二级分布特征。

此外，本区磁异常分布还受到其他构造的影响，如北东向构造致使呈现出若干北东向次级条带，北西向、南北向构造也各有表现。

三、放射性地球物理特征

相山火山盆地伽马场总体表现为高值，呈椭圆形，与盆地的基本轮廓一致，盆地北部和西部呈现复杂的伽马偏高场。航空伽马能谱测量结果显示为较大面积分布的大于 3×10^{-6} 的铀晕，且在盆地北部和西部大于 4×10^{-6} 的铀晕也较发育。

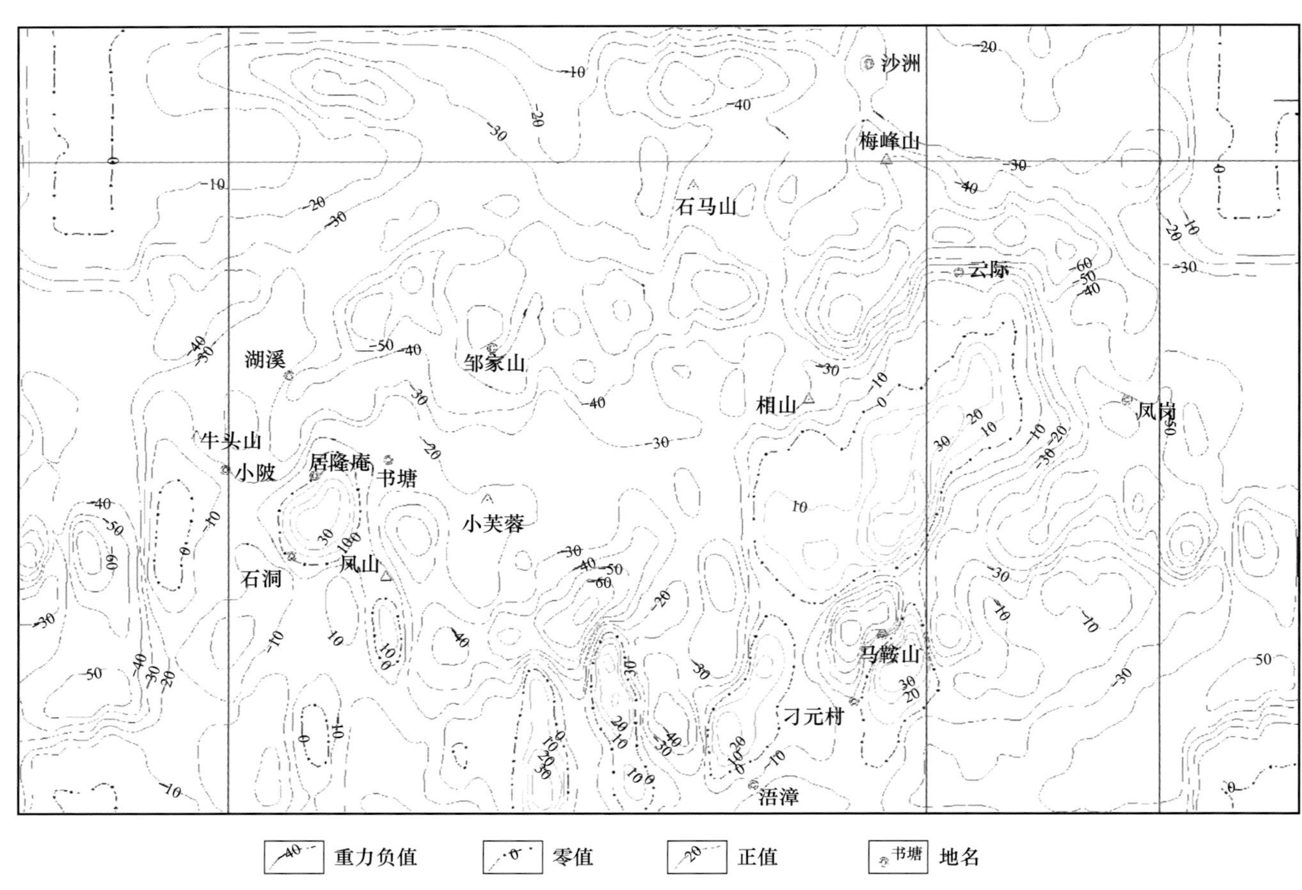

图 2-6　相山地区地面高精度磁测 ΔT 异常（据江西省核工业地质局二六一大队、二六六大队，1996）

第六节　地层（岩石）物性特征

一、磁性特征

相山地区是个弱磁区，各种岩性磁化率只有几十至几百单位，总的来说，盖层火山岩要比基底岩石磁性强（表 2-4）。相山火山盆地基底青白口系变质岩磁性很弱，基本上无磁性。打鼓顶组总体表现为弱磁性。鹅湖岭组一段（凝灰岩等）为弱磁性，鹅湖岭组二段（碎斑熔岩）磁性变化复杂，总体表现为高磁性，地表补充采集样品物性测试结果显示，边缘相磁性相对较弱。沙洲单元中非蚀变花岗斑岩具有高磁性，蚀变花岗斑岩具有弱磁性。因此，火山岩 - 次火山岩是主要磁源体，基底变质岩顶面为磁性体的下界面。

表 2-4 主要地质单元磁性特征

地质单元	主要岩性		样本数	最小值	最大值	几何平均值	常见值
沙洲单元	花岗斑岩	蚀变	51	4.2	71.5	12.7	10
		非蚀变	46	204.9	1150.9	575.8	794
鹅湖岭组二段	碎斑熔岩		835	1.1	750.5	169.6	316
鹅湖岭组一段	砂岩、凝灰岩等		23	6.8	675.6	48.7	63
打鼓顶组二段	流纹英安岩		331	6.8	994.4	36.6	56
打鼓顶组一段	凝灰岩、含砾砂岩等		27	5.5	176.2	26.7	25
青白口系	变质岩		40	5.6	43.2	23.7	28

注：样品以钻孔岩心为主，磁化率单位为 $4\pi\times10^{-6}$SI

二、密度特征

相山火山盆地内的主要目标地质体密度值差异较为明显，一般地层时代越早，密度值越大（表 2-5）。青白口系变质岩的密度最大，为高密度体。打鼓顶组次之，总体为该区的中密度体，打鼓顶组一段（凝灰岩、含砾砂岩等）比打鼓顶组二段（流纹英安岩）密度略高（$0.02g/cm^3$）。鹅湖岭组一段（砂岩、凝灰岩等）密度比鹅湖岭组二段（碎斑熔岩）高 $0.04g/cm^3$，为中低密度体。鹅湖岭组二段（碎斑熔岩）、沙洲单元（花岗斑岩）密度最小，为相山地区的低密度体。因此，相山火山盆地内的主要密度界面，是盖层火山岩与基底变质岩之间的密度界面（密度差达 $0.04\sim0.12g/cm^3$），重力场的高低变化基本能反映基底的起伏变化。打鼓顶组与鹅湖岭组、沙洲单元之间的密度界面，可能产生局部重力异常，其密度差达 $0.04\sim0.08g/cm^3$。

表 2-5 主要地质单元密度特征

地质单元	主要岩性	样本数	最小值	最大值	几何平均值	常见值
沙洲单元	花岗斑岩	96	2.59	2.67	2.64	2.65
鹅湖岭组二段	碎斑熔岩	839	2.40	2.84	2.63	2.64
鹅湖岭组一段	砂岩、凝灰岩等	24	2.54	2.75	2.67	2.68
打鼓顶组二段	流纹英安岩	334	2.58	2.78	2.69	2.7
打鼓顶组一段	凝灰岩、含砾砂岩等	30	2.59	2.77	2.71	2.72
青白口系	片岩、千枚岩、变砂岩	41	2.72	2.82	2.77	2.76

注：样品以钻孔岩心为主，密度单位为 g/cm^3

三、电性特征

相山地区主要岩性的电阻率具有明显的差异（表 2-6）。青白口系变质岩中石英片岩电阻率较高（属高阻）、千枚岩类电阻率相对较低（中低阻）；打鼓顶组一段（砂岩等）、打鼓顶组二段（流纹英安岩）电阻率较低（低阻）；鹅湖岭组一段（凝灰岩等）电阻率较低（低阻），鹅湖岭组二段（碎斑熔岩）电阻率较高（高阻）；沙洲单元中非蚀变花岗斑岩为高阻，蚀变花岗斑岩为低阻。

表 2-6 主要地质单元电阻率特征

地质单元	主要岩性		样本数	最小值	最大值	几何平均值	常见值
沙洲单元	花岗斑岩	蚀变	51	603	8231	2181	2521
		非蚀变	46	8337	255299	46437	39811
鹅湖岭组二段	碎斑熔岩		818	90	1918205	22876	17783

续表

<table>
<tr><th>地质单元</th><th colspan="2">主要岩性</th><th>样本数</th><th>最小值</th><th>最大值</th><th>几何平均值</th><th>常见值</th></tr>
<tr><td>鹅湖岭组一段</td><td colspan="2">砂岩、凝灰岩等</td><td>23</td><td>272</td><td>23276</td><td>2272</td><td>3162</td></tr>
<tr><td>打鼓顶组二段</td><td colspan="2">流纹英安岩</td><td>319</td><td>16</td><td>181585</td><td>2162</td><td>1585</td></tr>
<tr><td>打鼓顶组一段</td><td colspan="2">凝灰岩、含砾砂岩等</td><td>25</td><td>86</td><td>7372</td><td>1189</td><td>2512</td></tr>
<tr><td rowspan="2">青白口系</td><td rowspan="2">变质岩</td><td>千枚岩</td><td rowspan="2">40</td><td rowspan="2">196</td><td rowspan="2">55614</td><td rowspan="2">5310</td><td>6310</td></tr>
<tr><td>石英片岩</td><td>39800</td></tr>
</table>

注：样品以钻孔岩心为主，电阻率单位为Ω·m

第三章　目标地质体特征

第一节　确定目标地质体的原则及依据

三维地质调查的目的是揭示一定深度范围内目标地质体的三维空间形态和地质控矿因素，为深部找矿提供依据。目标地质体的确定原则是：①目标地质体要符合区域地质调查填图单位划分的一般标准，同一地质体要有相同或相似的地质特征或属性，如岩性构成、地质时代等；②各目标地质体之间，在物性上要有一定的区别度，以便在物探测深数据解译时具有可识别性；③尽可能为深部找矿提供各种控矿地质要素，如断裂带、地质体接触界面、蚀变带和矿化体等。

基于不同的数据来源，笔者设计了不同类型的三维地质模型，其目标地质体划分亦有所不同。①陀上幅三维地质模型是以1∶50000区域地质调查数字填图系统中PRB路线数据为基础构建的，其目标地质体与区域地质调查所划分的填图单位（组、段）完全一致；②邹家山矿床三维模型、沙洲矿床三维模型是依据矿山勘探资料构建的，目标地质体划分与钻孔、坑道编录资料的地质体划分方案一致；③相山火山盆地三维地质模型、邹家山－居隆庵三维地质模型，是根据1∶50000区域地质调查数据、地球物理测深数据（MT、CSAMT、区域重力数据、区域磁测数据）、钻孔数据和遥感数据构建的。目标地质体的确定是在地表区域地质调查填图单位的基础上，根据MT和CSAMT等物探测深数据的可解译程度来确定的，对有些填图单位进行了合并。如鹅湖岭组一段和打鼓顶组一段的厚度普遍较薄（一般小于30m），埋藏深度较大，现有的地球物理技术无法分辨该类沉积薄层，因此电磁资料解释时无法将鹅湖岭组和打鼓顶组分段，故而在MT、CSAMT深部解译时，将这两个填图单位合并。青白口系变质岩在地表分为三个组，在接近地表的浅处，可以大致推测它们的界线；但在地下深处，依靠电磁数据解译时无法分出三个组间界面，变质岩的组也不是主要探测对象，因此，将青白口系变质岩作为一个目标地质体。

根据研究区地表及钻孔中所见地质体岩性和物性差异，划分出研究区三维地质建模单位（表3-1）。目的是区分和填绘基底变质岩、火山－沉积岩、侵入体及潜火山岩体的界面、主干断裂的展布，在可能的情况下探查矿化蚀变带和矿化体的展布。对上述填图单位，将在已有地表填图并进行高分辨率遥感解译和物性测试的基础上，结合高精度重力和磁力三维反演、钻孔和坑道资料、MT和CSAMT测量二维反演电阻率断面等综合技术方法，在钻孔资料、地表地质填图、地质和勘探剖面资料、物性参数的约束下，开展地球物理资料的多参数交互解译，尽可能地查明各个目标地质体的三维空间展布格架。对于一些物探手段难以很好地进行深部分辨的地质体，如隐爆角砾岩及一些蚀变带和矿化体，主要是靠钻孔和坑道资料进行标定。

根据物探方法的可分辨性、工程控制程度，以及与成矿关系的紧密程度，将粗斑花岗斑岩、碎斑熔岩、流纹英安岩、早泥盆世花岗岩、基底变质岩确定为建模的主要目标地质体。粗斑花岗斑岩的顶部或

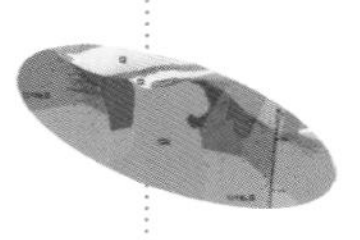

前锋往往有铀矿体存在，所以，标定其顶界面非常重要。碎斑熔岩及流纹英安岩的边界附近往往也是U-Pb-Zn成矿的有利部位，因此查明这两类岩石的界面也具有重要的意义。

表 3-1　研究区三维地质建模单元划分表

填图单位	代号	岩性特征	地表厚度 /m	锆石 U-Pb 年龄 /Ma	数据来源
第四系	Q	松散砂砾、泥质层	＞3.5		
龟峰群	K_2GF	紫红色复成分砾岩、含砾砂岩、粉砂岩、泥质粉砂岩	2452.4		
粗斑花岗斑岩	$\eta\gamma\pi K_1$	沙洲单元。块状构造，斑状结构，斑晶粒度为（1～12）mm×25mm，斑晶钾长石为15%～20%、斜长石为15% ~ 20%，石英为5%～8%。基质为20%～35%，隐晶质－细粒结构，主要为长英质	（岩墙、岩床）	132～136	陈正乐等，2013a，2013b；杨水源，2013；郭福生等，2015
鹅湖岭组	K_1e	二段（K_1e^2）：碎斑熔岩。含1%～30%的变质岩角砾或花岗斑岩质团块，岩石为（碎）斑状结构，（碎）斑晶长石为30%～40%、石英为15%～25%、基质为35%～30%，主要为微粒，部分显微隐晶	1380	133～135	郭福生等，2015
		一段（K_1e^1）：紫红色凝灰质粉砂岩、细砂岩及灰色凝灰岩、晶玻屑凝灰岩不等比例出露，晶玻屑凝灰岩常呈厚层－块状产出	12.4	136～139	杨水源等，2013；郭福生等，2015
打鼓顶组	K_1d	二段（K_1d^2）：英安岩、流纹英安岩，斑状结构，斑晶成分为长石，偶见石英，含量为7%～35%，大小为（0.5～5）mm×9mm。基质为隐晶质－微粒，含量为93%～65%	560.8	一般135～137.4	杨水源等，2010，2013；陈正乐等，2013a，2013b
		一段（K_1d^1）：底部以紫红色粉砂岩、细砂岩为主，夹流纹质晶屑凝灰岩，局部见底砾岩；中部为熔结凝灰岩夹薄层砂岩；上部为紫红色粉砂岩、砂岩、熔结凝灰岩、凝灰岩	24.5	137.4～142	郭福生等，2015
云山组—紫家冲组	D—T	石英砂岩、砾岩、粉砂岩、碳质页岩，夹煤线	279.1		
花岗岩	$\eta\gamma D_1$	乐安单元：中粗粒巨斑状黑云母二长花岗岩，片麻状构造，似斑状结构，斑晶成分为长石，含量为20%～30%，基质为中粗粒，成分为钾长石、斜长石、石英、黑云母等。焦坪单元：中细粒黑云母二长花岗岩，强绢云母化	（岩基）	405～414	周万蓬等，2016
青白口系变质岩	Qb	千枚岩、绢云石英片岩、变质粉砂岩和变质砂岩，黑云石英角岩、黑云角岩，局部含石榴子石、十字石等	5693.7	805～815	时国等，2015
断裂带	F	各种断层角砾岩、碎粒岩、破碎带			
各种矿化体、蚀变带		铀矿（化）体、铅锌银多金属矿（化）体，钠长石化、水云母化、赤铁矿化、萤石化、绿泥石化蚀变带及叠加蚀变带等			

第二节　目标地质体的基本特征

一、形态、产状、物质组成及与其他地质体的接触关系

（一）青白口系变质岩

青白口系（Qb）变质岩由神山组、库里组、上施组组成，构成相山火山盆地的变质基底，出露于火山盆地的周边，呈北东向、北东东向展布（图 2-2）。

1. 神山组（Qbŝ）

神山组出露于火山盆地的南西部外围，被乐安岩体侵入切割，分为两个岩性段。一段以青灰色－深灰色（含石榴黑云）绢云石英片岩、（黑云）石英岩夹绢云千枚岩为主，局部含炭质千枚岩。原岩主要为粉砂岩、炭质页岩，为一套滞留还原环境下形成的次深海沉积。二段以深灰色绢云千枚岩夹石英千枚岩为主，局部含炭质千枚岩，局部可见变余水平层理。原岩为粉砂岩、页岩、含炭页岩，总体上反映了深水滞留还原环境。

2. 库里组（Qb*k*）

库里组出露于火山盆地的北东、南西、南东部外围，分为两个岩性段。一段主要为浅灰色（含十字石榴黑云）石英岩、绢云石英片岩、变砂岩夹绢云千枚岩。原岩主要为石英细砂岩、泥质粉砂岩夹长石石英细砂岩及粉砂质泥岩，为一套滨岸－浅海陆棚相沉积。二段以浅灰色－灰白色（含石榴、黑云）绢云千枚岩夹石英千枚岩、变细砂岩为主。原岩主要为泥质粉砂岩、粉砂质泥岩及少量细砂岩，为浅海陆棚相沉积。在北东部，该组受后期热接触变质作用较为明显，表现为普遍形成石榴子石、黑云母、十字石等热接触变质矿物；而在南西、南东部，虽然也受到热接触变质作用影响，但强度较弱，表现不明显。

3. 上施组（Qbŝŝ）

上施组出露于火山盆地的北部沙洲—芜头一带，在盆地的南东部外围亦有部分出露，以青灰色绢云石英片岩、二云石英片岩为主，偶夹石英大理岩，根据岩性不同分为两个岩性段。一段以青灰色（含十字石榴黑云）绢云石英片岩、（含石榴）二云石英片岩夹（含石榴黑云）石英大理岩为主，原岩主要为粉砂岩、泥质粉砂岩及少量砂质灰岩，为一套滨岸－混积陆棚相沉积。二段以灰绿色（含石榴黑云）绢云千枚岩、（含石榴）二云石英片岩为主，原岩主要为泥岩、泥质粉砂岩，为深水陆棚沉积。该组在北部区域叠加了热接触变质作用，发育黑云母、石榴子石和十字石等特征变质矿物。

青白口系的地层产状总体较陡，倾角大致为45°～70°，北东或北东东走向。各组之间为整合接触。在相山火山盆地的北东、南东部外围，分别构成复式向斜褶皱；在相山火山盆地部位，构成复式背斜褶皱。背斜褶皱的大部分区域被打鼓顶组、鹅湖岭组火山－沉积岩所覆盖，仅在调查区的东西部边缘地带有所出露。

（二）云山组—紫家冲组沉积岩

云山组和紫家冲组仅出露于相山火山盆地的东部边缘，分布局限，两个地层的物性特征相似度较大，对区内铀多金属成矿作用的影响不明显，因此，在本次建模中将其归并为一个建模单元。

1. 中泥盆统云山组（D_2y）

中泥盆统云山组为一套灰白色、灰黄色的厚－巨厚层石英质砾岩、含砾砂岩夹灰绿色粉砂岩及粉砂质泥岩，局部见有板岩。底部为巨厚层状、块状石英质砾岩。角度不整合覆盖于青白口系变质岩之上。沉积环境为高能滨岸－浅海。

2. 上三叠统紫家冲组（T_3z）

上三叠统紫家冲组主要岩性为砾岩、砂岩、粉砂岩、泥岩及碳质泥岩夹煤层，夹有钙质页岩、菱铁矿结核或透镜体、油页岩、凝灰质砂岩，底部常为底砾岩。角度不整合覆盖于下伏地层之上，为湖泊－沼泽相沉积。

云山组和紫家冲组地层产状均向火山盆地中心倾斜，倾角为30°～50°，走向近南北向或北北西向。

（三）打鼓顶组火山－沉积岩

下白垩统打鼓顶组根据垂向上的岩性组合特征划分为两个岩性段，角度不整合覆盖于下伏地层之上。

1. 打鼓顶组一段（K_1d^1）

打鼓顶组一段为一套紫红色杂色砂岩、砾岩、粉砂岩、泥岩，夹灰绿色流纹质晶屑玻屑熔结凝灰岩、

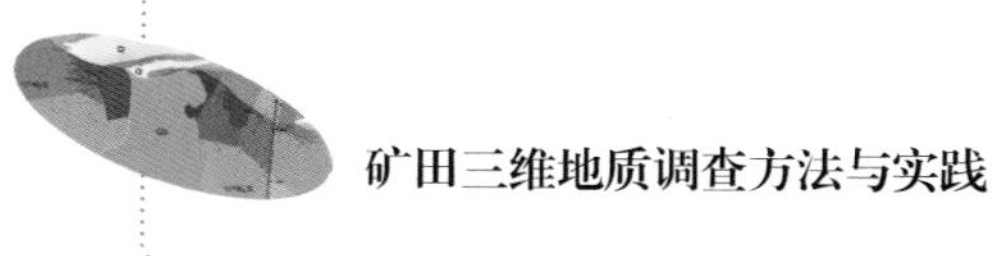

凝灰质砂岩、凝灰质粉砂岩，局部可见有砾岩，是相山火山－沉积盆地盖层最底部岩性，分布于盆地四周，呈不完全连续的环形出露。在盆地北部和东北部出露较多，出露厚度可达近300m。东部、南部、西部出露层位不完整，由于其后火山及次火山作用的影响，分布零星。

其中的熔结凝灰岩呈浅紫灰色、浅灰白色、浅灰绿色，由浆屑（5%～20%）、晶屑（20%～40%）、塑性玻屑（10%～25%）及火山灰组成。晶屑粒度一般为1～3mm，主要为钾长石和石英，少量斜长石，偶见黑云母。岩石具熔结结构，浆屑、玻屑发生不同程度的塑性变形，定向排列构成假流动构造。浆屑呈火焰状、透镜状、饼状、撕裂状等，宽2～8mm，长10～100mm；玻屑呈蚯蚓状、丝纹状、长条状等。浆屑、玻屑多数已脱玻化重结晶，见有少量刚性岩屑。浆屑分布不像晶屑那样均匀，有些地方多而呈团块状，而且个体大，有些地方很少或没有。

沉凝灰岩（凝灰质砂岩、凝灰质粉砂岩）呈黄绿色、灰白色，具沉凝灰结构，发育平行层理，碎屑物主要由火山碎屑组成，混有少量的陆源碎屑物。火山碎屑主要为石英、钾长石、斜长石晶屑。石英呈棱角状，边缘常被熔蚀成港湾状，粒度为0.1～0.4mm，含量为15%～25%；斜长石和钾长石大部分已绢云母化、泥化，呈板状、次棱角状，粒度为0.1～0.3mm，含量为40%～50%。陆源碎屑主要由石英、白云母、岩屑等组成，石英次圆状－圆状，粒度为0.02～0.3mm，含量为2%～5%；岩屑粒度为0.2～0.5mm，含量约2%；白云母片状或鳞片状，主要围绕碎屑颗粒呈薄膜状，片径为0.1～0.2mm，含量为2%左右。杂基和胶结物含量为15%～25%，为黏土矿物、铁质矿物，以及部分自生绢云母，另外有少量的火山灰、隐晶质物质等。

2. 打鼓顶组二段（K_1d^2）

打鼓顶组二段主要为紫红色、暗紫色（局部为浅灰绿色）流纹英安岩，中部和下部的局部地段夹紫红色薄层凝灰质粉砂岩、粉砂质泥岩，西部地区局部出露流纹英安质火山角砾岩、集块岩。该段主要在相山火山盆地的西北部石宜坑—济河口—堆头—新建村—芜头一带以及北部的八古山—横涧一带呈带状出露，在其中的堆头到齐河口一带熔岩厚度最大，达517m，向东西延伸逐渐变薄。在盆地西部，流纹英安岩从横涧、罕坑西延到新建村一带明显地分为两支，一支向北西方向经王田南到前江、芜头一带，一支向南西方向经田堆上到堆头、济河口、湖溪。在盆地东部和西南部出露甚少，南部完全缺失。与下伏打鼓顶组一段整合接触，产状基本平行，局部呈小角度斜交。

主要岩石流纹英安岩呈暗紫色、灰紫色、浅紫红色，局部灰绿色，多为块状构造，局部具流纹构造，偶见气孔构造、珍珠构造。流纹构造常被后期的赤铁矿条带充填改造或斜向穿插，局部发生弯曲形成微小褶皱，有些微小褶皱呈膝折状态。具斑状结构，斑晶含量为10%～35%，粒径为0.5～4mm，成分主要为斜长石、钾长石、黑云母，以及少量石英、角闪石、辉石。角闪石、黑云母斑晶常发生强烈暗化，辉石斑晶常被绿泥石交代，基质呈隐晶－霏细结构。岩层中常含有较多辉长岩包体，呈团状，直径一般为1～3mm，由细粒自形板条状斜长石、辉石、黑云母组成，辉石、黑云母多已被绿泥石交代。

（四）鹅湖岭组火山－沉积岩

下白垩统鹅湖岭组，根据岩性岩相特征可分为两个岩性段。

1. 鹅湖岭组一段（K_1e^1）

鹅湖岭组一段在打鼓顶组二段流纹英安岩和鹅湖岭组二段碎斑熔岩之间呈透镜状零星产出，厚0～50m，分布于相山火山盆地外圈部位。该段为一套含火山碎屑的沉积岩和火山凝灰岩类，由紫红色含砾（含凝灰质）粉砂岩、凝灰质粉砂岩、细砂岩及灰紫色晶屑玻屑（浆屑）凝灰岩、晶屑凝灰岩、凝灰岩等岩性组成。因被鹅湖岭组二段碎斑熔岩喷溢覆盖，加之风化剥蚀，分布零星，地表出露面积不到1km^2。与下伏打鼓顶组呈平行不整合接触，野外可见其晶屑玻屑熔结凝灰岩覆盖在打鼓顶组二段火山集块岩之上（图3-1）。

图 3-1 打鼓顶组二段流纹英安岩与鹅湖岭组一段熔结凝灰岩呈平行不整合接触（如意亭河沟）

2. 鹅湖岭组二段（K_1e^2）

鹅湖岭组二段由似层状－块状碎斑熔岩体构成，总厚度大于 1380m，分布范围为东西长 26.5km、南北宽 15km 的椭圆形区域，面积约 250km^2，约占盆地内火山岩出露面积的 80%，构成了相山火山盆地的主体岩石。岩层产状由四周向盆地中心缓倾斜，上部倾角较小（一般为 20°～40°），向下延伸倾角变大，总体呈蘑菇状（岩盖状），边部薄中心厚。局部区域底部有明显的隆凹特征，可能是火山喷溢时的地形或次火山口形状的反映。这是一套喷溢－侵出相的巨厚层状熔岩，岩性具渐变过渡关系，从盆地边缘到中心可分为三个不规则的圆圈，分别为边缘溢流亚相的含变质角砾碎斑熔岩、过渡溢流亚相的碎斑熔岩和中心侵出亚相的含花岗质团块碎斑熔岩。

1）边缘亚相

边缘亚相位于椭圆形碎斑熔岩体的最外圈，出露宽度较小，与鹅湖岭组一段呈喷溢覆盖接触（图 3-2）或超覆于基底变质岩之上。岩石呈灰色、浅肉红色，块状构造，碎斑结构，斑晶大部分已震碎，呈晶屑状。斑晶（或晶屑）含量为 50%～60%，主要有钾长石、石英、斜长石和少量黑云母。个别黑云母斑晶有暗化边。基质多为霏细状，含量为 50%～35%。岩石含有较多的异源角砾，含量为 6%～15%，局部可达 30% 以上，大小一般为 0.5～10cm，最大者可达 30cm。角砾成分以变质岩为主（石英黑云角岩、黑云石英角岩、千枚岩和变质长石石英砂岩等），少量晶屑凝灰岩、流纹英安岩角砾，并可含少量同源岩屑和浆屑。边缘亚相外侧或下部有时可见宽几米至上百米的灰绿色异源角砾隐爆角砾岩，其角砾含量为 50%～90%（图 3-3），角砾成分主要为变质岩，少量脉石英、流纹英安岩、碳酸盐角砾，胶结物为碎斑熔岩质。隐爆角砾岩中的角砾与胶结物之间，界面一般比较清晰，角砾总体上杂乱排列，局部有定向性和分层现象（图 3-4）。

图 3-2 含变质岩角砾碎斑熔岩覆盖于凝灰岩之上（如意亭公路边）

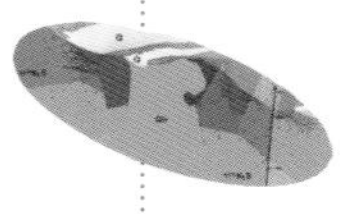

图 3-3　碎斑熔岩中的变质岩角砾（邹家山坑道）

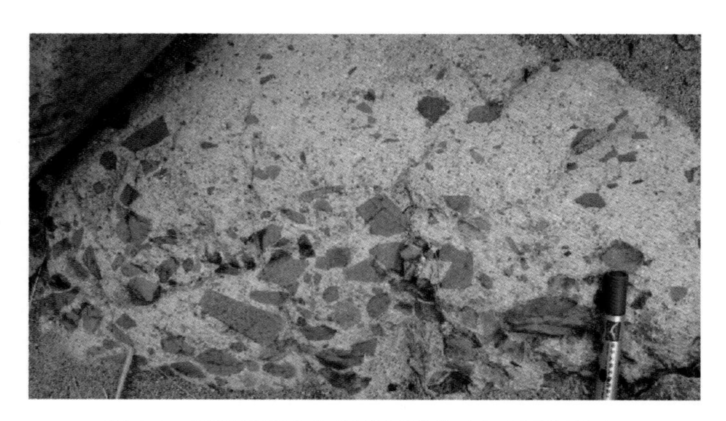

图 3-4　碎斑熔岩中角砾分层现象（如意亭河沟）

2）过渡亚相

过渡亚相分布于边缘亚相以内的中间环带，大致呈椭圆环带状出露，是本段的主要岩性段。与边缘亚相多呈渐变过渡关系，有的为侵入包裹关系。岩石中岩（浆）屑条带的产状，总体向盆地中心倾斜，局部（如盆地西部）向外倾斜。岩性特征与边缘亚相类似，主要区别是变质岩角砾较少，一般小于 3%；基质粒度往往变大，为微粒状；同源岩屑和浆屑更为常见，但一般小于 5%。相对于边缘亚相和中心相，过渡亚相中较常见石英电气石囊包。囊包大小一般为 0.5～3cm，大的可达 6cm，由黑电气石和石英自形晶组成，也有一些呈粉末状，囊包周围常有 1～5mm 宽的褪色晕圈（不含暗色矿物）。绝大多数囊包呈不规则椭圆状分散分布在碎斑熔岩中，但局部可见沿裂隙断续分布。

3）中心亚相

中心亚相出露在相山火山盆地中心偏北东的位置，围绕相山主峰呈不规则椭圆形分布，面积 31.2km^2，产状由似层状向陡立的管柱状过渡。与过渡亚相之间多为过渡关系，有的为侵入关系。岩性特征和过渡亚相很相似，基质粒度相近或略大，为显微粒状。其突出特点是含粗斑花岗斑岩质岩屑，岩屑含量（5%～15%）不等、大小不一，一般为 5～30cm，最大可达 1m 至十余米，形态以椭圆形、长条状、条带状为主，少部分为撕裂状、扁平椭圆状等形态。该类岩屑定向性常较明显，其岩性为花岗斑岩，常含较多长石粗斑，斑晶大小一般为 0.5～1.5cm，也可见 3cm 左右的大斑晶，斑晶常具定向现象，表现出明显的流动特征。另外，岩石中也含有不等量的变质岩角砾（1%～12%）或其他沉积岩角砾，大多数呈棱角状，角砾的分布也具有一定的方向性。

（五）龟峰群红色碎屑岩系

上白垩统龟峰群（K_2GF）出露于火山盆地的北西部，位于梅溪－芜头到山砀区域范围。区内出露河口组和塘边组，为一套巨厚的陆相红色碎屑岩系。

1. 河口组（K_2h）

河口组以厚层复成分砾岩为特征，超覆于老地层之上。根据岩性组合和沉积特征可分为三个岩性段。一段为紫红色厚层－块状砂质砾岩、厚层状复成分砾岩，底部偶见砂质砾岩与含砾粉砂岩互层。粒序层理发育，砾岩中砾石大小混杂，发育叠瓦状构造，显示砾质辫状河沉积特征；二段以复成分砾岩夹薄层含砾砂岩为主，筛积结构发育，为冲积扇相沉积；三段为中—厚层状砂质砾岩、含砾细砂岩夹含砾粉砂岩，发育砂质砾岩－细砂岩组成的正粒序沉积韵律，为冲积扇相沉积。

2. 塘边组（K_2t）

塘边组整合于河口组之上，岩性以紫红色夹灰绿色砂岩、粉砂岩、泥岩为主，局部夹砂质砾岩，个别地段相变为粗碎屑岩，可分为三个岩性段。一段主要为紫红色中—薄层状粉砂岩、泥质粉砂岩夹含砾细砂岩，发育大量垂直于层面的柱形潜穴（Scoyenia），粉砂岩中见交错层理；二段以中—厚层状砾质粗砂岩、粉砂质细砾岩及含砾中细砂岩为主，交错层理发育；三段为一套浅湖相泥质粉砂岩沉积。

河口组和塘边组地层产状较为平缓，其倾角一般为5°～20°，走向北东，倾向北西。

（六）泥盆纪花岗岩

泥盆纪花岗岩分布于盆地南西角，有乐安岩体和焦坪岩体。

1. 焦坪岩体（ηrD_1J）

焦坪岩体分布于相山盆地南西侧焦坪一带，为一北西－南东向延伸的不规则状岩株，仅其东端延入研究区。该岩体侵入于青白口系变质岩中，接触面常凹凸不平，以向围岩外倾为主，倾角约50°。外接触带发育热接触变质作用，形成黑云母、白云母、石英等新生矿物，局部生成石榴子石。内接触带边缘岩石粒度略有变细，常见围岩捕虏体。岩性为中细粒黑云二长花岗岩，块状构造，中细粒花岗结构。岩石的石英含量约25%，斜长石含量约30%，钾长石含量约42%，黑云母含量约3%。长石常强烈绢云母化、黑云母绿泥石化。因普遍受较强烈蚀变，SiO_2和Al_2O_3含量较高，平均值分别为73.65%和16.71%；而CaO和Na_2O含量很低，平均值分别为0.10%和0.12%；K_2O/Na_2O和A/CNK值很高，平均值分别达38.9和3.08。稀土元素含量中等，ΣREE（不含Y）平均为233×10^{-6}，稀土配分模式为右倾陡倾型，具中等负铕异常（δEu平均为0.5），与乐安岩体很相似，属壳源型花岗岩。LA-ICP-MS锆石U-Pb年龄为414.2±4.0Ma，形成于早泥盆世。

2. 乐安岩体（ηrD_1L）

乐安岩体主体位于相山盆地南侧，呈北西向纺锤状展布，其北西部延入研究区的南西角，沿青白口系变质岩中的北西向横断层侵入。侵入面呈舒缓波状外倾，倾角为28°～70°，围岩有宽200～2000m的热接触变质带，形成黑云母、白云母、石英等新生矿物，局部见有石榴子石。岩性为深灰色中粗粒巨斑状黑云母二长花岗岩，似斑状结构，块状构造，局部片麻状构造。斑晶成分为钾长石，含量为15%～30%，大小为1cm×2cm～3cm×9.5cm。基质为中粗粒花岗结构，粒径多数为3～12mm，主要由钾长石（10%～20%）、斜长石（26%～37%）、石英（20%～26%）、黑云母（8%～15%）组成，局部可有少量白云母。石英可呈拔丝状，长宽比1.5～10；黑云母粒径为1～6mm，叠片状或条纹条带状。副矿物以钛铁矿、磷灰石、锆石、榍石为主，局部含电气石、石榴子石、独居石、磷钇矿。局部含少量微细粒镁铁质包体。岩石SiO_2含量平均为67.8%，K_2O / Na_2O值平均为1.69，A/CNK值平均为1.07。稀土元素含量较高，ΣREE平均为336×10^{-6}，稀土配分模式为右倾陡倾型，具中等负铕异常（δEu平均为0.46），初始锶比值平均为0.7115，$\varepsilon_{Nd}(t)$平均为−6.76，属壳源为主混有少量幔源物质的花岗岩。LA-ICP-MS锆石U-Pb年龄为405.6±2.6 Ma（周万蓬等，2016），形成于早泥盆世。

（七）白垩纪花岗斑岩

早白垩世沙洲单元侵入岩的岩性主要由粗斑黑云二长花岗斑岩、微细粒斑状黑云二长花岗岩组成，在局部或深部见有细粒（或中细粒）斑状黑云二长花岗岩。花岗斑岩与斑状花岗岩呈相变关系，即花岗斑岩为边缘相，斑状花岗岩为内部（中心）相，为了更好地反映其浅成成因的地质内涵，统称为花岗斑岩。岩石以斑晶多且大为特征，其中有部分钾长石斑晶尤为粗大。小岩体或大岩体边缘相，基质以微粒或显微文象结构为主（隐晶质）；大岩体的内部相，基质以细粒（显晶质）为主，微粒（隐晶质）为辅，石英斑晶常见熔蚀结构。岩体主要呈环状岩墙、岩床，个别呈南北向岩墙或不规则岩枝状产出，大多出露于相山火山盆地边缘或外围基底变质岩中，以盆地北部、东部和南部出露较多。在盆地北部，大致可分出三圈环状岩墙－岩床群，自外向内分别是沙洲似斑状花岗岩岩墙－岩床群、游坊－巴泉－横涧花岗斑岩岩墙－岩床群、王泥坑似斑状花岗岩岩墙－岩床群。在盆地东部和南部，主要有相山镇－浯漳岩墙－岩床群，产状总体较平缓，据钻孔资料显示，西侧深部为岩墙状，其他部分为岩床状。在盆地西部，地表仅见少量岩墙，但在钻孔中见到较多呈岩床、岩墙、岩枝侵入碎斑熔岩、流纹英安岩和变质岩基底

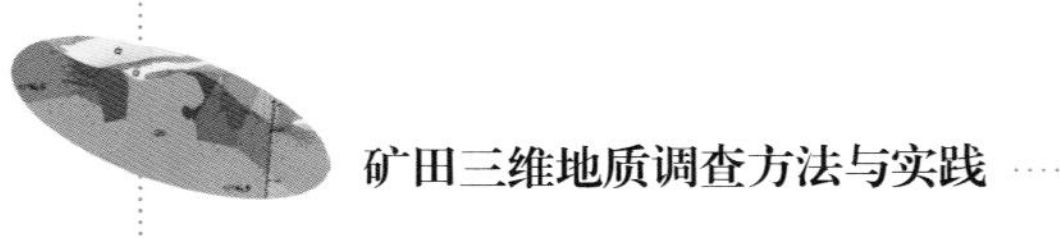

中，岩床的产状与火山岩围岩基本一致。在盆地的内部，也有少量呈岩枝、岩墙出露。

沙洲单元侵入岩侵入于青白口纪变质岩、下白垩统打鼓顶组火山碎屑岩－沉积岩、流纹英安岩及鹅湖岭组碎斑熔岩中，可见冷凝边（斑晶变少变小，基质变细）。当外接触带为变质岩及火山碎屑岩－沉积岩时，可有几米至上百米的角岩或斑点角岩化带；当外接触带为碎斑熔岩和流纹英安岩时，热接触变质不明显。侵入体中常见围岩捕虏体，大小一般为几厘米至几米，捕虏体岩性有变质岩、（含砾）砂岩、凝灰岩、流纹英安岩、碎斑熔岩、辉绿岩、闪长岩等；局部见微粒镁铁质包体（冷淬包体）。脉岩不发育，可见少量细斑花岗斑岩脉和中基性岩脉。侵入体深部中细粒斑状黑云二长花岗岩的LA-ICP-MS锆石U-Pb年龄为136.4±2.5Ma，与鹅湖岭组二段碎斑熔岩年龄（133～135Ma）基本一致，形成于早白垩世，为火山期后浅成－超浅成侵入产物。

沙洲单元侵入岩的岩石呈灰白色－浅肉红色，块状构造，斑状结构或似斑状结构。钾长石斑晶较粗，一般为10～30mm，而石英、斜长石（有时也有部分钾长石）斑晶较细，以1～6mm为主。斑晶中钾长石斑晶含量为10%～35%，一般为20%～30%；石英含量为10%～20%，有的显自形六方双锥晶体，常熔蚀成浑圆状或港湾状；斜长石含量为19%～37%，有的见环带结构；黑云母含量为5%～7%；局部有少量普通角闪石，形态不规则，常与黑云母呈集合体产出。基质含量为20%～37%，主要为钾长石、斜长石、石英及少量黑云母，隐晶质、微细粒或显微文象结构，粒径为0.05～0.5mm。副矿物主要有磁铁矿、锆石、褐帘石、磷灰石、黄铁矿、石榴子石。岩石的SiO_2含量主要为66.94%～72.39%，平均为69.77%。碱含量（K_2O+Na_2O）较高，平均为8.37%，特别是K_2O平均达5.53%。K_2O/Na_2O值高，平均为1.94，在SiO_2-K_2O图上落入钾玄岩区，与研究区流纹英安岩特点类似。A/CNK平均值为1.04，为弱过铝质。稀土元素含量较高，$\sum REE$平均为347×10^{-6}，稀土配分模式为右倾陡倾型，具中等负铕异常（δEu平均为0.47），初始锶比值平均为0.7119，$\varepsilon_{Nd}(t)$平均为-7.56，岩石主要属壳源岩浆成因，局部含少量闪长质包体，说明有少量幔源岩浆的混入。

（八）第四系松散堆积物

第四系为松散堆积物，分布于现代沟谷、河床及其两侧，主要为冲洪积和残坡积两种成因类型，常构成一级阶地及河漫滩。阶地一般高出水面3～15m，属于全新世联圩组（Qhl）堆积物。该组下部主要由紫红色、灰褐色砾石层组成。砾石成分因源而异，多为下伏地质体岩石的成分，砾石一般具叠瓦状构造和定向排列；中部为灰褐色、紫红色含砾砂层；上部为紫红色、黄褐色的亚砂土、亚黏土层，顶部一般被改造为耕作土。厚度一般为1～5m，覆于前更新世地质体之上。

（九）基底褶皱构造

相山火山盆地发育于青白口系浅变质基底之上，盆地主体由早白垩世火山－侵入杂岩组成，西北部被晚白垩世红层覆盖，具有三层结构特征（图3-5）。基底浅变质岩系经南北向挤压的雪峰－加里东期构造运动，形成北东东向褶皱，由北向南分别有培坊倒转向斜、潭港－相山复式背斜和南美峰－上河向斜。

1. 培坊倒转向斜（X1）

该褶皱核部位于研究区北部，褶皱轴走向约为75°，西端被早白垩世火山－沉积岩系覆盖，向东延伸至研究区以外。核部地层为青白口系上施组二段，两翼地层由内向外依次为青白口系上施组一段、库里组二段和库里组一段。北翼地层的倾向340°～350°，倾角70°～80°；南翼倾向与北翼基本一致，倾角比北翼略小，普遍为60°～70°。翼间角很小，为紧闭的倒转向斜褶皱，轴面产状大致为345°∠70°，枢纽接近水平，为紧闭的倒转水平褶皱。褶皱中部被南北向罕坑－寨里断裂（F3）左行平移断层切断，褶皱轴部形成约600m的水平错动。

2. 潭港－相山复式背斜（B2）

该复式褶皱枢纽NE60°走向，贯穿于整个研究区的中部。由两个次级背斜和一个次级向斜组成，从

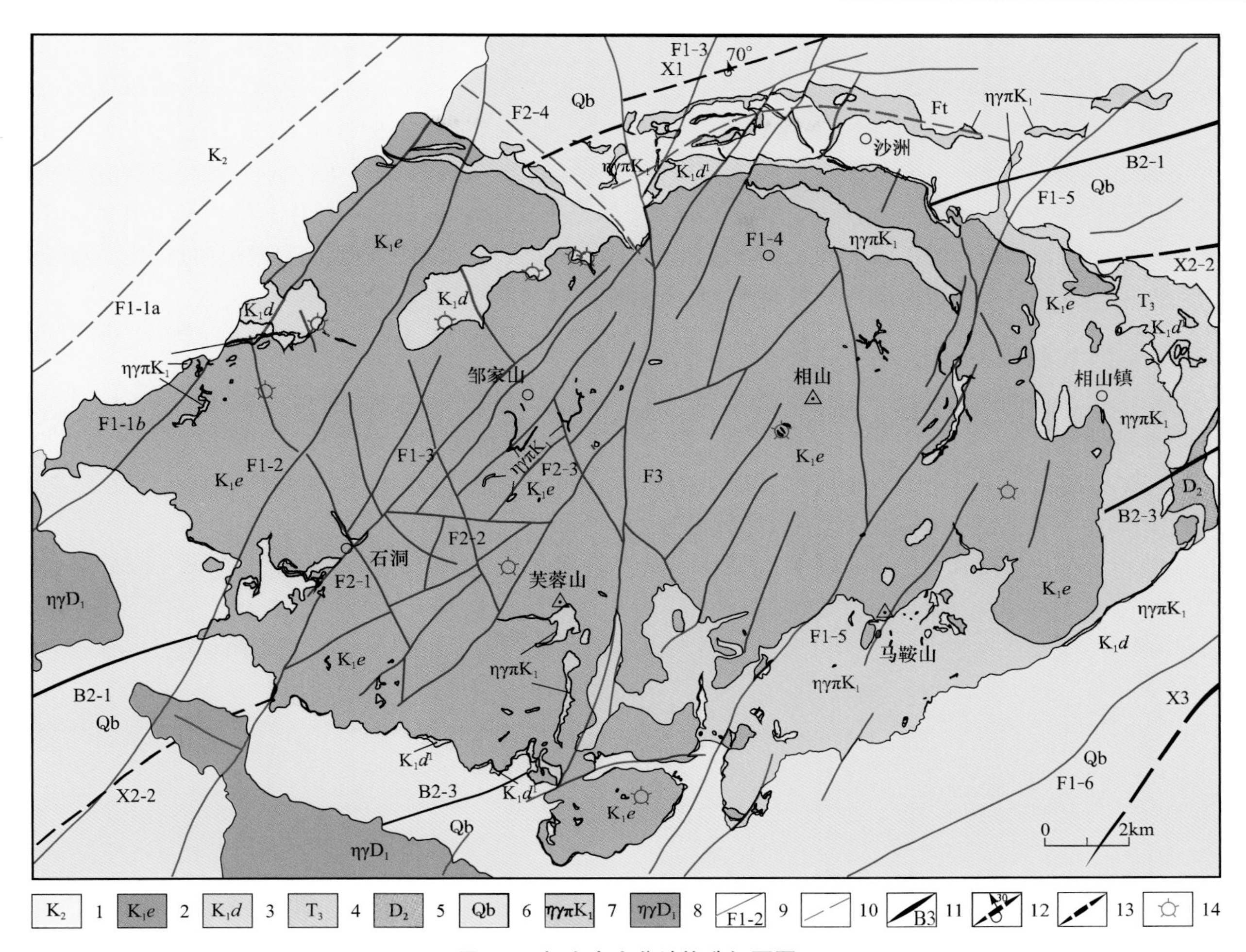

图 3-5　相山火山盆地构造纲要图

1. 上白垩统；2. 下白垩统鹅湖岭组；3. 下白垩统打鼓顶组；4. 下三叠统；5. 中泥盆统；6. 青白口系；7. 早白垩世花岗斑岩；8. 早泥盆世花岗岩；9. 断裂及编号；10. 物探解译断层；11. 背斜及编号；12. 倒转向斜及产状；13. 向斜；14. 古火山口

北向南分别为金盆形－崇福山次级背斜（B2-1）、康村－下源村次级向斜（B2-2）、龙潭－林头次级背斜（B2-3），组成北东东向“M”型复式背斜褶皱。在研究区的中部，复式背斜的核部由于受相山火山盆地早白垩世火山活动破坏及火山－沉积岩系的覆盖，褶皱形迹仅出露东、西两段。

1）金盆形－崇福山次级背斜（B2-1）

该次级背斜褶皱枢纽西南段沿金盆形北—元头—庙前延伸，北东段沿游坊南—河东—崇福山延伸。北西翼总体倾向约 340°，倾角 40°～50°；南东翼倾向总体约 160°，倾角约 45°。翼间角为中等，轴面基本直立。西南段褶皱枢纽向西南倾伏，倾伏角为 8°～10°；北东段褶皱枢纽向北东东向倾伏，倾伏角为 8°～10°。核部地层为神山组一段，两翼地层为神山组二段。

2）康村－下源村次级向斜（X2-2）

褶皱枢纽西南段沿天子老峰—康村—罗江延伸，北东段沿—下源村南—袁坊延伸。北西翼倾向 150°～160°，倾角 45°～56°；南东翼倾向总体 330°～350°，倾角约 55°。翼间角为中等，轴面基本直立。西南段褶皱核部被乐安岩体沿北西向横断层侵入破坏，南东翼局部有倒转，致使褶皱轴面发生扭曲，枢纽呈向北微凸弧形弯曲。

3）龙潭－林头次级背斜（B2-3）

该次级背斜西南段沿龙潭南—上岭延伸，北东段沿林头—曾坊延伸。北西翼倾向 325°～335°，倾角 50°～55°；南东翼倾向总体约 145°，倾角约 50°。翼间角为中等，轴面基本直立。西南段的北西翼，在乐

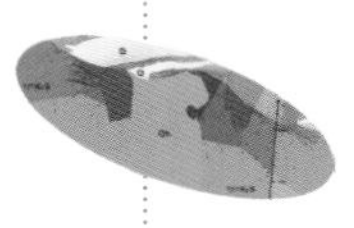

安岩体边缘地带有局部地层倒转。

3. 南美峰－上河向斜（X3）

褶皱核部位于研究区东南角，沿南美峰—上河村北东向延伸。核部地层为青白口系上施组二段，两翼地层由内向外依次为青白口系上施组一段、库里组二段和库里组一段。北西翼地层产状为140°～160°∠34°～46°，南东翼多为330°～350°∠55°～60°，北西翼倾角小于南东翼，翼间角约为75°，为开阔—中等向斜褶皱，轴面倾向南东，产状约为130°∠80°。两翼地层界线往南西趋向靠拢，因此其枢纽向南西扬起、向北东倾伏，倾伏向约40°，倾伏角5°～10°，属于直立水平褶皱。

（十）断裂构造

相山火山盆地的断裂构造以北东向为主导，北西向断裂从属于北东向或与其构成共轭断裂；近南北向断裂形成时间较晚，常穿切北东向和北西向断裂。考虑到三维建模的复杂性，在建模时对一些规模较小、次要的断裂构造进行了简化处理。下面仅对火山盆地的主要断裂带的特征进行简要描述。

1. 中格田－石宜坑－芜头断裂带（F1-1b）

该断裂带位于盆地西部的中格田、石宜坑、芜头一带，长度约11km，主断裂宽几米至几十米不等。断裂带延伸方向约40°，倾向北西，倾角约85°。有些分支断裂倾向南东，倾角约70°。其小型次级断裂的产状也都较陡立，接近于直立。断裂带切过相山早白垩世火山－沉积岩系和后期侵入的沙洲单元侵入岩体，局部地段沿晚白垩世红色碎屑沉积岩系与早白垩世火山－沉积岩系的接触界面延伸。由于后期强烈的风化剥蚀作用，该断裂带北东向沟谷发育，覆盖有较厚的第四系，断裂形迹在地表出露较差。断裂带对微地貌和水系有明显的控制作用，表现为顺某些断层延伸为长条形山体，并伴有直线形沟谷。断层性质主要为左行平移，主要活动于加里东期、燕山晚期。

2. 小陂－芜头断裂带（F1-2）

该断裂带位于盆地西部的湖田、小陂、湖溪、芜头一带，长度约14km。由于强烈的风化作用，该断裂带在地貌上表现为一平坦的北东向宽谷带，沟谷发育，覆盖有较厚的第四系，断裂在地表断续出露（图3-6）。钻孔揭露显示其为一连续延伸的大级别断裂带，断层带中钾长石化、水云母化、绿泥石化、黄铁矿化、萤石化等热液蚀变强烈，铀矿化明显。断裂带延伸方向约35°，倾向北西，倾角北缓南陡，倾角50°～84°。断裂带主要切过相山早白垩世火山－沉积岩系。其擦痕显示为正断层性质。主要活动于加里东期、燕山晚期。

图3-6　小陂－芜头断裂中的断层角砾岩（湖溪村东）

3. 邹家山－石洞断裂带（F1-3）

该断裂带位于研究区火山盆地中部，出露于住溪、石洞、书塘、邹家山、巴泉等地，由几条大致平行的断层组成断裂带。在地貌上，沿断裂带的各断层风化剥蚀形成直线形沟谷，沟谷构成的水系直线状展布、支流与干流常以直角或钝角相交，沟谷有时因两侧坡陡且对称而呈“V”型。从重磁反演资料分析，断裂带深切基底达10km。

邹家山－石洞断裂（一般称“邹－石断裂”）贯穿整个相山火山盆地，延伸方向为30°～40°，两端延伸至变质岩系中，全长20km左右，宽几米至几百米。根据断层面产状可分为三段：北东段倾向北西，倾角40°～60°；中段为书塘—邹家山一带，断层面近直立；南西段倾向南东，倾角较陡，约为80°。断层中钾长石化、水云母化、绿泥石化、钠长石化、黄铁矿化、萤石化和碳酸盐化发育，局部可见黄铁矿细脉、萤石脉和方解石脉，与两侧派生的大量北西向、南北向次级断裂一起控制了众多铀矿床的分布（图3-7），属区内的重要断层。

图3-7　邹－石断裂破碎带的派生断层和铀矿化现象

a. 邹石断裂派生断层、拖曳褶皱及矿化蚀变（邹家山露天采场）；b. 铀矿化（石洞村口）

断裂带切过整个相山早白垩世火山－沉积岩系、沙洲单元侵入岩体，并延伸到基底变质岩系之中。在基底变质岩系分布区破碎强烈，并有硅化现象，主干断层硅化带宽2～12m，有些地段断层破碎带严重风化成为残积土。根据滑动面擦痕、拖曳现象、派生节理、地层错位状况等现象，判定该断裂带主要为左行平移性质。其主要活动期为加里东期、燕山晚期。

4. 南寨－庙上－布水断裂带（F1-4）

该断裂带位于相山火山盆地中部，走向NE40°，受相山中部南北向断裂切割分成两段。其中北东段沿布水—邹家山—上泥浆一带发育，断层面倾向310°，倾角约70°；南西段沿上泥浆—白花垅—上舍一带发育，断层面倾向130°，倾角约70°。断裂带切过整个相山早白垩世火山－沉积岩系、沙洲单元，并延伸到基底变质岩系之中，全长约16km，宽约2m。根据构造透镜体、伴生节理产状判断为左行平移断层，主要活动期为燕山晚期。

5. 严坑－马口断裂带（F1-5）

该断裂带位于相山火山盆地东南缘，沿相山东南侧严坑—浯漳—上谙—马口一带发育，遥感影像特征明显，出现一系列色调异常、地貌异常、河流方向异常等影像标志组合。北东端延伸至研究区之外，向南西则与邻区的丁元－带陂断裂相接，构成区域性断裂。研究区内该断裂带长约12km，宽约3km。延伸方向约30°，倾向南东，倾角60°～75°。在竹溪－上谙段断层破碎带的宽度超过50m，有碎裂现象，局部有萤石化、黄铁矿化和硅化脉、浅色细晶岩脉充填。根据构造透镜体、伴生节理产状、滑动面擦痕方向、变形斑晶和捕虏体的定向排列方向分析，该断裂带经历了早期左行走滑、晚期挤压逆冲、后期拉张伸展等阶段。其活动期可能早于加里东期，主要为燕山晚期。

6. 相山西北部北西向断裂带（F2）

该断裂带位于相山火山盆地的西北部湖田—邹家山附近，由河元背－小陂－石洞（F2-1）、济河口－书塘－白花垅（F2-2）、堆头－邹家山－石咀下－张家边（F2-3）和芜头－王田（F2-4）等多条断层组

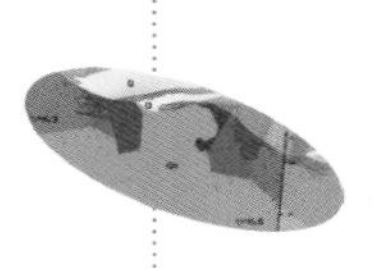

成。这些断层走向北西，倾向230°～250°，倾角约75°；长度一般为8～9km；断层带宽度不等，一般为5～6m，局部可达20m以上，属燕山晚期形成。与上述邹家山－石洞、小陂－芜头、严坑－马口等北东向断裂带呈共轭关系，与北东向断裂大角度相交，相互穿切而构成相山西部的菱形断块构造（图3-8）。断裂带常有强烈的热液蚀变现象，如钾长石化、水云母化、绿泥石化、钠长石化、黄铁矿化、萤石化和碳酸盐化等，并常有铀矿化发生，是相山铀矿田的主要容矿构造。据断面上少量存在的擦痕判断，为右行平移断层，形成于燕山晚期。

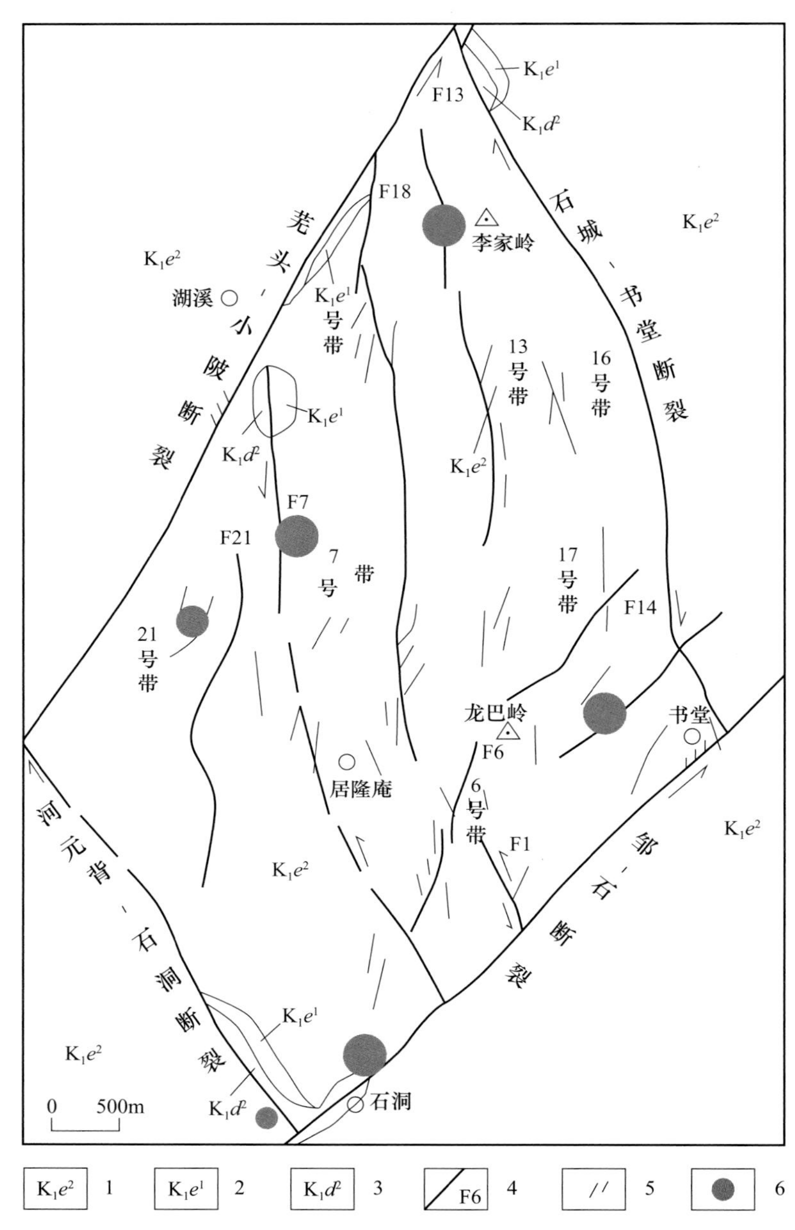

图3-8 相山火山盆地西北部菱形构造

1. 鹅湖岭组二段；2. 鹅湖岭组一段；3. 打鼓顶组二段；4. 断层；5. 节理；6. 铀矿床

7. 罕坑－寨里断裂（南北向）（F3）

该断裂属于南北向断裂，沿罗陂—罕坑—油家山—寨里一带延伸，切过整个相山火山盆地并延及基底变质岩系中，将相山火山盆地分为东、西两部分。断裂长约17km，宽约15m，走向近南北向，倾向约270°，倾角近80°。断裂带内节理裂隙十分发育，岩石呈碎裂状，主要有断层角砾岩、碎粒岩等断层岩；

岩石蚀变较强，主要有赤铁矿化（红化）、绿泥石化、水云母化、碳酸盐化、紫色萤石化等。断层面发育阶步和擦痕，显示属于压扭性质。根据地表地层出露状况及钻探资料，显示两盘具有西降东隆的表现特征，所以该断裂应为正－左行平移断层。断层切割北东向和北西向断裂及次火山岩，形成时代较晚，属于燕山晚期。除该断层外，其他南北向断裂主要发育于相山盆地的火山－沉积岩系内的东部区域，规模均较小，延伸长度不一，多为数千米。

（十一）环形构造

在遥感图像特征上相山火山盆地具有复杂的环形构造，可分为主体环形构造和次级环形构造，其成因主要与火山机构有关，个别与侵入体有关。

整个相山盆地是一个大的主体环形构造，东西向长轴约 23.7km，南北向短轴约 17.6km，具有多圈层结构，大致可分为三个环。外环主要由火山活动晚期侵入的小岩体、岩墙、岩脉和岩枝（即沙洲单元侵入体）及被其分隔或支离的青白口系、打鼓顶组、鹅湖岭组一段地层组成，有些地段也见鹅湖岭组二段边缘亚相；中环主要由鹅湖岭组二段过渡亚相组成；内环主要由鹅湖岭组二段中心亚相组成。其中，内环的环状和放射状特征最为典型，是环状和放射状断裂在遥感图像上的反映，是相山火山盆地碎斑熔岩喷溢的主体通道。

次级环形构造是指主体环形构造内一些规模较小的环形构造。结合火山集块岩的分布、火山岩古地磁的方向分析，它们应是次火山通道。在遥感 ALOS 图像上，影像特征明显的有 8 个。其中与打鼓顶期火山活动有关的次级环形构造，主要分布于相山火山盆地西北部，有石宜坑、南山下、堆头和如意亭 4 个；与鹅湖岭期火山活动有关的次级环形构造，有柏昌、阳家山、河元背和严坑 4 个。

（十二）蚀变带或矿化体

由于构造和热液多期次活动，相山矿田蚀变现象普遍，产生多种蚀变，主要有绢云母化、钠长石化、赤铁矿化、绿泥石化、磷灰石化、石膏化、浊沸石化、铁锰白云石化、萤石化、水云母化、碳酸盐化、硅化、多金属硫化物化等。按照蚀变生成顺序及与矿化的关系，大致可划分为成矿前热液蚀变、成矿期热液蚀变和成矿后热液蚀变三大类。

1. 成矿前热液蚀变

矿前期热液蚀变包括火山期后的自交代蚀变、火山熔浆接触蚀变和受主干基底断裂控制的气－水热液蚀变，其中后者与矿化关系最为密切。受主干基底断裂控制的气－水热液蚀变作用，形成了矿田的早期灰色蚀变带，其蚀变带宽度可达 200～500m，常位于斑岩体的顶部和断裂构造带内及其两侧。蚀变类型包括钠长石化、黄铁矿化、水云母化、绢云母化、绿泥石化、碳酸盐化等。

2. 成矿期热液蚀变

成矿期热液蚀变包括碱性热液蚀变和酸性热液蚀变两类。

1）碱性热液蚀变

碱性热液蚀变是矿田内最早一次成矿期热液蚀变，主要表现为钠质交代，在相山矿田北部、东部、南部都较为发育。其蚀变分带明显，自蚀变带中心至边缘依次是强钠长石－绿泥石带→方解石－弱钠长石带→未蚀变正常岩石带，与铀矿化有关的是钠长石－绿泥石－方解石带，产于碱交代蚀变带中的铀矿化称为碱交代型铀矿化。

碱交代型矿化又分为铀－钠长石－磷灰石亚型、铀－钠长石－绿泥石亚型、铀－钠长石－方解石亚型。一般矿化连续性好，规模较大，但大部分矿体为中低品位。原生铀矿物呈细小羽毛状集合体或细粒状分散在蚀变矿物之间，矿化岩石外观呈褐红色、猪肝色，其颜色是碱交代过程伴随赤铁矿化形成的细粒分散状赤铁矿分布在钠长石晶体之中所致。

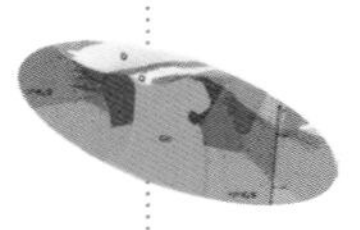

2）酸性热液蚀变

酸性热液蚀变是矿田内又一次规模较大的成矿期热液蚀变。根据产出空间及蚀变矿物之间的演化关系，可分为萤石－水云母蚀变亚阶段、紫黑色萤石蚀变亚阶段、水云母蚀变亚阶段和磷酸盐蚀变亚阶段。主要发育在相山矿田西部，在北部也有发育，往往与碱交代热液蚀变作用叠加。

由酸性热液蚀变作用所形成的铀矿化，可分为铀－萤石亚型、铀（钍）－水云母－萤石亚型、铀（钍）－水云母亚型。矿石组分较复杂，除铀、钍的原生矿物外，还有较多种类的金属硫化物矿物及稀土元素矿化。铀矿体一般为脉状、细脉状或网脉状。矿体小而薄、连续性较差，但呈群脉状产出、品位高，是矿田内富大矿体的主要类型。

3. 成矿后热液蚀变

成矿后热液蚀变主要是矿化期之后规模不大的硅质热液蚀变和碳酸盐化、沸石化，蚀变较微弱。常叠加于成矿期蚀变之上，多以小脉体充填裂隙为其特征，对铀矿化基本无破坏作用。

矿田内矿体多直接受低级别、低序次的断裂或裂隙带控制，铀矿体形态多呈脉状或群脉状，部分呈透镜状、板状、囊状产出。受裂隙控制的铀矿体沿走向、倾向一般延伸较小，受断裂破碎带控制的则规模较大，若裂隙密集成群组成裂隙带时，可控制富大矿体。

二、对深部延深情况的认识

相山火山盆地的主体岩石为下白垩统打鼓顶组和鹅湖岭组火山－沉积岩，覆于基底变质岩构成的复式背斜之上。各地质体的深部延伸状况分析如下：

打鼓顶组一段火山－沉积岩，呈断续环带状分布于盆地周边，超覆于基底变质岩之上，厚度不大，北部较厚，最厚处仅 50m 左右。因受到后期流纹英安岩、碎斑熔岩和花岗斑岩覆盖，大面积地隐伏于深部。

打鼓顶组二段流纹英安岩，在火山盆地的西北部呈带状、似层状出露。据钻孔资料显示，盆地西部和北部地下有厚层流纹英安岩，推测可能存在多个打鼓顶期火山口，导致鹅湖岭组之下分布有厚层流纹英安岩，厚度变化的幅度较大。

鹅湖岭组一段火山－沉积岩，出露厚度小于 37m，断续分布于鹅湖岭组二段周边。在钻孔岩心常仅见几米厚，有的甚至仅几十厘米或未见及，岩层极不稳定。可见其被鹅湖岭组二段碎斑熔岩所覆盖，在地下深部延伸状况很不稳定，厚度变化大且常出现尖灭现象。

鹅湖岭组二段为一套溢流－侵出相碎斑熔岩，可分为三个亚相，平面上呈环带状展布，空间上呈蘑菇状形态。主火山通道位于相山顶附近，在柏昌、严坑、阳家山（芙蓉山）、河元背可能存在次火山通道。碎斑熔岩总体上东陡西缓，其底界面局部存在隆凹现象。

上白垩统龟峰群沉积岩，总体上呈北东向展布，南东侧厚度薄而北西侧相对较厚，其底界面向北西缓倾斜延伸。

北东向中格田－石宜坑－芜头断裂带，为晚白垩世红盆的盆缘断裂，其深部切割延伸进入基底变质岩。

小陂－芜头断裂带、邹家山－石洞断裂带、南寨－庙上－布水断裂带和严坑－马口断裂带，都是相山火山盆地内的深大断裂。其切割延伸状况，应该是贯穿了相山火山盆地的基底和盖层，可使火山岩浆沿其喷发和溢流－侵出。

盆地内的北西向断裂，为北东向断裂所派生，其切割深度仅限于相山火山盆地的火山－沉积岩盖层之内。

盆地内的南北向断裂构造，切割深度也仅限于相山火山盆地的火山－沉积岩盖层之内。

泥盆纪花岗岩为岩基状向深部延伸，因此推测在相山火山盆地之下有变质岩和花岗岩双基底。

沙洲单元侵入岩体主要呈环状岩墙、岩床状产出，个别呈不规则岩枝状。根据勘探剖面和采矿剖面资料显示，岩墙和岩床常构成复合岩体，即上部侵入变质岩和早白垩世火山－沉积岩界面呈岩床状，向深部延伸其下部转化为岩墙状，横断面构成“7”型或“T”型（图 3-9）。

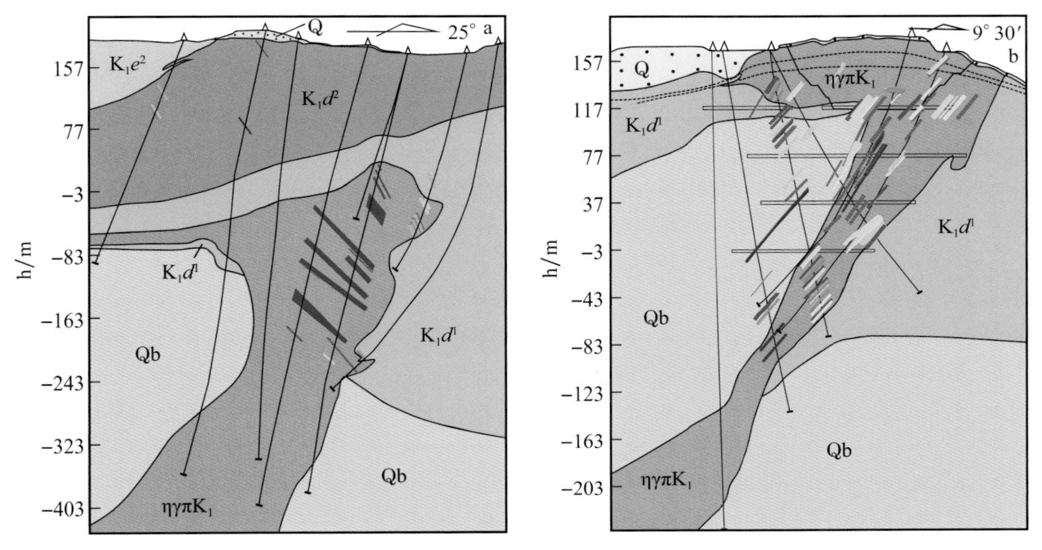

图 3-9　沙洲单元侵入岩体深部展布和铀矿体展布

a. 岗上英 21 号勘探线剖面图；b. 横涧 9−39 号勘探线剖面图

Qb. 青白口系变质岩；K_1d^1. 打鼓顶组一段；K_1d^2. 打鼓顶组二段（流纹英安岩）；ηγπK_1. 早白垩世粗斑花岗斑岩；Q. 第四系

三、目标地质体的物性特征

本项研究工作测定了 1629 个样品的物性特征，其中岩心样品 1386 个，地表样品 243 个。根据统计分析，得出主要目标地质体的物性特征见表 3-2。

表 3-2　目标地质体的物性特征表

地质单元		密度常见值 /(g/cm³)	磁化率常见值 /（4π×10⁻⁶SI）	电阻率常见值 /(Ω·m)	极化率常见值 /%	波速常见值 /(km/s)	样本数	典型物性特征
沙洲单元	蚀变	2.65	10	2512	1.5	5.2	97	低阻、低磁、低密度
	非蚀变		794	39811				高阻、高磁、低密度
鹅湖岭组二段		2.64	316	17783	0.75	5.0	839	高阻、低密度、高磁
鹅湖岭组一段		2.68	63.1	3162	1	51	24	低阻、低密度、低磁
打鼓顶组二段		2.7	56	1585	1.5	5.1	334	低磁、低阻、中高密度
打鼓顶组一段		2.72	25	2512	1.5	5.4	30	低磁、低阻、中高密度
青白口系变质岩	千枚岩	2.76	28	6310	1.2	4.2	41	高密度、低磁、中低阻
	绢云石英片岩			39800				高密度、低磁、高阻

注：样品以钻孔岩心为主

（一）青白口系物性特性

相山火山盆地主要地质单元中，青白口系变质岩的密度最高，与其他地质体密度差异达到 0.04～0.12g/cm³。磁化率低，为低磁或无磁特征。下部片岩类（石英片岩等）电阻率高，体现为高阻特征；上部千枚岩电阻率较低，体现为中低阻特征。

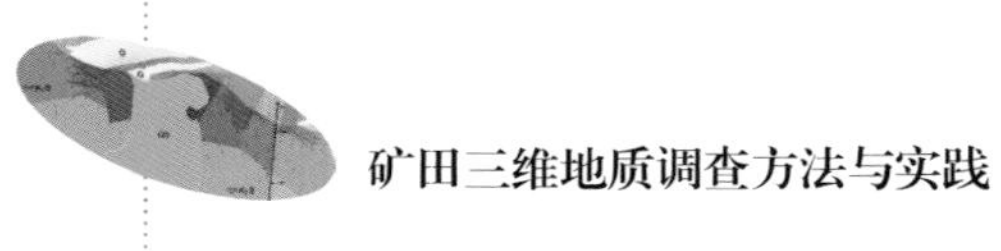

因此，青白口系变质岩与其他目标地质体之间，具有明显的密度、磁化率及电阻率物性差异界面。

（二）打鼓顶组物性特征

打鼓顶组一段和二段物性特征相近。打鼓顶组的密度介于变质岩与鹅湖岭组、沙洲单元侵入岩之间，为中密度特征；其与高密度青白口系变质岩的密度差，与低密度的鹅湖岭组、沙洲单元侵入岩之间的密度差，都可达到 0.05g/cm^3 左右。总体磁化率较低，体现出低磁特征。电阻率低，体现为低阻特征。

因此，打鼓顶组与青白口系、鹅湖岭组、沙洲单元侵入岩之间，均可形成相对明显的密度差异界面。与沙洲单元侵入岩的非蚀变岩石、鹅湖岭组及青白口系下部片岩类变质岩之间，可形成较明显的电性差异界面。与沙洲单元侵入岩的非蚀变岩石及鹅湖岭组二段之间，可形成较明显磁性差异界面。

（三）鹅湖岭组物性特征

鹅湖岭组一段，呈现出低密度、低磁化率、低电阻率的特征。鹅湖岭组二段具低密度、高电阻率、高磁化率特征。补充采集地表样品的磁化率测试数据显示，边缘相相对于过渡相与中心相，磁化率较低。

可见，鹅湖岭组与青白口系、打鼓顶组之间，可分别形成较明显的密度差异界面。鹅湖岭组一段与青白口系片岩类变质岩之间，可形成电性差异界面。鹅湖岭组二段与青白口系千枚岩、打鼓顶组之间，可形成电性差异界面。鹅湖岭组二段与青白口系变质岩、打鼓顶组之间，可形成磁性差异界面。

（四）沙洲单元物性特征

沙洲单元中，蚀变花岗斑岩与非蚀变花岗斑岩体现出明显的物性特征差异。蚀变花岗斑岩为低密度、低磁化率、低电阻率特征，非蚀变花岗斑岩体现为低密度、高磁化率、高电阻率特征。

可见，沙洲单元侵入岩与青白口系、打鼓顶组之间，可形成较明显的密度差异界面。沙洲单元蚀变花岗斑岩与鹅湖岭组二段、青白口系片岩类变质岩及沙洲单元的非蚀变花岗斑岩之间，可形成较明显的电性界面。沙洲单元蚀变花岗斑岩与鹅湖岭组二段中心亚相、沙洲单元非蚀变花岗斑岩之间，可形成较明显的磁性界面。沙洲单元非蚀变花岗斑岩与打鼓顶组、青白口系千枚岩及沙洲单元蚀变花岗斑岩之间，可形成较明显的电性差异界面。沙洲单元非蚀变花岗斑岩与打鼓顶组、青白口系、鹅湖岭组一段及沙洲单元蚀变花岗斑岩之间，可形成较明显的磁性界面。

（五）断裂带物性特征

断裂带岩石破碎，没有测试相应样本的物性参数。由于其破碎及可能富地下水等因素，物性特征一般体现为低密度、低电阻率特征。

（六）其他目标地质体物性特征

地表采集样本的物性测试表明：焦坪岩体和乐安岩体花岗岩都具有低磁化率、低电阻率特征，但由于受地表因素影响较大，测量结果仅供参考。红层表现为低密度、低磁化率、低电阻率特征。

（七）科学深钻地球物理测井的物性响应特征

依托核工业北京地质研究院在相山地区河元背实施的科学深钻工程，笔者开展了深钻综合地球物理测井工作，以获取典型地层原位物性资料，并根据测井曲线和钻孔编录资料划分地层、岩性、矿化层、构造破碎带等地质体界线。

由于目前只有一个深孔测井数据，深部原地物性值尚难以数字化、定量化，故以相对大小来表述。根据测井结果统计，火山岩具有高阻、高密度、高波速特征，破碎带具有低阻、低密度、低自然伽马、低波速特征，铀矿化层具有高自然伽马、偏低波速特征，变质岩具有中高阻、中高密度、低自然伽马、高波速特征。由于钻孔内部分层段受井径扩大的影响，物性响应与真实物性可能有误差，所以在物探测深资料解释时应综合考虑多方面因素。

第四章 三维地质调查技术流程

第一节　技术方法选择与确定依据

三维地质调查需要区域地质、地球物理、遥感地质与信息技术等多学科联合攻关，因此必须设计好周密的调查技术方法与流程才能取得预期效果。作者经过多年的探索，总结出如下技术方法。

1. 区域地质调查

地表地质填图是三维地质调查的基础，只有查明地表出露的地质体和地质现象特征，理清其空间组合关系，明确区域地质演化历史，才能探索各地质体的深部延伸规律。本书研究采用的是 1∶5 万区域地质调查方法，在区域地质调查工作的基础上开展三维地质调查工作，将常规区域地质调查与深部地质调查相互渗透、深度结合。

2. 实测地质构造剖面

相山火山盆地在平面上似椭圆状，需要专门设计从不同方向穿越盆地中央的实测地质剖面，以揭示盆地三维结构和火山机构的总体框架。本项研究共实施了 3 条实测地质构造剖面，其中 2 条剖面与 MT 骨干剖面一致，1 条与 MT 精细剖面一致，依此建立的地质结构是 MT 探测资料解译的重要依据。对于一些重要的和特殊的断裂构造、地质体接触关系等，还实测了一些大比例尺短剖面，便于获得关键数据。

3. 遥感解译

遥感影像图可以从空中对地的俯视角度，全面分析区域地质构造特征，为三维地质结构的总体把握提供基础依据。作者以遥感影像特征为依据，结合野外实地验证，对区内岩石地层、侵入岩体、断裂构造、火山机构及蚀变带等进行了详细解译，特别是大型断裂构造、环形构造的解译为深部构造探索、火山口或岩浆通道的识别提供了重要支撑。

4. 资料收集、二次开发与综合测井

收集相山地区钻孔数据、勘探线剖面图、坑道资料，对地球物理探测数据反演、解译进行验证与约束，结合图切地质剖面建立研究区初始地质模型，同时为建立矿山三维模型提供直接数据。

综合地球物理测井可以获取深部原位岩石物性参数，以便与岩心及地表标本所测得的物性参数做比较，同时获得地下分层数据，对地球物理深部探测解释予以约束和修正。

5. 主要目标地质体岩石标本物性测试

研究区目标地质体的物性特征是地球物理方法选择的主要依据，也是地球物理方法有效性评价的重要内容。同时，物性特征是后期物探数据处理、解译的重要约束依据。因此，本书中地球物理工作的首要内容就是对目标地质体岩石标本进行物性测试、分析。

岩石标本采集以相山地区主要目标地质体全覆盖为原则，以钻孔岩心样本为主，辅以地表岩石标本。

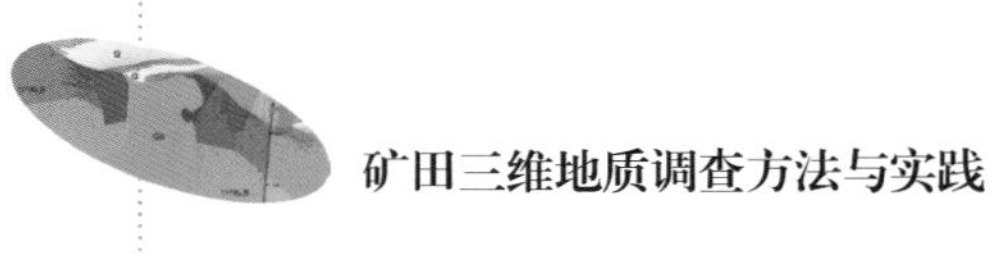

按照岩石物性测试规范要求，对加工完成的样品进行密度、磁性、电性、声波物性参数测试。通过归类统计，获得该区主要目标地质体的物性参数，为三维地质调查物探方法选择与后期资料处理和解译提供物性资料基础。

6. 区域重磁数据三维反演

工作区的变质基底与火山岩盖层在密度和磁化率两个物性参数上有明显差异。变质基底为高密度、低磁性，而碎斑熔岩为低密度、相对高磁性，流纹英安岩为中高密度、低磁性。据此可以推测，利用重力与磁法测量数据可以圈定相山火山盆地的变质基底、火山通道等区域构造格架。

根据工作区已有的 1：50000 重力测量数据和 1：25000 地面高精度磁力数据，在完成工作区典型岩（矿）石标本物性测定的基础上，开展重、磁三维精细反演，对深部密度界面及磁性界面进行刻画，查明相山火山盆地的变质基底、火山通道等区域构造格架。建立地质 – 地球物理模型，为探讨三维地质结构提供参照依据。

7. 盆地基本格架大地电磁探测

根据岩石标本物性测试结果，相山地区的主要地质体具有较为明显的电阻率差异，这为开展大地电磁测深提供了良好的物性基础。根据火山盆地的实际地质情况，借鉴国内外深部结构探测的成功实例，在工作区开展了两个层次的大地电磁探测。一是布设横跨盆地的两条大地电磁骨干剖面（点距 1km），对相山盆地的变质基底、火山 – 侵入杂岩体、大型断裂等区域构造格架进行刻画。二是布设 17 条大地电磁精细剖面（点距 250m，线距 2km），等间距覆盖全区，探查相山地区主要目标地质体的深部三维形态。

8. 典型有利成矿区电性结构 CSAMT 探测

在相山铀矿田的邹家山 – 居隆庵矿区部署了 14 条 CSAMT 剖面，用来揭示主要地质体接触界面和断裂构造的三维形态，探查成矿有利条件，为建立有利成矿区三维模型提供数据。

9. 地质 – 地球物理综合解译

在地表地质图、钻孔编录资料、岩石物性参数、重磁反演结果的支撑和约束下，对大地电磁测深（MT）、可控源音频大地电磁测深（CSAMT）测量数据进行带地形二维反演、多参数交互解译，对相山地区主要目标地质体、火山构造、深大断裂等深部地质结构进行地质 – 地球物理综合解译，为三维地质建模提供资料准备。

10. 地质专题研究

对工作区三维地质结构的整体认识，需要通过专题研究进行综合。本次研究开展了岩浆系统、构造系统、成矿系统三方面综合研究，总结上述各种地球物理方法得到的信息，构建区域地质结构理论模型，探索成矿有利条件。

遥感解译主要是从地形地貌、放射状断裂、环形断裂分布来推测古火山口。熔岩中角砾、浆屑等的密度和产状统计，也是判断火山口的有效信息。笔者采用遥感解译、流动构造测量与熔岩磁组构研究相结合的方法，判断火山口（岩浆通道）位置。相山地区主体火山岩属特殊的侵出相成因，出露地表的熔岩流动性标志不明显，导致火山口的判断难度较大。通过岩石磁组构测量与统计分析，可探讨熔岩流动方向的规律性。

11. 三维地质建模

在 GOCAD 软件平台上，依据 MT、CSAMT 剖面解译结果，结合数字高程模型（Digital Elevation Model, DEM）、遥感影像、地表地质图、钻孔数据进行三维建模。笔者近年来还进行了基于数字地质填图 PRB 数据直接构建浅表层三维地质模型的尝试工作。建模工作分层次、分阶段进行，由浅入深，从粗到精，建立了 5 个不同范围和数据源的三维地质模型。

技术方法与流程的确定体现以下原则：

（1）在全面收集、分析整理前人资料的基础上，根据区域地球物理、岩石物性特征选择有效的物探技术方法。

（2）以解决基本地质问题和深部找矿为目的，突出重点，兼顾一般。重点研究相山矿田西部和北部有利成矿区，进而掌控全矿田的地质体三维空间结构特征。

（3）物探工作部署以多种手段互为印证、全局控制、局部细化为原则，按照层次化、系统性部署工作量，为三维地质建模提供基础素材。物探剖面部署原则是：剖面应垂直穿过主要断裂构造，穿过火山口，以最大程度揭示基本构造格架；应穿过主要重、磁异常带，探索重磁异常的深部成因；穿过典型矿床，为深部找矿及成矿模型构建提供依据。

（4）根据由表及里、从粗到细的原则，分层次、分阶段建模，按照从地质概念模型、地质地球物理模型到地质结构模型的顺序有效开展工作。

第二节　技术流程

三维地质调查总体技术流程和物探测试与解译流程如图 4-1、图 4-2 所示。首先开展地表地质填图工作，注意充分收集地质、物探、化探、遥感、钻探、采矿等方面的前人资料。开展岩石物性测量、重磁反演和大地电磁测深工作，用钻孔数据作为约束条件，开展多种地球物理方法数据源的交互解译。通过地质专题研究，探讨测区三维地质结构。

根据图切地质剖面、DEM 模型建立三维地质概念模型。通过重磁三维反演、密度体与磁性体切片地质解译，建立地质－地球物理模型。利用野外填图路线的 PRB 数据，构建数字地质填图模型。根据钻孔数据和勘探剖面图，建立矿产三维模型。在以上各模型的基础上，用大地电磁测深剖面数据，建立研究区三维地质结构模型。

在地球物理探测与资料解释方面，按照多物性、全局控制、局部细化的原则，分构造格架、区域目标体三维形态、关键成矿部位控矿因素三维结构三个层次部署地球物理探测工作。物探工作的首要任务就是

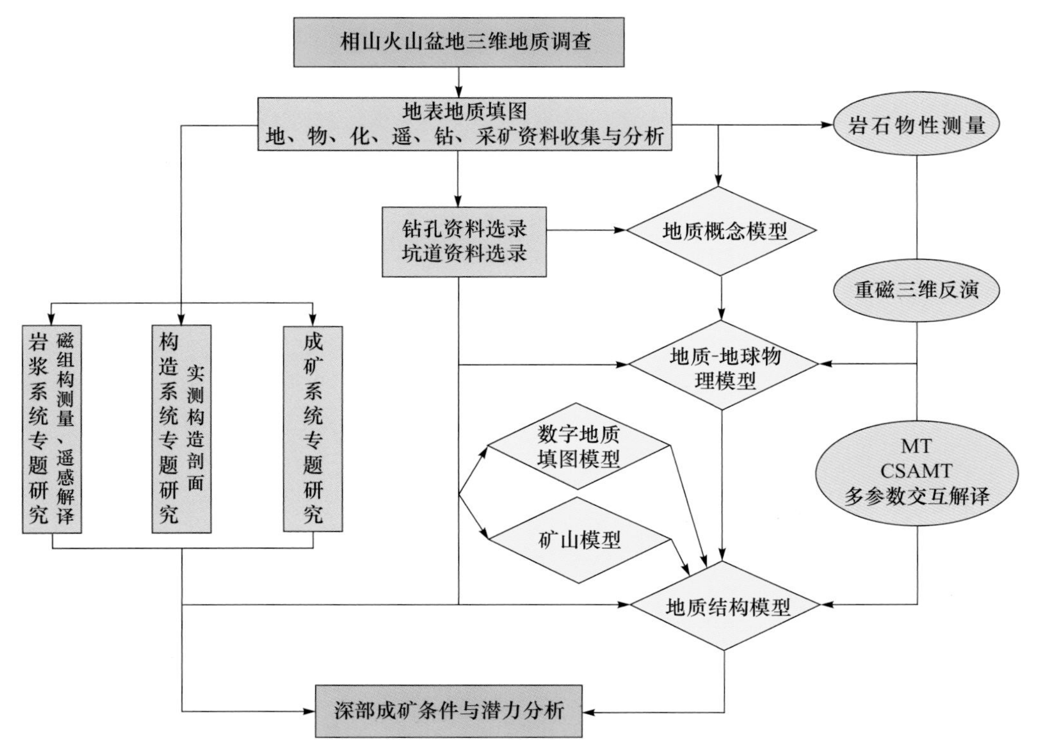

图 4-1　相山火山盆地三维地质调查流程图

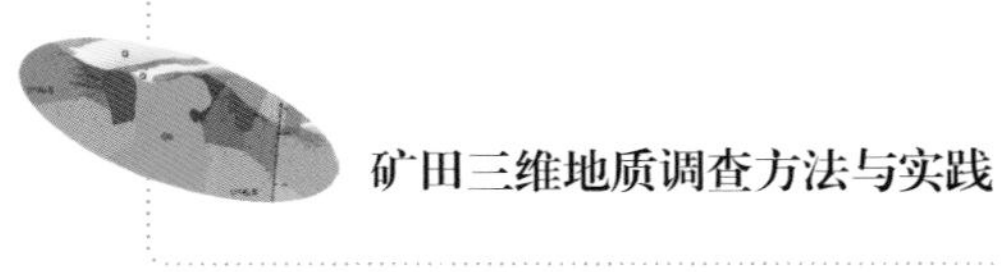

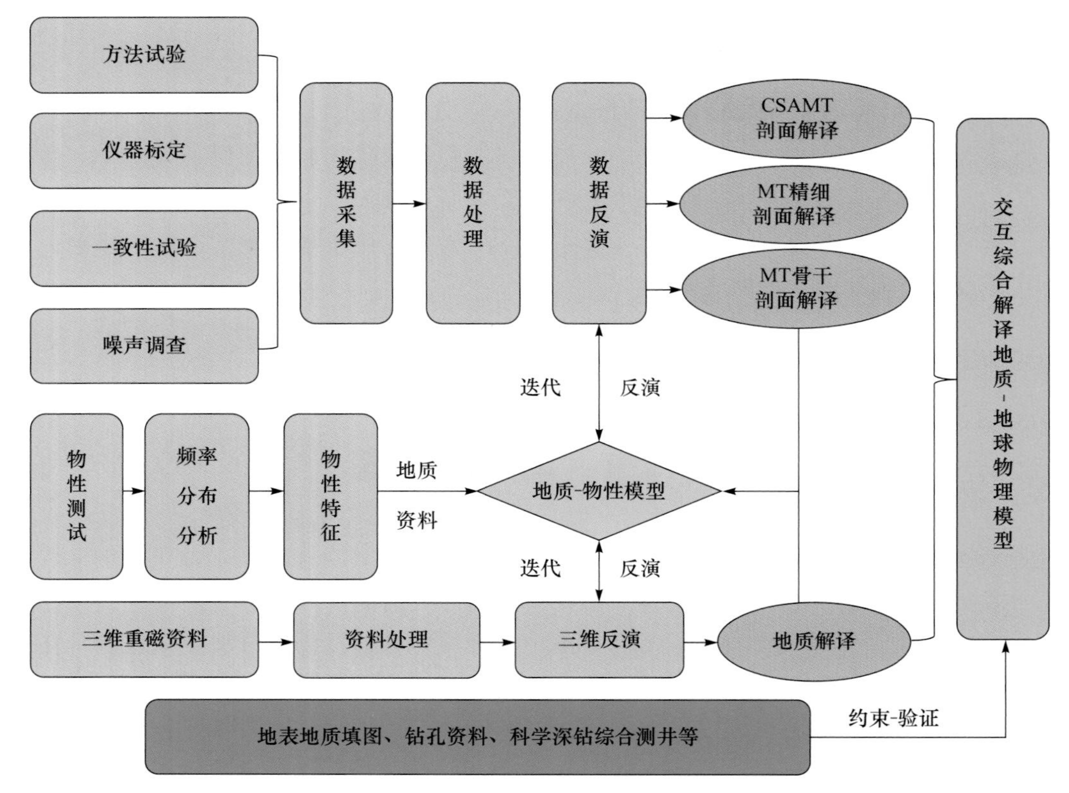

图 4-2　相山火山盆地地球物理探测与资料解译流程图

研究区内主要地质单元岩石标本的物性测试和分析统计，对方法的有效性进行物性基础评价。其次，开展重、磁二维和三维精细反演，对深部密度界面及磁性界面进行刻画，查明研究区的基底、断裂等区域构造格架。再次，在工作区开展了两个层次的大地电磁探测：一是布设横跨盆地的大地电磁骨干剖面对研究区区域构造格架进行刻画；二是布设覆盖全区的大地电磁精细剖面，探查主要目标地质体的深部三维形态。在重点矿床位置布设 CSAMT 对控矿因素进行细致刻画。解译工作按照各方法先行单独解译，反复修正模型进行迭代反演和解译，然后进行各种方法的综合解译。对重、磁、大地电磁（MT）、可控源大地电磁（CSAMT）测量数据进行多参数交互解译，以地表地质模型、物性参数和钻探编录资料为约束条件，深化二维、三维反演和精细处理解释技术研究，对相山地区主要火山构造、深大断裂等深部地质结构进行综合解译。

第五章 三维地质调查数据采集方法

本项研究以探测相山火山盆地地下 2000m 以浅流纹英安岩、碎斑熔岩、粗斑花岗斑岩、变质基底、主干断裂带等目标地质体的空间分布为主要目的。在充分收集和分析地质、钻孔、坑道、遥感等资料的基础上，开展了地表 1：50000 地质填图、各种地质剖面测量和高分辨率遥感解译，对区内主要岩性进行了物性测定，对关键地质问题进行专项研究，对已有的大比例尺重、磁数据开展了三维反演。同时，分层次进行物探剖面探测：通过大地电磁骨干剖面控制火山－沉积盆地、变质基底、大型断裂、岩浆通道的基本格架；通过系列大地电磁精细剖面探查研究区目标地质体的三维形态；在矿田关键成矿部位，部署 CSAMT 测线探查主要地质体界面和断裂带的精细三维结构。对物探数据进行处理和正反演模拟，建立三维地质－地球物理模型。开展关键部位深钻孔探测和地球物理测井标定以及物探资料的多参数交互解译，完善矿田主要目标地质体三维地质结构。综合集成各类资料，构建不同目的、不同区域、不同类型的三维地质模型。

第一节　地表地质工作部署及采集的主要数据

一、地表地质工作部署情况

地表地质工作部署主要包括：① 1：50000 区域地质填图工作，控制各地质填图单位的地表出露情况、岩性组成特征及产状等地质要素（图 5-1）；② 1：5000、1：500 地质剖面测量工作，调查总体构造格架、重要接触关系和特殊地质体；③岩石磁组构测量，确定熔岩流动方向和火山机构特征。结合地表碎斑熔岩中变质岩角砾、花岗质团块、浆屑等产状的测量工作，根据其定向性来判断火山通道位置；④多光谱高分辨率遥感解译，建立地层、岩体、断裂、蚀变带及火山构造的空间展布和推测地质体隐伏状况；⑤成矿模型、岩浆－构造系统等地质专题研究，为目标地质体的三维地质框架及成矿系统构建提供地质依据；⑥钻探、采矿坑道资料收集，将钻孔数据作为物探解译的约束条件，同时作为矿山模型的建模数据。

二、采集的主要地质数据

（一）1：50000 区域地质调查

为查明研究区地表地质体的属性和分布情况，并为三维结构的调查和解译提供依据，开展了地表 1：50000 区域地质调查。按照 1：50000 区域地质调查的相关技术方法和精度要求，通过地质剖面测量、地质路线调查、岩矿鉴定测试等工作，填绘 1：50000 地表地质图。研究区面积 582km^2，其中 468.4km^2

的地表 1：50000 区域地质调查（分属陀上幅和乐安县幅）由笔者等于 2010～2013 年完成（见《中华人民共和国区域地质调查报告—1：5 万陀上幅、鹿冈幅、乐安县幅》），东部约 113.6km² 由江西区域地质调查研究大队（宜黄县幅）和中国地质大学（二都幅）在 20 世纪 90 年代完成。在此基础上编制了 1：5 万《相山火山盆地地质图》《相山火山盆地构造纲要图》《相山火山盆地火山岩相构造图》，在该区地层、岩石、构造、地质演化史等方面做了系统总结（郭福生等，2017a）。

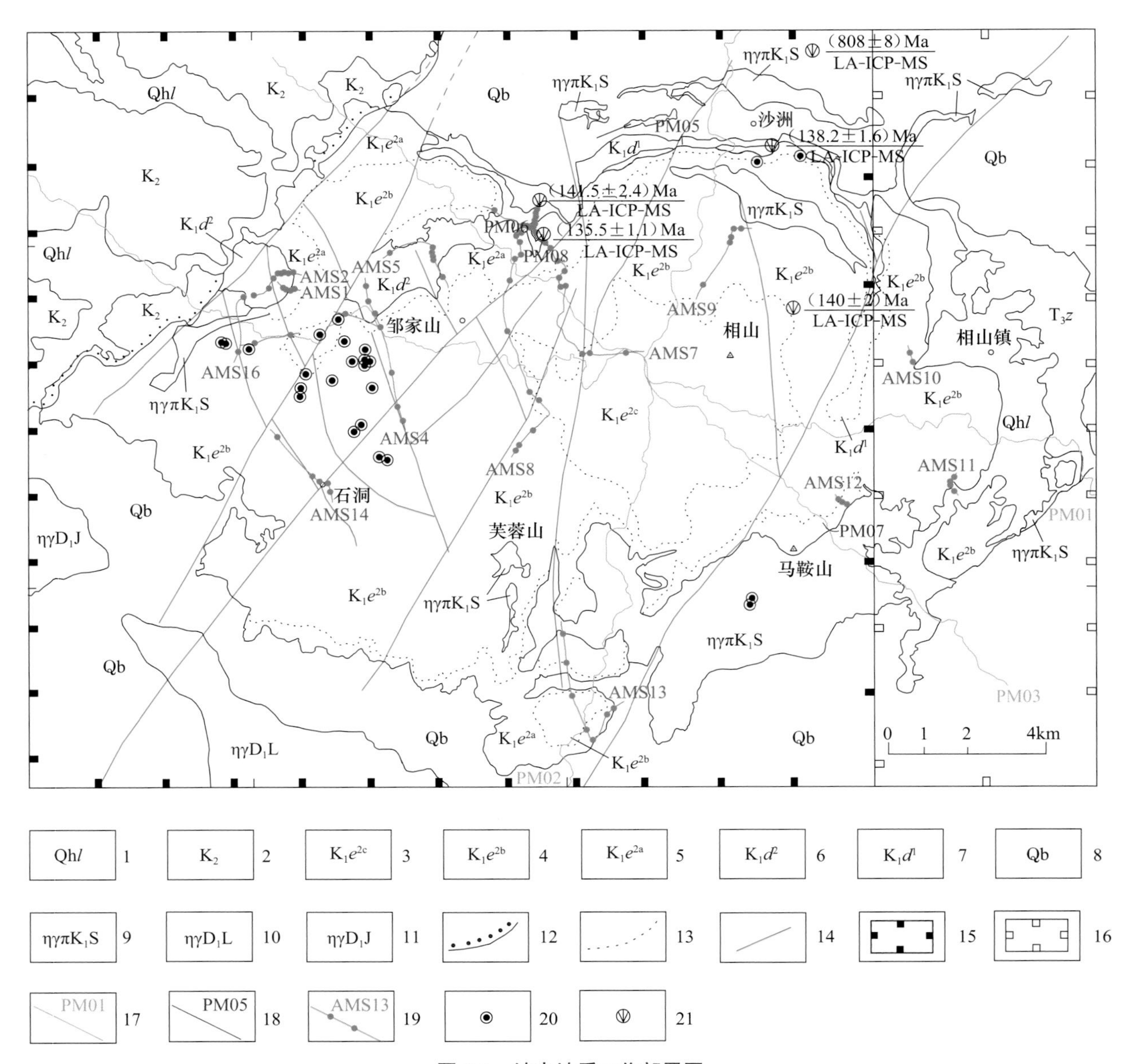

图 5-1　地表地质工作部署图

1. 第四系；2. 晚白垩世红层；3. 早白垩世鹅湖岭组二段中心相；4. 早白垩世鹅湖岭组二段过渡相；5. 早白垩世鹅湖岭组二段边缘相；6. 早白垩世打鼓顶组二段；7. 早白垩世打鼓顶组一段；8. 青白口纪变质岩；9. 早白垩世粗斑黑云二长花岗斑岩；10. 早泥盆世片麻状中粗粒巨斑状黑云二长花岗岩；11. 早泥盆世中细粒黑云二长花岗岩；12. 角度不整合界线；13. 岩相界线；14. 断层；15. 本书研究 1：5 万填图区；16. 前人 1：5 万填图区；17.1：5000 实测剖面及编号；18.1：500 实测剖面及编号；19. 磁组构路线、采样点及路线编号；20. 岩性观察及采样钻孔；21. 同位素年龄样

（二）地质剖面测量

为配合 MT 测量及其地质解译，揭示相山火山盆地的基底、火山 - 沉积盖层、浅成侵入体、断裂及火山构造等的分布特征与相互关系，实测了 7 条地质构造剖面。由于相山火山盆地在平面上呈椭圆状，

故实测了 3 条穿过中部相山顶附近的 1∶5000 地质综合剖面，1 条近东西向，1 条近南北向，呈“十”字型剖面并与两条骨干 MT 剖面基本重合，还有 1 条北西－南东向剖面与精细 MT 剖面基本重合。根据火山盆地火山喷发的旋回性特点，布置了 4 条 1∶500 短剖面，用以揭示火山碎屑岩岩性组合、火山集块岩、流纹构造的空间展布、断裂构造特征及火山喷发期次之间的接触关系。剖面测量过程中，详细记录了岩性分层、各地质体的产状及接触关系、断裂性质等，系统采集了相应的各类岩石样品。地质剖面测量得到的成果简述如下。

1. 盆地总体构造格架具三层结构，主体岩石呈蘑菇状产出

通过 3 条穿过相山顶附近的 1∶5000 长剖面，深化和补充了区域地质调查得出的对相山火山盆地充填模式的总体认识。盆地由三大构造层组成：

① 盆地基底构造层，由青白口系浅变质岩组成的扬子－加里东构造层；② 盆地充填构造层，由下白垩统火山－沉积岩构成的燕山中期构造层，是相山盆地的主体岩石；③ 盆地顶盖构造层，由上白垩统红色岩组成的燕山晚期构造层。各构造层具有不同的沉积－岩浆－变质－构造－成矿作用特征。

3 条交叉剖面揭示出相山火山盆地平面上呈椭圆状，盆地的基底、火山－沉积充填呈同心环带状分布。基底变质岩出露于盆地四周，盆地地层由边缘向中心依次变新，分别由打鼓顶组和鹅湖岭组火山－沉积岩组成，在剖面上总体表现为两侧地层重复对称出现，地层产状向中心倾斜。其中，打鼓顶组因后期的火山－沉积岩覆盖，主要出露于盆地的西北部和东北部，而西南侧及东南侧仅零星分布甚至缺失（图 5-2）；鹅湖岭组二段是相山火山盆地的主体岩石，呈较完整的同心环带状分布。此外，在盆地的北东侧和南东侧，早白垩世晚期次火山岩沿环状火山塌陷构造、不整合面侵入（图 5-3），增加了相山火山盆地结构的复杂性。

结合钻探资料分析，火山盆地内的地层总体由四周向中心倾斜，导致地层在 3 条剖面上呈花瓣状产出，在次火山口又构成次一级中心。由中心向外，地层总体逐渐变老，产状也逐渐变缓，形如蘑菇状。地貌上呈正地形，相山主峰由鹅湖岭组二段中心亚相构成，向四周地势变缓，地层依次出露鹅湖岭组二段过渡亚相、边缘亚相，鹅湖岭组一段，以及打鼓顶组二段、一段，最后出露盆地基底变质岩，盆地四周变质岩在地貌上表现为低矮的小丘陵。

2. 相山火山盆地发育于变质基底北东东向复式背斜的核部，北东向主干断裂主要倾向北西

通过主干剖面测制及区域地质调查，揭示出相山火山盆地基底浅变质岩总体走向北东东向，局部地层倒转，发育北东东向褶皱构造，由北向南分别为培坊倒转向斜、潭港－相山复式褶皱和南美峰向斜，形成于南北挤压的雪峰－加里东构造期。相山火山盆地产于潭港－相山复式褶皱北东段的核部，该复式褶皱枢纽走向 NE60°，出露长约 35km，宽 15km，由两个次级背斜和一个次级向斜组成，从北向南分别为金盆形－崇福山次级背斜、康村－下源村次级向斜、龙潭－林头次级背斜，组成了北东东向“M”型复式背斜褶皱。

基底断裂构造以北东向为主，该方向断层产状稳定，断层面平直，规模大、延伸远。北西向断裂从属于北东向断裂或与其一起构成共轭断裂。近南北向断裂形成时间较晚，切割北东向和北西向断裂。其中，北东向断裂主要由永丰－抚州断裂（即遂川－德兴深大断裂中段）、小陂－芜头断裂、邹家山－石洞断裂和严坑－马口断裂等组成，总体走向 NE30°～40°。这些断裂不仅切穿相山火山盆地中的火山－沉积岩，也切过盆地基底的浅变质岩，其中相山北侧断层主要向北西倾，相山南侧断层向东南倾。该方向断裂在加里东期已开始活动，具有多期活动的特点，对燕山期的盆地形成、火山活动及成矿作用均具有控制或限制作用。北西向断裂主要集中发育于火山盆地的西北侧，与北东向断裂共同构成菱形断块，仅切穿火山盆地，为燕山中晚期北东向断裂走滑运动过程中派生形成的。盆地内近南北向断裂仅发育罕坑－寨里断裂，切过整个相山火山盆地并延及基底变质岩中，也切过北东向断裂，断层面倾向西，为正左行平移断层，其形成时间相对较晚。

图 5-2　鹅湖岭组二段边缘相不整合覆于变质岩之上（相山南部下堡）

图 5-3　沙洲单元沿打鼓顶组与变质岩间不整合面侵入（游坊西）

3. 早白垩世火山活动可划分出 5 个火山活动阶段，构成两个火山喷发亚旋回

通过 4 条 1∶500 地质剖面测量，查明了火山岩岩石组合特征、火山集块岩、流纹构造的相互关系、产状特征。打鼓顶组主要出露于相山火山盆地的北部、西部边缘，呈环带状分布；鹅湖岭组占据相山盆地的主体部位。相山火山盆地的西北部边缘被上白垩统河口组沉积岩所覆盖，其北东侧、南东侧被潜火山岩沙洲单元侵入。

相山盆地下白垩统地层构成两个沉积－火山喷发亚旋回：①打鼓顶组一段由湖泊沉积碎屑岩、火山碎屑岩和火山碎屑沉积岩组成，其上的打鼓顶组二段由流纹英安岩和少量火山集块岩、火山角砾岩组成；②鹅湖岭组一段由湖泊沉积碎屑岩、火山碎屑岩和火山碎屑沉积岩类构成，其上为鹅湖岭组二段的侵出－溢流相碎斑熔岩，包括边缘亚相、过渡亚相和中心亚相 3 个亚相。鹅湖岭组一段平行不整合于打鼓顶组二段之上（图 5-4）。

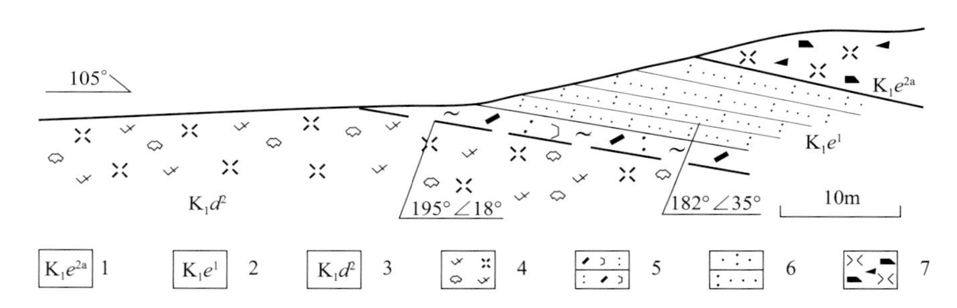

图 5-4　打鼓顶组二段与鹅湖岭组一段的平行不整合接触关系（乐安县如意亭东河沟）

1. 鹅湖岭组二段边缘相；2. 鹅湖岭组一段；3. 打鼓顶组二段；4. 流纹英安质火山集块熔岩；5. 晶屑浆屑熔结凝灰岩；6. 凝灰质粉砂岩；7. 含变质角砾碎斑熔岩

相山火山盆地在短暂的时期内经历了两个火山喷发亚旋回，火山活动具明显的继承性和阶段性，大致可划分为 5 个演化阶段：

（1）在断陷盆地中发生强烈的火山爆发，形成火山爆发相堆积，夹有少量喷溢相流纹岩，构成打鼓顶组一段。其底部常以砾岩不整合于变质岩之上（图 5-5）。火山强烈爆发作用之后进入短暂的休眠期，接受湖盆沉积。

（2）打鼓顶组二段喷溢相酸性流纹英安岩，局部见火山集块岩（图 5-6）。

（3）打鼓顶期后火山进入休眠状态，在火山机构塌陷及区域性伸展拉张背景下，区内再次形成湖盆，随后发生火山爆发，形成熔结凝灰岩、晶屑凝灰岩、凝灰质砂岩等火山碎屑流堆积相、空落堆积相和喷发－沉积相岩石（图 3-1）。

图 5-5　打鼓顶组一段不整合于库里组之上

图 5-6　具流纹构造的火山集块岩

（4）在深部发生隐爆作用，将基底变质岩炸成碎块并冲破上部盖层形成火山盆地主体岩石碎斑熔岩（图 3-2），火山作用方式为中心式侵出 – 溢流。碎斑熔岩可分成三个亚相，在中心亚相形成时再次发生隐爆作用，把火山通道中早期未固结 – 半固结岩浆炸碎带至地表形成花岗质团块。

（5）在大规模火山作用后，岩浆房的压力降低转入潜火山作用和火山期后热液作用，潜火山岩沿早期火山环状构造、放射性断裂（或裂隙）侵入形成沙洲单元粗斑黑云二长花岗斑岩。

在剖面测量时发现，打鼓顶组一段和鹅湖岭组一段的火山碎屑岩地层总体向火山盆地中心倾斜。河元背地区过渡亚相碎斑熔岩中的浆屑产状及变质岩角砾具对称性，并具向河元背中心倾斜的特征。在柏昌附近，两侧边缘亚相、过渡亚相碎斑熔岩具有对称性，浆屑产状、变质岩角砾产状向柏昌中心倾斜。在严坑两侧重复对称出露碎斑熔岩过渡亚相、边缘亚相，岩石中浆屑产状相向倾斜明显。在相山主峰南侧，碎斑熔岩中的花岗质团块产状由周边向中心倾斜。火山集块岩出露于济河口—如意亭河沟一带，呈北东向展布，该带流纹英安岩的流纹产状倾向南东。

上述地层的对称性分布、碎斑熔岩中的变质岩角砾产状、浆屑产状、花岗质团块产状表明，相山主峰南侧、河元背、严坑、柏昌等地可能存在次火山口或者火山通道。大规模的酸性火山喷发之后，岩浆房空虚，发生火山塌陷，酸性岩浆沿塌陷环状构造侵入，形成沙洲单元花岗斑岩。在济河口—如意亭河沟的南东侧可能存在打鼓顶期的火山通道。

（三）岩石磁组构测量

碎斑熔岩、流纹英安岩是相山盆地主要的铀矿赋矿围岩，也是三维建模的主要目标地质体，因此查明其火山机构具有重要意义。关于相山火山盆地的火山机构尚有不同认识：①相山西部流纹英安岩与相山主体碎斑熔岩是来自不同的火山口，还是来自有继承性的火山喷发通道；②碎斑熔岩是一个大的破火山口产物，还是来自多个火山口或者岩浆通道？火山口或者岩浆通道位于何处？笔者前期工作中，通过遥感解译（环形、放射状断裂）、火山集块岩分布、野外流动性构造观测，对上述问题形成了一些初步认识，为磁组构的测量积累了基础资料。

相山盆地局部地点可见碎斑熔岩、流纹英安岩发育流动构造，野外观察发现部分矿物呈弱定向排列，这为岩石磁组构研究提供了直接的野外验证。笔者试图通过相山火山熔岩的岩石磁组构研究，恢复古岩浆流动方向，进而厘定古火山机构。

熔岩磁组构研究的工作思路主要体现在以下几个方面。

（1）采集熔岩中岩屑（浆屑）、矿物（碎斑）具有一定优选方位的定向构造样品进行室内观察研究。在此基础上，根据熔岩野外露头情况，按网格状设计样品采集点。共设计了 16 条采样线路，93 个采点，每个采点采集 8～10 个岩心，共采取了 920 个定向岩心，其中流纹英安岩 435 个，碎斑熔岩 485 个（图 5-7）。

（2）磁化率各向异性采样与测定步骤如下：①选择新鲜露头，岩石出露面积一般在 $2m^2$ 以上；②使用便携式汽油钻机 DC250 在露头上采样，在采样的同时用水对钻头进行冷却（图 5-8a），一个露头采集

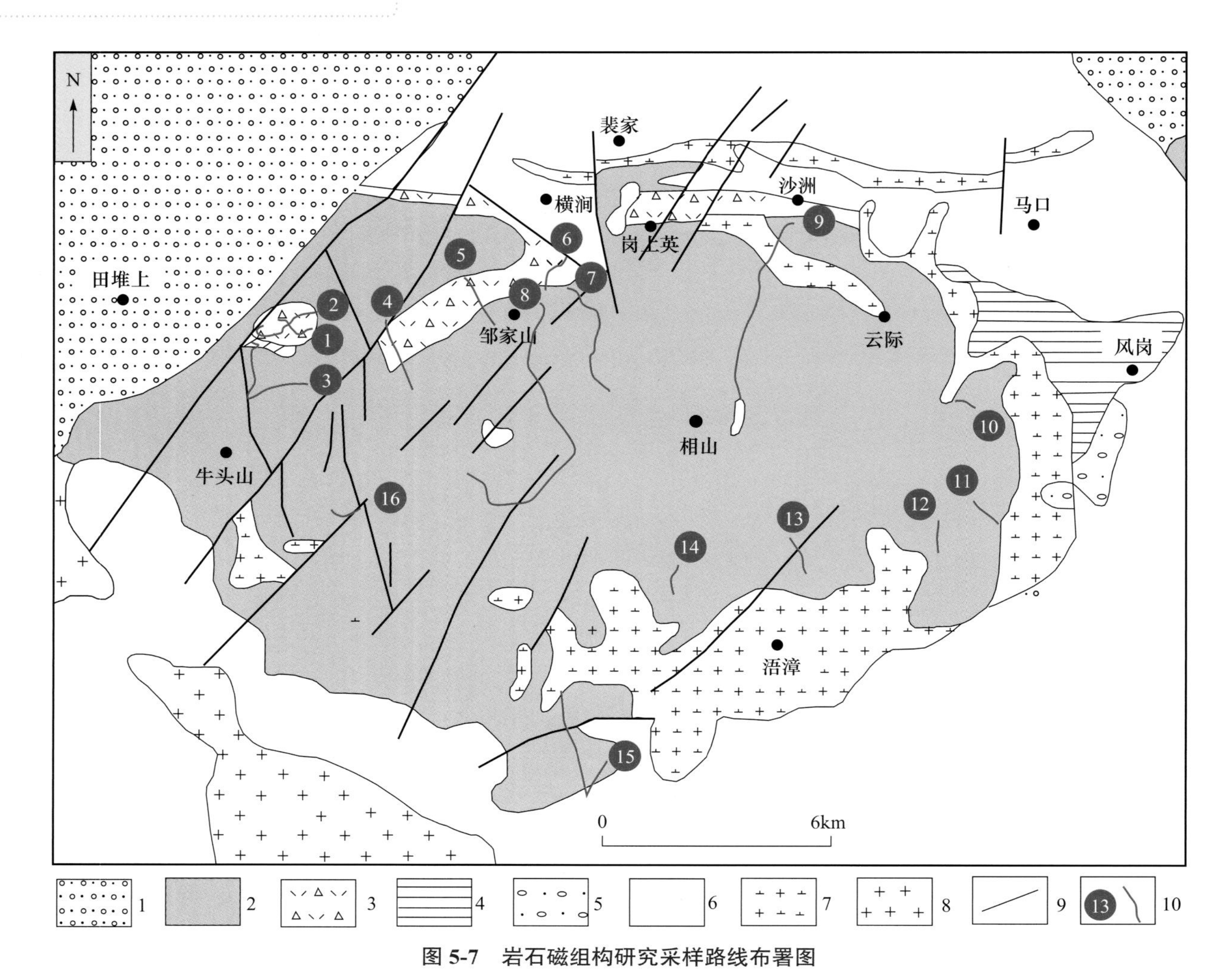

图 5-7　岩石磁组构研究采样路线布署图

1. 上白垩统红层；2. 鹅湖岭组火山碎屑岩、碎斑熔岩；3. 打鼓顶组火山碎屑岩、流纹英安岩；4. 上三叠统紫家冲组砂（砾）岩；5. 中泥盆统云山组砂（砾）岩；6. 青白口系变质岩；7. 沙洲单元粗斑花岗斑岩、似斑状花岗岩；8. 早泥盆世乐安单元花岗岩；9. 断裂；10. 采样路线及其编号

8～10 个岩心，岩心尽量均匀地分布在岩层中；③为了避免由富含磁物质的磁铁矿脉体等对磁罗盘测量的影响，使用太阳罗盘测定岩心产状，即测量岩心方位角 α 角与 β 角（图 5-8b）；④岩心采回之后，使用切割机把岩心加工成直径 2.5cm、高 2.2cm 的标准样品；⑤为了确定磁化率的载体，在中国科学院地质与地球物理研究所和南京大学内生金属矿床成矿机制研究国家重点实验室分别使用 MicroMag3900 振动样品磁力仪和 AGICO CS3 进行了磁滞曲线与 *K-T* 曲线（磁化率－温度）测量；⑥在南京大学内生金属矿床成矿机制研究国家重点实验室使用捷克 AGICO 公司生产的 KLY-3S 卡巴桥完成磁化率各向异性椭球体长轴 K_1、中轴 K_2、短轴 K_3 三个轴的方向与大小测量；⑦利用 AGICO 公司的 Anisoft 42 软件对磁化率各向异性椭球体长轴 K_1、中轴 K_2、短轴 K_3 三个轴进行 Fish 统计。

（3）结合野外实地的定向构造观测和定向样品的镜下观测结果，对获得的磁化率各向异性数据进行解释。

测试结果显示，流纹英安岩与碎斑熔岩的磁滞回线均表现出铁磁性矿物的磁性特征。在加热过程中，*K-T* 曲线在 350℃时下降明显，表明样品中可能存在磁赤铁矿或磁黄铁矿，在 580° C 处的下降表明磁铁矿（磁铁矿的居里温度为 575～585℃）的存在。多数样品都有着相对低的 H_c 及 M_{rs}/M_s 值（0.07～0.3），指示岩石样品中的磁铁矿假单畴到多畴。从流纹英安岩和碎斑熔岩的磁化率各向异性数据中发现：无论是流纹英安岩还是碎斑熔岩，它们都有高的磁化率 K_m，多数集中在 1000×10^{-6}～3000×10^{-6}SI；多数样品

图 5-8 便携式汽油钻机（a）和太阳罗盘（b）

都表现出扁平的磁化率量值椭球体（$T>0$）。磁化率各向异性度（P_j）均小于 1.1，并且随着磁化率的增加没有明显增加的趋势，说明岩石形成之后并没有受到强烈的构造作用。

从探索古火山通道的角度来看，相山火山岩盆地中熔岩的出露面积是相对较大的（约 400km^2），布置的磁组构采点有 93 个。尽管受植被影响，磁组构采点并不均匀，但从已有磁化率各向异性数据来看，其规律性非常明显。据此可以推断相山火山盆地熔岩流动方向及主要火山口位置（图 5-9）。研究区流纹英安岩以湖溪为界，分东西两部分出露。总体来看，东部的流纹英安岩绝大多数表现出低角度或近水平北西－南东方向的磁线理 K_1，而西部的流纹英安岩则表现出北北东－南南西方向的磁线理，可能反映该套流纹英安岩火山口的位置并非相山顶。碎斑熔岩的磁线理方向变化较大，这种变化很可能与存在多个火山口及其分布位置有关。

本次磁组构研究获得以下初步成果：①从相山顶到湖溪镇的大面积碎斑熔岩的磁线理呈现北西西－南东东向，游坊－响石线路的碎斑熔岩的磁线理为北东－南西向，结合钻孔及 MT 资料，指示相山顶为一火山口；②如意亭南侧 500～1500m 区域的碎斑熔岩 13 个采点的磁线理呈环状，亦指示火山口的存在；③由于地表植被覆盖的关系，在相山顶东侧及南侧的刁源及堆上地区碎斑熔岩中的采点较少，但从已有采点的磁线理来看，它们呈近环状，推断该两处亦存在火山口；④结合区内钻孔资料，流纹英安岩的古火山通道可能位于书塘附近，并被碎斑熔岩所覆盖。

（四）遥感地质解译

本次研究收集和购置了 TERRA 卫星 ASTER、ALOS 卫星 AVNIR-2、LANDSAT 卫星 ETM+ 多光谱高分辨率遥感影像数据，通过对这些遥感影像数据的辐射校正、大气校正、几何校正、灰度拉伸、滤波、影像裁剪等处理，获得了相山火山盆地三维地质填图区的遥感影像平面图。以遥感影像特征为依据，结合野外实地调查资料，对区内岩石地层、侵入岩体、断裂构造、火山构造及蚀变带等进行了解译，为三维地质填图提供依据。

1. 岩石地层解译

根据遥感影像对岩石地层的显示程度或可解译程度，结合野外踏勘和实测地质剖面资料，可解译出青白口系神山组、库里组、上施组，泥盆系云山组，三叠系紫家冲组，白垩系打鼓顶组一段和二段、鹅湖岭组一段和二段、河口组、塘边组，以及第四系联圩组 12 个遥感影像地层单位。其中，打鼓顶组一段和二段、鹅湖岭组一段和二段是相山火山盆地的主体岩石，大致呈环带状分布，从边缘到中心具有从老到新的分布规律。

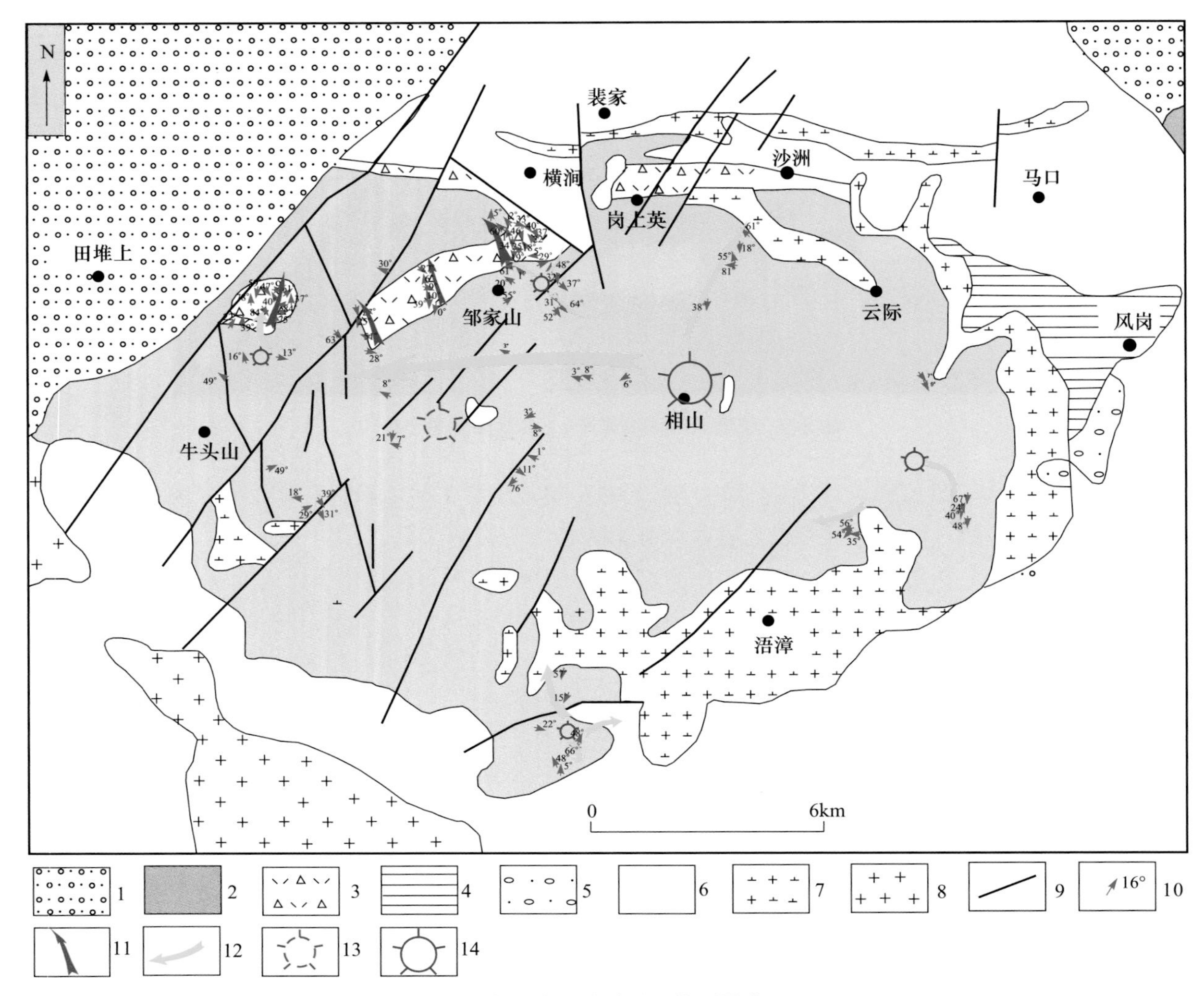

图 5-9　相山火山盆地磁组构测量成果图

1. 上白垩统红层；2. 鹅湖岭组火山碎屑岩、碎斑熔岩；3. 打鼓顶组火山碎屑岩、流纹英安岩；4. 上三叠统紫家冲组砂（砾）岩；5. 中泥盆统云山组砂（砾）岩；6. 青白口系变质岩；7. 沙洲单元粗斑花岗斑岩、似斑状花岗岩；8. 早泥盆世乐安单元花岗岩；9. 断裂；10. 该处采点磁化率各向异性的 K_1 的倾向；11. 推断的流纹英安岩流动方向；12. 推断的碎斑熔岩流动方向；13. 推断的流纹英安岩火山口；14. 推断的碎斑熔岩火山口

2. 侵入岩解译

通过对已知不同时代侵入体出露的范围与遥感影像的对比分析，以岩体的遥感影像特征为依据，结合实地调查资料，可将侵入岩划分为两个不同时代三个遥感影像解译单元。

1）早泥盆世侵入体焦坪岩体和乐安岩体

焦坪岩体（$\eta\gamma D_1J$）位于研究区西南部，侵入于青白口系浅质岩中。由于岩体易于风化，形成低矮丘陵地形，发育大量宽缓的“碟”形冲沟，沟底多为第四系联圩组充填。由于围岩角岩化，沿岩体侵入接触带常形成较高大的山脊，岩体与围岩形成鲜明的对比。侵入接触界线多位于由围岩向岩体由陡变缓的地形转折部位。乐安岩体（$\eta\gamma D_1L$）位于研究区西南部，侵入于青白口系浅变质岩中。岩体影像特征比较复杂，除具有与焦坪岩体相似的影像特征外，还显示出内部断裂、硅化破碎带发育的特点。晚期酸性岩浆的侵入使岩体内部地貌形态变化多样，色调变化较大。岩体与变质岩的接触界线总体较清楚，但局部地段需要经过仔细辨认，甚至实地考察方能确定。

2）早白垩世侵入体沙洲单元（$\eta\gamma\pi K_1S$）

该单元由若干个小岩体、岩枝、岩墙、岩脉组成，呈环状分布于相山火山盆地四周（图 5-10）。东半

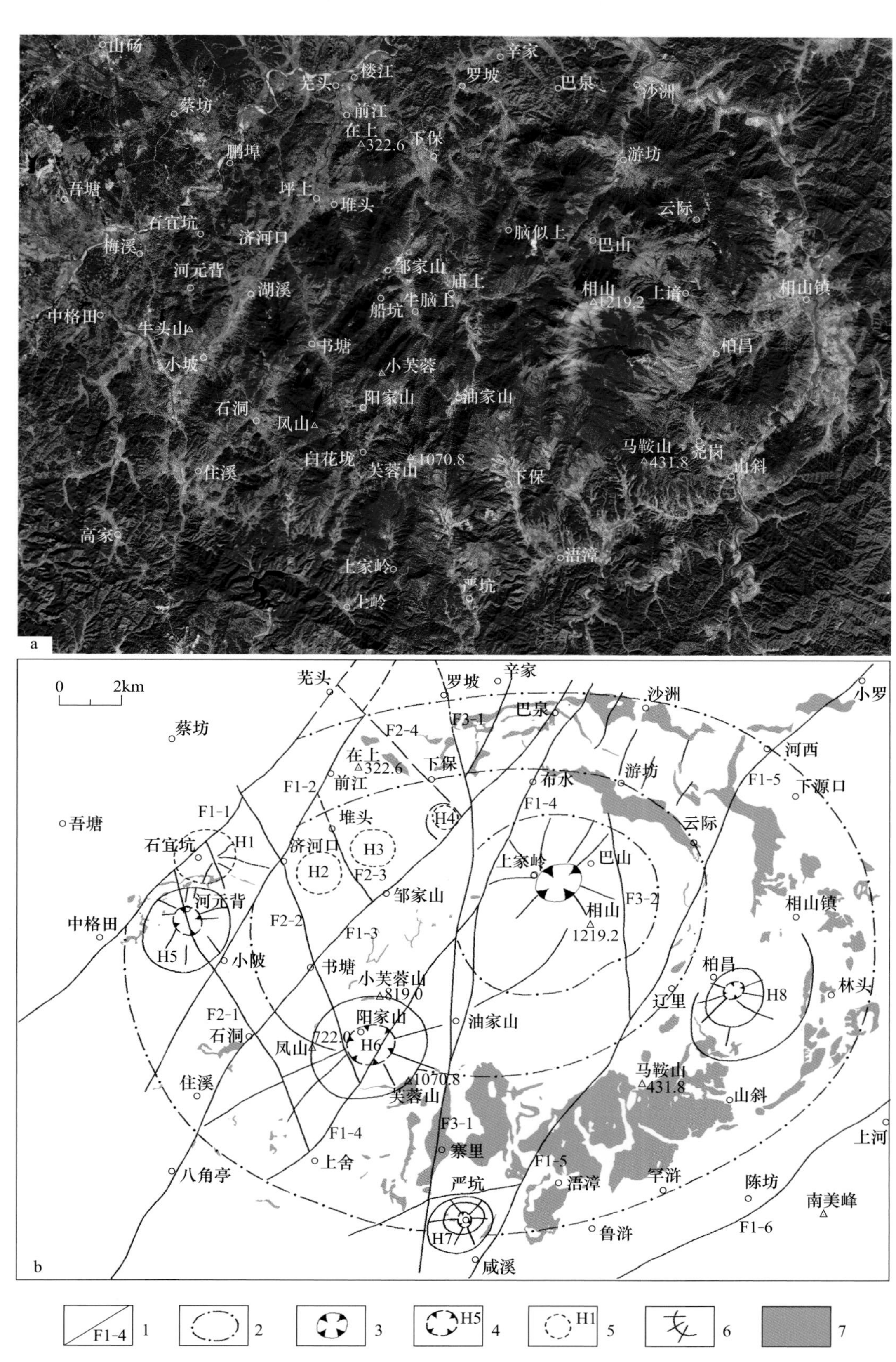

图 5-10 相山火山盆地遥感影像和地质解译图

a. ALOS 影像；b. 断裂、火山构造解译图。1. 主干断裂及其编号；2. 主火山构造环形影像；3. 主火山通道；4. 推测次级火山通道及编号；5. 隐伏半隐伏火山构造及编号；6. 环形、弧形断裂和放射状断裂；7. 沙洲单元花岗斑岩

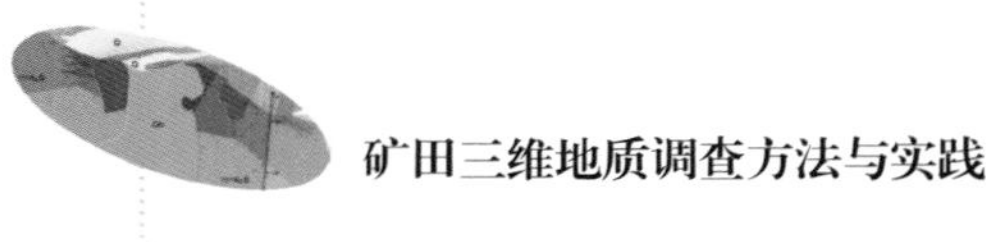

环岩体出露规模较大，而西半环岩体出露规模较小，以岩墙、岩脉为主，出露面积约 30.89km^2，属相山火山盆地火山活动晚期侵入的一套次火山岩。在影像上，对于那些规模小的岩枝、岩墙或岩脉，由于出露宽度只有几米至十几米，加上植被十分发育，一般都无鉴别意义的影像特征，必须通过路线地质调查才能勾绘出来。但对于那些规模较大的岩体，如游坊、浯漳、芙蓉山等地出露的岩体具有一定的影像特点，通过对岩体与围岩影像特征的对比分析，大部分界线能够予以确定。

3. 断裂构造解译

断裂构造是一种线形构造，在影像上主要以色调、岩性地层、地貌、水系等异常的影像标志而显示出来。研究区断裂构造发育，共解译出不同方向、不同规模的断裂构造 200 余条，可划分为北东向、北东东向、北西向、近南北向四组断裂构造。根据断裂构造的空间分布特点，大致可归纳为 12 条主干断裂［图 5-10（b）］。

北东向主干断裂主要有中格田 – 芜头断裂（F1-1）、小陂 – 前江断裂（F1-2）、石洞 – 邹家山 – 巴泉断裂（F1-3）、上舍 – 布水断裂（F1-4）、咸溪 – 辽里 – 小罗断裂（F1-5）、陈坑 – 上河（F1-6）断裂；北西向主干断裂主要有河元背 – 石洞 – 上舍山断裂（F2-1）、济河口 – 书塘断裂（F2-2）、堆头 – 邹家山断裂（F2-3）、芜头 – 下保（F2-4）断裂；近南北向主干断裂主要有寨里 – 油家山 – 罗陂断裂（F3-1）、巴山 – 相山（F3-2）断裂。

4. 火山构造解译

在 ALOS 影像上，相山火山盆地以其醒目的、具有复杂结构的环形影像为特征［图 5-10（a）］。环状构造组合方式复杂，呈现出大环套小环，环中还有多个次级小环的影像特征［图 5-10（b）］。根据环状构造的组合方式可解译出主体火山构造和次级火山构造。

（1）主体火山构造具有多圈层结构的影像特征，可以分为外环、中环和内环三层结构，长轴约 23.7km、短轴 17.6km。从外环到内环呈偏心式展布，即中环和内环向外环北侧、北东侧靠拢，向西、向南逐渐撒开。从地质结构来看，内环具有典型的环状和放射状特征，是环状和放射状断裂在影像上的反映，是碎斑熔岩喷溢的主体通道。多圈层的偏心结构，一方面反映了碎斑熔岩喷溢的总体方向，即大量碎斑熔岩从内环的火山通道涌出后，总体向外环南西部方向喷溢；另一方面说明，随着大量碎斑熔岩岩浆的喷出，深部岩浆房空虚，在上部大量碎斑熔岩的重力作用下，沿着主体环圈层各边界发生大规模的、不同程度的火山塌陷，形成偏心式塌陷构造，即破火山构造。在大规模火山塌陷的过程中，沿中环和外环边界及其之间的破裂面发生沙洲单元次火山岩体的侵入，从而沿外环形成规模大小不等、形态各异的小岩体、岩墙、岩脉和岩枝。由此看来，主体火山构造的多圈层结构就是整个相山火山盆地构造的基本轮廓和基本特点的显示。

（2）次级火山构造按其环形影像特征所处的地质构造背景，可分为打鼓顶期和鹅湖岭期。前者多以单个近圆形的色调异常和地貌异常为特征，个别具有放射状和环状断裂影像特点。其规模普遍较小，直径为 1.1～1.9km。出露的地层主要由打鼓顶组流纹英安岩、集块岩以及平行不整合于其上的鹅湖岭组火山碎屑岩组成。据此推测，这类环形构造影像为隐伏 – 半隐伏火山通道。属于这类火山构造的有石宜坑（H1）、济河口（H2）、堆头（H3）、如意亭（H4）4 个火山构造。后者多以双层圆形或椭圆形地貌异常为主，色调异常次之，放射状断裂影像特征明显。其规模普遍较大，直径为 1.7～3.5km。地貌异常主要表现为：内环一般为圆形负地形，外环一般为圆形或椭圆形山体，个别为近圆形的斜坡地形。环内出露的地层主要由鹅湖岭组碎斑熔岩组成。在外环边界上或其附近常有花岗斑岩岩墙、岩脉、岩枝出露，环内局部地段常常见有火山集块岩。据此推测，这类火山构造影像为相山主体火山机构的侧火山通道。属于该类火山构造的有河元背（H5）、阳家山（H6）、严坑（H7）、柏昌（H8）4 个火山构造。

5. 蚀变异常提取

利用 ETM+ 和 ASTER 多波段遥感数据，探索了在高植被覆盖区进行矿化蚀变信息提取方法的研究。

通过实验，提出“无损线性拉伸＋去除和抑制干扰因素＋比值法＋主成分分析＋密度分割”的复合法，可在高植被覆盖区最大限度地有效提取铁化和泥化、水云母化和绿泥石化蚀变信息。

（1）泥化蚀变异常又称为羟基蚀变异常，是指水云母化、绿泥石化、绢云母化、高岭土化等含羟基类矿物的综合蚀变异常。按异常相对集中分布的圈定原则，可划分为 17 个异常片带。主要分布于北东向石洞－邹家山－巴泉断裂带（F1-3）与咸溪－辽里－小罗（F1-5）断裂带所夹持的断块内。块内异常分布不均，异常规模大小不等，形态各异，显示出受断裂和相山火山盆地主体环形构造控制的分布规律。

（2）铁化蚀变异常是指赤铁矿化、褐铁矿化、磁铁矿化和碱交代等综合蚀变异常。根据异常的分布特点，可以划分为 34 个异常片带。这些异常片带普遍规模较小，不均匀分布于相山主体火山构造内，显示出异常受主体火山构造与断裂构造控制的环状分布规律。主体火山构造西部和西南部异常比较集中，规模相对较大；北部、东部和东南部异常分布零星，规模相对较小。环内异常形态大多呈不规则长条形和椭圆形，其长轴大多为北东向，反映异常与北东向断裂构造有关。西部的铁化蚀变异常除受北东向断裂构造控制外，还与北西向断裂及其与北东向断裂构成的菱形块体或块体内发育的近南北向次级断裂有关。

（3）水云母化蚀变异常可划分为 28 个异常片带。这些异常片带形态各异，规模大小不等，不均匀分布于主体火山构造内，整体显示异常受主体火山构造控制的环状分布规律。在主体火山构造中环的西部异常高度集中，部分异常延伸到内环的西北部，且规模相对较大；外环异常分布稀疏，规模相对较小。环内异常形态大多呈不规则长条形、椭圆形和弯钩形等。这些形态特点显示，异常主要受北东向、北西向、南北向断裂构造以及不同方向断裂交叉部位的控制。除此之外，异常还与岩性界面有关。

（4）绿泥石化蚀变异常可划分为 25 个异常片带。绿泥石化异常与水云母化异常的分布大致相似，呈不均匀状分布于相山火山盆地主体火山构造内，整体显示受火山构造控制的半环状分布规律。异常高度集中分布于主体火山构造的内环和中环的中西部；在外环的东南半环，异常分布比较稀疏。主体火山构造内环和中环的绿泥石化异常，形态各异，规模大小不等，显示受环内北东向、北西向和南北向等不同方向断裂构造联合控制的规律比较明显。外环北东部的异常与岩性有关。此外，在主体环形构造西南部外侧上岭和高家一带尚有 5 个小异常片带分布，可能与深部隐伏的花岗斑岩有关。

（五）成矿系统、成矿模型专题研究

在对相山盆地 20 余个铀、铅－锌矿床（点）调查的基础上，通过对赋矿火山－侵入杂岩岩石地球化学与成岩成矿年代学研究、典型矿床解剖与成矿系统综合研究，总结了矿田成矿特征、矿化成因、铀－铅－锌矿化时空分布规律，并建立了矿田成矿系统模型。

1. 赋矿杂岩体和成矿年龄

利用精确的 SIMS 锆石原位微区测年技术，获得相山赋矿杂岩体流纹英安岩（ZK26-101-2，牛头山钻孔）的年龄为 135.0±1.8 Ma、碎斑熔岩（ZK26-101-70，牛头山钻孔）年龄为 133.6±1.3 Ma、似斑状花岗岩（YJ12-21，云际）和花岗斑岩（SZ12-24，沙洲）的形成时间分别为 133.9±1.1 Ma 和 133.4±1.2 Ma（图 5-11）。测年数据与矿田地质特征所反映的岩浆活动演化顺序一致。

利用蚀变矿物 $Ar^{40}-Ar^{39}$ 法测年技术，获得高精度的矿田铀铅锌多金属矿化年龄（图 5-12）。铅锌矿的形成时间为 137.5～138.3 Ma, 代表了成矿活动的开始阶段。铀矿床的成矿时间为 132.6±1.3 Ma、122.8±1.1 Ma，指示铀矿床具有两个阶段成矿的特点。

2. 矿化特点成因

铀矿床和铅锌银矿床的矿体均赋存于不同级序的断裂构造系统。铀矿体呈脉状、细脉状、网脉状产出，铅锌矿则呈平行的细脉状产出。

铅锌银矿床和铀矿床的围岩蚀变类型与特征明显不同。铀矿床的热液蚀变分为面型和线型两类。面型蚀变主要包括钠长石化、水云母化、绢云母化，以及部分硅化、绿泥石化等，蚀变范围大于铀矿化范围。

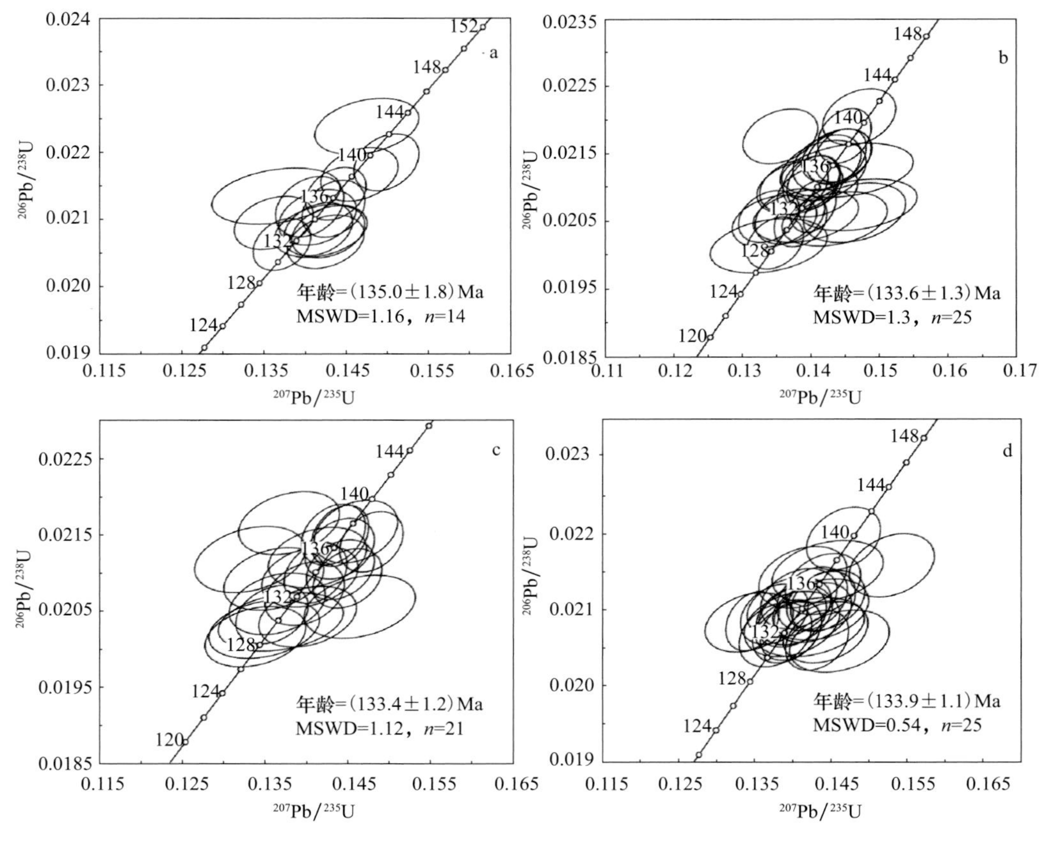

图 5-11　相山赋矿杂岩 SIMS 锆石 U-Pb 年龄谐和图

a. ZK26-101-2，牛头山钻孔，流纹英安岩；b. ZK26-101-70，牛头山钻孔，碎斑熔岩；c. SZ12-24，沙洲，粗斑花岗斑岩；d. YJ12-21，云际，似斑状花岗岩

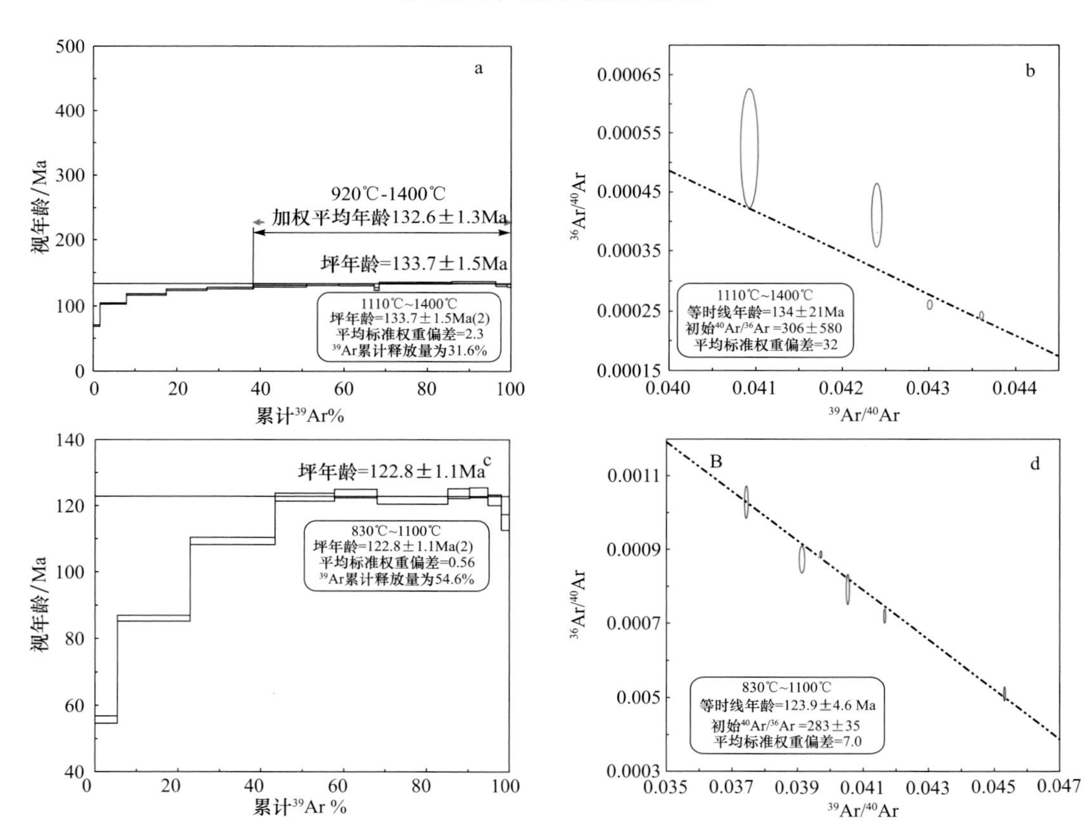

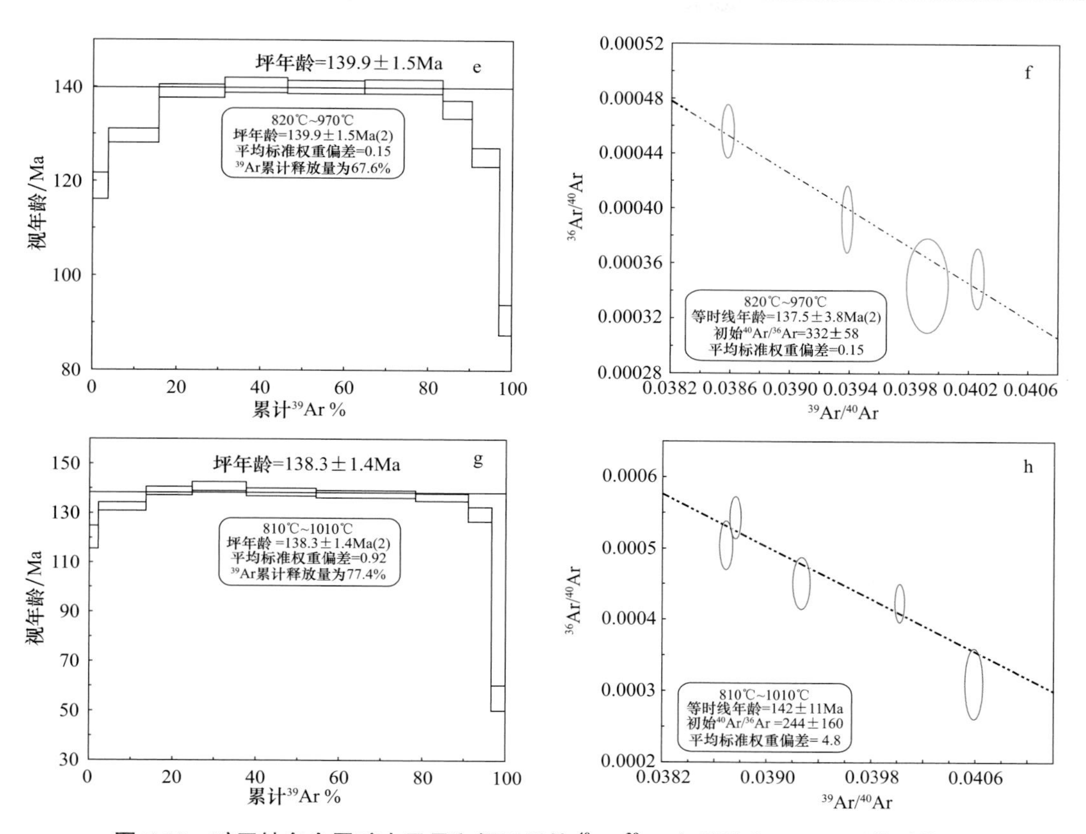

图 5-12 矿田铀多金属矿水云母和绢云母的 ^{40}Ar-^{39}Ar 年龄谱和 Ar-Ar 反等时线图

a. SZ12-22 水云母 ^{40}Ar-^{39}Ar 年龄谱；b. SZ12-22 水云母 Ar-Ar 反等时线图；c. ZJS12-2 水云母 ^{40}Ar-^{39}Ar 年龄谱；d. ZJS12-2 水云母 ^{40}Ar-^{39}Ar 反等时线图；e. ZK26-9-2 绢云母 ^{40}Ar-^{39}Ar 年龄谱；f. ZK26-9-2 绢云母 Ar-Ar 反等时线图；g. ZK26-11-118 绢云母 ^{40}Ar-^{39}Ar 年龄谱；h. ZK26-11-118 绢云母 Ar-Ar 反等时线图；

线型蚀变为热液成矿过程中于矿脉两侧发生的蚀变，蚀变带宽度一般较小，主要为赤铁矿化、萤石化、硅化、水云母化、绿泥石化和碳酸盐化等。而铅锌矿化蚀变不具分带性。主要蚀变有硅化、绢云母化、碳酸盐化、绿泥石化、高岭石（黏土）化。

成矿流体具有低－中盐度的特点（图 5-13）。成矿流体与成矿物质大部分来自于赋矿火山－侵入杂岩岩浆，大气水参与了成矿作用（图 5-14～图 5-16）。与铅锌银矿化不同，深部（幔源）富铀物质的加入是矿田铀矿化形成的重要原因（图 5-17）。成矿作用主要发生于岩浆期后中低温阶段，铀矿化持续时间更长而展现出两阶段矿化特点。

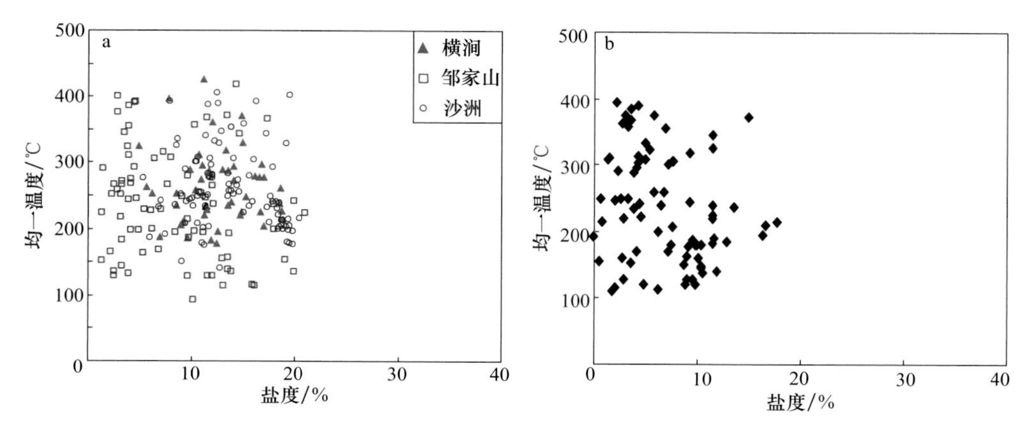

图 5-13 相山矿田铀矿床与铅锌矿床均一温度与盐度图

a. 相山矿田铀矿床；b. 相山矿田铅锌矿床

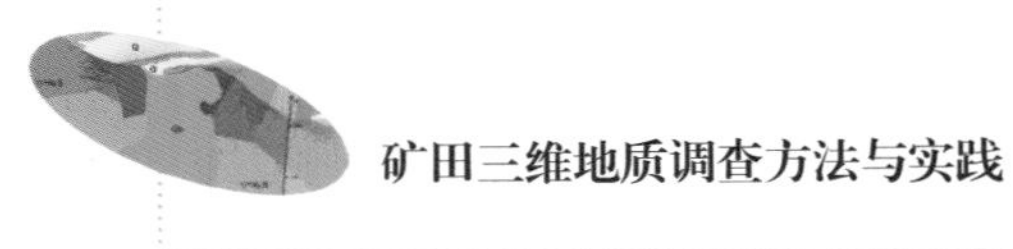

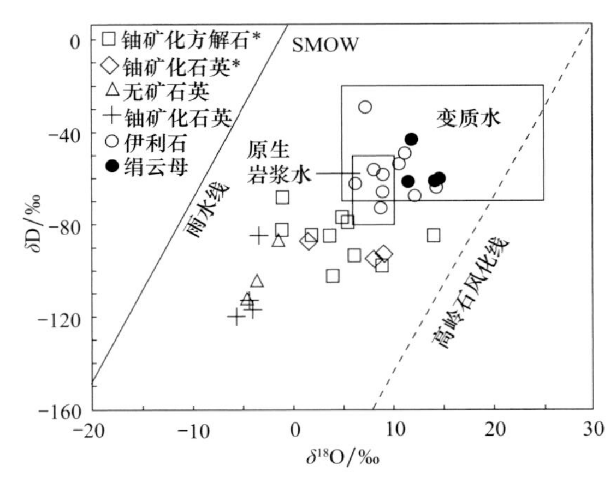

图 5-14 相山矿田成矿流体 δD-$\delta^{18}O$ 同位素组成

* 表示数据引自（李子颖等，2006）

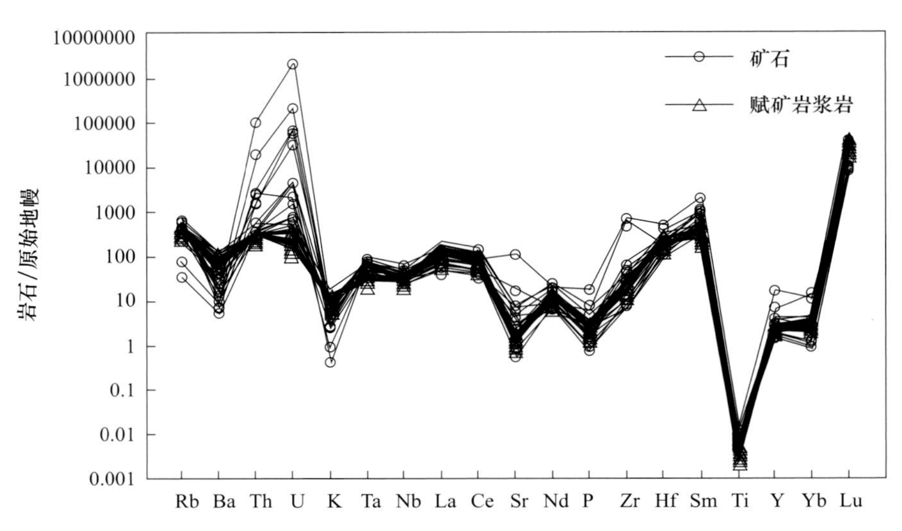

图 5-15 铀矿石及相关火山－侵入杂岩微量元素蛛网图

原始地幔数据引自 McDonough & Sun（1995）

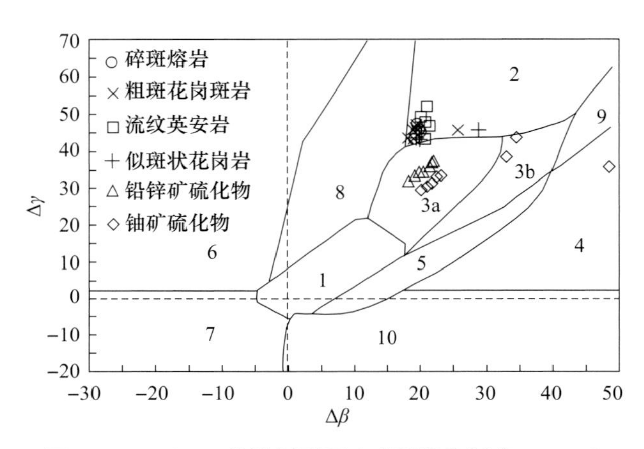

图 5-16 Δβ-Δγ 构造判别图（底图据朱炳泉，1998）

1. 地幔源铅；2. 上地壳铅；3. 上地壳与地幔混合的俯冲带铅（3a. 岩浆作用；3b. 沉积作用）；4. 化学沉积型铅；5. 海底热水作用铅；6. 中深变质作用铅；7. 深变质下地壳铅；8. 造山带铅；9. 古老页岩上地壳铅；10. 退变质铅

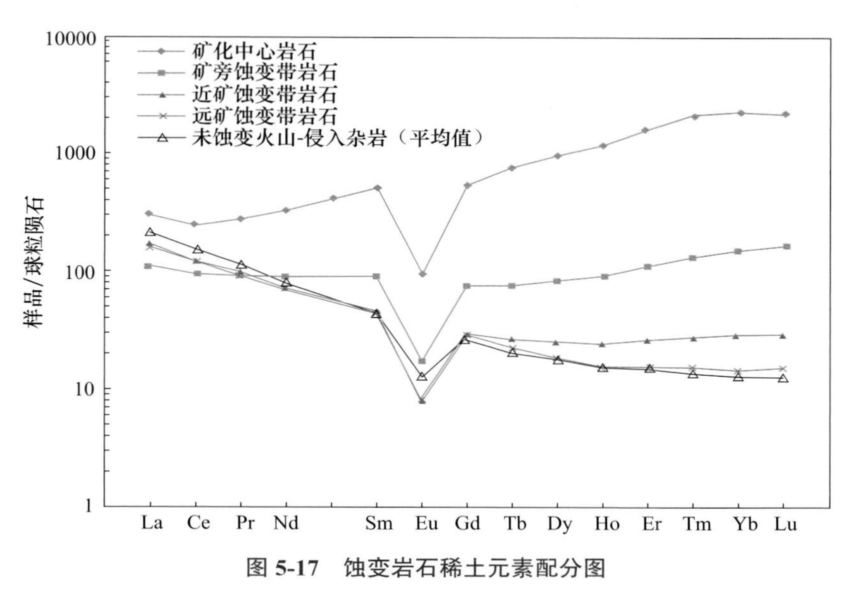

图 5-17　蚀变岩石稀土元素配分图

黑色为火山杂岩；红色为蚀变岩石（矿石）；球粒陨石数据引自 Sun 和 McDonough（1989）

3. 相山矿田铀铅锌银矿多金属成矿模式

相山矿田的铀与铅锌银矿化的物质结构、时间结构、空间结构特征以及保存与改造条件指示它们属于同一矿化系统（图 5-18），是矿田火山－岩浆热液系统活动于不同时间的产物。铅锌银矿化发生于早期，晚期为铀成矿期，铀矿化持续时间较长，分为两个成矿阶段。第一阶段为铀（钍）铅锌银矿化，这是矿田大规模铀矿化的开始，形成了侵入岩体及其附近的铀钍铅锌银矿体；第二阶段为铀钍矿化，形成了众多产于火山岩内高品位的铀（钍）矿床。

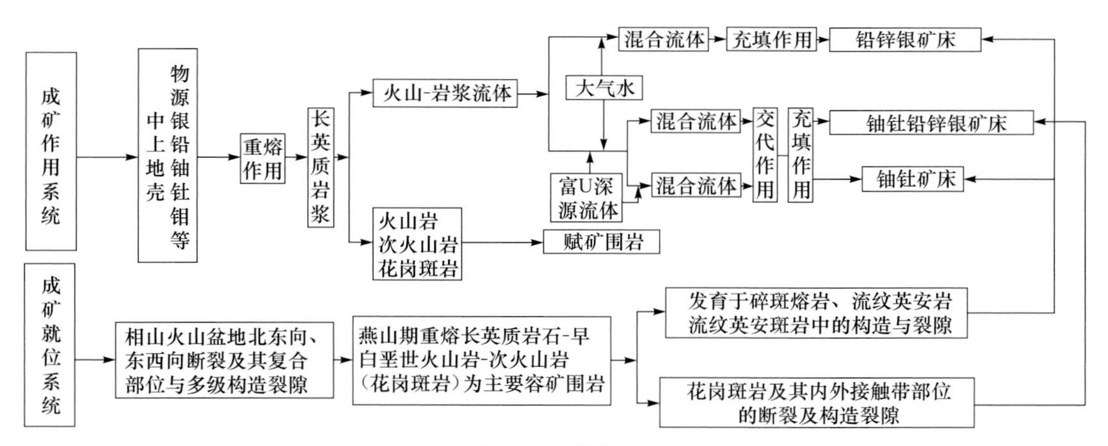

图 5-18　相山矿田成矿作用过程示意图

（六）地质综合专题研究

通过遥感地质解译、野外地质观测、室内岩石学和构造地质学的综合研究，查明了相山盆地火山机构特征、地质演化史，揭示了盆地三维地质结构。

1. 岩浆演化序列及其精确年代格架

通过对相山火山盆地岩浆岩类地质关系、精确同位素年代及岩石地球化学的系统调查和测试研究，特别是首次系统测定相山火山盆地不同层位熔结凝灰岩的精确年龄，厘定了相山火山盆地的两个亚旋回的火山－潜火山岩浆活动序列。第一亚旋回称为打鼓顶期，同位素年龄为 141～135Ma（图 5-11、图 5-19、图 5-20）；第二亚旋回称为鹅湖岭期，同位素年龄为 135～132Ma。两个亚旋回的火山活动均经历了从爆发相→喷发溢流相（或侵出－溢流相）→次火山岩相的岩浆作用过程。两个亚旋回的岩浆岩都属酸性岩类，每个亚旋回从早到晚都具有往 SiO_2 减少方向演变的特征，反映了岩浆房的层状分异特点。

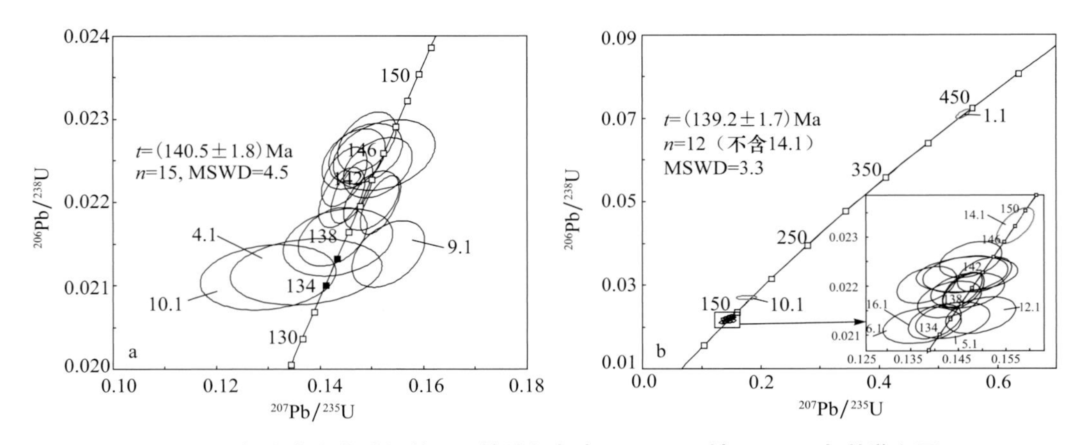

图 5-19　相山火山盆地打鼓顶组熔结凝灰岩 SHRIMP 锆石 U-Pb 年龄谐和图

a. D0839-13（相山顶）打鼓顶组熔结凝灰岩；b. D001-1（如意亭）打鼓顶组熔结凝灰岩

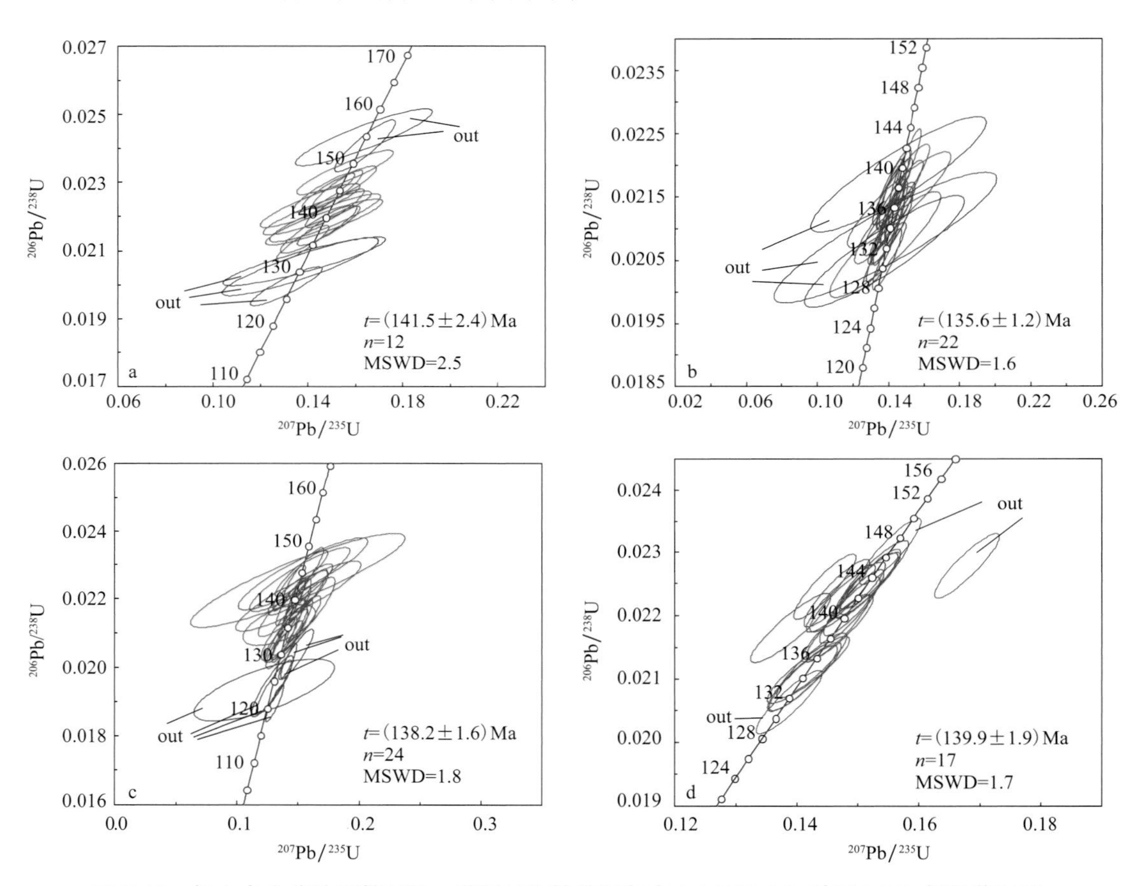

图 5-20　相山火山盆地打鼓顶组、鹅湖岭组熔结凝灰岩 LA-ICP-MS 锆石 U-Pb 年龄谐和图

a. D0001-1，打鼓顶组，如意亭；b. D0004-1，鹅湖岭组，如意亭；c. D0026-3，打鼓顶组，游坊；d. D0839-13，打鼓顶组，相山顶

2. 火山机构特征及火山口（或岩浆通道）位置

通过 ALOS 遥感影像解译，发现相山火山盆地具有复杂的环形构造，结合岩石磁组构研究确定的岩浆流动方向、野外火山集块岩分布、碎斑熔岩中变质岩及同源岩屑、浆屑的分布特点及产状、环状断裂和节理的分布特征，厘定了相山地区两个亚旋回火山活动的火山岩浆通道数量和位置（图 5-21）。打鼓顶

期主要岩浆通道位于相山顶或其西侧，次岩浆通道位于河元背；鹅湖岭期火山活动主岩浆通道也位于相山顶，次岩浆通道位于河元背、阳家山（芙蓉山）、严坑、柏昌。火山机构具有继承性和发展性的特点。

3. 岩浆岩体的产状特征

通过地表填图、钻探、坑采资料的分析总结，基本查明了相山火山盆地主要岩浆岩的产状特征（图 3-9）。流纹英安岩主要呈岩床状（似层状），其岩浆通道主要为岩墙状。碎斑熔岩主要呈蘑菇状（岩盖状），其岩浆通道为管状（不排除局部为岩墙状）。粗斑花岗斑岩主要为岩墙－岩床组合体（横断面常构成“T”型或“7”型），其岩浆通道主要为岩墙状。

4. 隐爆碎屑岩及霏细（斑）岩脉

对相山西部大量钻孔岩心的观察表明，深部发育大量灰绿色异源角砾岩浆隐爆角砾岩、紫红色（或灰绿色）热液隐爆角砾岩、隐爆碎粒岩、隐爆碎粉岩等隐爆碎屑岩及灰白色（黑色、灰绿色）霏细（斑）岩、细斑花岗斑岩等脉岩（图 5-22）。它们呈脉状或筒状分别穿插于流纹英安岩、碎斑熔岩、粗斑花岗斑岩、变质岩等围岩中，也可被碎斑熔岩、粗斑花岗斑岩侵入切割。隐爆碎屑岩及细斑花岗斑岩脉、霏细（斑）岩脉具有多期次发育的特点，细脉浸染状黄铁矿较发育，有的见富黄铁矿或镜铁矿的角砾，显示其与富 S、Fe 气液活动有较密切关系。

5. 火山－侵入杂岩成因

相山火山盆地火山－侵入杂岩各岩性间岩石地球化学性质与同位素组成特征相同（图 5-23～图 5-26），属于弱过铝质高钾钙碱性系列，表现富钾和碱、贫钙和镁的特征。火山－侵入杂岩具有一致的起源，均系同一岩浆房的岩浆演化产物，起源于中上地壳的熔融并有不同比例幔源基性岩浆的加入，且从早期到晚期岩浆房内的幔源基性岩浆成分有不断增多的趋势。

6. 断裂的分布与性质

通过遥感影像构造解译、野外构造剖面测量、路线剖面的观察、节理统计和构造岩组分析，运用构造解析方法，分析了相山火山盆地及周缘断裂系统的成生关系，按规模和主次划分为 3 个级别（图 3-5）。区域性断裂包括西北角的北东向遂川断裂（抚州－永丰断裂）和东侧近南北向的宜黄断裂。遂川断裂自加里东期以来就控制着研究区及邻区晚三叠世—早侏罗世含煤断陷盆地、早白垩世火山－沉积盆地及晚白垩世—古新世红色碎屑岩盆地的形成与演化。主干断裂由相山火山－沉积盆地内北东向、北西向和南北向断裂组成，属于与遂川断裂活动同一应力场（南北向挤压）的产物，位移性质主要为平移，也有一些表现为逆断层。次级断裂为上述二级断裂两侧派生的南北向、东西向断裂，形成的局部应力场为北西－南东向挤压。

7. 断裂系统对铀多金属成矿的控矿规律

研究区内发育多组不同性质的断裂构造，断裂控矿特征明显。区域性大断裂控制了含矿建造的发育；东西向和北东向断裂控制矿带的分布；北东向断裂及其伴生的北西向断裂联合控制矿体的产出。虽然不同矿区的控矿断裂方向不同，但铀多金属矿床（矿化带）及矿体的形态、产状、规模和分布都受断裂构造的控制。成矿最有利的部位为不同方向的断裂破碎带交汇部位、主断裂的分支断裂破碎带和低序次派生断裂及其交汇部位，以及多期次、不同力学性质断裂的叠加部位。

（七）钻探、采矿坑道资料收集

从江西省核工业地质局二六一大队、中核抚州金安铀业有限公司等单位共收集相山盆地（包括 9 个矿床）钻孔编录资料 1459 孔、矿床综合地质图 10 幅、勘探线剖面图 349 幅、中段平面图 34 幅。其中，邹家山矿床钻孔 585 孔（孔距 25～50m），中段平面图 10 幅（间距 40m），勘探线剖面图 62 幅（间距 50m）；沙洲矿床钻孔 256 孔（孔距 25～50m），中段平面图 5 幅（间距 40m），勘探线剖面图 38 幅（间距 50m）。

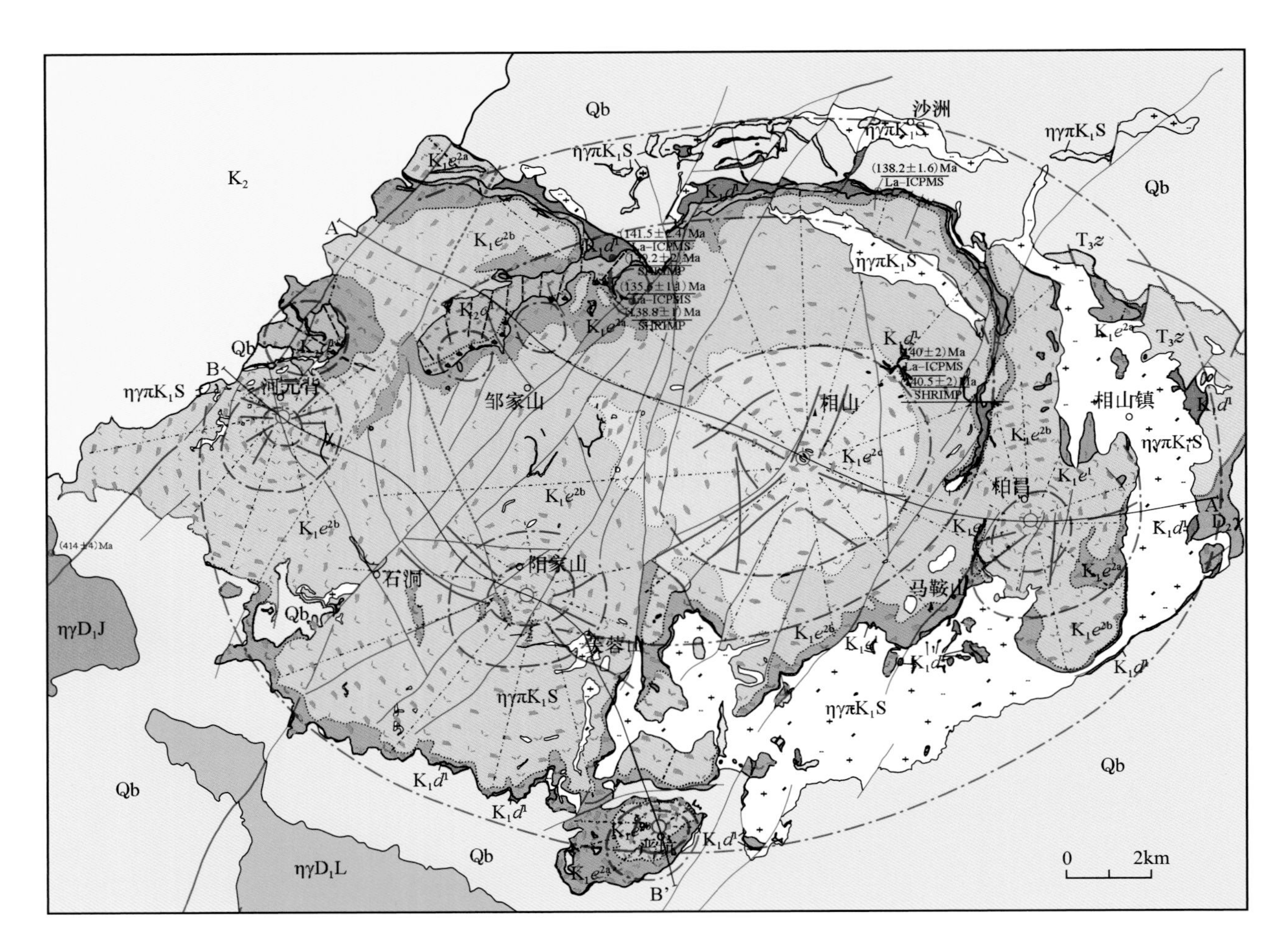

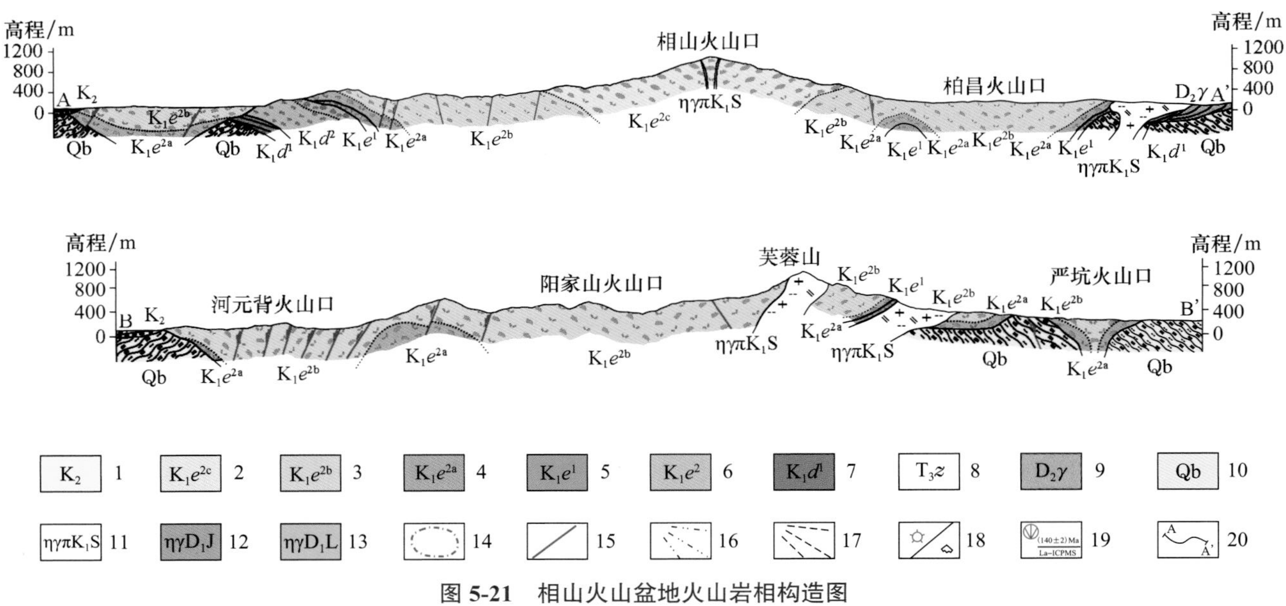

图 5-21　相山火山盆地火山岩相构造图

1. 上白垩统；2. 鹅湖岭组二段中心亚相（侵出相）；3. 鹅湖岭组二段过渡亚相（侵出相）；4. 鹅湖岭组二段边缘亚相（侵出相）；5. 鹅湖岭组一段喷发－沉积－爆发相；6. 打鼓顶组二段喷溢相；7. 打鼓顶组一段喷发－沉积－爆发相；8. 紫家冲组；9. 云山组；10. 青白口系变质岩；11. 潜火山岩相沙洲单元；12. 泥盆纪焦坪单元；13. 泥盆纪乐安单元；14. 遥感影像环形构造；15. 遥感影像放射状断裂构造；16. 穹状火山；17. 破火山（或层状火山）；18. 推测的火山口或火山通道；19. 同位素年龄；20. 剖面线位置及编号

粗斑花岗斑岩与流纹英安岩之间的隐爆角砾岩

流纹英安岩与含角砾碎斑熔岩之间的隐爆碎屑岩及霏细斑岩

流纹英安岩之下的隐爆角砾岩

碎斑熔岩中的霏细（斑）岩脉

碎斑熔岩边缘的岩浆隐爆角砾岩

粗斑花岗斑岩被之下的紫红色隐爆碎屑岩切割

图 5-22　相山西部主要的隐爆碎屑岩类及霏细（斑）岩脉照片

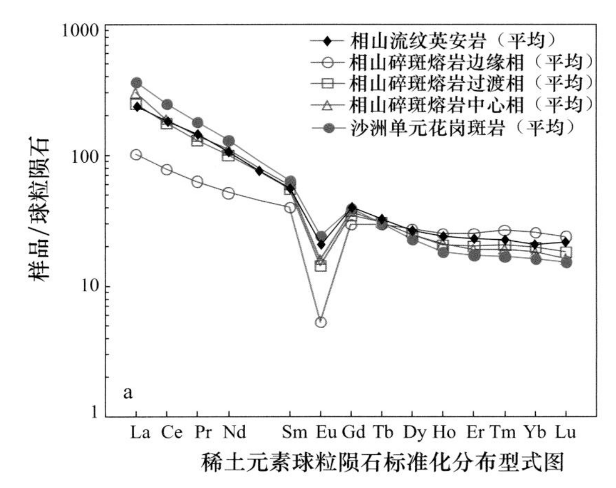

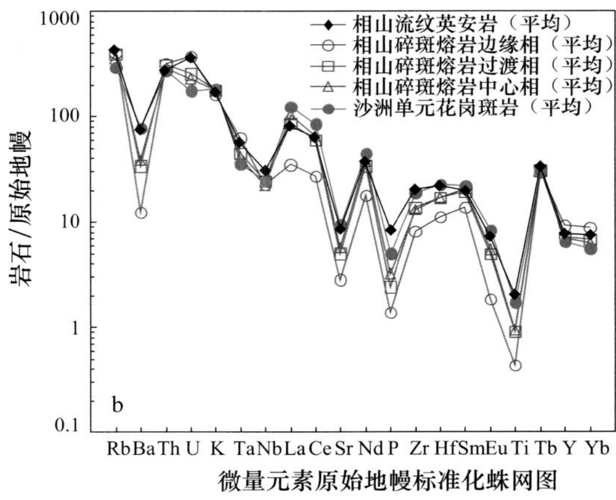

图 5-23　相山盆地主要岩浆岩稀土配分图（a）及微量元素蛛网图（b）

球粒陨石数据引自 Sun 和 McDonough（1989），原始地幔数据引自 McDonough 和 Sun（1995）

第五章

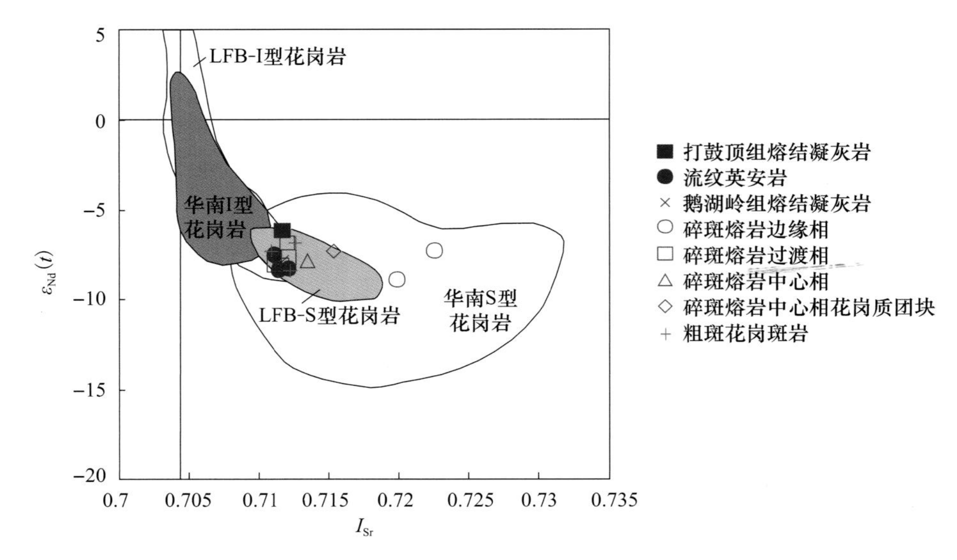

图 5-24　相山盆地主要岩浆岩 I_{Sr}-$\varepsilon_{Nd}(t)$ 图解

华南 I 型和 S 型花岗岩的范围来自凌洪飞等（1998），LFB-S 和 LFB-I 型花岗岩范围引自 Miller 和 Bradfish（1980）

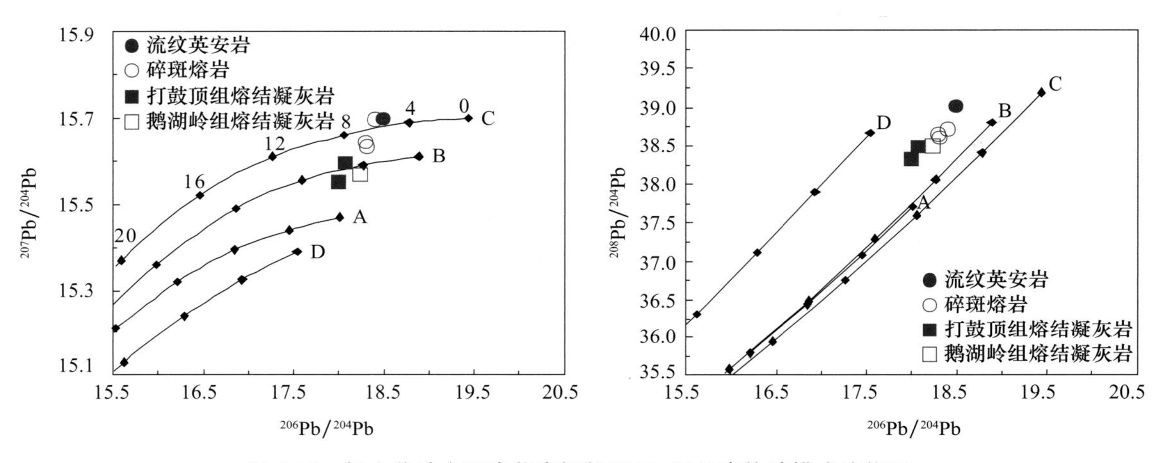

图 5-25　相山盆地主要岩浆岩钾长石 Pb 同位素构造模式演化图

A. 地幔；B. 造山带；C. 上地壳；D. 下地壳

底图引自 Zartman 和 Doe（1981）

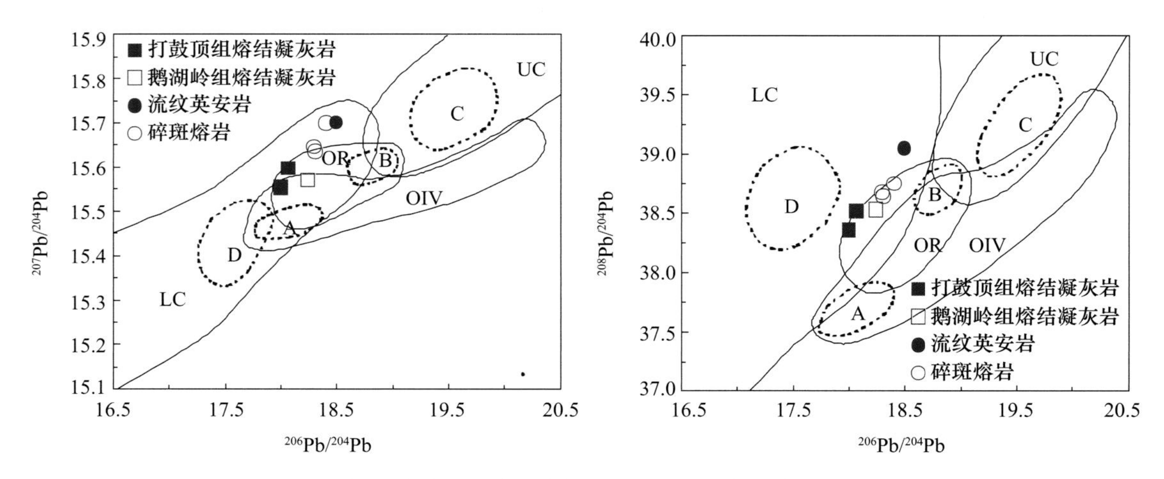

图 5-26　相山盆地主要岩浆岩钾长石 Pb 同位素构造环境判别图

LC. 下地壳；OIV. 洋岛火山岩；OR. 造山带；UC. 上地壳。A、B、C、D 分别为各区域样品相对集中区；

底图引自 Doe 和 Zartman（1979）

第二节　深部数据采集主要方法及获得数据

一、方法选择的依据

本项研究主要是探测地下 2000m 以浅范围内基底变质岩、流纹英安岩、碎斑熔岩、花岗斑岩及主干断裂等的空间分布。表 5-1 列出了主要目标地质体的电阻率常见值及变化范围（戴清峰等，2015）。从表中可以看出，盆地变质基底与火山岩盖层、碎斑熔岩与流纹英安岩、花岗斑岩与流纹英安岩之间均存在明显的电性差异，因而可以利用电法勘探的方法进行探测。在当前电法勘探技术条件下，只有电磁法能够满足 2000m 的有效探测深度。由于相山地区地形条件复杂，时间域电磁法存在布设线圈难度大，且易产生由线圈布设不规范而引起的误差（朴化荣，1990）。因此，根据不同深度层次的探测目标，本研究选择大地电磁测深法（MT）和可控源音频大地电磁法（CSAMT）作为探测手段。依据大地电磁骨干剖面控制火山－沉积盆地、变质基底、大型断裂、岩浆通道的基本格架，通过系列大地电磁精细剖面探查研究区目标地质体的三维形态。在矿田关键有利成矿部位，由于天然源有效电磁信号受干扰影响大，因而采用人工源电磁法－可控源音频大地电磁法，用以探查主要地质体界面和断裂带的精细三维结构。

表 5-1　研究区主要目标地质体电阻率表

目标地质体	电阻率 /（Ω・m）	
	常见值（几何平均值）	变化范围
花岗斑岩	31622/2511（8166）	570～255300
碎斑熔岩	12589（24389）	90～95468
流纹英安岩	1584（2808）	198～399784
青白口纪变质岩	5011（5791）	392～55779

二、深部探测工作部署

根据项目总体目标和相山火山盆地的实际情况，借鉴国内外深部地质结构探测的成功经验（肖晓等，2011；邓居智等，2015），在研究区部署了三个层次的电磁深部探测工作（图 5-27）。

（1）布设横跨盆地的两条大地电磁骨干剖面（测点总数 86 个，测线总长 84km，探测深度 5km，点距 1km），为以相山主峰为交汇点的十字形格局，用以查明盆地变质基底、大型断裂等区域构造格架；

（2）布设覆盖全区的 17 条大地电磁精细剖面（测点总数 1134 个，测线总长 265km，探测深度 2.5km，点距 250m，线距 2km），以探查主要目标地质体的深部三维形态；

（3）在邹家山－居隆庵矿床部署 14 条 CSAMT 剖面（测点总数 1198 个，测线总长 59km），探查主要目标地质体、断裂构造的三维形态及其成矿关系。

三、所取得主要深部探测数据

（一）MT、CSAMT 数据

共获得 MT 探测点数据 1226 个，并完成了 37 个点的检查测量，占总工作量的 3.03%（表 5-2）；获得 CSAMT 探测测点数据 1199 个，并完成了 42 个点的检查测量，占总工作量的 3.5%（表 5-3）。

（二）其他物探数据

对研究区 1∶5 万重力数据和 1∶2.5 万地面高精度磁法数据，进行了三维精细反演（陈辉等，2015），利用获得的密度三维数据体和磁化率三维数据体构建了初始三维地质－地球物理模型。根据重、磁三维

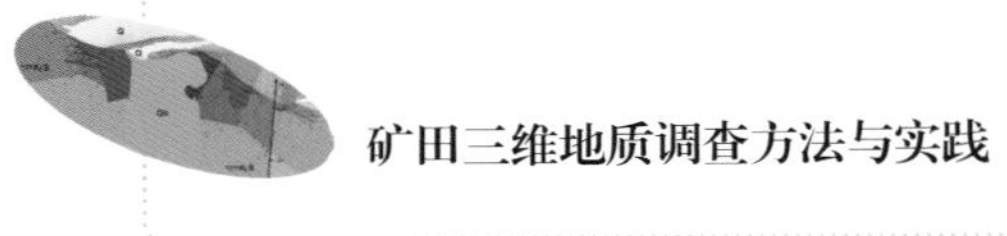

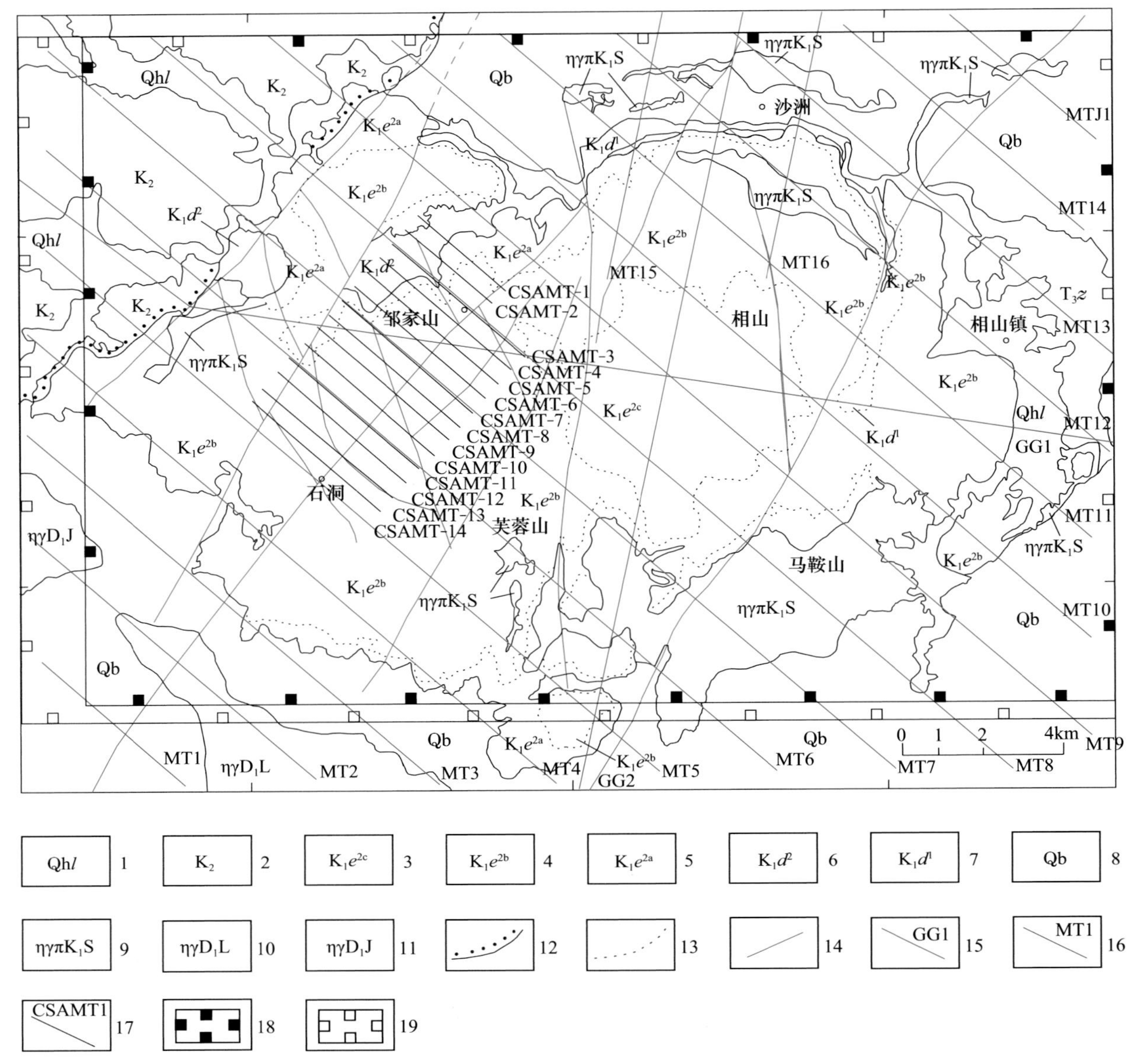

图 5-27　物探工作部署图

1. 第四系；2. 上白垩统；3. 下白垩统鹅湖岭组上段中心相；4. 下白垩统鹅湖岭组上段过渡相；5. 下白垩统鹅湖岭组上段边缘相；6. 下白垩统打鼓顶组上段；7. 下白垩统打鼓顶组下段；8. 青白口系变质岩；9. 早白垩世粗斑黑云二长花岗斑岩；10. 早泥盆世片麻状中粗粒巨斑状黑云二长花岗岩；11. 早泥盆世中细粒黑云二长花岗岩；12. 角度不整合界线；13. 岩相界线；14. 断层；15. 骨干 MT 剖面及编号；16. 精细 MT 剖面及编号；17.CSAMT 剖面及编号；18. 磁力数据范围；19. 重力数据范围

表 5-2　MT 测量实物工作量统计表

工作剖面	剖面长度 /m	测量点 / 个	质量检查点 / 个	备注	工作剖面	剖面长度 /m	测量点 / 个	质量检查点 / 个	备注
GG1	53738	55	2		MT-6	25250	102	1	
GG2	30000	31	1		MT-7	29000	117	4	
MT-1	5250	22	2		MT-8	29500	119	4	
MT-2	9250	38	2		MT-9	28250	114	2	
MT-3	13000	53	1		MT-10	24250	98	1	
MT-4	17000	69	0		MT-11	20500	83	2	
MT-5	21250	86	1		MT-12	16250	66	4	

续表

工作剖面	剖面长度 /m	测量点 / 个	质量检查点 / 个	备注
MT-13	12000	49	2	
MT-14	8250	34	2	
MT-15	7250	30	2	
MT-16	7250	30	2	
MT-J1	5000	21	2	
MT-JC	2000	9	0	加测、位于深钻旁
合计	364238	1226	37	

表 5-3　CSAMT 测量实物工作量统计表

工作剖面	剖面方位	剖面长度 /m	测量点 / 个	质量检查点 / 个	备注
L1	132°	2951.0	60	0	2950m 后的测量数据由于工作区位于矿区开采部位而舍弃
L2	132°	2901.0	59	2	2900m 后的测量数据由于工作区位于矿区开采部位而舍弃
L3	132°	4450.0	90	4	
L4	132°	4446.0	90	3	
L5	132°	4445.0	90	3	
L6	132°	4448.0	90	6	
L7	132°	4452.0	90	3	
L8	132°	4448.0	90	3	
L9	132°	4448.0	90	3	
L10	132°	4449.0	90	3	
L11	132°	4456.0	90	3	
L12	132°	4440.0	90	3	
L13	132°	4428.0	90	3	
L14	132°	4446.0	90	3	
合计		59208.0	1199	42	

反演结果圈定了相山盆地各岩相的分布范围。此外，该区南部基底密度比北部明显较低，揭示出南部基底中存在半隐伏的古生代花岗岩体。

2012 年核工业北京地质研究院在河元背实施了科学深钻，其中综合测井工作获得的原位物性测试数据可以指导 MT 和 CSAMT 资料解译。利用重庆地质仪器厂生产的 JGS-1B 型智能数字测井仪开展了三侧向电阻率、自然电位、自然伽马、人工伽马（长、短源距）、声波时差、井温、井径及井斜等参数测井。根据岩石物性特征、曲线异常反应变化，结合钻探编录等资料进行综合分析，确定了各地层的界面位置和厚度。

四、数据处理方法

本次利用加拿大凤凰地球物理有限公司的 SSMT2000 软件进行 MT 数据处理，数据处理过程包括时间序列处理、去噪处理、加时窗函数、各道信号谱分析、估算谱矩阵、分析数据、存储数据等（Cai and Tang，2009；Trad and Travassos，2000）。具体处理流程如图 5-28 所示。

对经过预处理的 MT 数据先进行定性分析，绘制单点曲线图和视电阻、阻抗相位拟断面图，然后进行一维 Bostick 反演（晋光文，1982；王家映，1987）。将一维反演结果作为二维反演的初始模型，进行二维非线性共轭梯度反演（戴世坤、徐世浙，1997；汤井田等，2007）。

MT 数据反演与解释流程如图 5-29 所示。在完成数据预处理之后，对 MT 数据采用带地形二维共

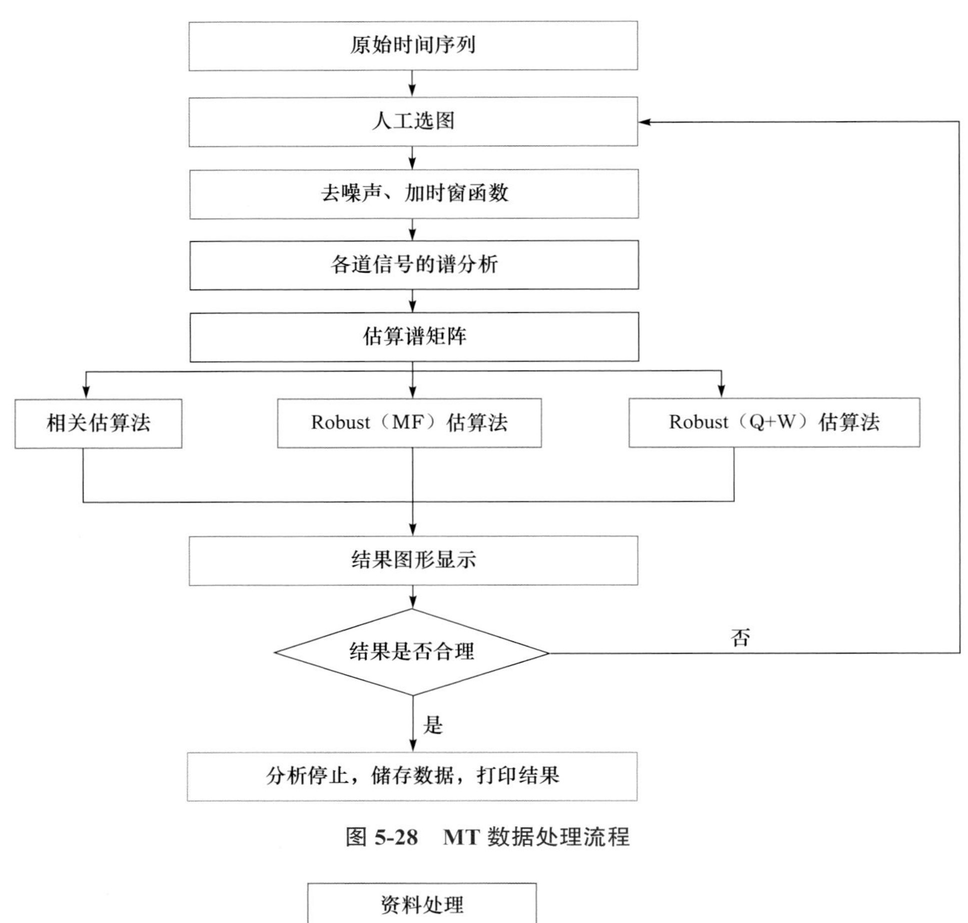

图 5-28　MT 数据处理流程

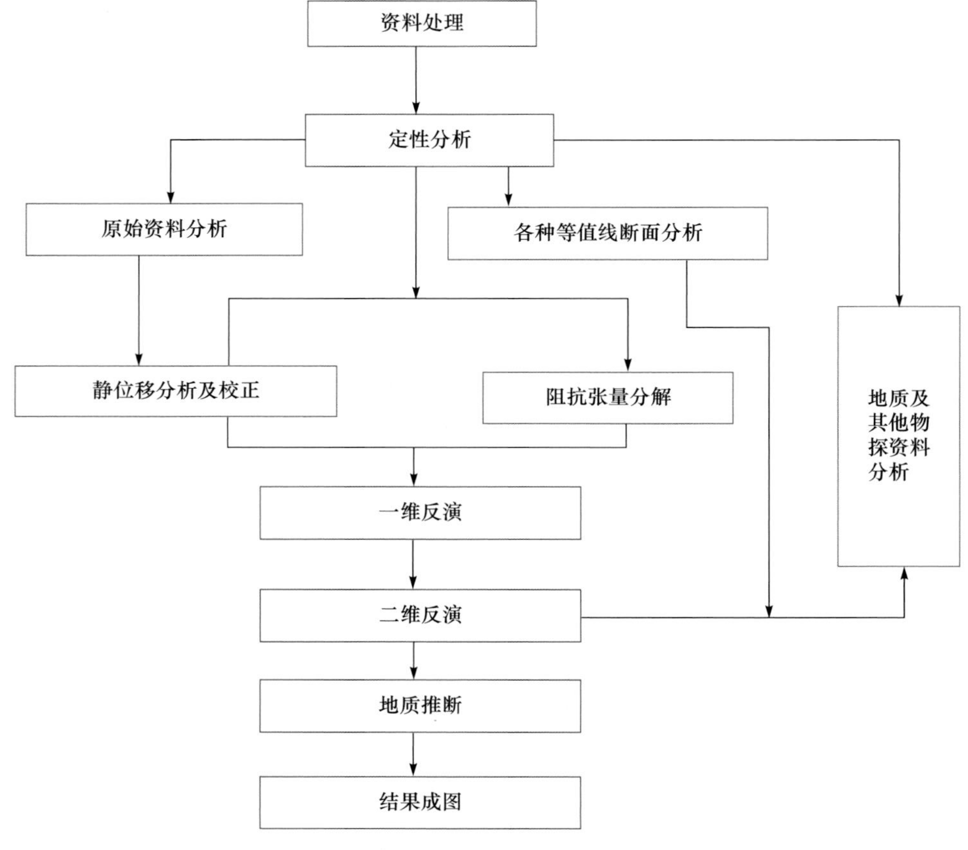

图 5-29　MT 数据解释流程

轭梯度反演法进行反演（DeGroot-Hedion and Constable，1990；Larsen *et al.*，1996；Rodi and Mackie，2001）。为获得最合理的剖面反演电阻率模型，对测线资料分别取 TM、TE 两种模式相应的视电阻率和阻抗相位数据参与反演，试验了一维和二维 TE、TM、TE+TM 模式分别反演（图 5-30～图 5-32），并将反演结果与已知地质剖面对比，最终确定了取 TM 模式视电阻率、相位和 TE 模式相位的数据时行带地形二维非线性共轭梯度反演（图 5-33）（邓居智等，2015）。

CSAMT 数据处理流程包括数据预处理和数据反演。本次利用加拿大凤凰地球物理有限公司的配套软件 CMT Pro Version 进行数据预处理，数据反演采用 CSAMT-SW 软件。流程如图 5-34 所示。

数据预处理严格按照总原则做到客观、合理、准确，所有测线与测点的处理方式与方法严格一致（汤井田等，2013）。本过程包括电极点位坐标偏差校正、曲线自动圆滑、跳点处理、两端坏频段截断处理、坏测点曲线废弃删除等。反演均采用 CSAMT 拟二维反演。

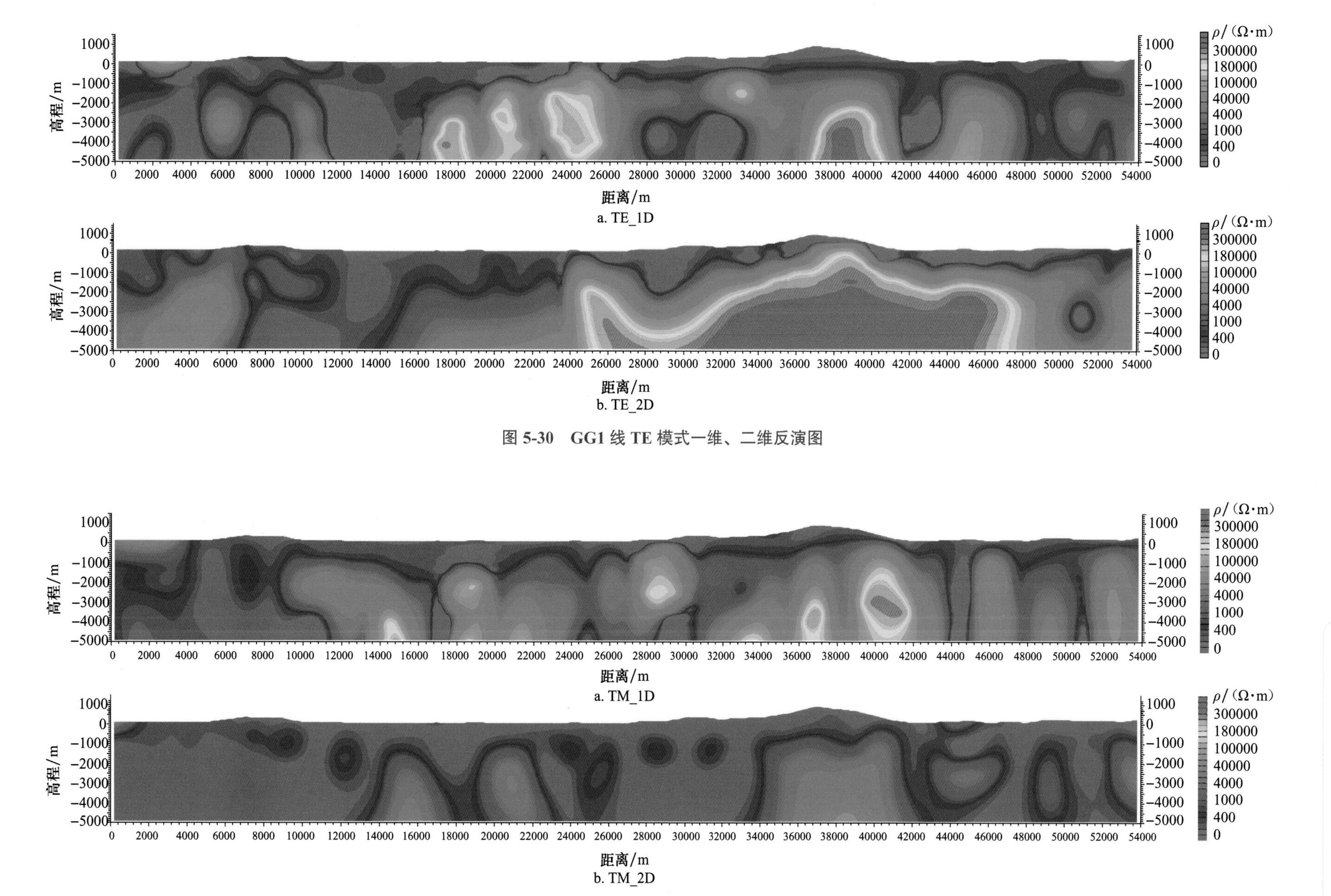

a. TE_1D

b. TE_2D

图 5-30 GG1 线 TE 模式一维、二维反演图

a. TM_1D

b. TM_2D

图 5-31 GG1 线 TM 模式一维、二维反演图

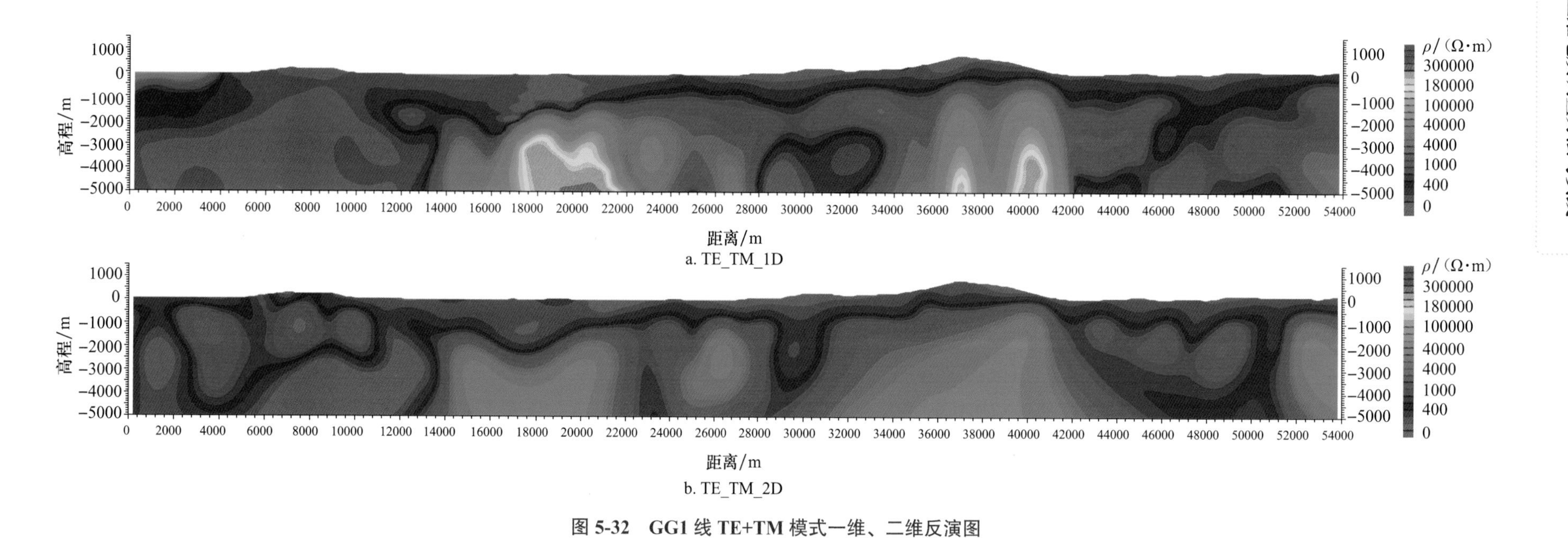

a. TE_TM_1D

b. TE_TM_2D

图 5-32　GG1 线 TE+TM 模式一维、二维反演图

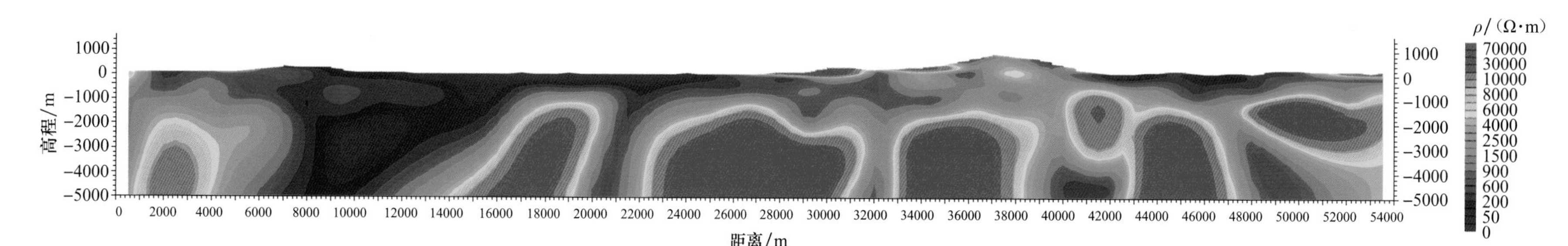

图 5-33　GG1 线 TM 模式视电阻率、相位与 TE 模式相位联合二维反演图

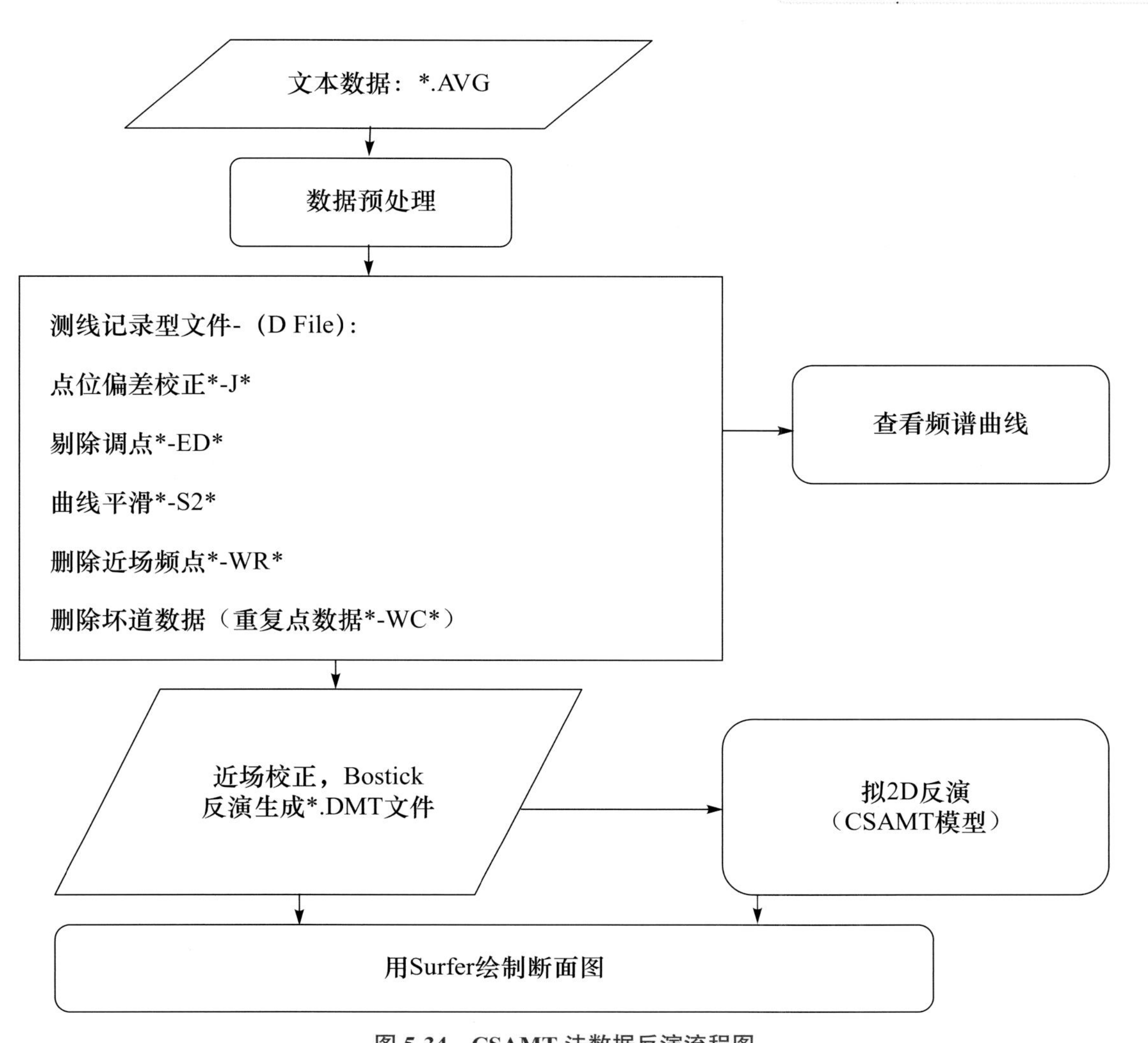

图 5-34　CSAMT 法数据反演流程图

第三节　深部地质特征分析

一、MT 资料解释原则与结果

（一）综合地质 - 地球物理解释的基本原则

（1）系统的岩石物性测试和统计。物性参数的系统测定、统计，以及基于地质特征分析之后的样本甄别和再统计，是利用地球物理信息进行地质解译的基础。

（2）辩证认识物性参数及其变化性。需要考虑地表与地下、浅部与深部、构造、热液蚀变、不同地质单元接触带，以及钻孔岩心与原地岩石等不同条件下，岩石物性可能存在的变化性。

（3）地质认识和多元信息综合分析。对相山地区基本岩石地层单元地质特征和前人地质勘查成果（包括地表地质、钻探、坑道资料等）的全面掌握、理解，以及多元信息（地质、MT、重力、磁力）的综合对比分析，是否能客观、深入地进行相山地区地质 - 地球物理综合解译的关键所在。

（4）逐步迭代求精的解译 - 反演步骤。从地质认识出发，建立相山地区地质概念模型；利用未经约束的反演地球物理数据，进行初步的地质 - 地球物理综合解译，建立相山地区地质 - 地球物理基本模型；以此模型为基础，对地球物理数据进行有约束的二维、三维反演，修改、调整解译结果，并逐次迭

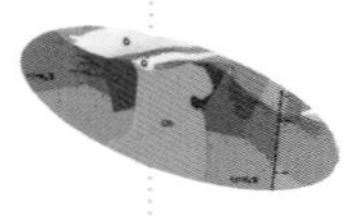

代，最终建立相山地区地质 - 地球物理综合模型；该模型既要与测定的各类地球物理参数信息相匹配，又与基本的地质事实和地质规律相吻合。

（二）目标地质体物性样本的地质甄别与再统计

相山地区地质结构复杂，岩性变化大，加之构造发育和热液蚀变叠加影响，各地质单元物性存在很大的变异性。如果不能正确地对所测定样本进行地质上的区分甄别，以及分析各地质单元的地质产状和相关地质作用所产生的物性变异，就势必会影响到基于物性特征和探测结果对深部地质单元所做出判断的客观性。因此，对样本的地质甄别和再统计是利用地球物理信息进行地质解译的前提条件。

1. 鹅湖岭组碎斑熔岩物性参数再统计与分析

相山地区经过多年的地质勘查以及新近所做的区调工作，都将碎斑熔岩划分出三个相带，即边缘相、过渡相和中心相。

（1）碎斑熔岩边缘相。样本取自相山火山盆地西部邹家山地表。剔除特异值后，选择 30 个样本进行统计（表 5-4）。结果表明，碎斑熔岩边缘相密度主体为 2.57～2.64g/cm^3，均值为 2.609g/cm^3，表现为低密度；磁化率方面，样本磁性分组特征较明显，低磁样本多小于 300×4π×10^{-6}SI，均值为 102×4π×10^{-6}SI，属于中等磁性；偏高磁样本 900×4π×10^{-6}SI，属于偏高磁性；电阻率多为 1000～4000Ω • m，均值为 3000Ω • m，总体表现为偏高阻。

表 5-4 碎斑熔岩边缘相物性参数统计表

参数	密度 /（g/cm^3）	磁化率 /（4π×10^{-6}SI）		电阻率 /（Ω • m）	
		低磁样本	中高磁样本	低磁样本	中高磁样本
最小值	2.566	40	508	1214	2069
最大值	2.630	294	1568	8193	4040
均值	2.609	102	887	2980	3114
方差	0.0176	61.3	393.2	1574	720

（2）碎斑熔岩过渡相。样本取自相山火山盆地西部龙巴岭、阳光、李家岭、居隆庵、牛头山等地钻孔。在对各类（密度、磁化率、电阻率）特异值剔除后，选择 664 个样本进行统计（表 5-5）。结果表明，碎斑熔岩过渡相密度主体为 2.61～2.65g/cm^3，均值为 2.634g/cm^3，表现为低密度；磁化率为 250×4π×10^{-6}SI，多小于 500×4π×10^{-6}SI，属于偏高磁性；电阻率多为 400～400000Ω · m，均值为 60000Ω • m，总体表现为高阻。

表 5-5 碎斑熔岩过渡相物性参数统计表

参数	密度 /（g/cm^3）	磁化率 /（4π×10^{-6}SI）	电阻率 /（Ω • m）
最小值	2.584	5.5	90
最大值	2.665	574.0	404573
均值	2.634	252.1	59229
方差	0.010	122.3	81004

（3）碎斑熔岩中心相。样本取自相山火山盆地中部地表。剔除特异值后，选择 28 个样本进行统计（表 5-6）。结果表明：碎斑熔岩中心相密度主体为 2.59～2.65g/cm^3，均值为 2.641g/cm^3，表现为低密度；磁化率方面，样本磁性分组特征较明显，低磁样本多小于 300×4π×10^{-6}SI，均值为 135×4π×10^{-6}SI，属于中等磁性；偏高磁样本为 1200×4π×10^{-6}SI。这些样本可能含有较多的花岗斑岩团块，属于偏高 - 高磁

性；电阻率多为1000～3000Ω·m，均值为1800Ω·m，总体表现为偏高阻。

表 5-6 碎斑熔岩中心相物性参数统计表

参数	密度/(g/cm^3)	磁化率/($4\pi\times10^{-6}$SI)		电阻率/(Ω·m)	
		低磁样本	中高磁样本	低磁样本	中高磁样本
最小值	2.548	38	650	154	1208
最大值	2.641	339	1998	4827	3638
均值	2.593	135	1218	1677	2074
方差	0.0268	79.4	467.2	1203	829

2. 打鼓顶组流纹英安岩物性参数再统计与分析

样本取自相山火山盆地西部龙巴岭、阳光、李家岭、居隆庵、牛头山等地钻孔。各类特异值剔除后，选择191个样本进行统计（表5-7）。结果表明，流纹英安岩密度主体为2.65～2.72g/cm^3，均值为2.688g/cm^3，表现为中等密度；磁化率多低于$100\times4\pi\times10^{-6}$SI，属于中－偏低磁性，少量偏高磁［$(1000\sim2000)\times4\pi\times10^{-6}$SI］的样本（李家岭）有黑色细脉穿插，可能富含铁磁性矿物；电阻率多在5000Ω·m以下，均值为2685Ω·m，总体表现为偏低阻。

表 5-7 打鼓顶组流纹英安岩物性参数统计表

参数	密度/(g/cm^3)	磁化率/($4\pi\times10^{-6}$SI)	电阻率/(Ω·m)
最小值	2.633	5.4	198
最大值	2.735	92.0	25846
均值	2.688	32.4	2685
方差	0.019	19.2	3902

3. 早白垩世花岗斑岩物性参数再统计与分析

样本取自相山火山盆地南部刁元钻孔（65个）和西部李家岭、居隆庵钻孔（31个样）。统计结果表明（表5-8），花岗斑岩密度主体为2.60～2.66g/cm^3，均值为2.64g/cm^3，与碎斑熔岩重叠；磁性方面，西部钻孔中所见花岗斑岩均处于矿化蚀变带，显著低磁（小于$18\times4\pi\times10^{-6}$SI）；南部钻孔花岗斑岩样本磁性分组特征明显，蚀变样本显著低磁（小于$100\times4\pi\times10^{-6}$SI），非蚀变样本磁性明显增高［$(205\sim980)\times4\pi\times10^{-6}$SI，均值为$609\times4\pi\times10^{-6}$SI］；南部花岗斑岩电阻率多在5000Ω·m以上，均值为75238Ω·m，表现为高阻特征；西部花岗斑岩电阻率显然要低得多（均值为2042Ω·m）。

表 5-8 早白垩世花岗斑岩物性参数统计表

参数	密度/(g/cm^3)		磁化率/($4\pi\times10^{-6}$SI)			电阻率/(Ω·m)	
	南部	西部	南部低磁样本	南部中高磁样本	西部	南部	西部
最小值	2.612	2.592	12.4	204.9	4.200	1112	570
最大值	2.669	2.664	71.5	980.4	17.900	255300	5941
均值	2.644	2.636	29.4	609.1	8.439	75238	2042
方差	0.012	0.018	17.0	206.2	3.023	83823	1365

4. 早泥盆世花岗岩物性参数再统计与分析

样本取自相山火山盆地西南边焦坪岩体（23个）、乐安岩体（17个）地表。大量样本为半风化状

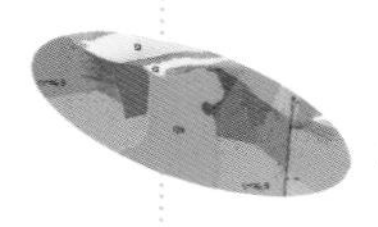

态，表现为低阻（1400Ω·m）；弱风化－新鲜样本少，表现为中高阻（6000Ω·m），个别样本已达到10000Ω·m以上，这点不容忽视，因为地表取样难度所致。磁化率测定数据很少，焦坪单元4个样本数据分别为$4\times4\pi\times10^{-6}$SI、$12\times4\pi\times10^{-6}$SI、$12\times4\pi\times10^{-6}$SI、$397\times4\pi\times10^{-6}$SI，乐安单元5个样本数据分别为$6\times4\pi\times10^{-6}$SI、$8\times4\pi\times10^{-6}$SI、$8\times4\pi\times10^{-6}$SI、$22\times4\pi\times10^{-6}$SI、$90\times4\pi\times10^{-6}$SI，不具有统计意义。焦坪单元密度为$2.59g/cm^3$，乐安单元密度为$2.64g/cm^3$，表现为低密度（表5-9）。

表 5-9　早泥盆世花岗岩物性参数统计表

参数	密度/(g/cm^3)		电阻率（焦坪岩体）/(Ω·m)		电阻率（乐安岩体）/(Ω·m)	
	焦坪单元	乐安单元	中高阻样本	低阻样本	中高阻样本	低阻样本
最小值	2.514	2.582	4455	462	4972	216
最大值	2.655	2.678	7876	2919	6891	3000
均值	2.587	2.638	6311	1399	5627	1380
方差	0.033	0.031	1515	688	739	836

5. 青白口系变质岩物性参数再统计与分析

样本分两批次取自相山火山盆地西部钻孔（40个）、东北边缘地表（32个）和火山盆地外围（47个）（表5-10）。云际东北地表样本磁性分组特征明显，两者均值相差10倍以上，该地区花岗斑岩较发育，受其影响，变质岩可能表现出很低的密度（$2.621g/cm^3$）、较高的磁性（达到$1316g/cm^3$），其电阻率也显著增高（多在2000Ω·m以上），这些样本不能代表基底变质岩的主体物性特征。以钻孔中的样本为主，并结合相山科学钻探资料，变质岩的物性特征总体表现为高密度（$2.767g/cm^3$，通常大于$2.72g/cm^3$）、低磁化率（$25.5\times4\pi\times10^{-6}$SI，通常小于$34\times4\pi\times10^{-6}$SI）、高电阻率（31092Ω·m，石英片岩类）和（或）中低电阻率（3451Ω·m，泥质千枚岩类）。

表 5-10　青白口系变质岩物性参数统计表

参数	密度/(g/cm^3)		磁化率/($4\pi\times10^{-6}$SI)				电阻率/(Ω·m)			
	西部钻孔	云际东北	西部钻孔	云际东北		盆地外围	西部钻孔		云际东北	盆地外围
				低磁样本	中高磁样本		中低阻样本	高阻样本		
最小值	2.722	2.525	5.6	69	786	4.7	197	10698	216	764
最大值	2.816	2.735	55.6	188	2070	25.0	7239	55614	3000	4655
均值	2.767	2.621	25.5	127	1316	14.6	3451	31092	1380	2346
方差	0.026	0.049	7.8	34.8	367	4.9	2060	13759	836	1068

6. 用于MT解译的物性特征

通过上述对样本的地质甄别和对物性参数的再统计，归纳出相山地区地质单元物性识别特征见表5-11，并以此作为本次MT解译的物性参数。

表 5-11　相山地区岩石地层物性识别特征表

岩石地层	密度特征	磁化率特征	电阻率特征
碎斑熔岩（K_1e）	$2.634g/cm^3$，主体为2.61～$2.65g/cm^3$，低密度	$250\times4\pi\times10^{-6}$SI，多小于$500\times4\pi\times10^{-6}$SI，偏高磁	60000Ω·m，400～400000Ω·m，总体表现为高阻，火山颈相由于构造和热液蚀变影响常表现为低阻
流纹英安岩（K_1d）	$2.688g/cm^3$，主体为2.65～$2.72g/cm^3$，中密度	$32\times4\pi\times10^{-6}$SI，多小于$100\times4\pi\times10^{-6}$SI，中低磁	2685Ω·m，多小于5000Ω·m，偏低阻

续表

岩石地层	密度特征	磁化率特征	电阻率特征
变质岩（Qb）	2.767g/cm^3，主体大于2.72g/cm^3，高密度	25×4π×10^{-6}SI，多小于34×4π×10^{-6}SI，低磁	低阻样本为3451Ω·m，高阻样本为31092Ω·m，相差近10倍；在深部，石英片岩表现为高阻，千枚岩类为中低阻
花岗斑岩（$\eta\gamma\pi K_1$）	2.644g/cm^3，主体为2.62～2.66g/cm^3，低密度	大于（200～1000）×4π×10^{-6}SI，高磁	大于5000Ω·m，多为75238Ω·m，高阻；但在MT剖面中常表现为低阻，因为呈脉状沿构造侵入
花岗岩（$\eta\gamma D_1$）	2.636g/cm^3，低密度		中高阻样本为6000Ω·m；低阻样本为1600Ω·m，总体表现为高阻，构造及地表风化岩石为低阻

（三）MT剖面综合地质－地球物理解译

本项研究共实测了19条MT剖面。其中MT-1～MT-14和MT-J1等15条测线剖面为南东－北西走向，测线间距2000m，点距250m，覆盖整个相山火山盆地。MT-15和MT-16两条测线为南南西－北北东向，位于研究区北部，由相山火山盆地中心延伸到盆地外围。MT-GG1和MT-GG2是两条十字形主干测线剖面，MT-GG1测线在MT-GG1-31测点以东为南东东－北西西走向，横穿相山火山盆地，在该测点以西，转为北西走向，穿过玉华山火山盆地；MT-GG2呈南南西－北北东走向，纵贯相山火山盆地。

1. MT-1综合地质－地球物理解译

MT-1测线位于研究区西南边部，相山火山盆地西南外围。在测线2100m（MT1-12测点）以西，地表出露地质单元为青白口系库里组变质岩，以东则为青白口系神山组变质岩。

在MT反演图上（图5-35），测线2100m（MT1-12测点）以西，地质体表现为向北西倾伏的中－高视电阻率、中等倾角，重力上表现为高密度、低磁化率，解释为库里组下段（高阻的石英片岩类为主）。该测点以东，地质体表现为向北西倾伏的低视电阻率（上部）与中－高视电阻率（下部）组合、倾角中等，重力上表现为高密度、低－中等磁化率，解释为神山组上段（低阻的千枚岩类为主）与下段地层组合。4500 m（MT1-1与MT1-2测点之间）一带呈现狭窄并向下连续延伸的低阻异常，是F1-3断裂构造带（邹家山－石洞断裂）的反映，向北西陡倾。

2. MT-2综合地质－地球物理解译

MT-2测线位于研究区西南边部，相山火山盆地西南外围。在测线700m（MT2-34测点）以西和2300m（MT2-28测点）以东，地表出露加里东期花岗岩（$\eta\gamma D_1$）；两测点之间则为库里组变质岩。

在MT反演图上（图5-36），测线5800m（MT2-14测点）以东深部表现出高阻特征，对应重力上的低值和偏高磁化率延伸部分，该地质体被解释为加里东期花岗岩（$\eta\gamma D_1$），向上贯通，与地表出露的花岗岩相连；测线2800m（MT2-26测点）以西深部表现出偏高阻特征，对应重力上的较低值，该地质体被解释为隐伏花岗岩（$\eta\gamma D_1$），其与地表出露的花岗岩在测线范围内并不贯通相连；测线的其他部分在深部表现为低阻－高阻－低阻相间特征，总体上向北西倾伏，对应重力上的高值和低－偏低磁化率，参考地表地质单元的分布特征，测线4500m（MT2-19测点）以西划归库里组上段与下段地层组合，该点以东划归神山组上段。测线5600m（MT2-14与MT2-15测点之间）出现低阻异常带，是F1-3断裂构造带的反映，向南东陡倾。

3. MT-3综合地质－地球物理解译

MT-3测线位于相山盆地西南部，相山火山盆地西南边缘。在测线7000m（MT3-24测点）以西，地表出露地质单元为库里组变质岩，该测点以东地表出露神山组变质岩；MT3-25和MT3-35测点一带局部出露下白垩统鹅湖岭组火山岩（K_1e）。

在MT反演图上（图5-37），测线8800m（MT3-17测点）以东深部表现出高阻特征，对应重力上的低值和偏高磁化率及其延伸部分，该地质体被解释为花岗岩（$\eta\gamma D_1$），隐伏于−600m标高以下。测线

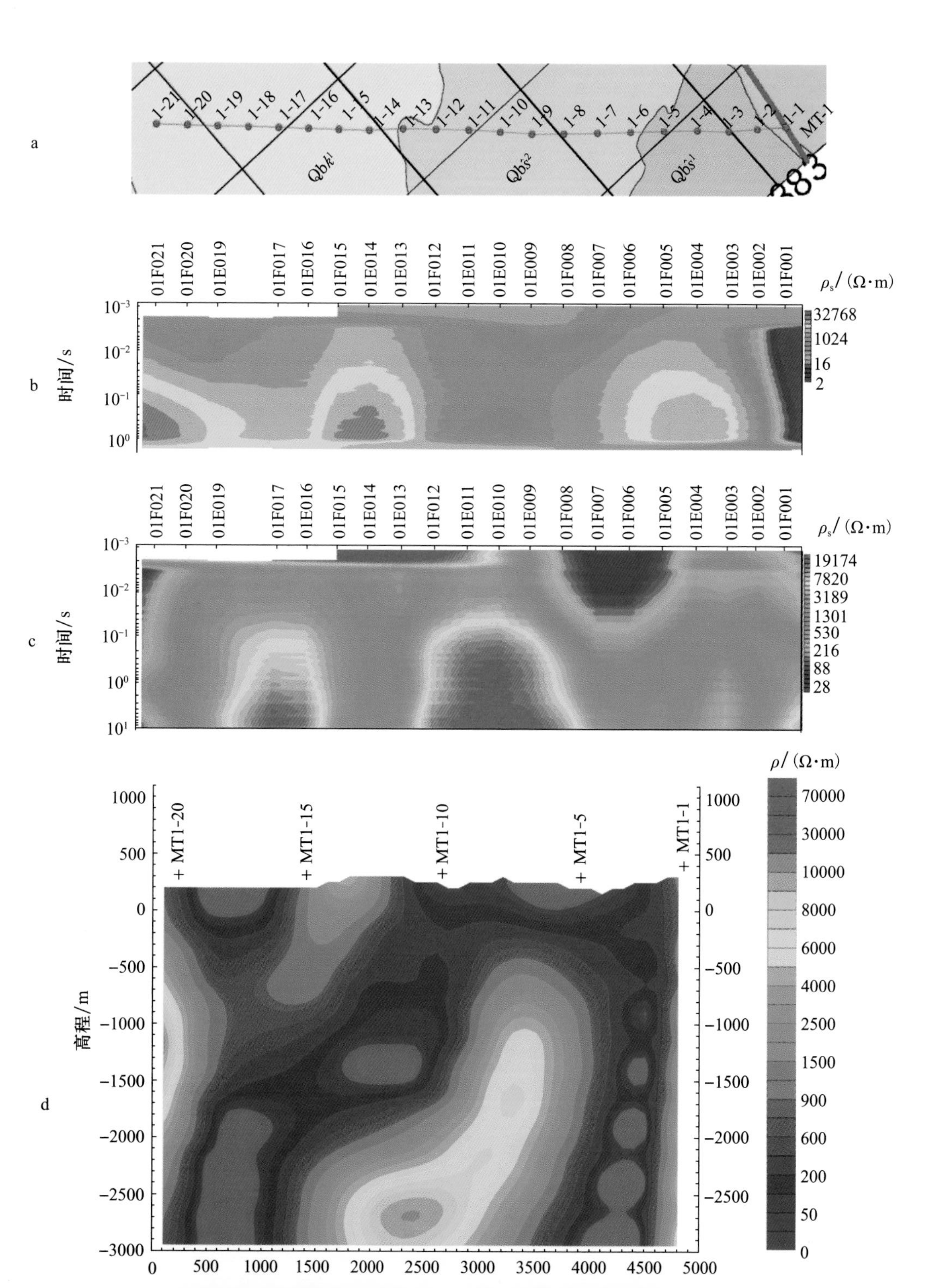
a
MT-1
Qbk¹
Qbŝ²
Qbŝ¹
b
c
d
时间/s
ρs/(Ω·m)
32768
1024
16
2
19174
7820
3189
1301
530
216
88
28
01F021
01F020
01E019
01F017
01E016
01F015
01E014
01E013
01F012
01E011
01E010
01E009
01F008
01F007
01F006
01F005
01E004
01E003
01E002
01F001
高程/m
+ MT1-20
+ MT1-15
+ MT1-10
+ MT1-5
+ MT1-1
ρ/(Ω·m)
70000
30000
10000
8000
6000
4000
2500
1500
900
600
200
50
0

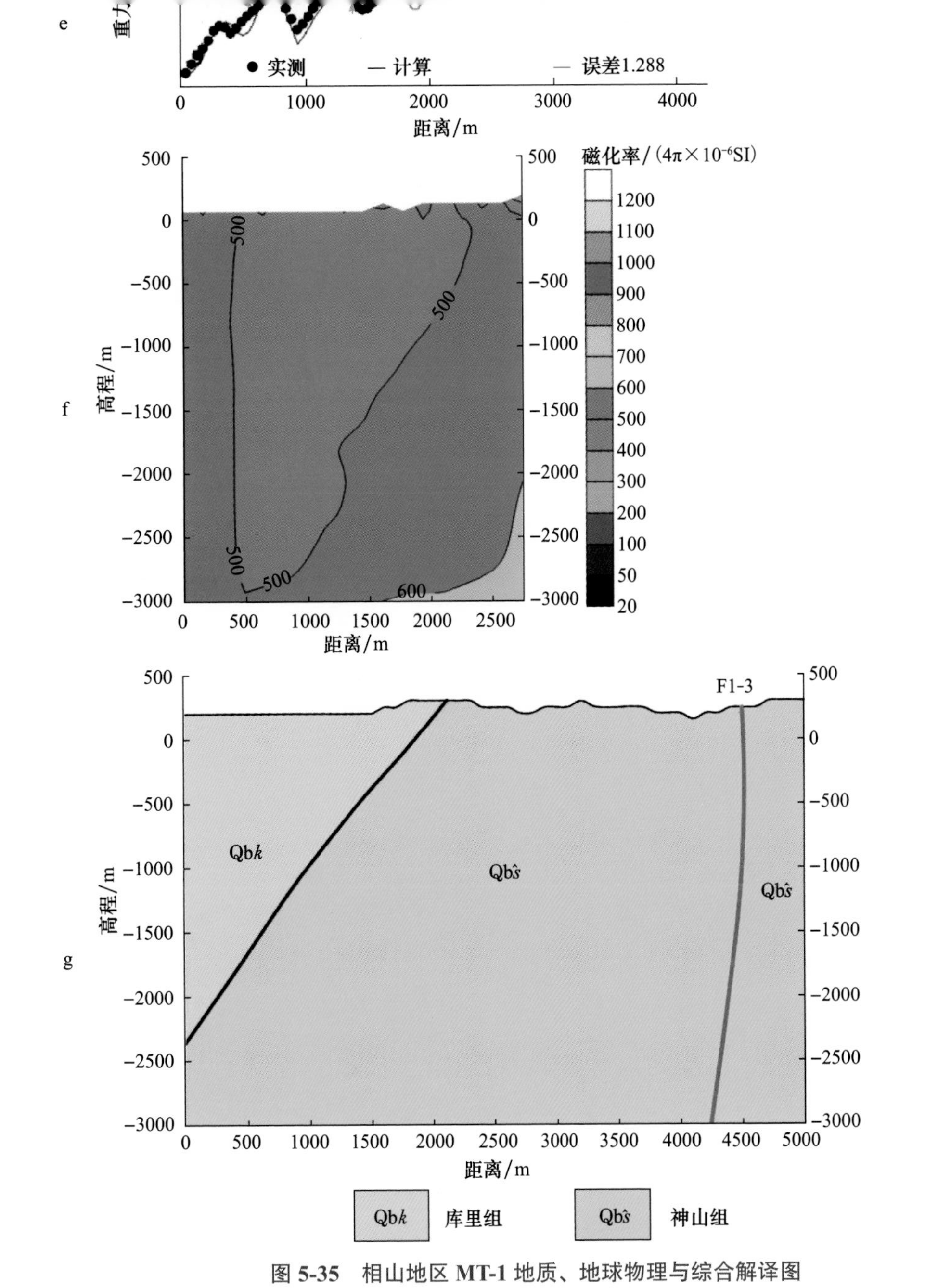

图 5-35　相山地区 MT-1 地质、地球物理与综合解译图

a. 地表地质图；b. TE 模式视电阻率拟断面图；c. TM 模式视电阻率拟断面图；d. MT 二维反演图；e. 解译结果重力 2.75D 模拟图；f. 磁化率断面图；g. 地质 - 地球物理综合解译图，黑色线条为解译的地质界线，红色线条为解译的断裂构造（下同）

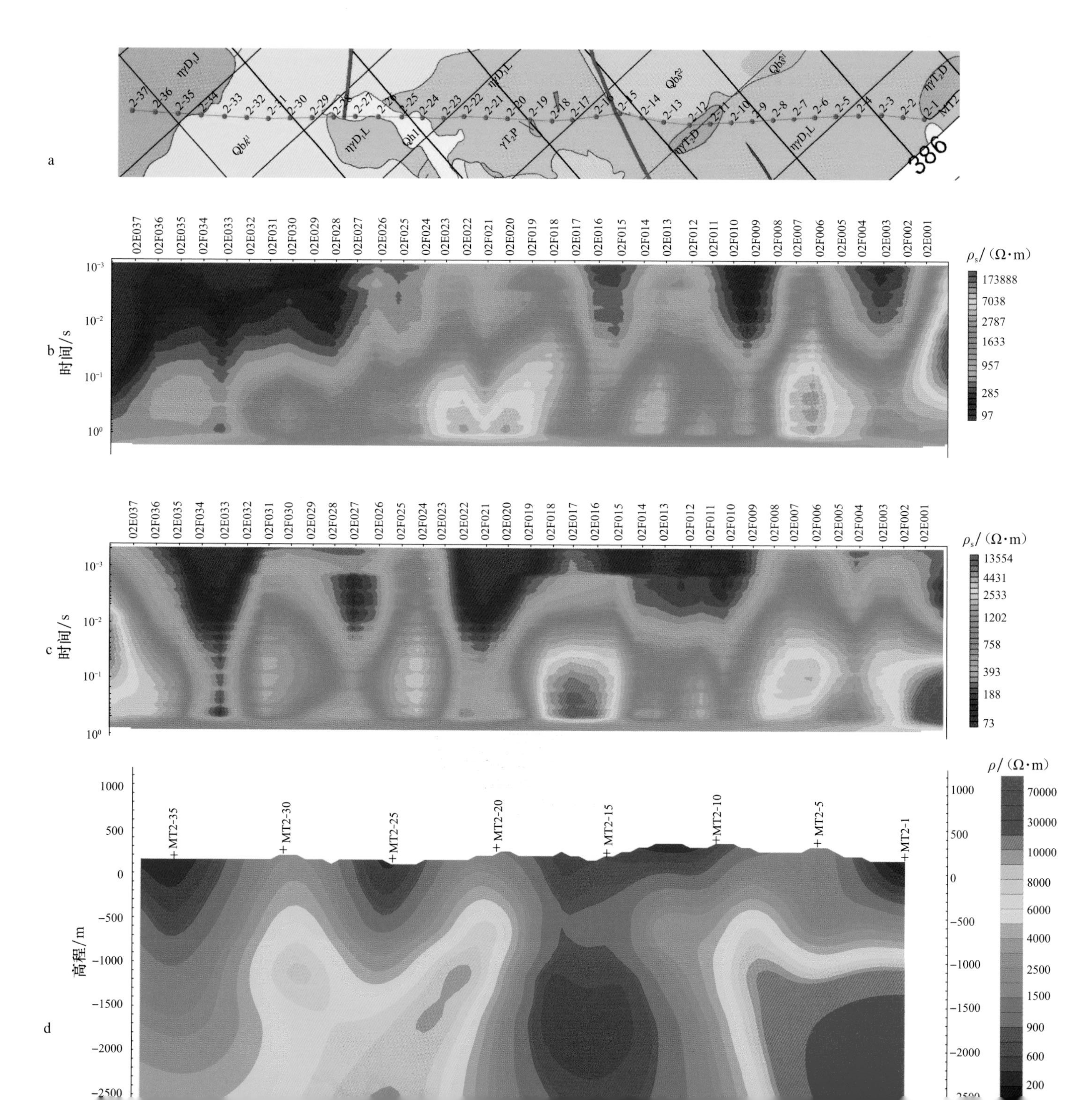

a
b
时间/s
ρ_s/（Ω·m）
173888
7038
2787
1633
957
285
97
c
时间/s
ρ_s/（Ω·m）
13554
4431
2533
1202
758
393
188
73
d
高程/m
ρ/（Ω·m）
70000
30000
10000
8000
6000
4000
2500
1500
900
600
200
MT2-1
MT2-5
MT2-10
MT2-15
MT2-20
MT2-25
MT2-30
MT2-35
386

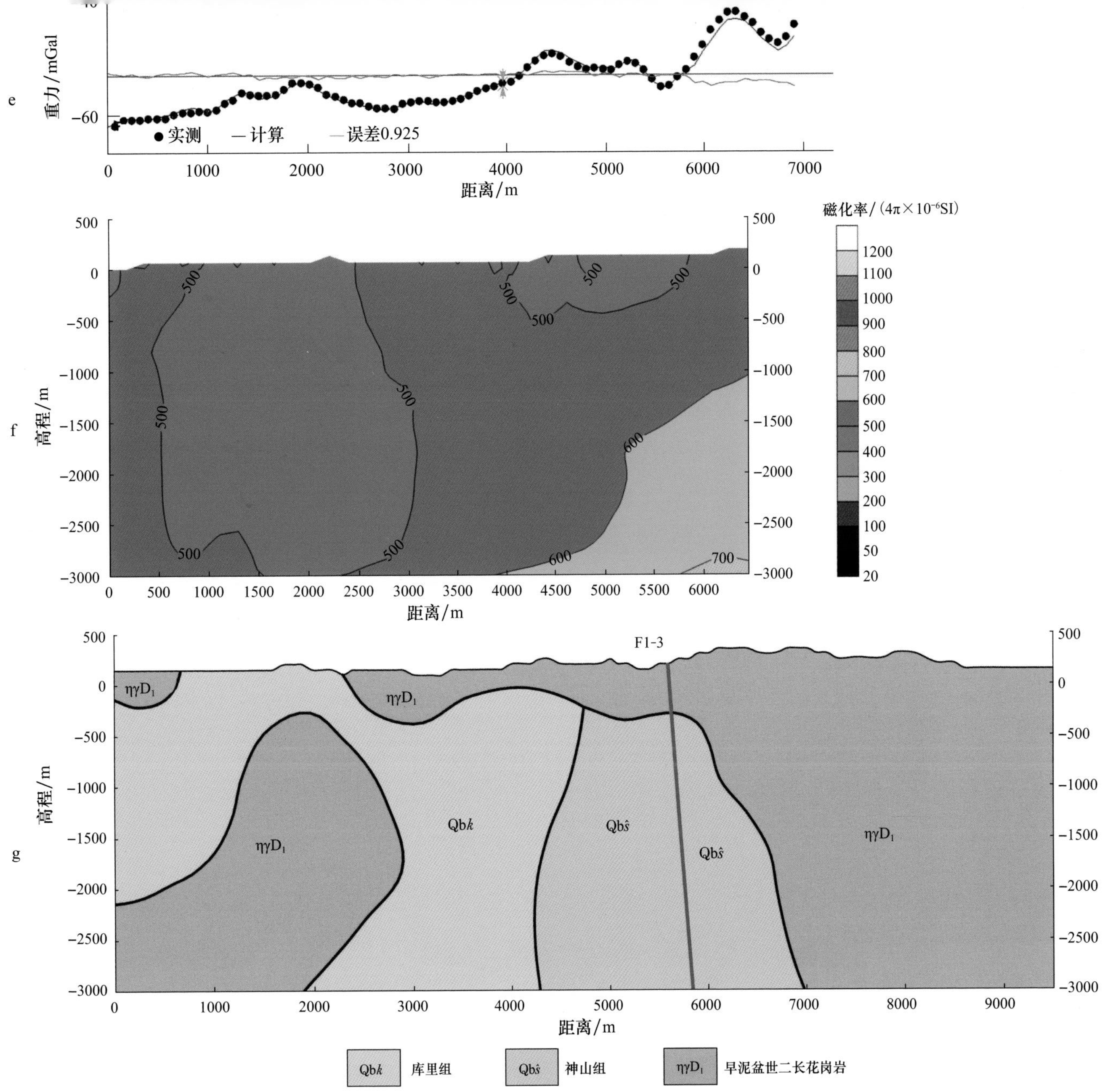

图 5-36　相山地区 MT-2 地质、地球物理与综合解译图

a. 地表地质图；b. TE 模式视电阻率拟断面图；c. TM 模式视电阻率拟断面图；d. MT 二维反演图；e. 解译结果重力 2.75D 模拟图；f. 磁化率断面图；g. 地质－地球物理综合解译图

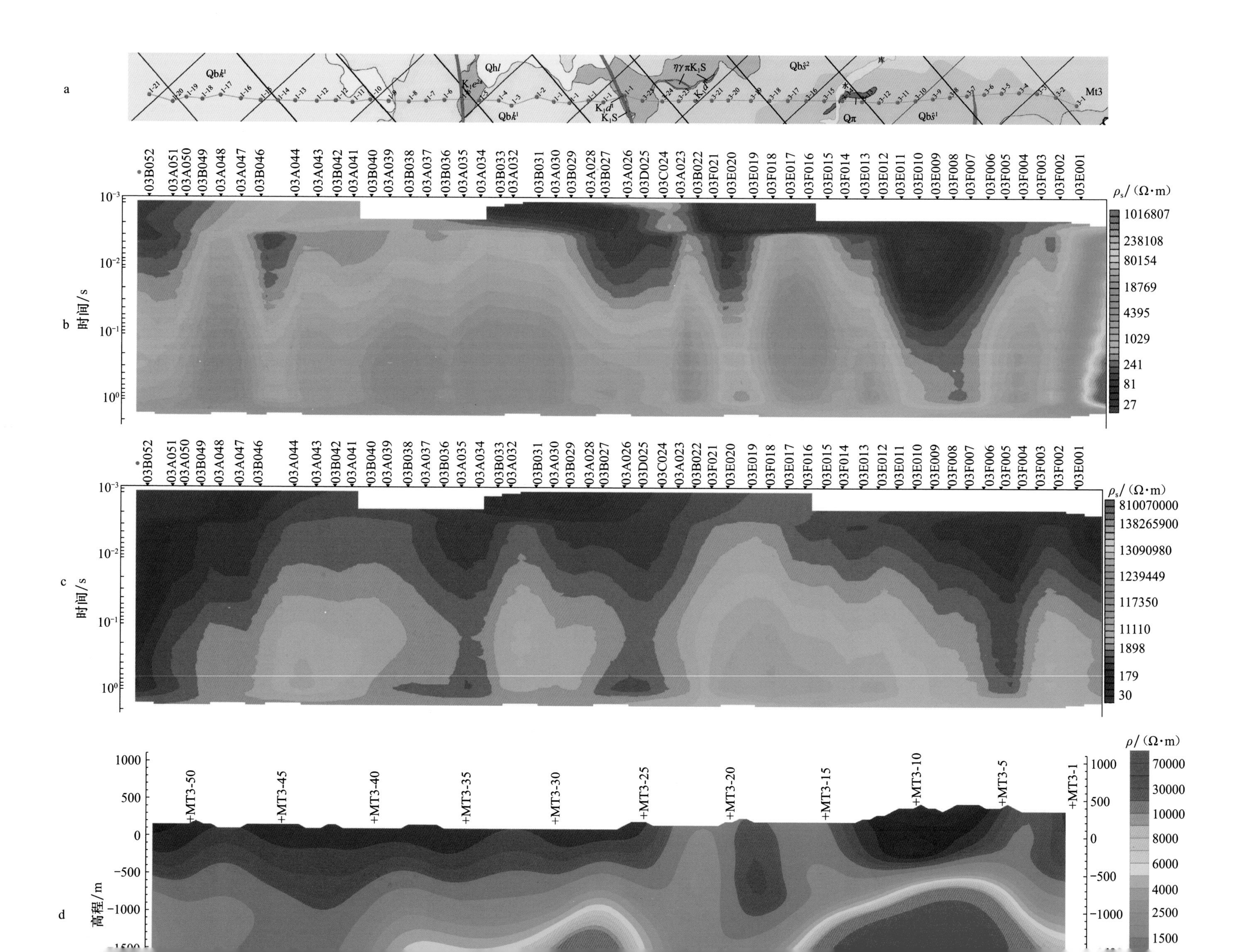

a
b
c
d
Qbk¹
Qhl
Qbŝ²
Qbŝ¹
Qπ
ηγπK₁S
K₁S
Mt3
时间/s
ρs/(Ω·m)
1016807
238108
80154
18769
4395
1029
241
81
27
810070000
138265900
13090980
1239449
117350
11110
1898
179
30
高程/m
ρ/(Ω·m)
70000
30000
10000
8000
6000
4000
2500
1500
+MT3-50
+MT3-45
+MT3-40
+MT3-35
+MT3-30
+MT3-25
+MT3-20
+MT3-15
+MT3-10
+MT3-5
+MT3-1

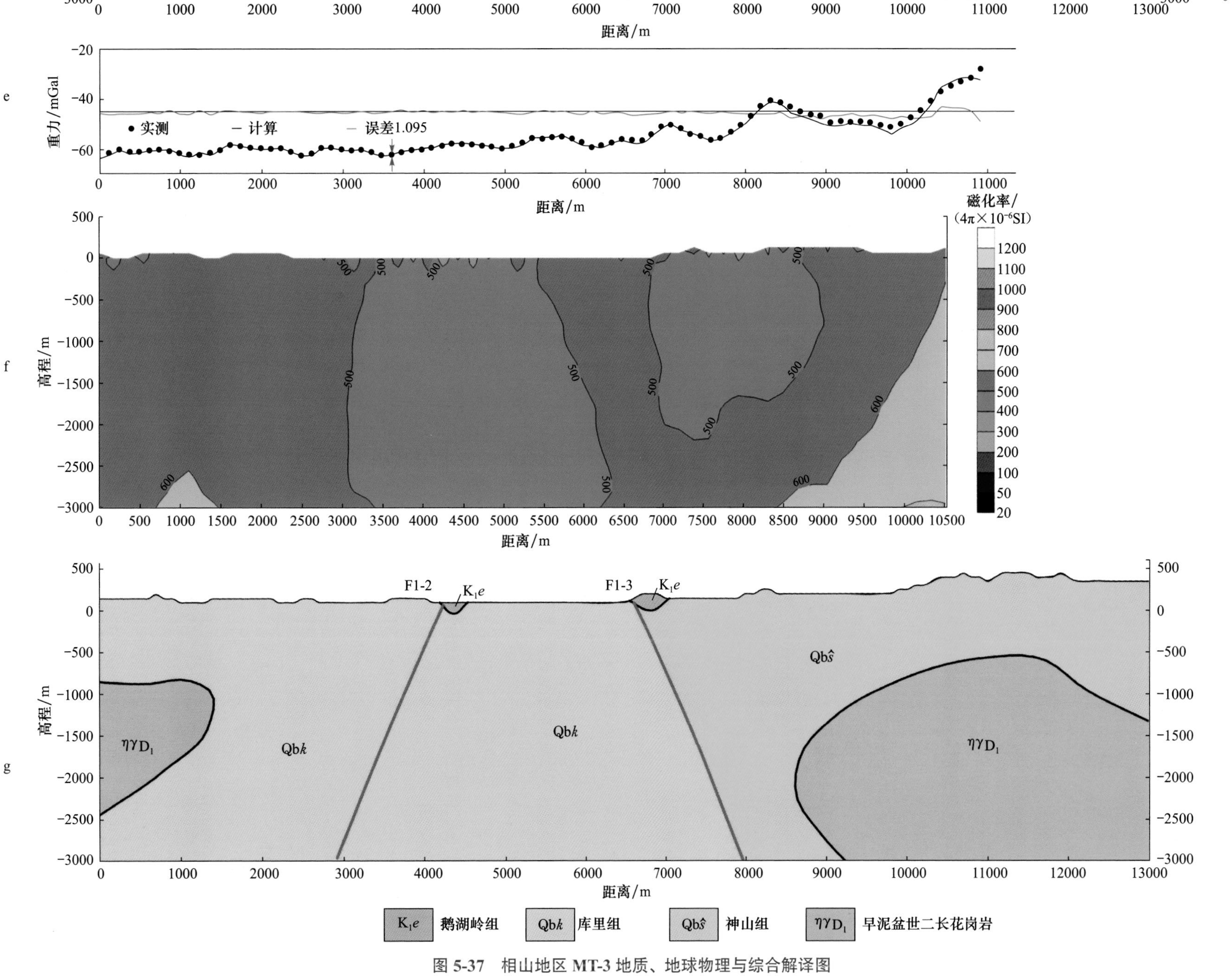

图 5-37 相山地区 MT-3 地质、地球物理与综合解译图

a. 地表地质图；b. TE 模式视电阻率拟断面图；c. TM 模式视电阻率拟断面图；d. MT 二维反演图；e. 解译结果重力 2.75D 模拟图；f. 磁化率断面图；g. 地质 - 地球物理综合解译图

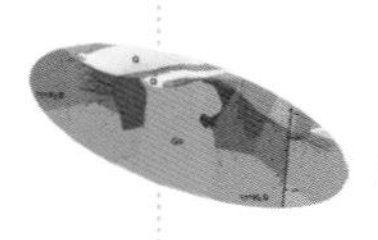

1200m（MT3-47 测点）以西深部表现出中阻 - 偏高阻特征，对应重力上的偏低值和偏高磁化率，该地质体被解释为隐伏花岗岩（$\eta\gamma D_1$），其范围通过重力剖面二维反演界定，隐伏于 −2300～−800m。该测线范围内地表并无花岗岩体出露，可以推测是 MT-2 测线地表出露及深部揭示的岩体向北东倾伏的结果。测线的其他部分在深部表现为低阻 - 高阻 - 低阻相间特征，对应重力上的高值和低 - 偏低磁化率，参考地表地质单元的分布特征，测线 6800m（MT3-25 测点）以西划归库里组上段与下段地层组合，该点以东划归神山组变质岩上段。

测线 4300m（MT3-35 测点）和 6600m（MT3-26 测点）出现高 - 低阻过渡梯度带，在对应的 TM 模式图上，从高频到低频均表现为低值，解释为 F1-2 断裂构造带（小陂 - 芜头断裂）和 F1-3 断裂构造带，前者向北西倾斜，后者向南东倾斜。

4. MT-4 综合地质 - 地球物理解译

MT-4 测线位于研究区西南部，相山火山盆地西南边部。在测线 6000m（MT4-44 测点）以西、7000m（MT4-40 测点）～13400m（MT4-14 测点），以及 15100m（MT4-7 测点）以东，地表出露地质单元为鹅湖岭组（K_1e）火山岩；测线 6000m（MT4-44 测点）～7000m（MT4-40 测点）地表出露库里组变质岩，测线 13400m（MT4-14 测点）～15100m（MT4-7 测点）地表出露神山组变质岩。

在 MT 反演图上（图 5-38），相山火山盆地范围内整体表现出三层一带结构特征：深部高阻 - 偏高阻、中间偏低阻、浅部偏高阻 - 高阻（构造破碎和地表水系发育会导致视电阻率偏低，如 MT4-44 测点以西的鹅湖岭组火山岩），这揭示出相山火山盆地三层结构的地质特点，即花岗岩基底、变质岩基底、火山岩盖层。在火山岩盖层与基底地质单元之间（−100m 标高左右），存在近乎连续的低阻带，这是不整合界面存在的重要电性特征。三层地质结构的解释在重力二维剖面反演中得到了很好的拟合。此测线揭示的基底花岗岩是 MT-2、MT-3 测线解释的岩体向北东的延续，岩体的顶面在此测线有抬升的趋势，已到达 0m 标高左右；测线两端高阻体顶界面抬升（MT4-58 测点以西和 MT4-21 测点以东），并有低重力异常和偏高磁化率异常与之对应，是上侵花岗岩体的地球物理特征。

在该测线上，断裂构造带主要表现为 TM 模式中的低阻异常，包括北东向的 F1-1b（中格田 - 石宜坑 - 芜头断裂，MT4-64 测点）、F1-2（MT4-45 测点）、F1-3（MT4-38 测点）、F1-4（南寨 - 庙上 - 布水断裂，MT4-23 测点），以及近南北向的 F3-1（罕坑 - 油家山 - 寨里 - 上家岭断裂，MT4-6 测点）。

5. MT-5 综合地质 - 地球物理解译

MT-5 测线位于研究区中偏西南部，相山火山盆地西南部。测线范围内地表出露地质单元主要为鹅湖岭组火山岩；在测线 3200m（MT5-72 测点）以西，地表出露地质单元为上白垩统沉积岩；8700m（MT5-50 测点）～9200m（MT5-48 测点）地表出露下白垩统打鼓顶组火山岩；在 15700m（MT5-22 测点）～15900m（MT5-21 测点）、16400m（MT5-19 测点）～16900m（MT5-17 测点）、19400m（MT5-7 测点）等处，地表出露花岗斑岩（$\eta\gamma\pi K_1$）；在 17000m（MT5-17 测点）～17500m（MT5-15 测点）及 19400m（MT5-7 测点）以东，地表出露库里组变质岩。

在 MT 反演图上（图 5-39），火山盆地范围内整体上表现出三层一带结构特征：深部高阻地质体，主要分布于 −1000m 标高以下，结合重磁资料和上述多条剖面的解释结果，进一步划分出低密度和偏高磁的花岗岩（$\eta\gamma D_1$）（MT5-57 测点以东和 MT5-21 测点以西）和高密度、低磁的库里组变质岩（以石英片岩类岩石为主）（MT5-57～MT5-21 测点）。中间偏低阻地质体，主要分布于 −1000～−300m 标高，结合其高密度和低磁的特点，可以解释为库里组变质岩（以泥质千枚岩类岩石为主）。浅部高阻地质体，主要分布于 −200m 以上，是厚度大、似层状鹅湖岭组火山岩的反映，特别是在 13000m（MT5-33 测点）～15600m（MT5-22 测点），−500m 至地表（+600m 标高），鹅湖岭组火山岩的厚度超过 1000m。在鹅湖岭组火山岩与基底地质单元之间（−700～−100m 标高），存在近乎连续的低阻带，反映不整合界面及存在偏低阻的打鼓顶组火山岩。大量钻孔揭示，证明上述推断解释符合勘探事实，具有合理性。测线 3200m（MT5-72 测点）以西，表现出向北西缓倾的低阻体，与地表出露地质单元及其物性特征相对应，解释为上白垩统沉积岩。

在该测线上，断裂构造带主要表现为TM模式中的低阻异常，包括北东向的F1-1a（MT5-81测点）、F1-1b（MT5-73测点）、F1-2（MT5-57测点）、F1-3（MT5-47测点）、F1-4（MT5-33测点）、F1-5（MT5-13测点），以及近南北向的F3-1（MT5-22测点）。其中，F1-1b还在MT反演图上表现为向北西倾覆的大范围低阻带，F1-1a表现为向北西陡倾的高-低阻梯度带，F1-4表现为向南东陡倾的高-低阻梯度带，F3-1表现为向北西倾斜的高-低阻梯度带。

在15700m（MT5-22测点）～15900m（MT5-21测点）、16400m（MT5-19测点）至16900m（MT5-17测点）地表出露的早白垩世花岗斑岩，可能是沿着F3-1断裂构造带上侵的分支岩脉。

6. MT-6综合地质-地球物理解译

MT-6测线位于研究区中偏西南部，相山火山盆地中偏西南部。测线范围内地表出露地质单元主要为鹅湖岭组火山岩；在测线5400m（MT6-80测点）以西，地表出露地质单元为上白垩统沉积岩；5400m（MT6-80测点）～6000m（MT6-78测点）和22400m（MT6-12测点）以东，地表出露库里组变质岩；在15800m（MT6-39测点）～16800m（MT6-34测点）、17400m（MT6-32测点）～17800m（MT6-30测点）、18600m（MT6-27测点）～19600m（MT6-23测点）、20400m（MT6-20测点）至22300m（MT6-12测点）等处，地表陆续出露早白垩世花岗斑岩。

在MT反演图上（图5-40），火山盆地范围内整体上表现出三层一带结构特征：深部高阻地质体，主要分布于−1000m标高以下，结合重磁资料和上述多条剖面的解释结果，进一步划分出低密度和偏高磁（部分磁性偏低）的早泥盆世花岗岩（MT6-91测点以西、MT6-60～MT6-44测点和MT6-28测点以东）和高密度、低磁的库里组变质岩（石英片岩为主）（MT6-91～MT6-60测点和MT6-44～MT6-31测点）。中间偏低阻地质体，主要分布于−400～−1000m标高，结合其高密度和低磁的特点，可以解释为库里组变质岩（泥质千枚岩类岩石为主）。浅部高阻地质体，主要分布于−400m以上，是厚度大、似层状鹅湖岭组火山岩的反映，特别是在9600m（MT6-63测点）～11500m（MT6-56测点），−900m至地表（+500m标高），鹅湖岭组火山岩的厚度超过1400m。在鹅湖岭组火山岩与基底地质单元之间（−100～−1300m标高），存在近乎连续的低阻带，反映不整合界面及存在偏低阻的打鼓顶组火山岩；大量钻孔揭示，证明该推断解释符合勘探事实，具有合理性。测线5400m（MT6-80测点）以西，表现出向北西缓倾的低阻体，与地表出露地质单元及其物性特征相对应，解释为上白垩统沉积岩。

在该测线上，断裂构造带主要表现为TM模式中的低阻异常，包括北东向的F1-1a（MT6-90测点）、F1-1b（MT6-82测点）、F1-2（MT6-68测点）、F1-3（MT6-57测点）、F1-4（MT6-42测点）、F1-5（MT6-18测点），以及近南北向的F3-1（MT6-32测点）。其中，F1-1b还在MT反演图上表现为向北西倾伏的大范围低阻带，F1-1a表现为向北西陡倾的高-低阻梯度带，F1-3、F1-4表现为向北西陡倾的高-低阻梯度带，F3-1表现为陡立的低阻带。

在15800m（MT6-39测点）～22300m（MT6-12测点），地表陆续出露的早白垩世花岗斑岩，可能是沿着F3-1断裂构造带上侵，然后顺着火山岩盖层与变质基底之间的不整合面顺层侵入并分支的结果。

7. MT-7综合地质-地球物理解译

MT-7测线位于研究区中部，相山火山盆地中部。测线范围内地表出露地质单元主要为鹅湖岭组火山岩；在测线6300m（MT7-92测点）以西，地表出露地质单元为上白垩统沉积岩；7900m（MT7-86测点）～8400m（MT7-84测点）地表出露打鼓顶组火山岩；19000m（MT7-41测点）～25000m（MT7-17测点）地表主要出露早白垩世花岗斑岩；25000m（MT7-17测点）以东，地表出露库里组变质岩。

在MT反演图上（图5-41），火山盆地范围内，MT7-67测点以西整体上表现出三层一带结构特征，该测点以东整体上表现出两层一带结构特征：深部高阻地质体，主要分布于−1000m标高以下，结合重

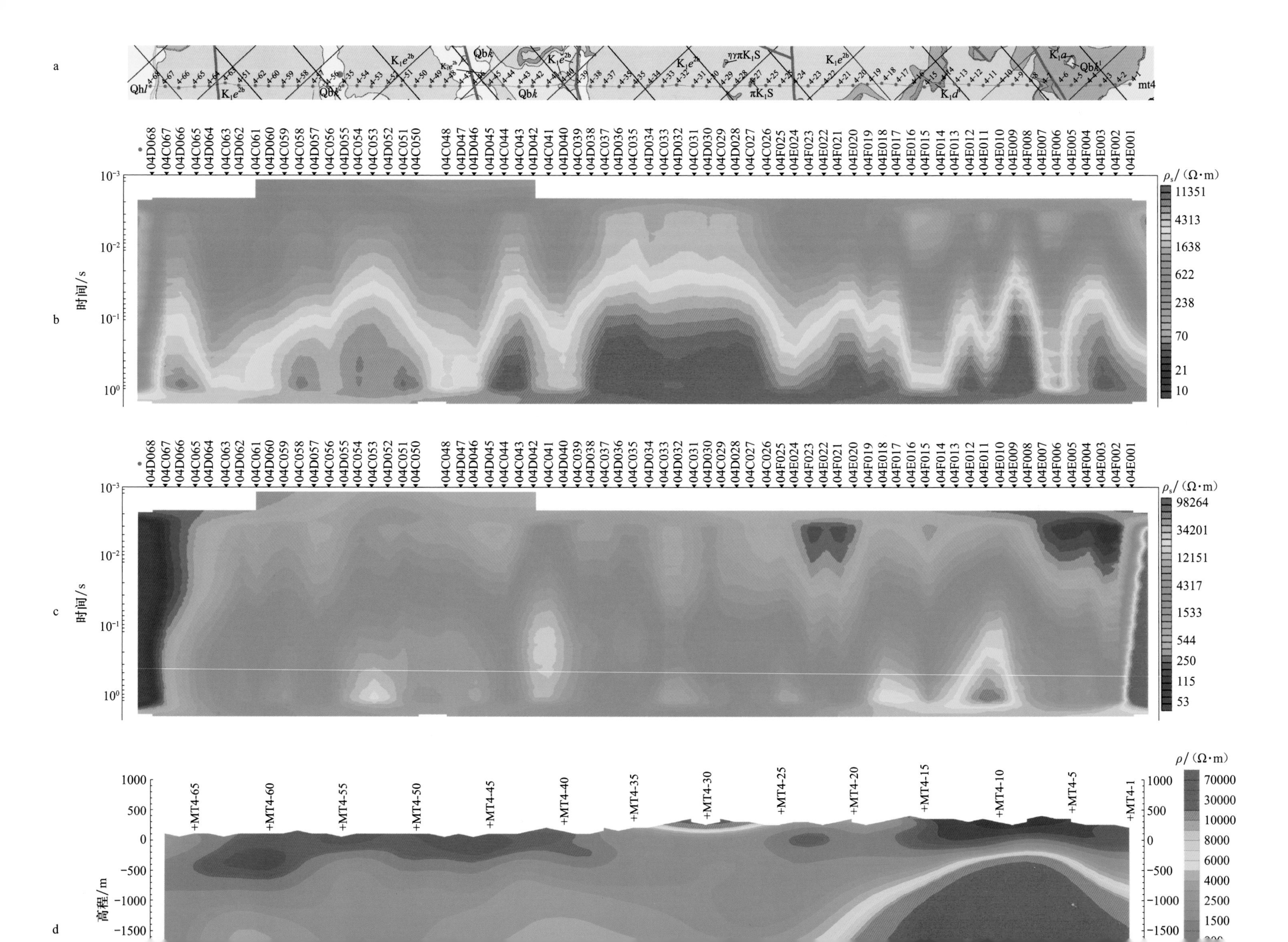

a
b
c
d
时间/s
高程/m
ρ_s/（Ω·m）
ρ/（Ω·m）
11351
4313
1638
622
238
70
21
10
98264
34201
12151
4317
1533
544
250
115
53
70000
30000
10000
8000
6000
4000
2500
1500
mt4
Qhl
Qbk
K_1e^{2b}
K_1a
K_1d
$\eta\gamma\pi K_1S$
πK_1S
04D068
04C067
04D066
04C065
04D064
04C063
04D062
04C061
04D060
04C059
04C058
04D057
04C056
04D055
04C054
04C053
04D052
04C051
04C050
04C048
04D047
04D046
04D045
04C044
04C043
04D042
04C041
04D040
04C039
04D038
04C037
04D036
04C035
04D034
04C033
04D032
04C031
04D030
04D029
04D028
04C027
04C026
04F025
04E024
04F023
04E022
04F021
04E020
04F019
04E018
04F017
04E016
04F015
04F014
04F013
04E012
04E011
04E010
04E009
04F008
04E007
04F006
04E005
04F004
04E003
04F002
04E001
+MT4-65
+MT4-60
+MT4-55
+MT4-50
+MT4-45
+MT4-40
+MT4-35
+MT4-30
+MT4-25
+MT4-20
+MT4-15
+MT4-10
+MT4-5
+MT4-1

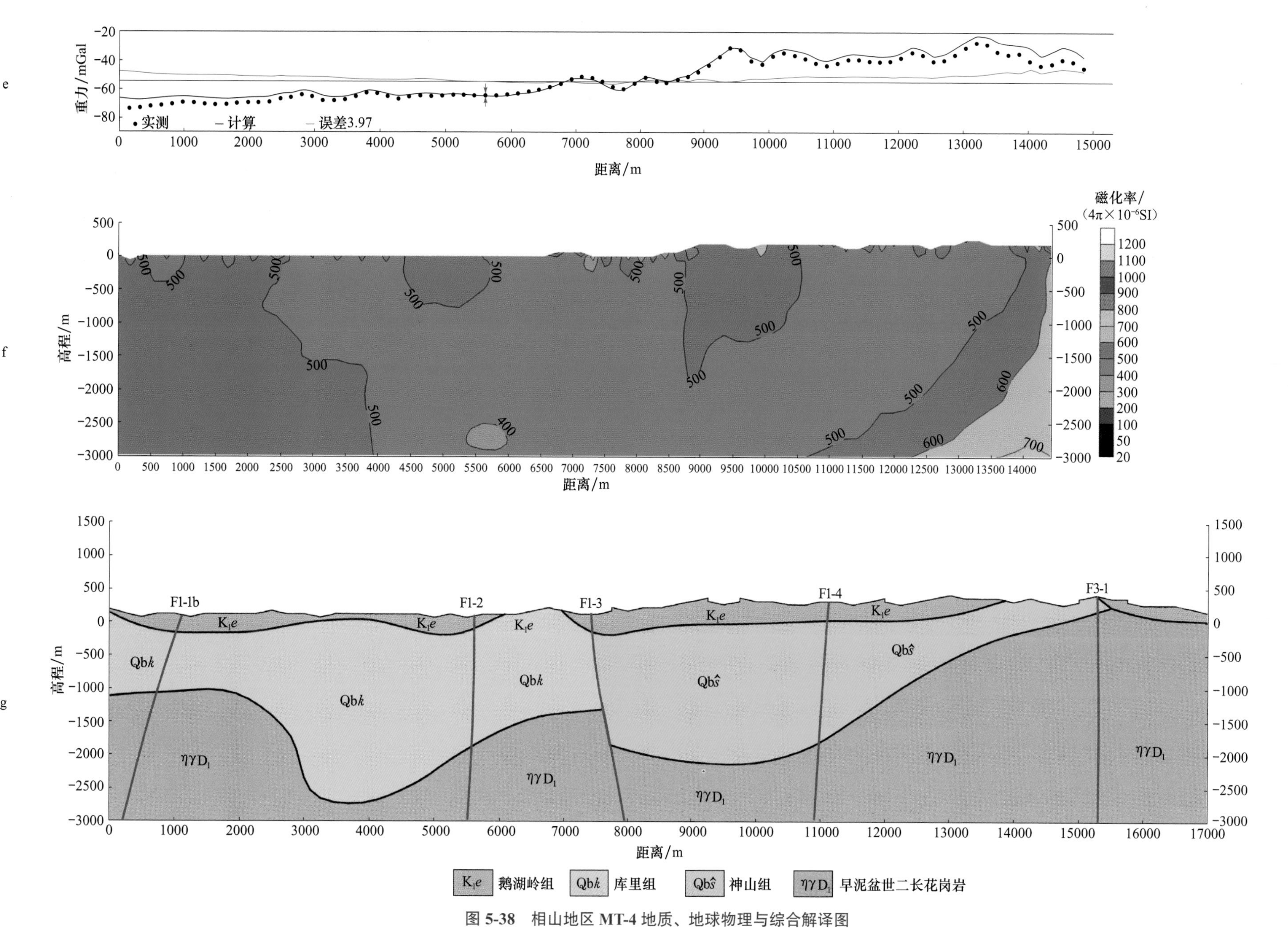

图 5-38 相山地区 MT-4 地质、地球物理与综合解译图

a. 地表地质图；b. TE 模式视电阻率拟断面图；c. TM 模式视电阻率拟断面图；d. MT 二维反演图；e. 解译结果重力 2.75D 模拟图；f. 磁化率断面图；g. 地质 - 地球物理综合解译图

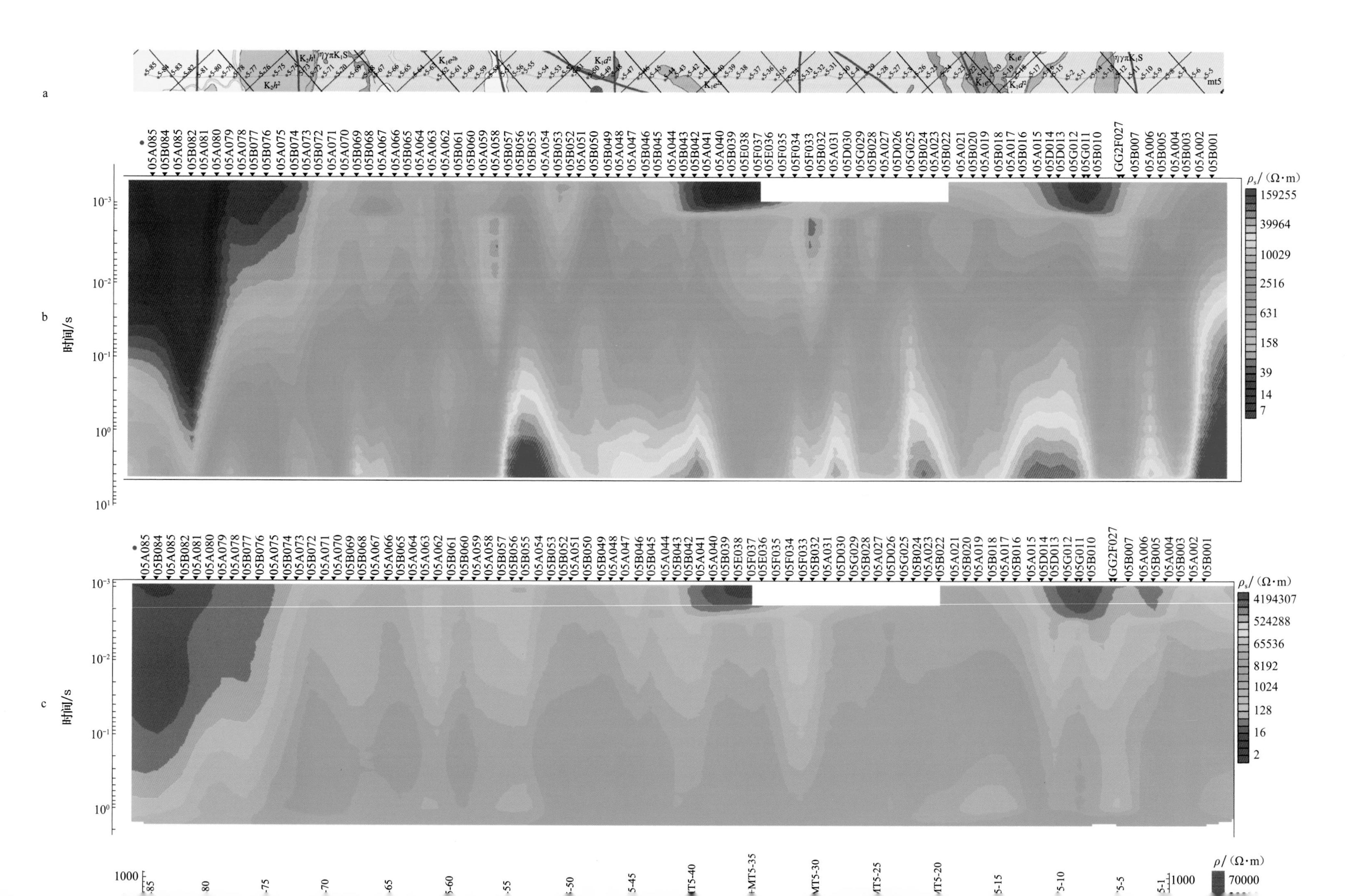
a
b
c
时间/s
ρ_s/(Ω·m)
159255
39964
10029
2516
631
158
39
14
7
4194307
524288
65536
8192
1024
128
16
2
ρ/(Ω·m)
70000
1000

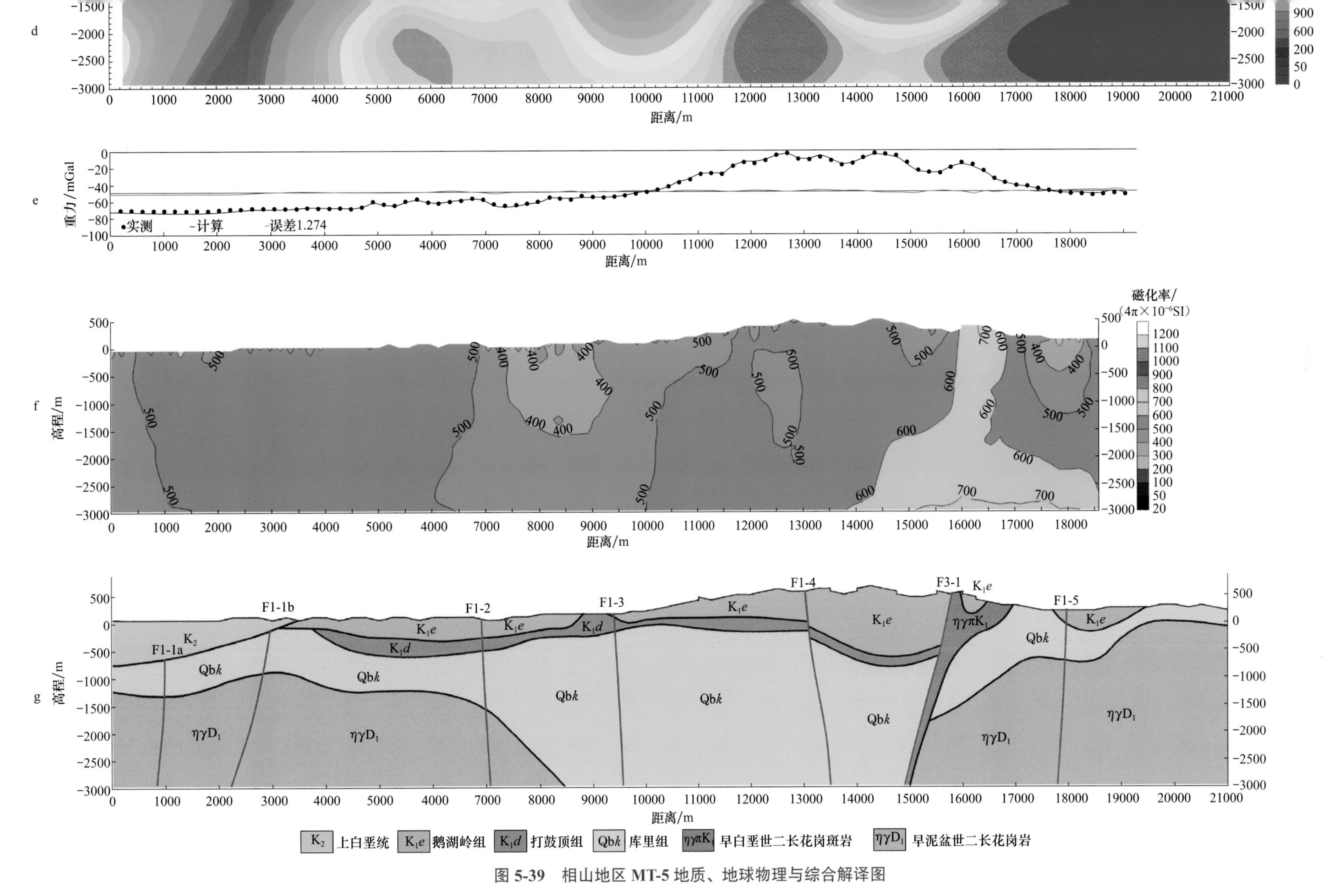

图 5-39 相山地区 MT-5 地质、地球物理与综合解译图

a. 地表地质图；b. TE 模式视电阻率拟断面图；c. TM 模式视电阻率拟断面图；d. MT 二维反演图；e. 解译结果重力 2.75D 模拟图；f. 磁化率断面图；g. 地质 - 地球物理综合解译图

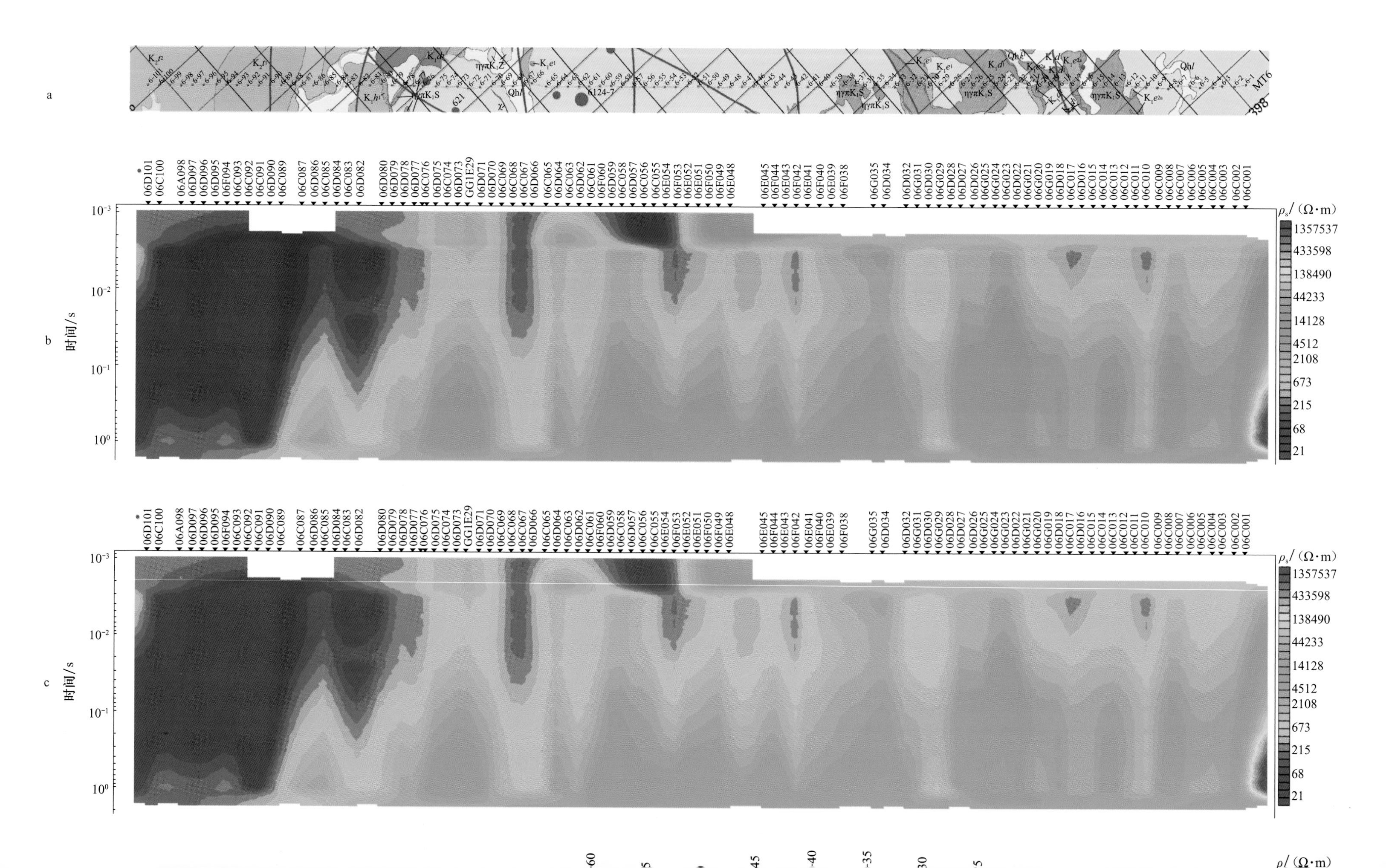

a
b
c
时间/s
10^{-3}
10^{-2}
10^{-1}
10^{0}
ρ_s/（Ω·m）
1357537
433598
138490
44233
14128
4512
2108
673
215
68
21
06D101 06C100 06A098 06D097 06D096 06D095 06F094 06C093 06C092 06C091 06D090 06C089 06C087 06D086 06C085 06D084 06C083 06D082 06D080 06D079 06D078 06D077 06C076 06D075 06C074 06D073 GG1E29 06D071 06D070 06C069 06C068 06C067 06D066 06C065 06D064 06C063 06D062 06C061 06F060 06D059 06C058 06D057 06C056 06C055 06E054 06F053 06E052 06E051 06F050 06F049 06E048 06E045 06F044 06E043 06F042 06E041 06F040 06E039 06F038 06G035 06D034 06D032 06G031 06D030 06G029 06D028 06D027 06D026 06G025 06G024 06G023 06D022 06G021 06G020 06G019 06D018 06C017 06D016 06C015 06C014 06C013 06C012 06C011 06C010 06C009 06C008 06C007 06C006 06C005 06C004 06C003 06C002 06C001

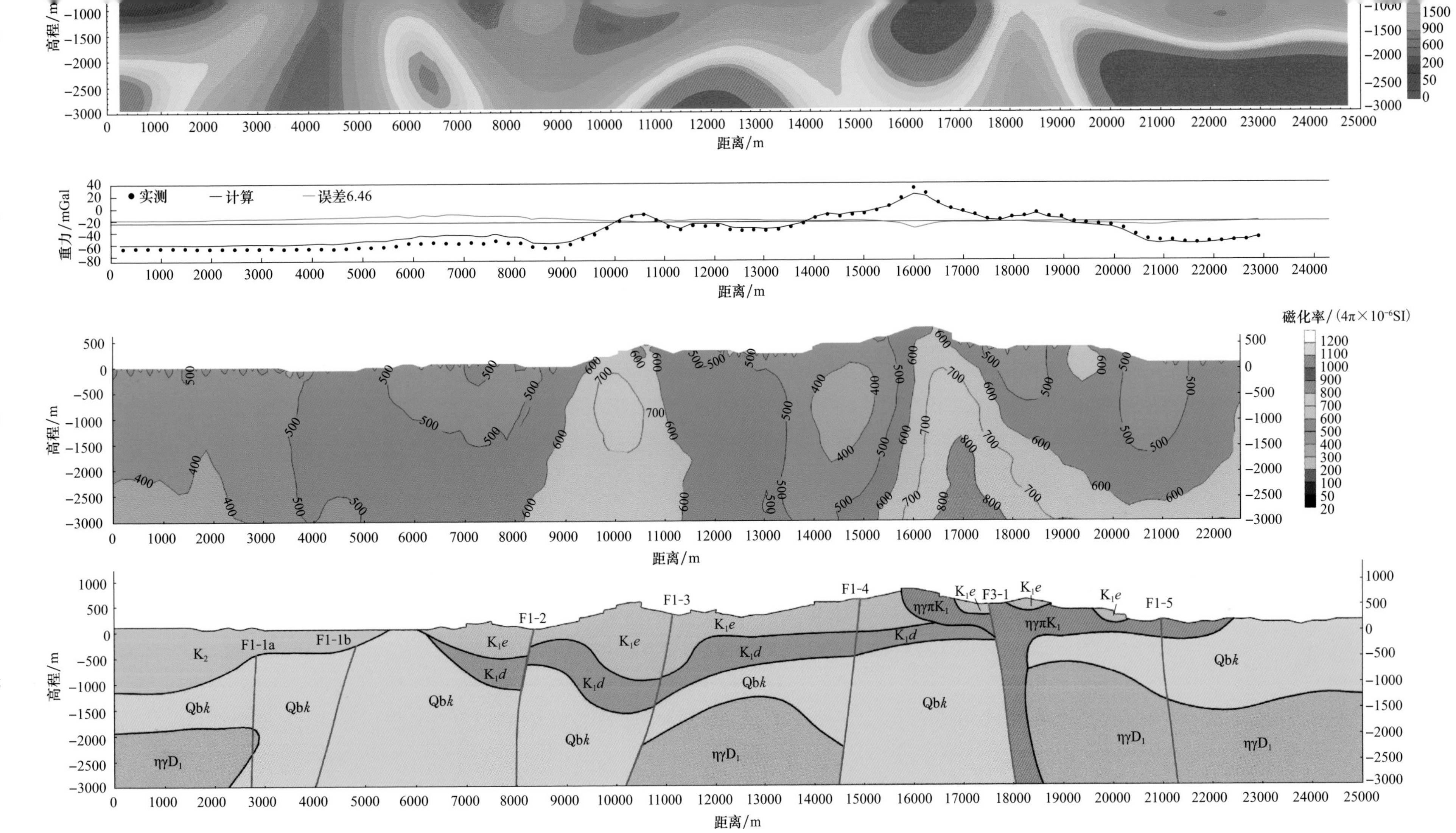

K₂ 上白垩统　K₁e 鹅湖岭组　K₁d 打鼓顶组　Qbk 库里组　ηγπK₁ 早白垩世二长花岗斑岩　ηγD₁ 早泥盆世二长花岗岩

图 5-40　相山地区 MT-6 地质、地球物理与综合解译图

a. 地表地质图；b. TE 模式视电阻率拟断面图；c. TM 模式视电阻率拟断面图；d. MT 二维反演图；e. 解译结果重力 2.75D 模拟图；f. 磁化率断面图；g. 地质 - 地球物理综合解译图

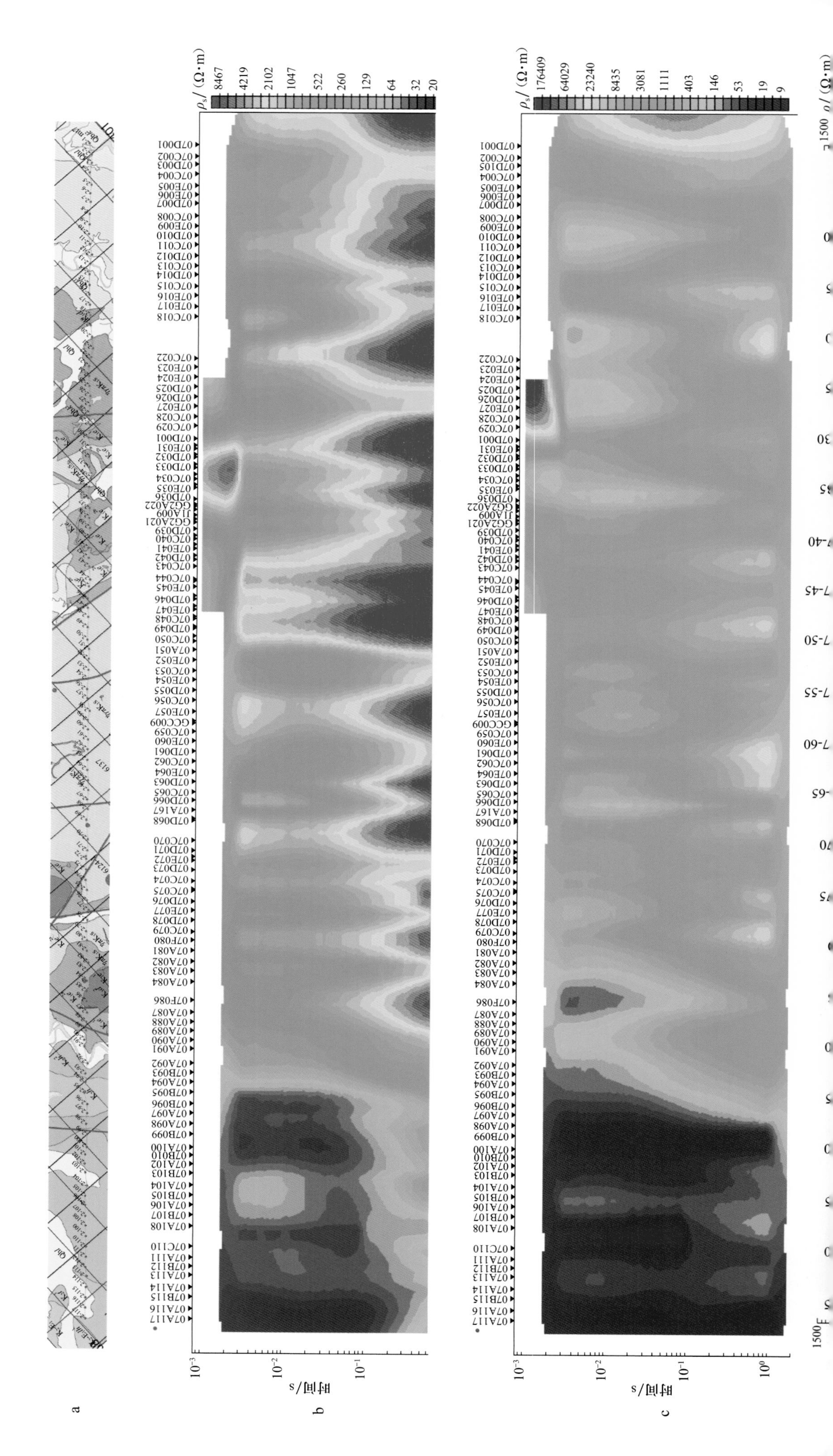

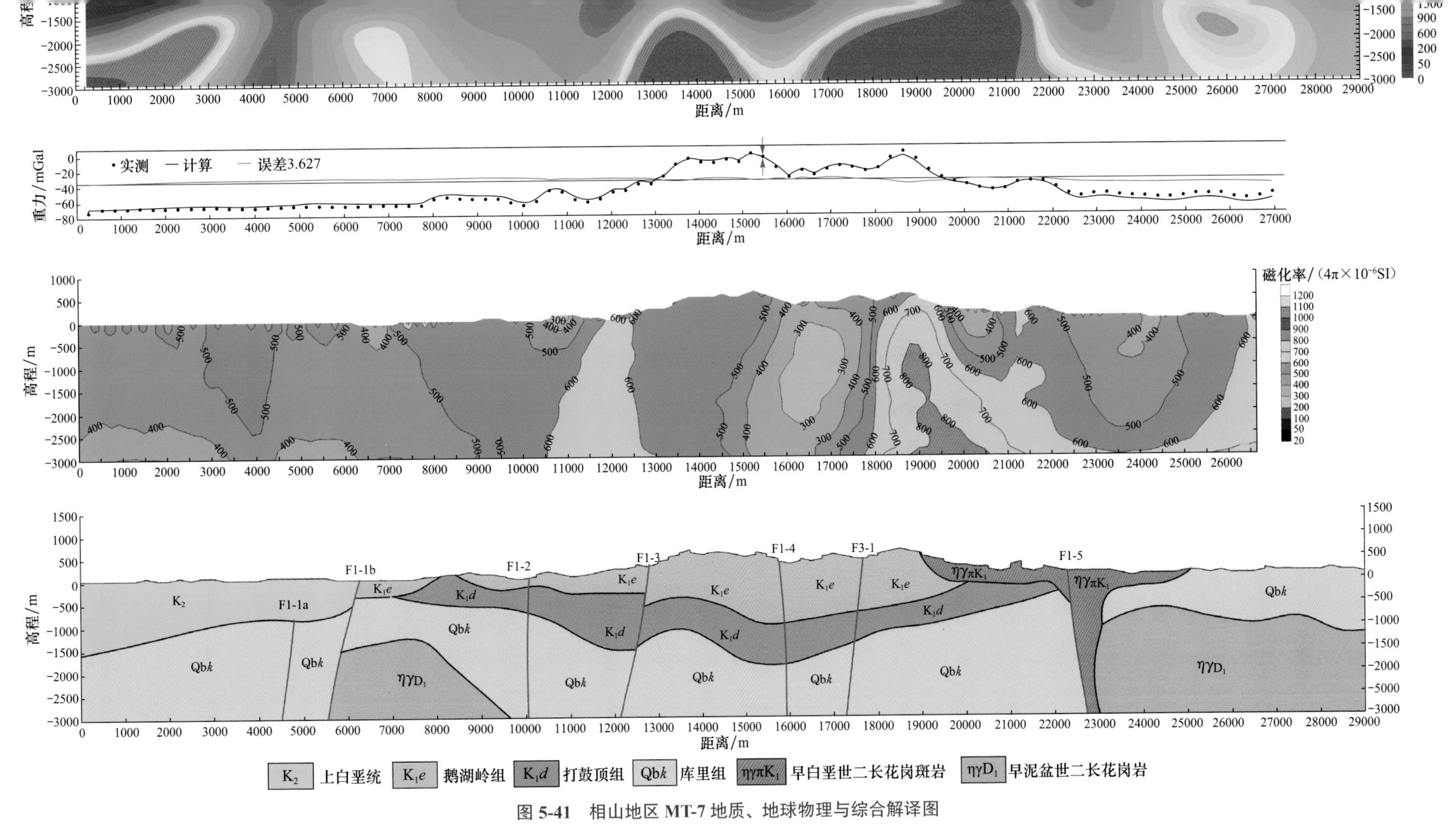

图 5-41 相山地区 MT-7 地质、地球物理与综合解译图

a. 地表地质图；b. TE 模式视电阻率拟断面图；c. TM 模式视电阻率拟断面图；d. MT 二维反演图；e. 解译结果重力 2.75D 模拟图；f. 磁化率断面图；g. 地质 - 地球物理综合解译图

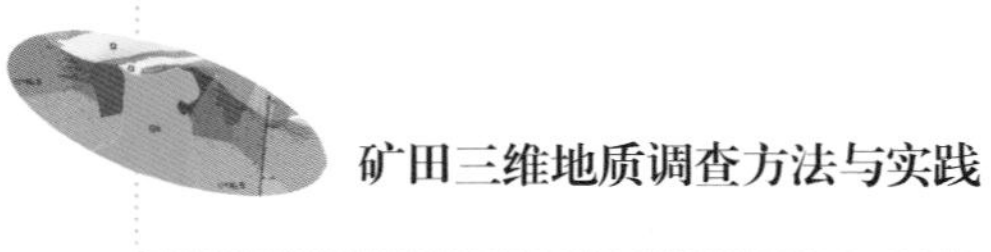

磁资料和上述多条剖面的解释结果，进一步划分出低密度和偏高磁（部分磁性偏低）的早泥盆世花岗岩（MT7-95～MT7-84 测点和 MT7-25 测点以东）和高密度、低磁的库里组变质岩（以石英片岩类岩石为主）（MT7-95 测点以西和 MT7-84～MT7-25 测点）。中间偏低阻地质体，主要分布于 -1300～-200m 标高，结合其高密度和低磁的特点，可以解释为库里组变质岩（以泥质千枚岩类岩石为主）。浅部高阻地质体，主要分布于 -200m 以上，是厚度大、似层状鹅湖岭组火山岩的反映；特别是在 13800m（MT7-62 测点）～19200m（MT7-41 测点），-800m 至地表（+600m 标高），鹅湖岭组火山岩的厚度超过 1400m。在鹅湖岭组火山岩与基底地质单元之间（-100～-1500m 标高），存在近乎连续的低阻带，反映不整合界面及存在偏低阻的打鼓顶组火山岩。上述论断解释得到大量钻孔资料证实。测线 6300m（MT7-92 测点）以西，表现出向北西缓倾的低阻体，与地表出露地质单元及其物性特征相对应，解释为上白垩统沉积岩。

在该测线上，断裂构造带主要表现为 TM 模式中的低阻异常，包括北东向的 F1-1a（MT7-98 测点）、F1-1b（MT7-92 测点）、F1-2（MT7-77 测点）、F1-3（MT7-67 测点）、F1-4（MT7-54 测点）、F1-5（MT7-28 测点），以及近南北向的 F3-1（MT7-47 测点）。其中，F1-1a 还在 MT 反演图上表现为向北西倾覆的大范围低阻带，F1-1b、F1-3 表现为向北西陡倾的高 - 低阻梯度带，F1-5 表现为向南东陡倾的高 - 低阻梯度带。

在 19000m（MT7-41 测点）～25000m（MT7-17 测点），地表大范围出露的早白垩世花岗斑岩，可能是沿着 F1-5 断裂构造带上侵，然后顺着火山岩盖层与变质基底之间不整合面层侵的结果。

8. MT-8 综合地质 - 地球物理解译

MT-8 测线位于研究区中部，相山火山盆地中部。测线范围内地表出露地质单元主要为鹅湖岭组火山岩；在测线 4600m（MT8-100 测点）以西，地表出露地质单元为上白垩统沉积岩；7700m（MT8-88 测点）～9400m（MT8-81 测点）地表出露打鼓顶组火山岩；20300m（MT8-38 测点）～23900m（MT8-24 测点）地表主要出露早白垩世花岗斑岩；23900m（MT8-24 测点）以东，地表出露库里组变质岩。

在 MT 反演图上（图 5-42），火山盆地范围内整体上表现出两层一带结构特征：深部高阻地质体，主要分布于 -600m 标高以下，结合其高密度、低磁的特点，解释为库里组变质岩（以石英片岩类岩石为主）。浅部高阻地质体，主要分布于 -300m 以上，是厚度大、似层状鹅湖岭组火山岩的反映，特别是在 12200m（MT8-70 测点）～19800m（MT8-40 测点），-500m 至地表（+700m 标高），鹅湖岭组火山岩的厚度超过 1200m。在鹅湖岭组火山岩与基底地质单元之间（-100～-1000m 标高），存在近乎连续的低阻带，反映不整合界面及存在偏低阻的打鼓顶组火山岩。大量钻孔（包括核工业北京地质研究院设计与施工的相山科学钻探，孔深 2818.88m）揭示，证明该推断解释符合事实。测线 4600m（MT8-100 测点）以西，表现出向北西缓倾的低阻体，与地表出露地质单元及其物性特征相对应，解释为晚白垩世沉积岩。

在该测线上，断裂构造带主要表现为 TM 模式中的低阻异常，包括北东向的 F1-1a（MT8-107 测点）、F1-1b（MT8-100 测点）、F1-2（MT8-88 测点）、F1-3（MT8-76 测点）、F1-4（MT8-64 测点）、F1-5（MT8-37 测点）、F1-6（MT8-04 测点），以及近南北向的 F3-1（MT8-62 测点）；其中，F1-1a、F1-1b、F1-4 在 MT 反演图上表现为向北西陡倾的高 - 低阻梯度带，F1-3 表现为向北西倾覆的大范围低阻带，F1-5 表现为向南东倾覆的大范围低阻带；F1-4 对低阻界面具有明显的错动，表现为断裂北西盘（上盘）相对下降，南东盘（下盘）相对上升。

在 20300m（MT8-38 测点）～23900m（MT8-24 测点），地表大范围出露的早白垩世花岗斑岩，可能是沿着 F1-5 断裂构造带上侵，然后顺着火山岩盖层与变质基底之间的不整合面层侵的结果。

9. MT-9 综合地质 - 地球物理解译

MT-9 测线位于研究区中部，相山火山盆地中部。测线范围内地表出露地质单元主要为鹅湖岭组火山岩；在测线 2900m（MT9-103 测点）以西，地表出露地质单元为上白垩统沉积岩；3400m（MT9-101 测点）～4000m（MT9-99 测点）和 7100m（MT9-86 测点）～8000m（MT9-83 测点），地表出露打鼓顶组火山岩；20000m（MT9-35 测点）～23000m（MT9-23 测点），地表主要出露早白垩世花岗斑岩；23000m（MT9-23 测点）以东，地表出露库里组和上施组变质岩。

在 MT 反演图上（图 5-43），火山盆地范围内整体上表现出两层一带结构特征：深部高阻地质体，主要分布于 -1000m 标高以下，结合其高密度、低磁的特点，主体解释为库里组变质岩（石英片岩类岩石为主），东部边缘有少量上施组变质岩。浅部高阻地质体，主要分布于 -500m 以上，是厚度大、似层状鹅湖岭组火山岩的反映，特别是在 11200m（MT9-70 测点）～18500m（MT9-41 测点），-700m 至地表（+1000m 标高），鹅湖岭组火山岩的厚度可达 1700m。在鹅湖岭组火山岩与基底地质单元之间（-200～-1800m 标高），存在近乎连续的低阻带，反映不整合界面及存在偏低阻的打鼓顶组火山岩。该测线上的低阻带很厚，结合重力二维剖面拟合的结果推断为打鼓顶组火山岩，在 8600m（MT9-80 测点）～11200m（MT9-70 测点）其最大厚度可达 1700m（-1800～-100m 标高），有部分钻孔揭示（未揭穿）。测线 2900m（MT9-103 测点）以西，表现出向北西缓倾的低阻体，与地表出露地质单元及其物性特征相对应，解释为上白垩统沉积岩。

在该测线上，区内重要断裂构造带表现有所差异：F1-1a（MT9-109 测点）、F1-1b（MT9-103 测点）在 MT 反演图上表现为向北西陡倾的高 - 低阻梯度带；F1-2（MT9-94 测点）在 TM 模式图中有较弱的低阻异常对应，可能与该处基底地层抬升有关；F1-3（MT9-81 测点）在 TM 模式图中表现为较明显的低阻异常，在 MT 反演图上表现为明显的向南东陡倾的高 - 低阻梯度带，对低阻界面具有明显的错动，表现为断裂北西盘（下盘）相对上升，南东盘（上盘）相对下降；F3-1（MT9-71 测点）和 F1-4（MT9-70 测点）在 MT 反演图上表现为不太明显的向北西陡倾的高 - 低阻梯度带，在 TM 模式图中没有反映；F1-5（MT9-41 测点）在 TM 模式图中有明显的低阻异常与之对应，在 MT 反演图上表现为较明显的向北西陡倾的高 - 低阻梯度带。

在 20000m（MT9-35 测点）～23000m（MT9-23 测点），地表大范围出露的早白垩世花岗斑岩，可能是沿着 F1-5 断裂构造带上侵，然后顺着火山岩盖层与变质基底之间的不整合面层侵分支的结果。

10. MT-10 综合地质 - 地球物理解译

MT-10 测线位于研究区中部，相山火山盆地中偏东北部。测线范围内地表出露地质单元主要是鹅湖岭组火山岩；在测线 1000m（MT10-94 测点）以西，地表出露地质单元为上白垩统沉积岩；1000m（MT10-94 测点）～6500m（MT10-72 测点），地表出露上施组变质岩；6500m（MT10-72 测点）附近，地表出露少量打鼓顶组火山岩；18400m（MT10-25 测点）和 21000m（MT10-15 测点）一带，地表主要出露小范围花岗斑岩；21300m（MT10-14 测点）以东，地表出露库里组和上施组变质岩。

在 MT 反演图上（图 5-44），火山盆地范围内整体上表现出两层一带一柱式结构特征：深部高阻地质体，主要分布于 -1000m 标高以下（西北高、东南低，西部标高可达 -100m），结合其高密度、低磁的特点，主体解释为库里组变质岩（以石英片岩类岩石为主），东部边缘有少量上施组变质岩。浅部高阻地质体，主要分布于 -500m 以上，是厚度大、似层状鹅湖岭组火山岩的反映，特别是在 9200m（MT10-62 测点）～14000m（MT10-43 测点），-1000m 至地表（+1000m 标高），鹅湖岭组火山岩的厚度可达 2000m。在鹅湖岭组火山岩与基底地质单元之间（-100～-1500m 标高），存在比较连续的低阻带，反映不整合界面及存在偏低阻的打鼓顶组火山岩；该测线上的低阻带很厚，结合重力二维剖面拟合的结果推断为打鼓顶组火山岩，在 8000m（MT10-66 测点）～8400m（MT10-61 测点），其最大厚度可达 1500m（-1500～0m 标高），有个别钻孔（NZK0-1）揭示（约 800m 孔深，未揭穿鹅湖岭组火山岩）。测线 1000m（MT10-94 测点）以西，表现出向北西缓倾的低阻体，与地表出露地质单元及其物性特征相对应，解释为上白垩统沉积岩。

自下而上穿透式的垂向柱状低阻异常在该剖面上表现明显。在剖面深部，该低阻异常位于 10200m（MT10-58 测点）～12200m（MT10-50 测点）；在剖面中部位于 11100m（MT10-54 测点）～11600m

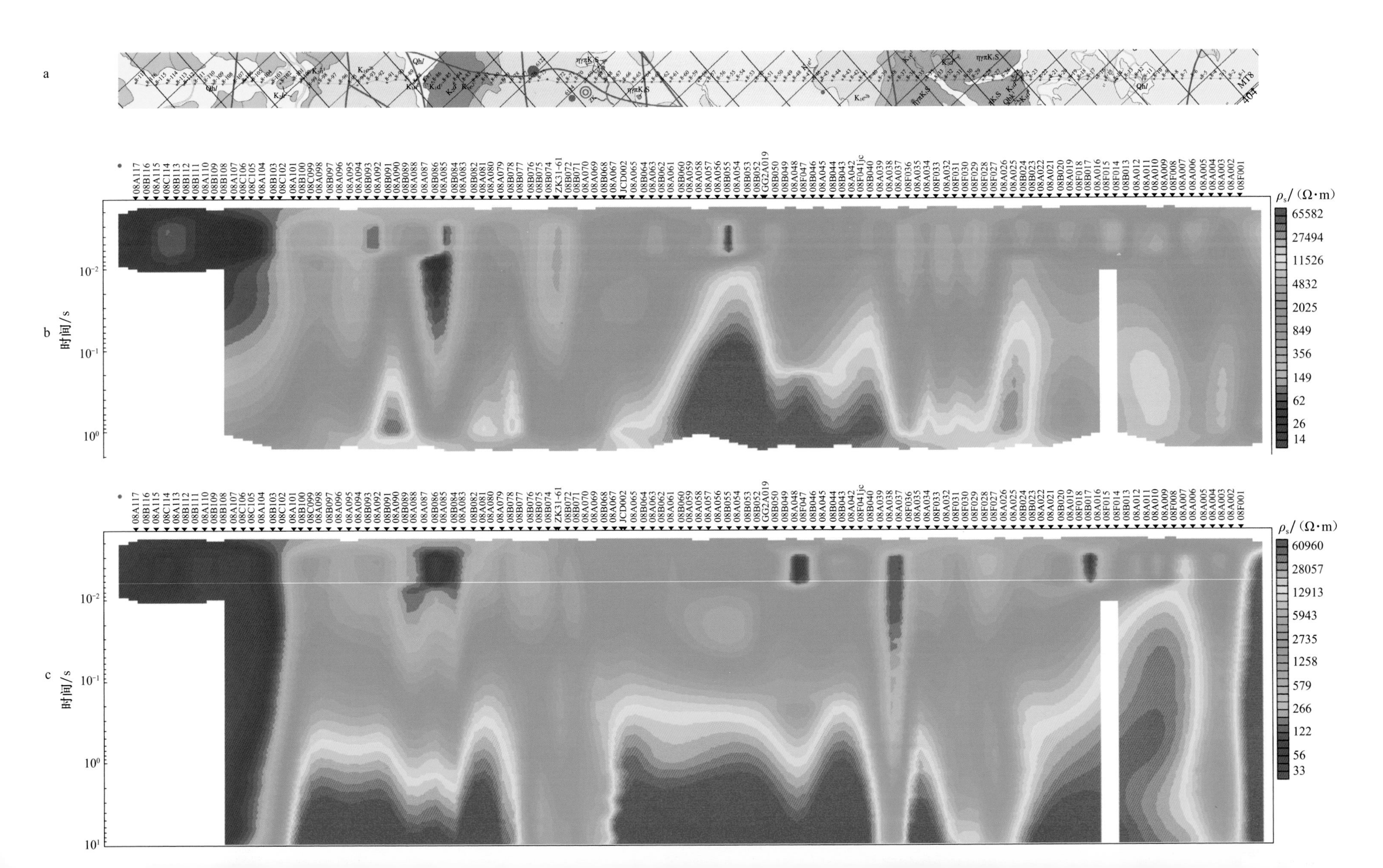
a
b
c
时间/s
ρ_s/(Ω·m)
65582
27494
11526
4832
2025
849
356
149
62
26
14
60960
28057
12913
5943
2735
1258
579
266
122
56
33
10^{-2}
10^{-1}
10^{0}
10^{1}
08A117
08F001
GG2A019
ZK31-61
JCD002

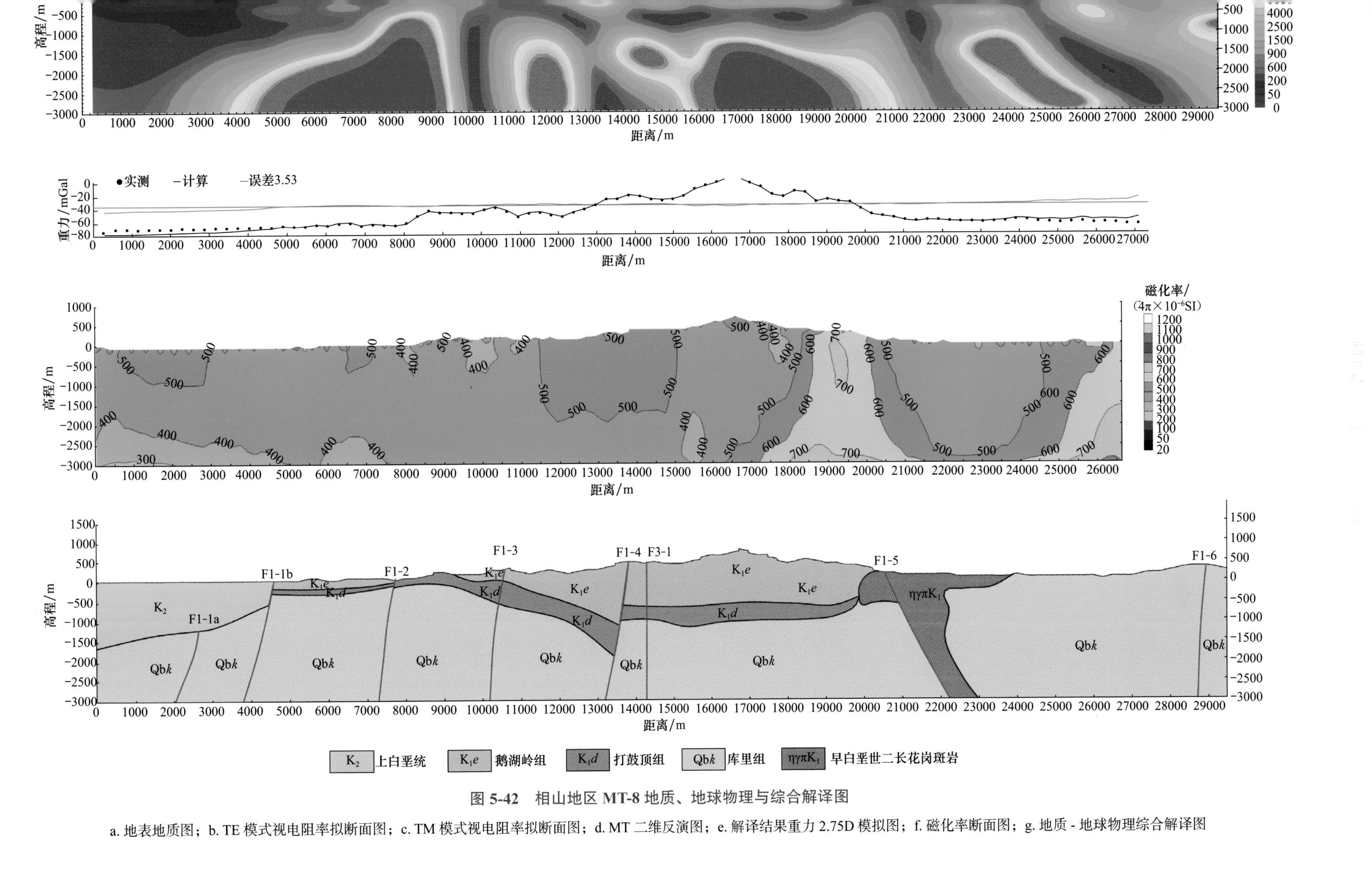

图 5-42 相山地区 MT-8 地质、地球物理与综合解译图

a. 地表地质图；b. TE 模式视电阻率拟断面图；c. TM 模式视电阻率拟断面图；d. MT 二维反演图；e. 解译结果重力 2.75D 模拟图；f. 磁化率断面图；g. 地质 - 地球物理综合解译图

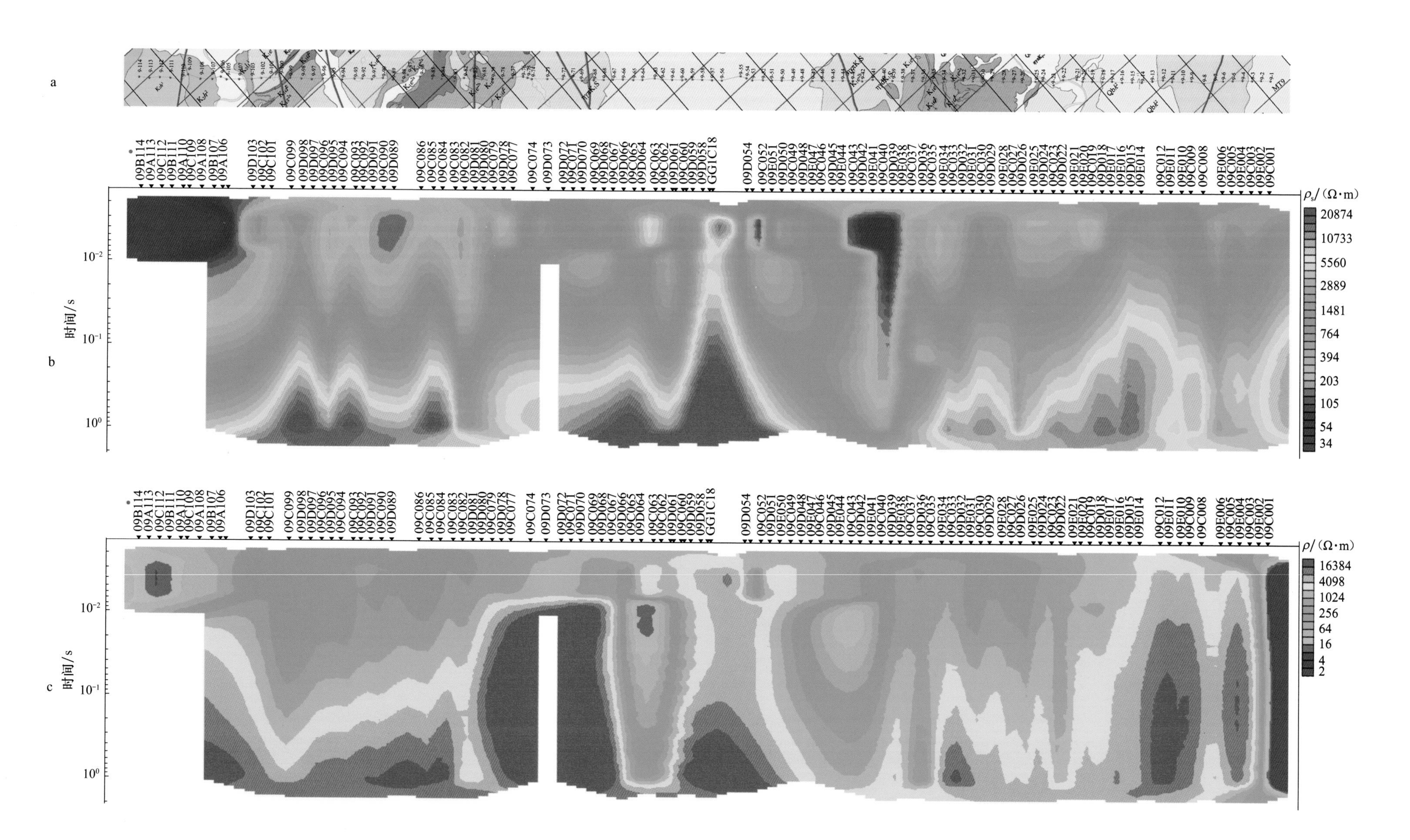
a
b
c
时间/s
10^{-2}
10^{-1}
10^{0}
ρ_s/(Ω·m)
20874
10733
5560
2889
1481
764
394
203
105
54
34
ρ/(Ω·m)
16384
4098
1024
256
64
16
4
2
09C001 09E002 09C003 09E004 09C005 09E006 09C008 09C009 09E010 09E011 09C012 09E014 09D015 09C016 09E017 09D018 09C019 09E020 09E021 09D022 09C023 09D024 09E025 09D026 09C027 09E028 09D029 09C030 09E031 09D032 09C033 09E034 09C035 09D036 09C037 09E038 09D039 09C040 09E041 09D042 09C043 09E044 09D045 09C046 09E047 09D048 09C049 09D050 09E051 09C052 09D054 GGIC18 09D058 09D059 09C060 09D061 09C062 09C063 09D064 09C065 09D066 09C067 09D068 09C069 09D070 09C071 09D072 09D073 09C074 09C077 09D078 09C079 09D080 09D081 09C082 09C083 09C084 09C085 09C086 09D089 09C090 09D091 09C092 09C093 09C094 09D095 09C096 09D097 09D098 09C099 09C101 09C102 09D103 09A106 09B107 09A108 09C109 09A110 09B111 09C112 09A113 09B114

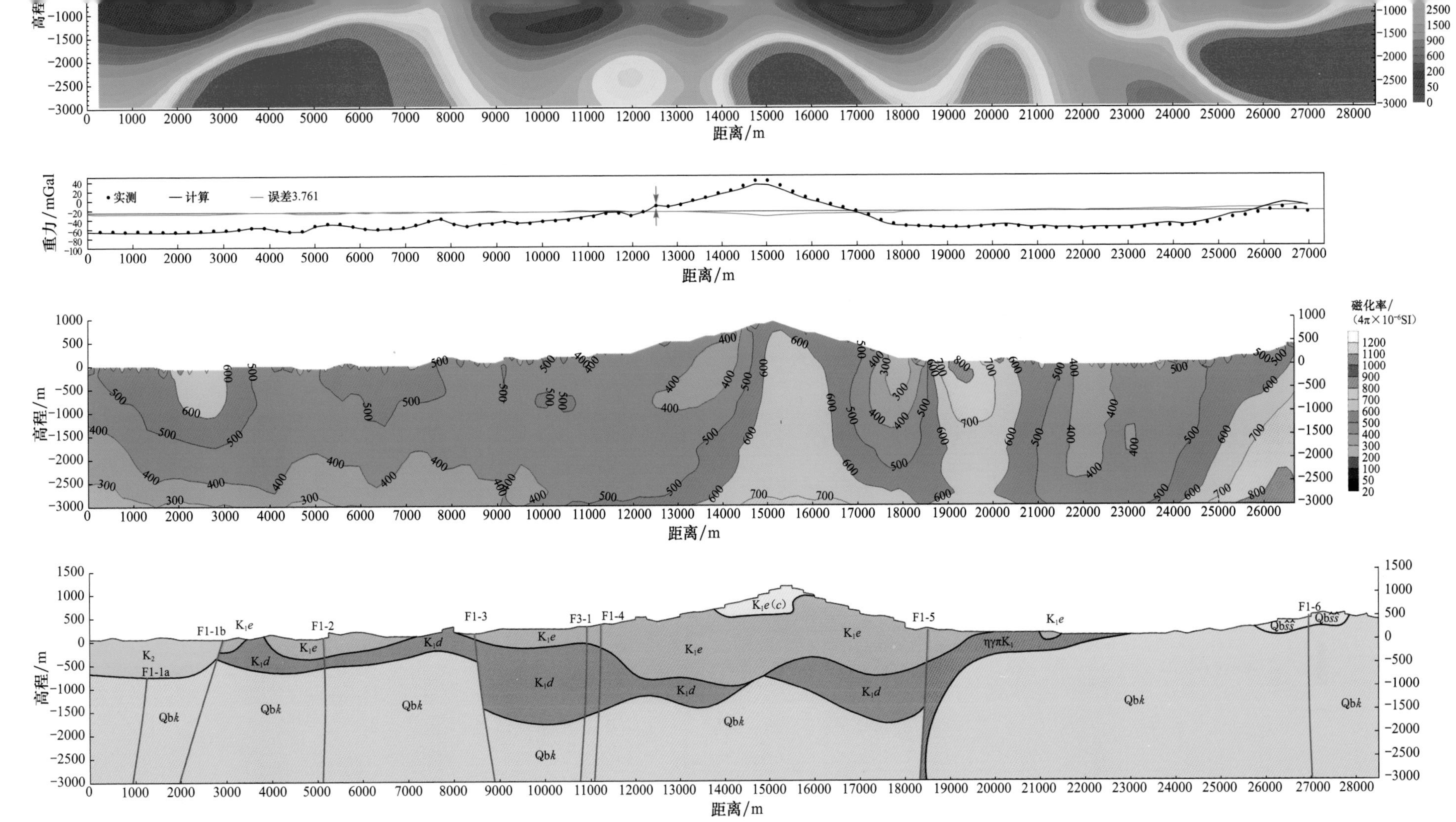

图 5-43　相山地区 MT-9 地质、地球物理与综合解译图

a. 地表地质图；b. TE 模式视电阻率拟断面图；c. TM 模式视电阻率拟断面图；d. MT 二维反演图；e. 解译结果重力 2.75D 模拟图；f. 磁化率断面图；g. 地质 - 地球物理综合解译图

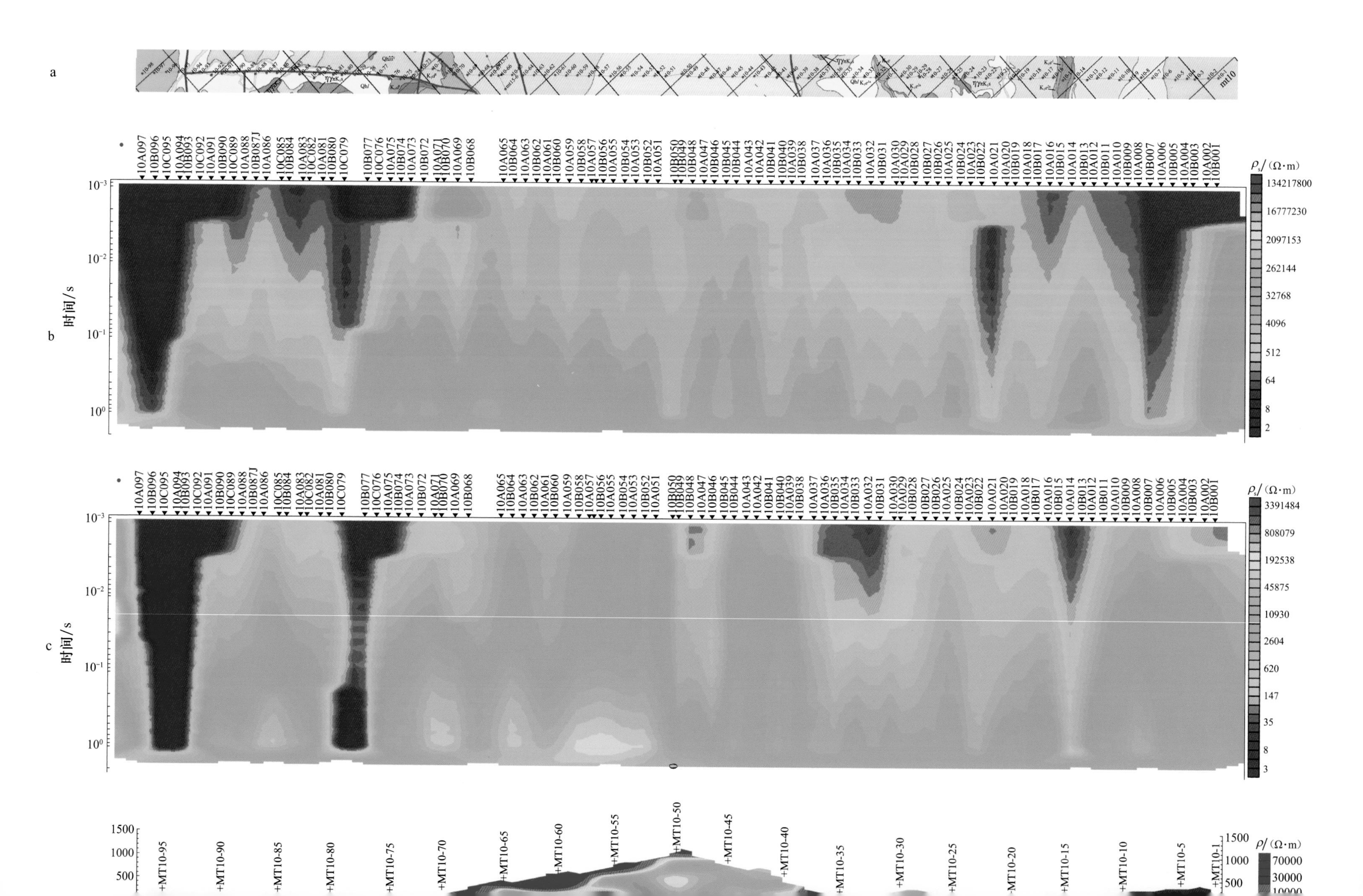
a
b
c
时间/s
时间/s
ρ_s/(Ω·m)
134217800
16777230
2097153
262144
32768
4096
512
64
8
2
ρ_s/(Ω·m)
3391484
808079
192538
45875
10930
2604
620
147
35
8
3
ρ/(Ω·m)
70000
30000
10000
1500
1000
500

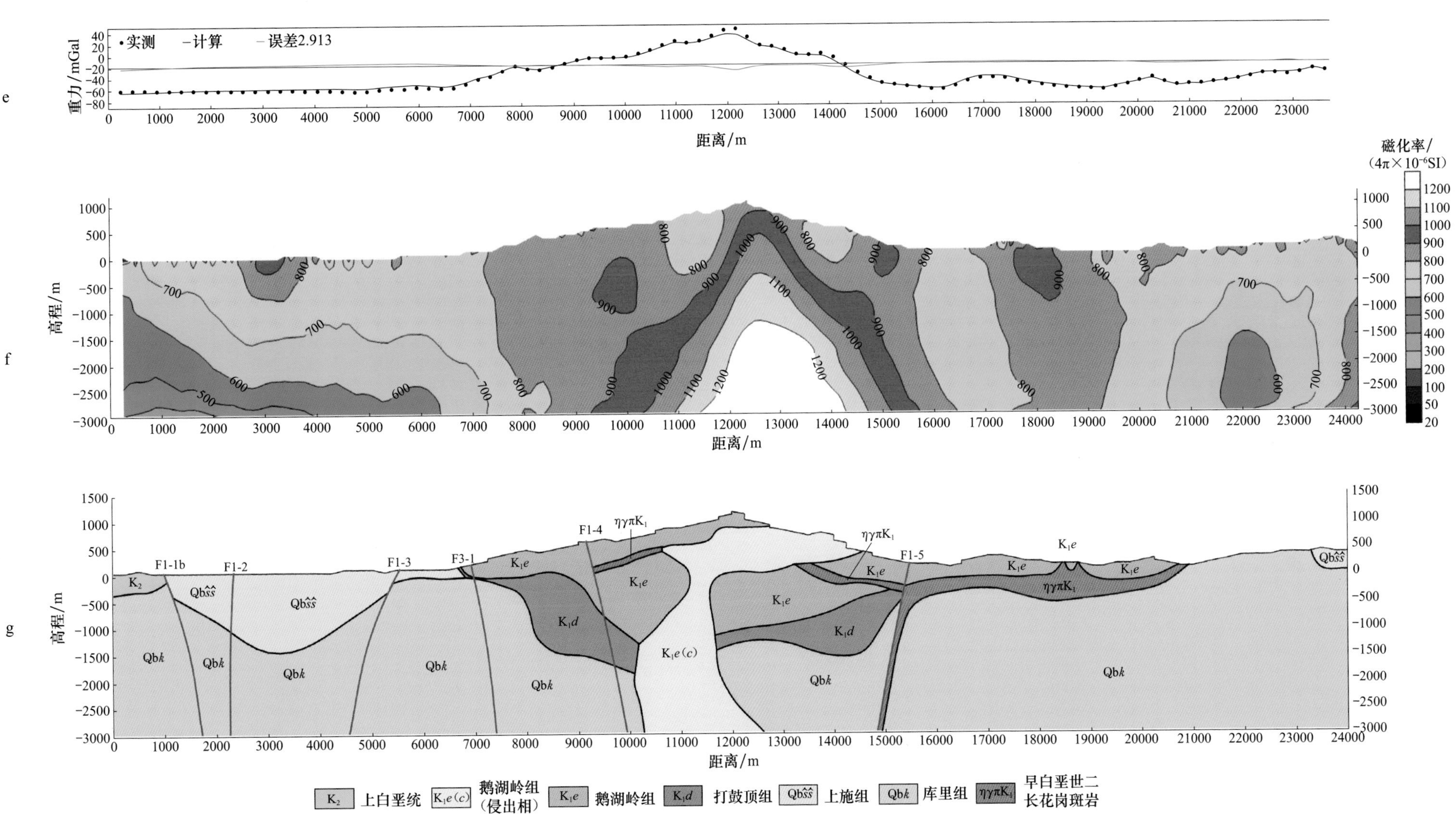

图 5-44　相山地区 MT-10 地质、地球物理与综合解译图

a. 地表地质图；b. TE 模式视电阻率拟断面图；c. TM 模式视电阻率拟断面图；d. MT 二维反演图；e. 解译结果重力 2.75D 模拟图；f. 磁化率断面图；g. 地质 - 地球物理综合解译图

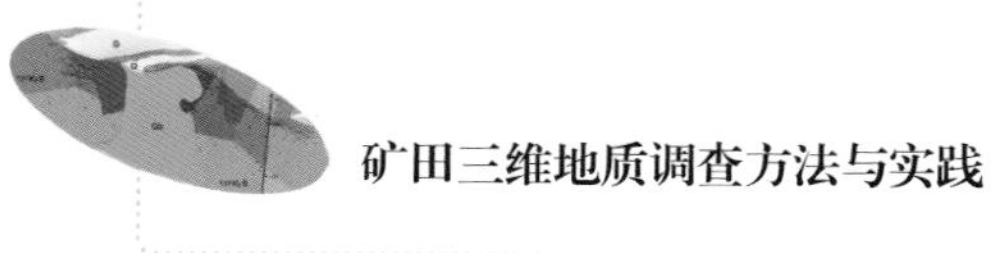

（MT10-52 测点）；在剖面浅部位于 10600m（MT10-56 测点）～14400m（MT10-41 测点）。总体上表现为自下向上收窄，然后又向东南方向扩散的形态特征。结合其低重力、显著高磁，以及空间上穿插于鹅湖岭组火山岩中等系列特征，推断该低阻柱为鹅湖岭组火山岩的通道相（火山颈相）。之所以表现为低电阻率而非鹅湖岭组火山岩高电阻率特征的原因，可能与火山通道岩石遭受长期而强烈的构造活动和热液蚀变作用有关。

在该测线上，区内重要断裂构造带表现有所差异：F1-1b（MT10-94 测点）在 MT 反演图上表现为向南东陡倾的高 - 低阻梯度带；F1-2（MT10-89 测点）在 TM 模式图中有较弱的低阻异常对应；F1-3（MT10-76 测点）在 TM 模式图中表现为较明显的低阻异常，在 MT 反演图上表现为明显的向北西倾斜的高 - 低阻梯度带；F3-1（MT10-70 测点）在 TM 模式图中有较明显的低阻异常与之对应，而在 MT 反演图上没有明显表现，可能与基底抬升有关；F1-4（MT10-62 测点）在 MT 反演图上表现为不太明显的向南东陡倾的高 - 低阻梯度带，在 TM 模式图中也有比较明显的反映；F1-5（MT10-37 测点）在 TM 模式图中有明显的低阻异常与之对应，在 MT 反演图上表现为较明显的向北西倾斜的高 - 低阻梯度带。

在 18500m（MT10-25 测点）、18700m（MT10-24 测点）、20800m（MT10-16 测点）一带，地表出露早白垩世花岗斑岩，在下部（−300m 标高左右）可能连成一片，是岩浆沿着 F1-5 断裂构造带上侵，然后顺着火山岩盖层与变质基底之间的不整合面侵入分支的结果。

11. MT-11 综合地质 - 地球物理解译

MT-11 测线位于研究区中偏东北部，相山火山盆地东北部。测线范围内地表出露地质单元主要是鹅湖岭组火山岩；在测线 3600m（MT11-69 测点）以西，地表出露地质单元为上施组变质岩；3600m（MT11-69 测点）～4400m（MT11-65 测点）和 12800m（MT11-32 测点）～13200m（MT11-30 测点），地表出露少量打鼓顶组火山岩；2200m（MT11-74 测点）～3300m（MT11-70 测点）、17200m（MT11-14 测点）～19200m（MT11-6 测点）一带，地表陆续出露早白垩世花岗斑岩；19200m（MT11-6 测点）以东，地表出露库里组变质岩。

在 MT 反演图上（图 5-45），与上述 MT-10 线类似，火山盆地范围内整体上表现出两层一带一柱式结构特征：深部高阻地质体，西北和东南两边主要分布于 −800m 标高以下，中部抬升至 +300m 标高左右，结合其高密度、低磁的特点，主体解释为库里组变质岩（以石英片岩类岩石为主）。浅部高阻地质体，主要分布于 0m 标高以上，是似层状鹅湖岭组火山岩的反映，该剖面上鹅湖岭组火山岩厚度明显减薄，不超过 800m。在鹅湖岭组火山岩与基底地质单元之间（−1500～−100m 标高），存在不太连续的低阻带，反映不整合界面及存在偏低阻的打鼓顶组火山岩或早白垩世花岗斑岩脉；该测线上的低阻带厚度不大，结合重力二维剖面拟合的结果推断为打鼓顶组火山岩，在 6300m（MT11-58 测点）一带，其最大厚度可达 1000m（−1300～−300m 标高），有少量钻孔揭示到其顶部。

自下而上穿透式的垂向柱状低阻异常在该剖面上表现也很清晰。在剖面深部，该低阻异常位于 8900m（MT11-47 测点）～10800m（MT11-40 测点）；在剖面中部位于 9200m（MT11-46 测点）～9600m（MT11-45 测点）；在剖面浅部位于 9600m（MT11-45 测点）～11300m（MT11-38 测点）；总体上表现为自下向上收窄，然后又向东南方向扩散的形态特征。结合其低重力、显著高磁，以及空间上穿插于鹅湖岭组火山岩中等系列特征，推断为鹅湖岭组火山岩的通道相（火山颈相）。之所以表现为低电阻率而非鹅湖岭组火山岩高电阻率特征的原因，可能与火山通道岩石遭受长期而强烈的构造活动和热液蚀变作用有关。

在该测线上，区内重要断裂构造带表现有所差异：F3-1（MT11-74 测点）在 TM 模式图中有较明显的低阻异常与之对应，而在 MT 反演图上没有明显表现，可能与基底抬升有关；Ft（塌陷构造带，MT11-67 测点）在 TM 模式图中表现为较明显的低阻异常，在 MT 反演图上亦表现为明显的向北西倾斜的低阻异常带；F1-4（MT11-57 测点）、F1-5（MT11-36 测点）在 MT 反演图上表现为明显陡倾的高 - 低阻梯度带，在 TM 模式图中也有比较明显的反映。

在 17200m（MT11-14 测点）～19200m（MT11-6 测点）一带，地表出露的早白垩世花岗斑岩，可能是岩浆沿着 F1-5 断裂构造带上侵，然后顺着火山岩盖层 / 变质基底之间的不整合面层侵分支的结果。在该剖面的 6500m（MT11-57 测点）～12400m（MT11-33 测点），约 +200m 标高处，存在的低阻异常界面，可能是 MT-12 测线中段出露的北西向早白垩世花岗斑岩向南东缓倾延续所引起的，有一些钻孔揭示到了该地质体。测线 2200m（MT11-74 测点）～3300m（MT11-70 测点）一带出露的早白垩世花岗斑岩，可能是沿着 Ft 塌陷构造带上侵，然后顺着层间界面层侵分支的结果。

12. MT-12 综合地质 - 地球物理解译

MT-12 测线位于研究区中偏东北部，相山火山盆地东北边部。在测线 3700m（MT12-51 测点）以西，地表出露地质单元为上施组变质岩；3700m（MT12-51 测点）～4000m（MT12-50 测点），地表出露打鼓顶组火山岩；4000m（MT12-50 测点）～5700m（MT12-43 测点）、8800m（MT12-30 测点）～11200m（MT12-20 测点）、12400m（MT12-15 测点）～13400m（MT12-11 测点），地表出露鹅湖岭组火山岩；5700m（MT12-43 测点）～8800m（MT12-30 测点）、11200m（MT12-20 测点）～12400m（MT12-15 测点）、13400m（MT12-11 测点）～15000m（MT12-04 测点）等处，地表出露早白垩世花岗斑岩；15000m（MT12-04 测点）以东，地表出露中泥盆统云山组沉积岩。

在 MT 反演图上（图 5-46），火山盆地范围内整体上也表现出两层一带结构特征：深部高阻地质体，主要分布于 −700m 标高以下，结合其高密度、低磁的特点，主体解释为库里组变质岩（以石英片岩为主）。浅部高阻地质体，主要分布于 100m 标高以上，是似层状鹅湖岭组火山岩的反映，该剖面上鹅湖岭组火山岩厚度明显减薄，不超过 800m。在鹅湖岭组火山岩与基底地质单元之间（−300～−700m 标高），存在较连续的低阻带，反映不整合界面及存在偏低阻的打鼓顶组火山岩，该测线上的低阻带厚度不大。有较多的钻孔揭示到鹅湖岭组和打鼓顶组火山岩，上述解释与之比较吻合。

在该测线上，断裂构造带主要表现为 TM 模式中的低阻异常，包括北东向的 Ft（MT12-58 测点）、F1-4（MT12-50 测点）、F1-5（MT12-30 测点）；其中，Ft 还在 MT 反演图上表现为陡倾的高低阻梯度带；F1-5 在 MT 反演图上表现为陡倾的大范围低阻带。

在测线 5700m（MT12-43 测点）～8800m（MT12-30 测点）地表出露的早白垩世花岗斑岩，可能向南西（火山盆地中心）缓倾，并与上述 MT-11 测线中段揭示的花岗斑岩相连。而 11200m（MT12-20 测点）～12400m（MT12-15 测点）、13400m（MT12-11 测点）～15000m（MT12-04 测点）等处地表陆续出露的早白垩世花岗斑岩，其与库里组变质岩的界面表现出低阻特征，可能是沿着 F3-1 断裂构造带上侵，然后顺着火山岩盖层与变质基底之间的不整合面层侵分支的结果。测线 1400m（MT12-61 测点）～2600m（MT12-56 测点）出露的早白垩世花岗斑岩，可能是沿着 Ft 塌陷构造带上侵，然后顺着层间界面层侵分支的结果。

13. MT-13 综合地质 - 地球物理解译

MT-13 测线位于研究区东北部，相山火山盆地东北边缘。在测线 800m（MT13-46 测点）以西和 1300m（MT13-44 测点）一带，地表出露地质单元为上施组变质岩；2300m（MT13-40 测点）～5700m（MT13-26 测点），地表出露地质单元为库里组变质岩；1000m（MT13-45 测点）～2000m（MT13-41 测点）、5700m（MT13-26 测点）～8200m（MT13-16 测点）、9000m（MT13-13 测点）～9800m（MT13-10 测点），地表主要出露早白垩世花岗斑岩；9800m（MT13-10 测点）以西，地表主要出露上三叠统紫家冲组沉积岩，其中 10400m（MT13-7 测点）～ 11800m（MT13-2 测点），地表局部出露打鼓顶组火山岩。

在 MT 反演图上（图 5-47），该测线已位于火山盆地的边缘，因而整体上表现出单层（基底）结构特征，主要为库里组一段（以石英片岩类岩石为主）高阻地质体（多在 −200m 标高以下），浅部（多在 −200m 标高以上）到地表存在一些偏低阻的库里组二段（以千枚岩类岩石为主）和上施组变质岩，以及紫家冲组沉积岩。

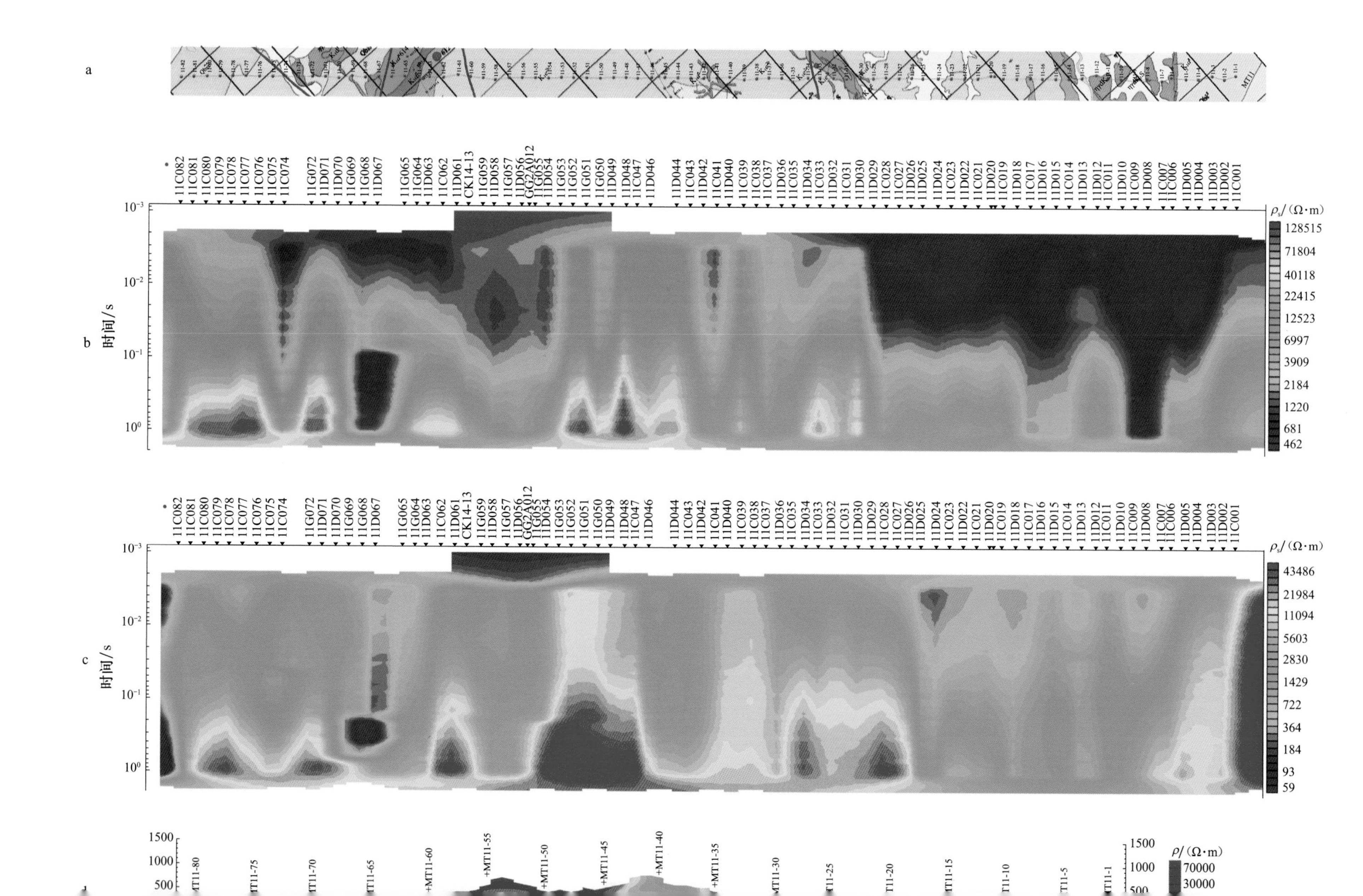

a
b
时间/s
ρ_s/(Ω·m)
128515
71804
40118
22415
12523
6997
3909
2184
1220
681
462
c
时间/s
ρ_s/(Ω·m)
43486
21984
11094
5603
2830
1429
722
364
184
93
59
ρ/(Ω·m)
70000
30000
1500
1000
500

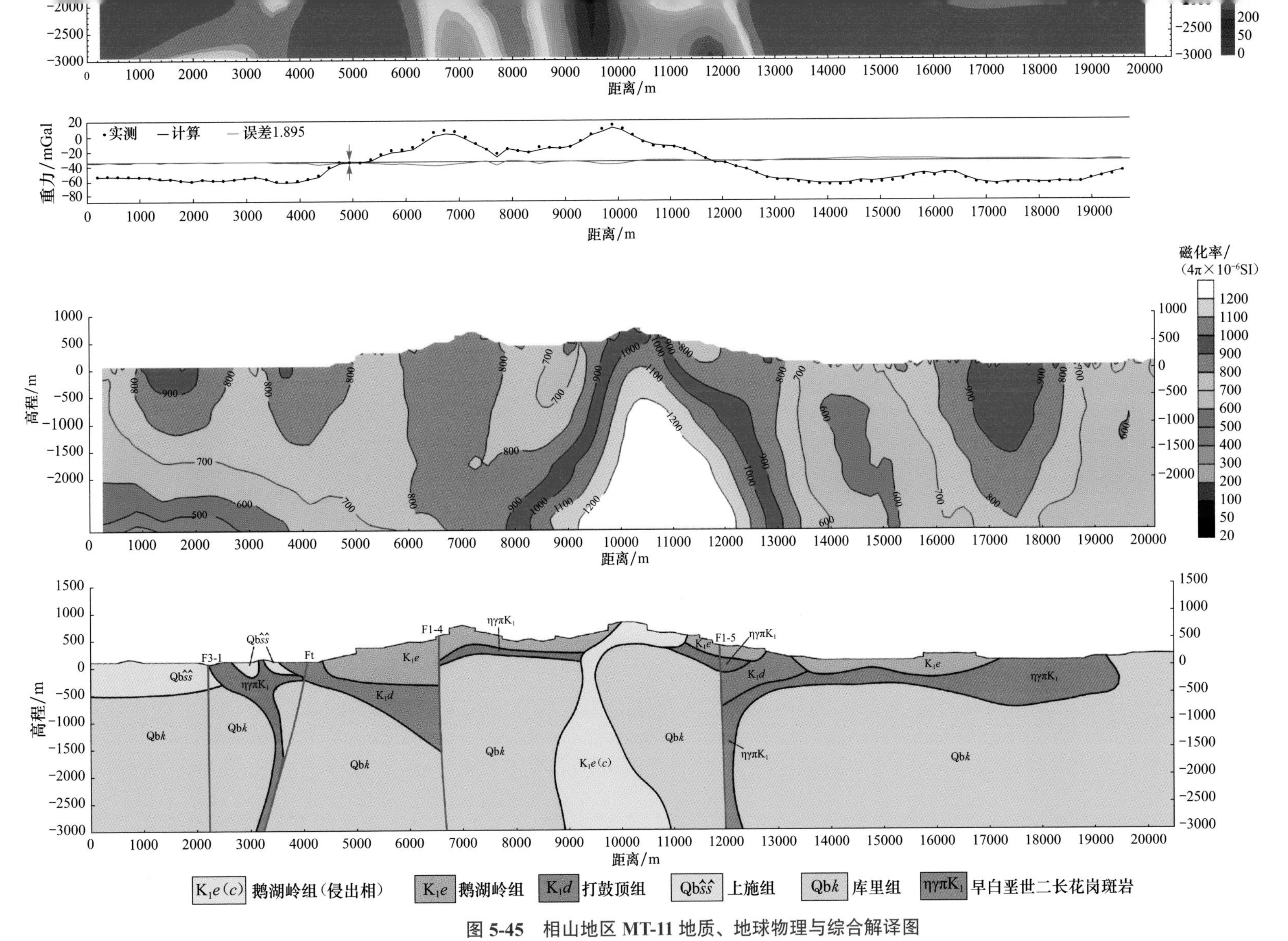

图 5-45 相山地区 MT-11 地质、地球物理与综合解译图

a. 地表地质图；b. TE 模式视电阻率拟断面图；c. TM 模式视电阻率拟断面图；d. MT 二维反演图；e. 解译结果重力 2.75D 模拟图；f. 磁化率断面图；g. 地质 - 地球物理综合解译图

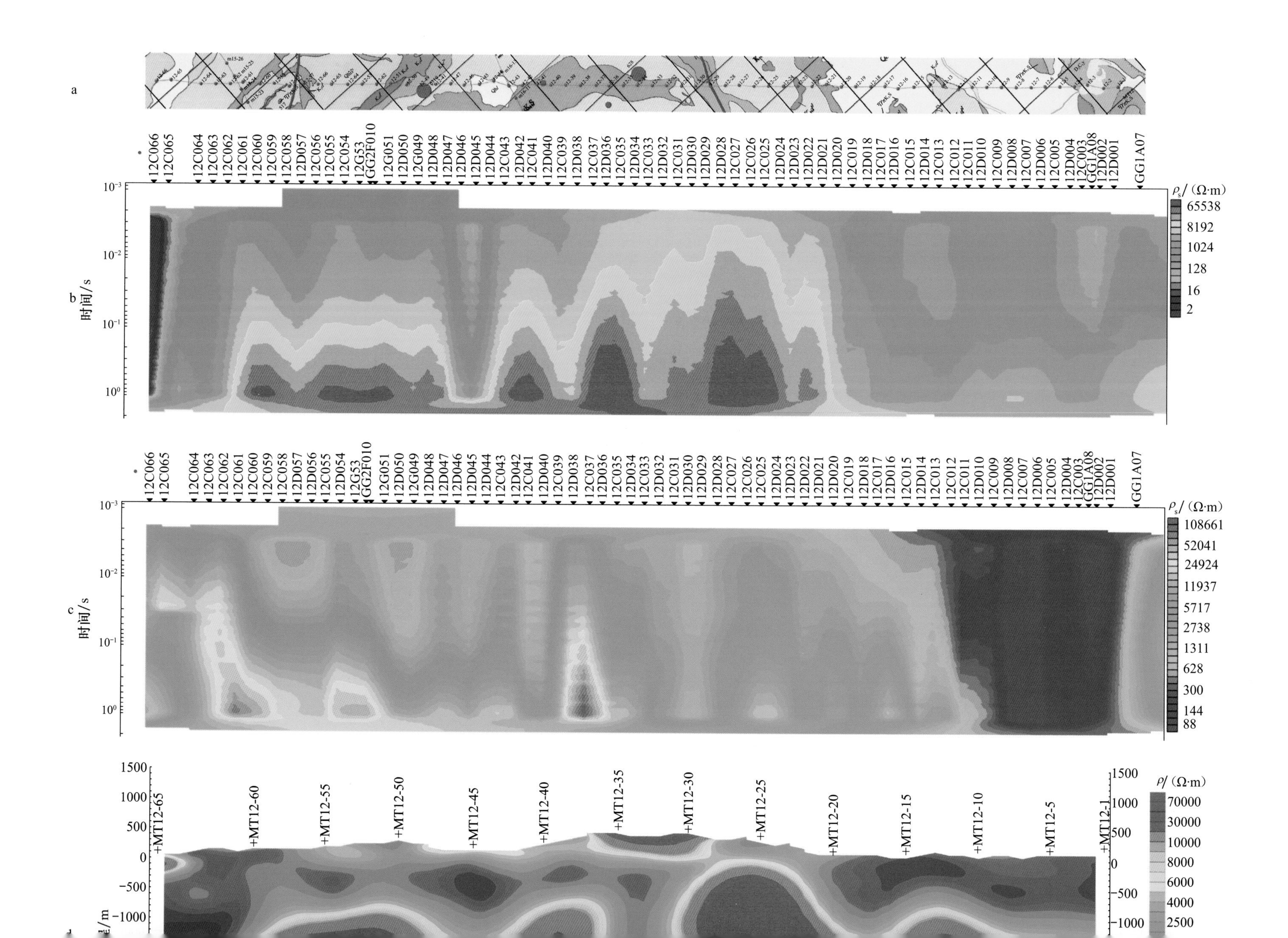

a
b
时间/s
10^{-3}
10^{-2}
10^{-1}
10^{0}
ρ_s/（Ω·m）
65538
8192
1024
128
16
2
12C066
12C065
12C064
12C063
12C062
12C061
12C060
12C059
12C058
12D057
12C056
12C055
12C054
12G53
GG2F010
12G051
12D050
12G049
12D048
12D047
12D046
12D045
12D044
12C043
12D042
12C041
12D040
12C039
12D038
12C037
12D036
12C035
12D034
12C033
12D032
12C031
12D030
12D029
12D028
12C027
12C026
12C025
12D024
12D023
12D022
12D021
12D020
12C019
12D018
12C017
12D016
12C015
12D014
12C013
12C012
12C011
12D010
12C009
12D008
12C007
12D006
12C005
12D004
12C003
GG1A08
12D002
12D001
GG1A07
c
108661
52041
24924
11937
5717
2738
1311
628
300
144
88
ρ/（Ω·m）
70000
30000
10000
8000
6000
4000
2500
1500
1000
500
0
−500
−1000
+MT12-65
+MT12-60
+MT12-55
+MT12-50
+MT12-45
+MT12-40
+MT12-35
+MT12-30
+MT12-25
+MT12-20
+MT12-15
+MT12-10
+MT12-5
+MT12-1

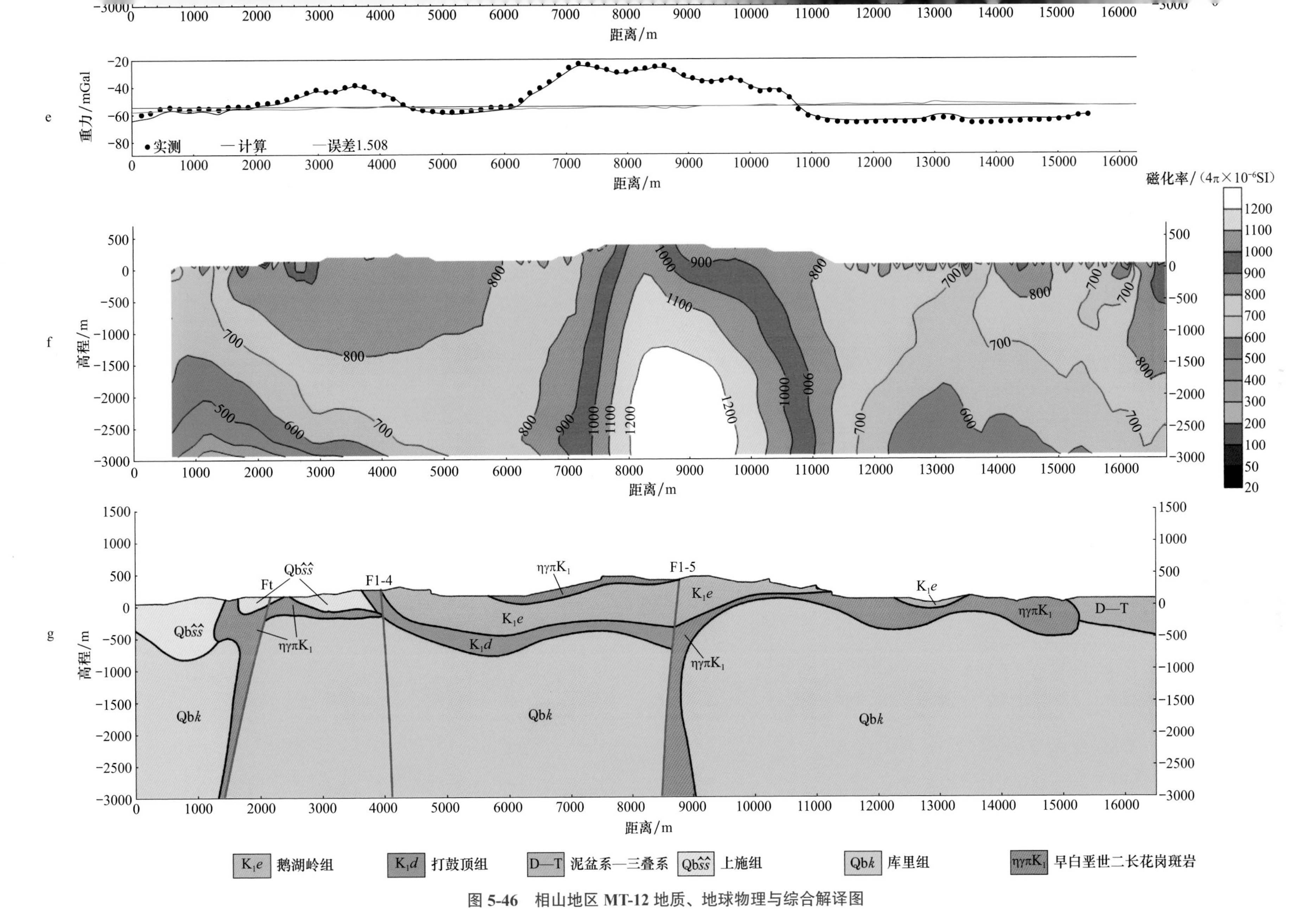

图 5-46　相山地区 MT-12 地质、地球物理与综合解译图

a. 地表地质图；b. TE 模式视电阻率拟断面图；c. TM 模式视电阻率拟断面图；d. MT 二维反演图；e. 解译结果重力 2.75D 模拟图；f. 磁化率断面图；g. 地质 - 地球物理综合解译图

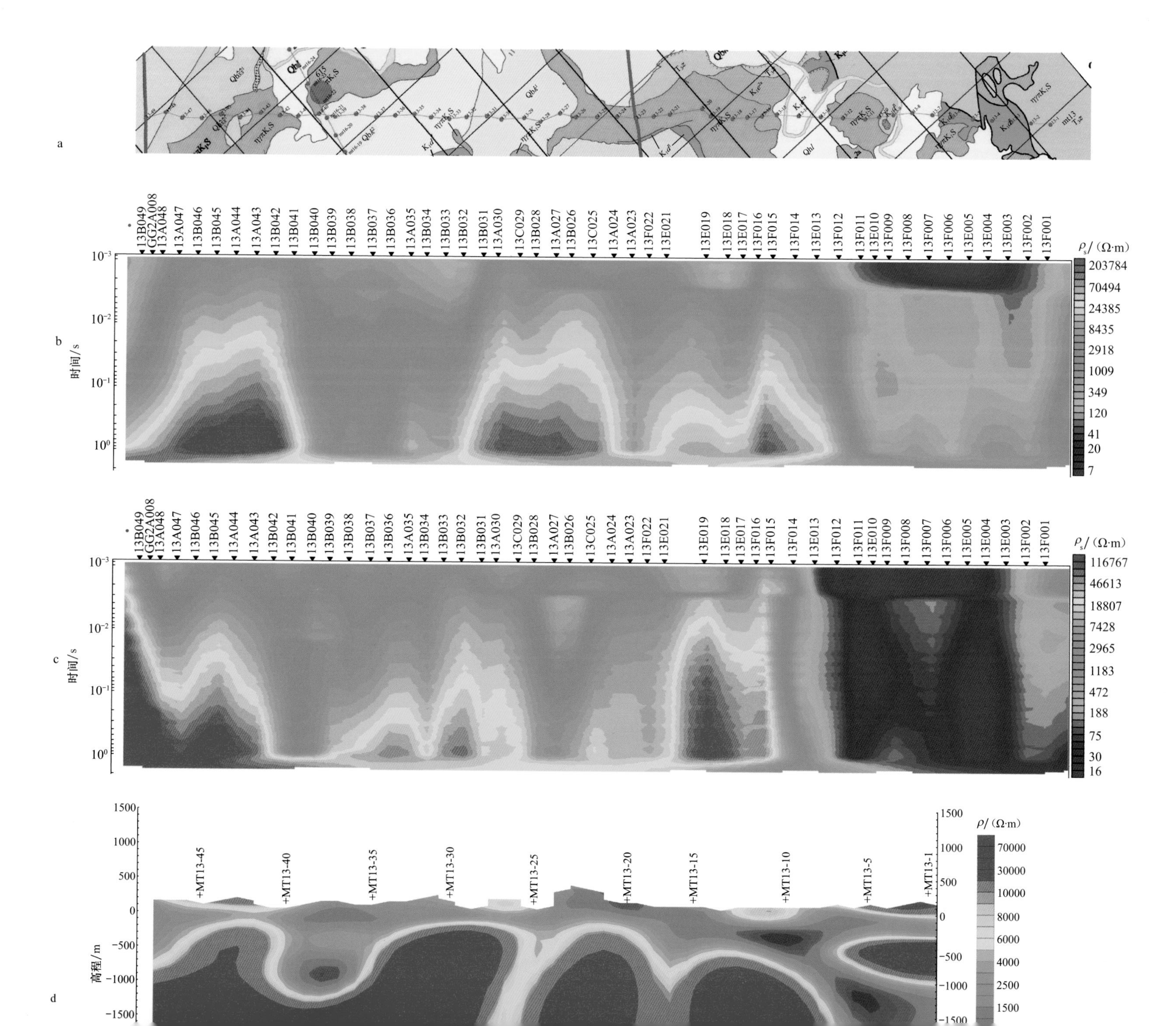

a
b
ρ_s/(Ω·m)
203784
70494
24385
8435
2918
1009
349
120
41
20
7
时间/s
10^{-3}
10^{-2}
10^{-1}
10^{0}
13B049
GG2A008
13A048
13A047
13B046
13B045
13A044
13A043
13B042
13B041
13B040
13B039
13B038
13B037
13B036
13A035
13B034
13B033
13B032
13B031
13A030
13C029
13B028
13A027
13B026
13C025
13A024
13A023
13F022
13E021
13E019
13E018
13E017
13F016
13F015
13F014
13E013
13F012
13F011
13E010
13F009
13F008
13F007
13F006
13E005
13E004
13E003
13F002
13F001
c
ρ_s/(Ω·m)
116767
46613
18807
7428
2965
1183
472
188
75
30
16
时间/s
10^{-3}
10^{-2}
10^{-1}
10^{0}
d
ρ/(Ω·m)
70000
30000
10000
8000
6000
4000
2500
1500
高程/m
1500
1000
500
0
−500
−1000
−1500
+MT13-45
+MT13-40
+MT13-35
+MT13-30
+MT13-25
+MT13-20
+MT13-15
+MT13-10
+MT13-5
+MT13-1

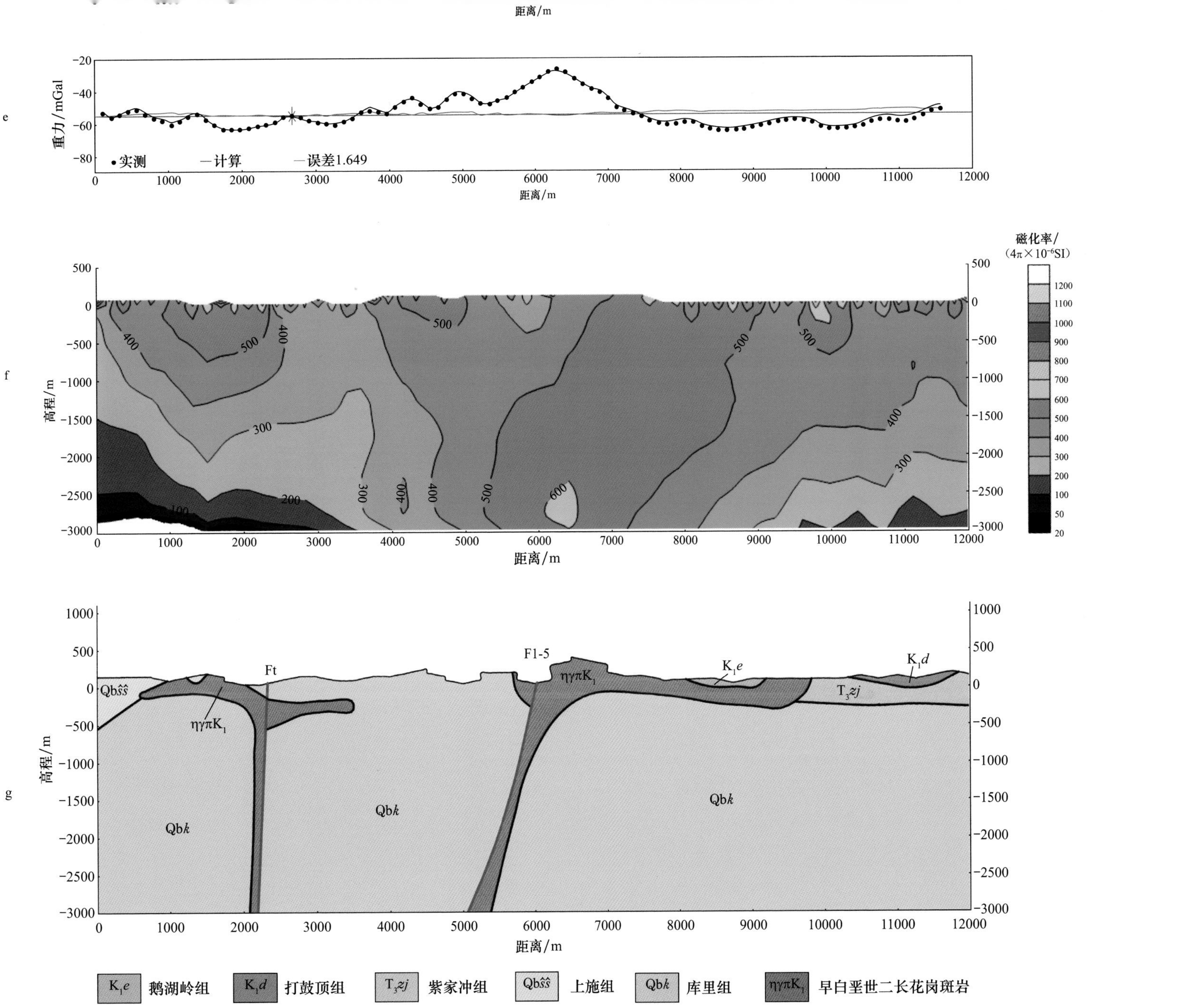

距离/m

e

重力/mGal

• 实测　— 计算　— 误差1.649

距离/m

f

磁化率/ ($4\pi \times 10^{-6}$SI)

高程/m

距离/m

g

高程/m

Qb$\hat{s}\hat{s}$　$\eta\gamma\pi K_1$　Ft　F1-5　K_1e　K_1d　T_3zj　Qbk

距离/m

K_1e 鹅湖岭组　K_1d 打鼓顶组　T_3zj 紫家冲组　Qb$\hat{s}\hat{s}$ 上施组　Qbk 库里组　$\eta\gamma\pi K_1$ 早白垩世二长花岗斑岩

图 5-47　相山地区 MT-13 地质、地球物理与综合解译图

a. 地表地质图；b. TE 模式视电阻率拟断面图；c. TM 模式视电阻率拟断面图；d. MT 二维反演图；e. 解译结果重力 2.75D 模拟图；f. 磁化率断面图；g. 地质 - 地球物理综合解译图

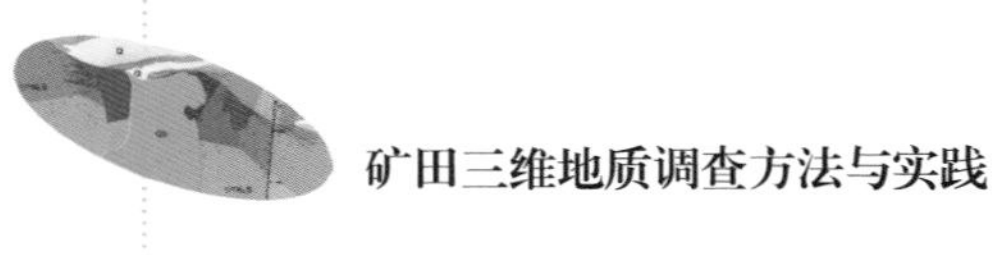

在该测线上，F1-5（MT13-25 测点）断裂构造带在 MT 反演图和 TM 模式中均表现出向北西陡倾的低阻异常带特征；Ft（MT13-40 测点）塌陷构造带在 MT 反演图表现为高低阻梯度带，在 TM 模式中表现为陡倾的低阻异常带特征。

在测线 5700m（MT13-26 测点）～9800m（MT13-10 测点）出露的早白垩世花岗斑岩，可能是沿着 F1-5 断裂构造带上侵，然后顺着火山岩盖层 / 变质基底之间的不整合面层侵分支的结果，因而总体上表现出低阻的特征。测线 1000m（MT13-45 测点）～2000m（MT13-41 测点）出露的早白垩世花岗斑岩，可能是沿着 Ft 塌陷构造带上侵，然后顺着层间界面层侵分支的结果。

14. MT-14 综合地质 - 地球物理解译

MT-14 测线位于研究区东北角，相山火山盆地东北外围。在测线范围内，地表主体出露的是库里组变质岩；测线 500m（MT14-31 测点）以西；2800m（MT14-22 测点）一带地表出露早白垩世花岗斑岩脉。

在 MT 反演图上（图 5-48），该测线已位于火山盆地的边缘，因而整体上表现出单层（基底）结构特征，主要为库里组一段变质岩（以石英片岩类岩石为主）所构成的高阻地质体，其中夹杂的低阻带可能与构造破碎带及地表河流通过有关，或者存在库里组二段（低阻的千枚岩类岩石）；在重、磁图上，表现为重力上的高值和低 - 偏低的磁化率。

F1-5（MT13-25 测点）断裂构造带在 MT 反演图上表现为向北西陡倾的高低阻梯度带，在 TM 模式中表现为低阻异常带。

在测线 2800m（MT14-22 测点）一带出露的早白垩世花岗斑岩脉，可能是沿着 F1-5 断裂构造带上侵的结果。

15. MT-J1 综合地质 - 地球物理解译

MT-J1 测线位于研究区东北角，相山火山盆地东北外围。在测线范围内，地表出露的地质体基本上均为库里组变质岩；测线 2300m（MTJ1-12 测点）一带地表出露早白垩世花岗斑岩脉。

在 MT 反演图上（图 5-49），该测线已位于火山盆地的边缘，因而整体上表现出单层（基底）结构特征，主要为库里组一段（以石英片岩类岩石为主）所构成的高阻地质体，其中夹杂的低阻带可能与构造破碎带及地表河流通过有关，或者存在库里组二段（低阻的千枚岩类岩石）；在重、磁图上，表现为重力上的高值和低 - 偏低的磁化率。

F1-5（MT13-25 测点）断裂构造带在 MT 反演图上表现为向北西陡倾的高低阻梯度带，在 TM 模式中表现为低阻异常带。早白垩世花岗斑岩沿着该断裂构造带上侵。

16. MT-15 综合地质 - 地球物理解译

MT-15 测线位于研究区北部，相山火山盆地中北部。测线 3500m（MT15-15 测点）以南地表出露鹅湖岭组火山岩；3500m（MT15-15 测点）～4300m（MT15-18 测点），地表出露打鼓顶组火山岩；4300m（MT15-18 测点）～5800m（MT15-24 测点），地表间隔出露早白垩世花岗斑岩和上施组变质岩；5800m（MT15-24 测点）以北，地表出露上施组变质岩。

在 MT 反演图上（图 5-50），−500m 标高以下的高阻体主要是库里组一段变质岩（以石英片岩类岩石为主）的反映。地表（+200m 标高）3500m（MT15-15 测点）～4300m（MT15-18 测点）的低阻带向南倾伏，在 1500m（MT15-7 测点）以北平缓，该测点以南明显变陡，至 0m（MT15-1 测点）处，标高降至 −2500～−1000m，该低阻带被解释为不整合界面及打鼓顶组火山岩。该低阻带之上，特别是 1500m（MT15-7 测点）以南，表现出偏高阻特征，是似层状鹅湖岭组火山岩的反映。在 5800m（MT15-24 测点）以北，地表出露上施组变质岩主体表现为偏高阻特征，在 −1000～−500m 标高处，以低阻异常带（可能反映界面）与下伏库里组变质岩划分开来；在测线 4600m（MT15-19 测点）一带的陡倾低阻异常可能系断裂构造引起，有早白垩世花岗斑岩沿着该构造带侵入，并向上顺着早白垩世火山岩盖层与青白口系变质岩基底的不整合界面层侵分支开来。

17. MT-16 综合地质 - 地球物理解译

MT-16 测线位于研究区北部，相山火山盆地中北部。测线 1900m（MT16-9 测点）以南和 2500m（MT16-12 测点）～4000m（MT16-17 测点），地表出露鹅湖岭组火山岩；4000m（MT16-17 测点）一带，地表局部出露打鼓顶组火山岩；1900m（MT16-9 测点）～2500m（MT16-12 测点）和 5100m（MT16-21 测点）～5500m（MT16-24 测点），地表出露早白垩世花岗斑岩；4000m（MT16-17 测点）～5100m（MT16-21 测点），地表出露库里组变质岩；5600m（MT16-24 测点）以北，地表出露上施组变质岩。

在 MT 反演图上（图 5-51），4000m（MT16-17 测点）以北出露的变质岩（以石英片岩类为主）主体表现为高阻 - 偏高阻特征，向南倾伏于火山盆地之下，其中部分偏低阻可能与断裂构造破碎带、不整合界面、千枚岩类、上施组和库里组界面有关。MT16-17 测点以南的鹅湖岭组火山岩，主体标高在 -400m 以上，总体表现为偏高阻特征，部分低阻区可能与构造破碎、不整合界面、地表水系发育有关。5600m（MT16-24 测点）以北地表出露的上施组变质岩主体表现为偏高阻特征，在地表（-1300～0m 标高处，以低阻异常带（可能反映界面）与下伏库里组变质岩划分开来。测线上 4700m（MT16-20 测点）一带的低阻异常带被解释为断裂构造引起，并有早白垩世花岗斑岩顺之侵入。1900m（MT16-9 测点）～2500m（MT16-12 测点）出露的早白垩世花岗斑岩可能向南缓倾。

18. MT-GG1 主干剖面综合地质 - 地球物理解译

MT-GG1 呈北西西 - 南东东向穿越相山火山盆地中部，在 MT-GG1-31 测点往西转为北西向穿越晚白垩世红盆和玉华山火山盆地。在测线范围内，MTGG1-55～MTGG1-51 测点地表出露地质单元为基底库里组和神山组变质岩；MTGG1-51～MTGG1-44 测点为玉华山火山盆地范围，地表出露地质单元为鹅湖岭组火山岩和早白垩世花岗斑岩；MTGG1-44～MTGG1-31 测点为晚白垩世红盆范围，地表出露地质单元为上白垩统沉积岩；MTGG1-31～MTGG1-7 测点为相山火山盆地范围，地表出露地质单元为鹅湖岭组、打鼓顶组火山岩和早白垩世花岗斑岩；MTGG1-7 测点以东，地表出露地质单元为基底库里组变质岩。

在 MT 反演图上（图 5-52），-1000m 以下的深部，存在一系列高阻体。其中 MTGG1-42～MTGG1-35 测点高阻体在重力上表现为低密度，解释为早泥盆世二长花岗岩。其他高阻体鉴于重力二维剖面反演、地面地质填图和相山科学钻探结果，解释为库里组一段变质岩（以石英片岩类为主）；在深部高阻体之间，存在一系列低 - 中低阻体（MTGG1-34、MTGG1-24～MTGG1-23、MTGG1-17～MTGG1-13、MTGG1-8～MTGG1-2 等测点一带），这些地质体被解释为库里组二段变质岩（以泥质千枚岩类为主）；MTGG1-51～MTGG1-42 测点之间的低 - 中低阻地质体，根据物性和地表地质填图结果，被解释为上施组变质岩；这些基底变质岩，构成紧闭的复式背斜样式。

在相山火山盆地范围内，特别是 MTGG1-29～MTGG1-14 测点，-800～-200m 标高以上，偏高阻 - 高阻异常地质体，鉴于物性特征分析和地表地质填图、大量勘探工程揭露结果，解释为鹅湖岭组火山岩（主体是碎斑熔岩）；鹅湖岭组火山岩与基底变质岩之间存在比较连续的低阻 - 偏低阻异常带，基于物性特征和大量钻探结果、地质分析，解释为不整合界面及打鼓顶组火山岩（以流纹英安岩为主）。

MTGG1-44～MTGG1-31 测点的晚白垩世红盆及其与基底地层之间的不整合界面，表现为低阻特征。

一系列重要的断裂构造带，如遂川 - 万安（也称遂川 - 德兴）构造带（MTGG1-44 测点）、F1-4a、F1-3、F3-1、F1-5，在 TM 模式上均表现为低阻异常带，相山火山盆地东南部 - 东部 - 东北部出露的一系列早白垩世花岗斑岩，可能是沿 F1-5 构造带上侵，然后顺着火山岩盖层与变质基底之间的不整合面层侵分支的结果。遂川 - 万安构造带西部 MTGG1-47 测点一带，在 MT 反演图上，表现为高 - 低阻梯度带，可能存在一条重要的断裂构造，玉华山火山盆地中地表出露的一系列早白垩世花岗斑岩，可能是沿该构造带上侵分支的结果。

19. MT-GG2 主干剖面综合地质 - 地球物理解译

MT-GG2 呈北北东 - 南南西向穿越相山火山盆地中部。在测线范围内，MTGG2-31～MTGG2-30

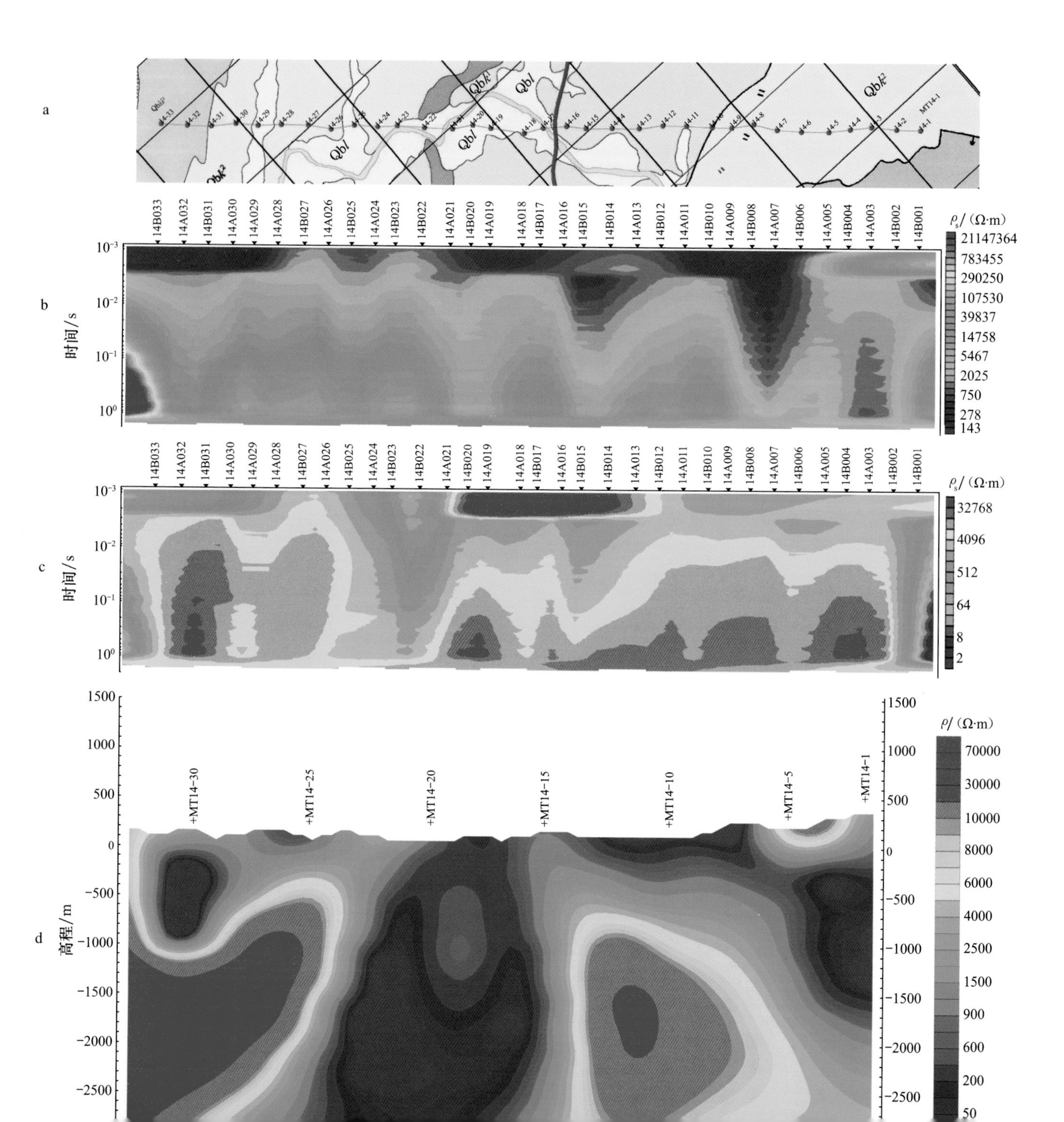
a
Qbk²
Qbl
Qbk¹
MT14-1
b
时间/s
ρ_s/（Ω·m）
21147364
783455
290250
107530
39837
14758
5467
2025
750
278
143
14B033
14A032
14B031
14A030
14A029
14A028
14B027
14A026
14B025
14A024
14B023
14B022
14A021
14B020
14A019
14A018
14B017
14A016
14B015
14B014
14A013
14B012
14A011
14B010
14A009
14B008
14A007
14B006
14A005
14B004
14A003
14B002
14B001
c
ρ_s/（Ω·m）
32768
4096
512
64
8
2
d
高程/m
ρ/（Ω·m）
70000
30000
10000
8000
6000
4000
2500
1500
900
600
200
50
+MT14-30
+MT14-25
+MT14-20
+MT14-15
+MT14-10
+MT14-5
+MT14-1

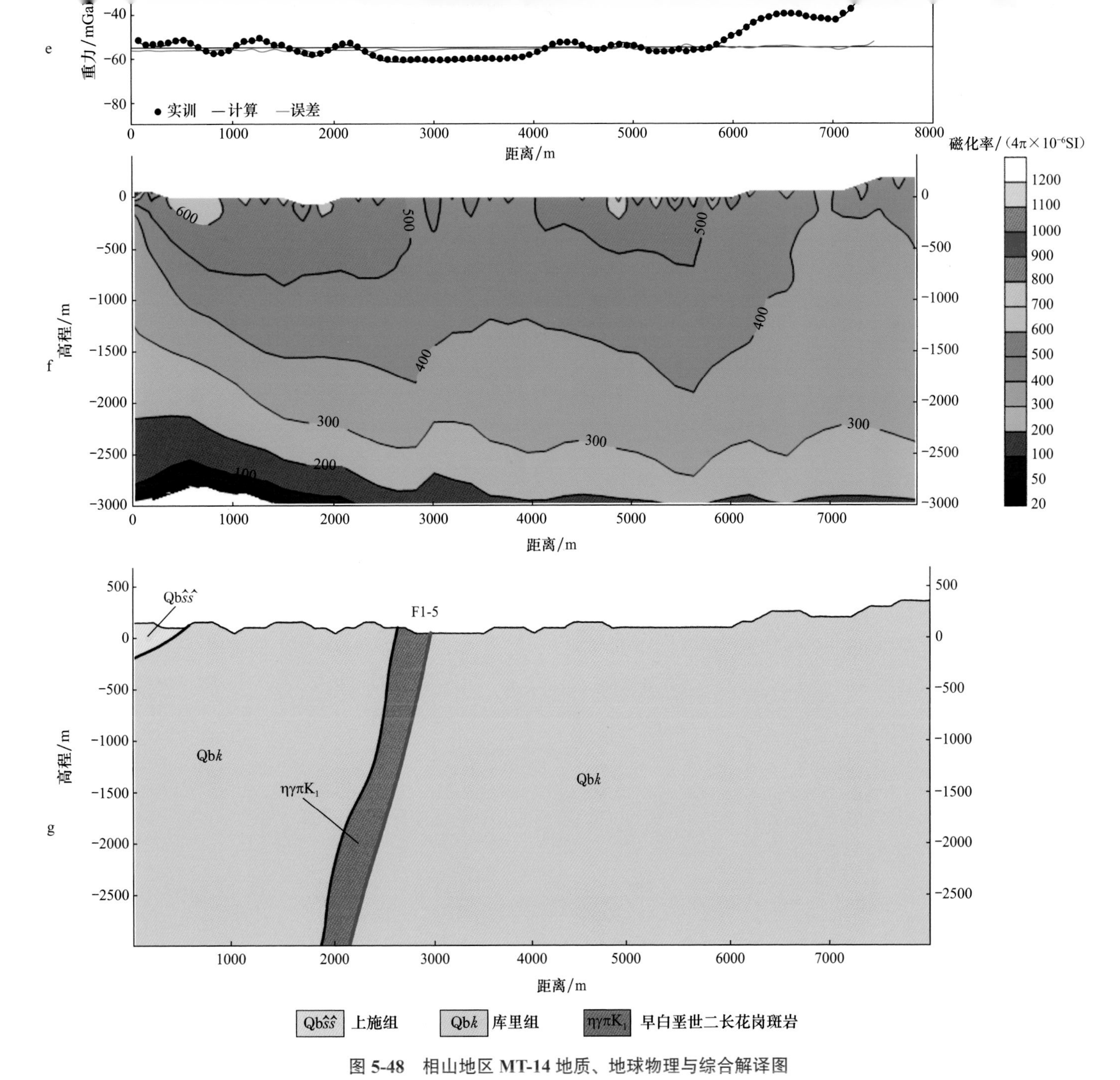

图 5-48 相山地区 MT-14 地质、地球物理与综合解译图

a. 地表地质图；b. TE 模式视电阻率拟断面图；c. TM 模式视电阻率拟断面图；d. MT 二维反演图；e. 解译结果重力 2.75D 模拟图；f. 磁化率断面图；g. 地质 - 地球物理综合解译图

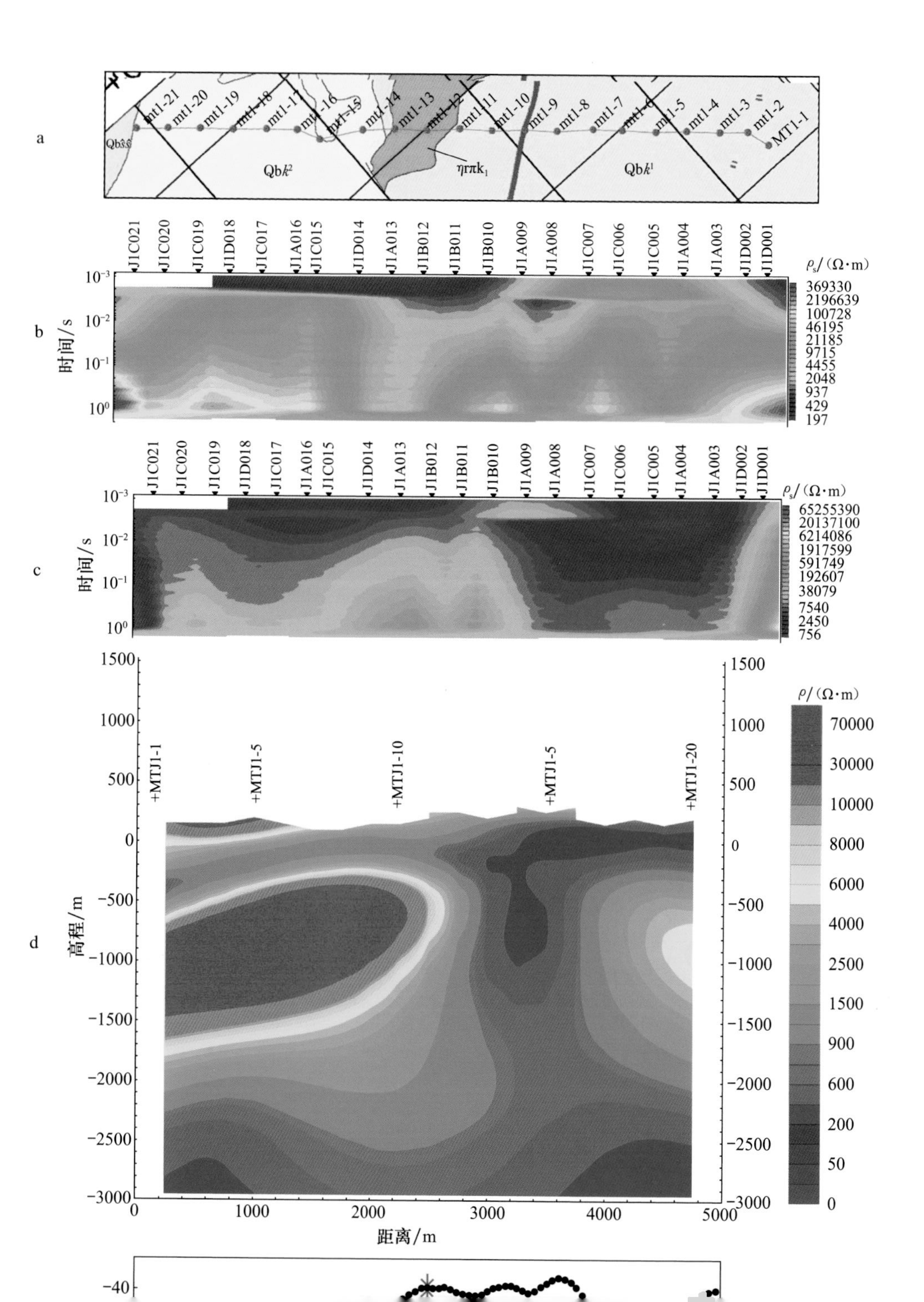

a
b
c
d
Qbk²
Qbk¹
ηrπk₁
MT1-1
时间/s
ρ_s/(Ω·m)
ρ/(Ω·m)
高程/m
距离/m
+MTJ1-1
+MTJ1-5
+MTJ1-10
+MTJ1-20

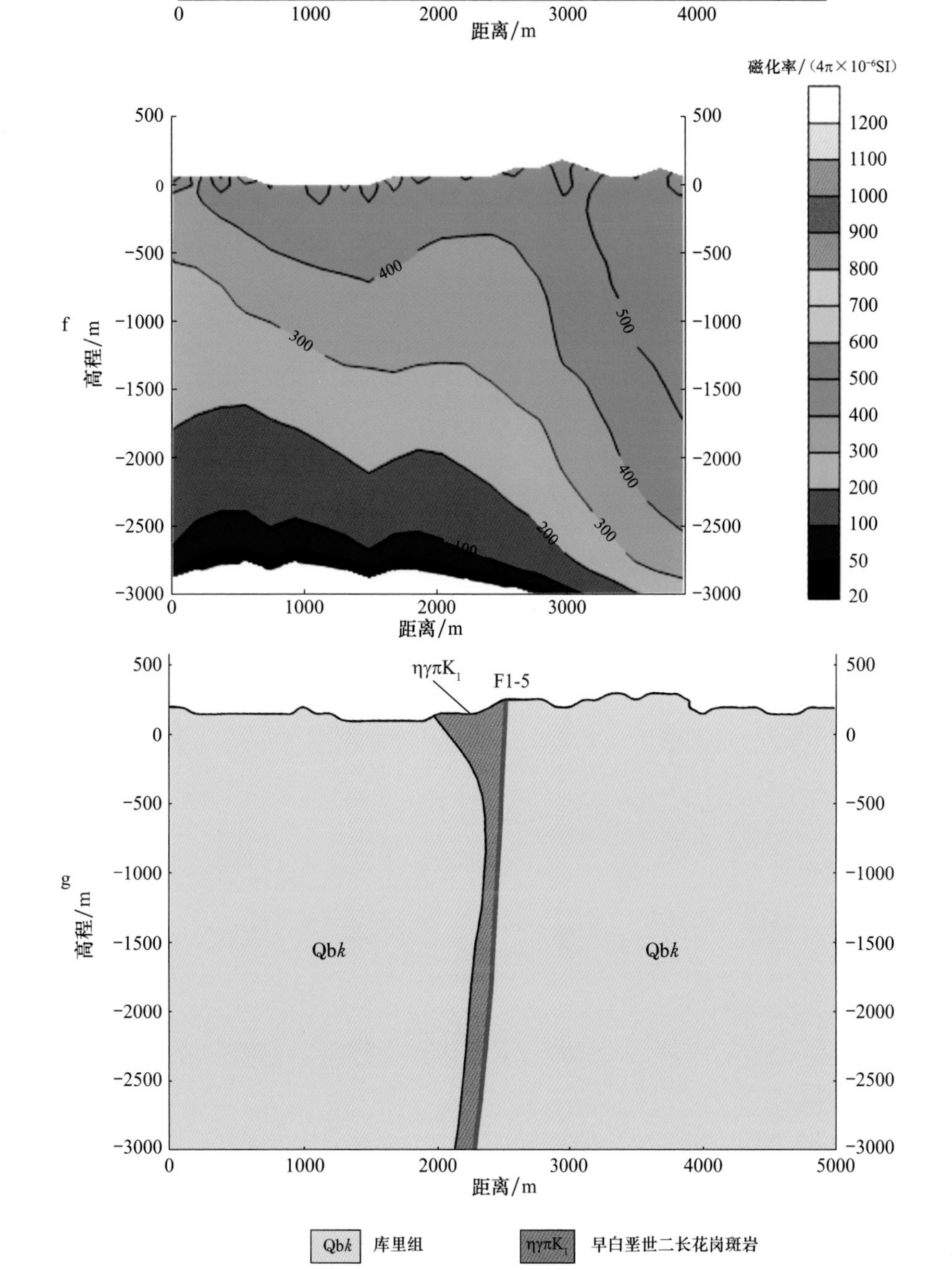

图 5-49　相山地区 MT-J1 地质、地球物理与综合解译图

a. 地表地质图；b. TE 模式视电阻率拟断面图；c. TM 模式视电阻率拟断面图；d. MT 二维反演图；e. 解译结果重力 2.75D 模拟图；f. 磁化率断面图；g. 地质 - 地球物理综合解译图

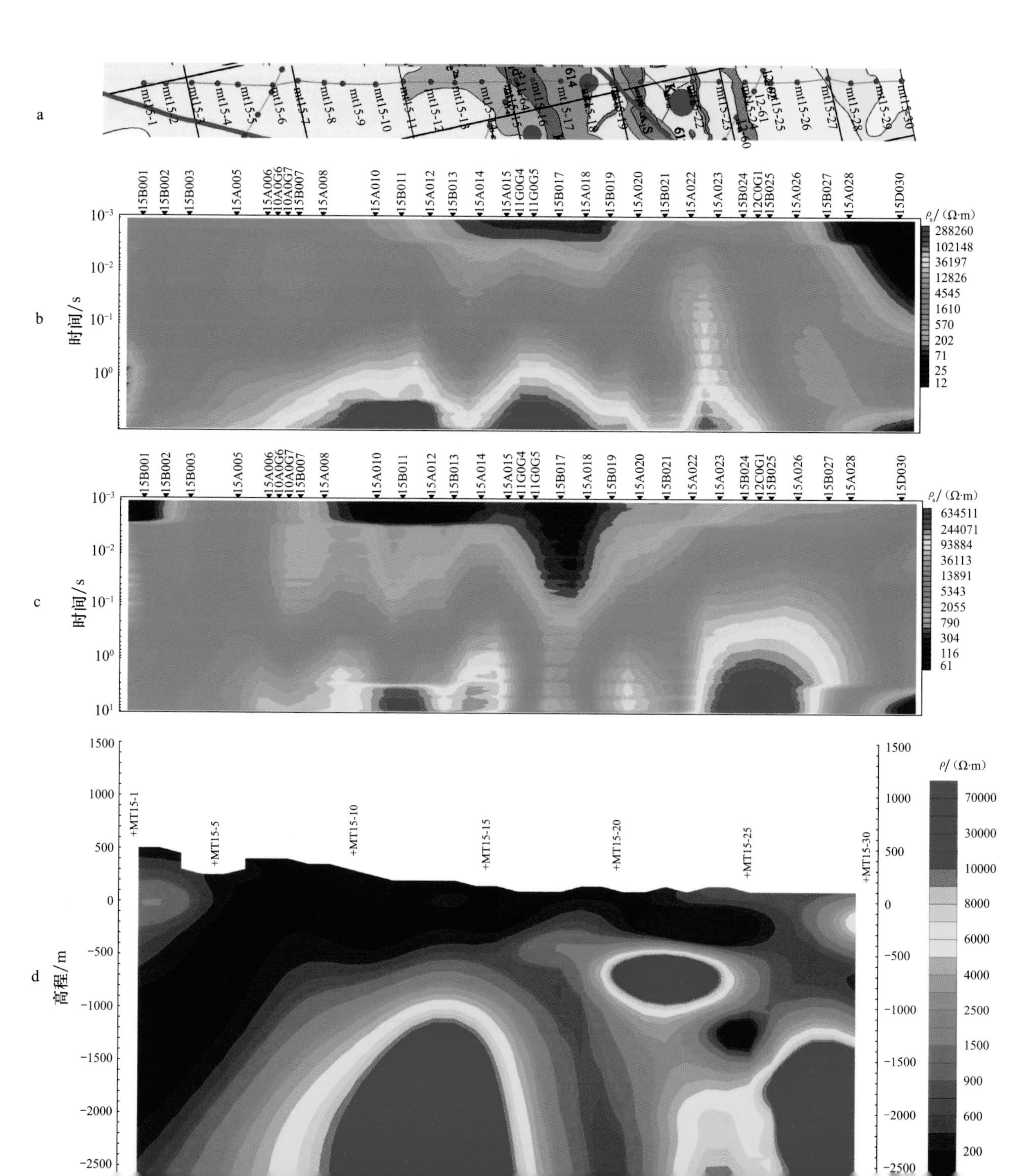
a
b
c
d
时间/s
高程/m
ρ_s/（Ω·m）
ρ/（Ω·m）
288260
102148
36197
12826
4545
1610
570
202
71
25
12
634511
244071
93884
36113
13891
5343
2055
790
304
116
61
70000
30000
10000
8000
6000
4000
2500
1500
900
600
200
+MT15-1
+MT15-5
+MT15-10
+MT15-15
+MT15-20
+MT15-25
+MT15-30

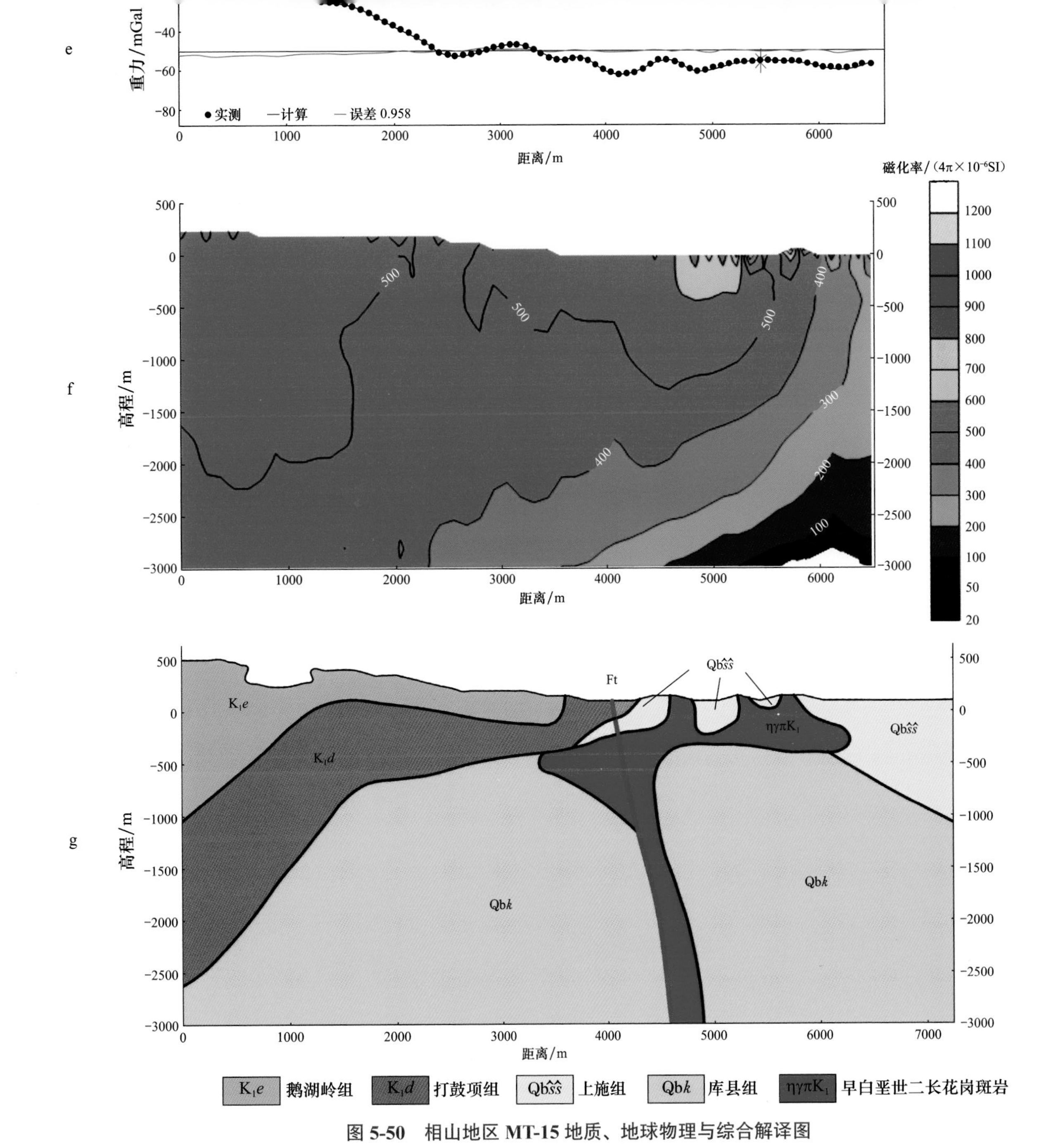

图 5-50 相山地区 MT-15 地质、地球物理与综合解译图

a. 地表地质图；b. TE 模式视电阻率拟断面图；c. TM 模式视电阻率拟断面图；d. MT 二维反演图；e. 解译结果重力 2.75D 模拟图；f. 磁化率断面图；g. 地质 - 地球物理综合解译图

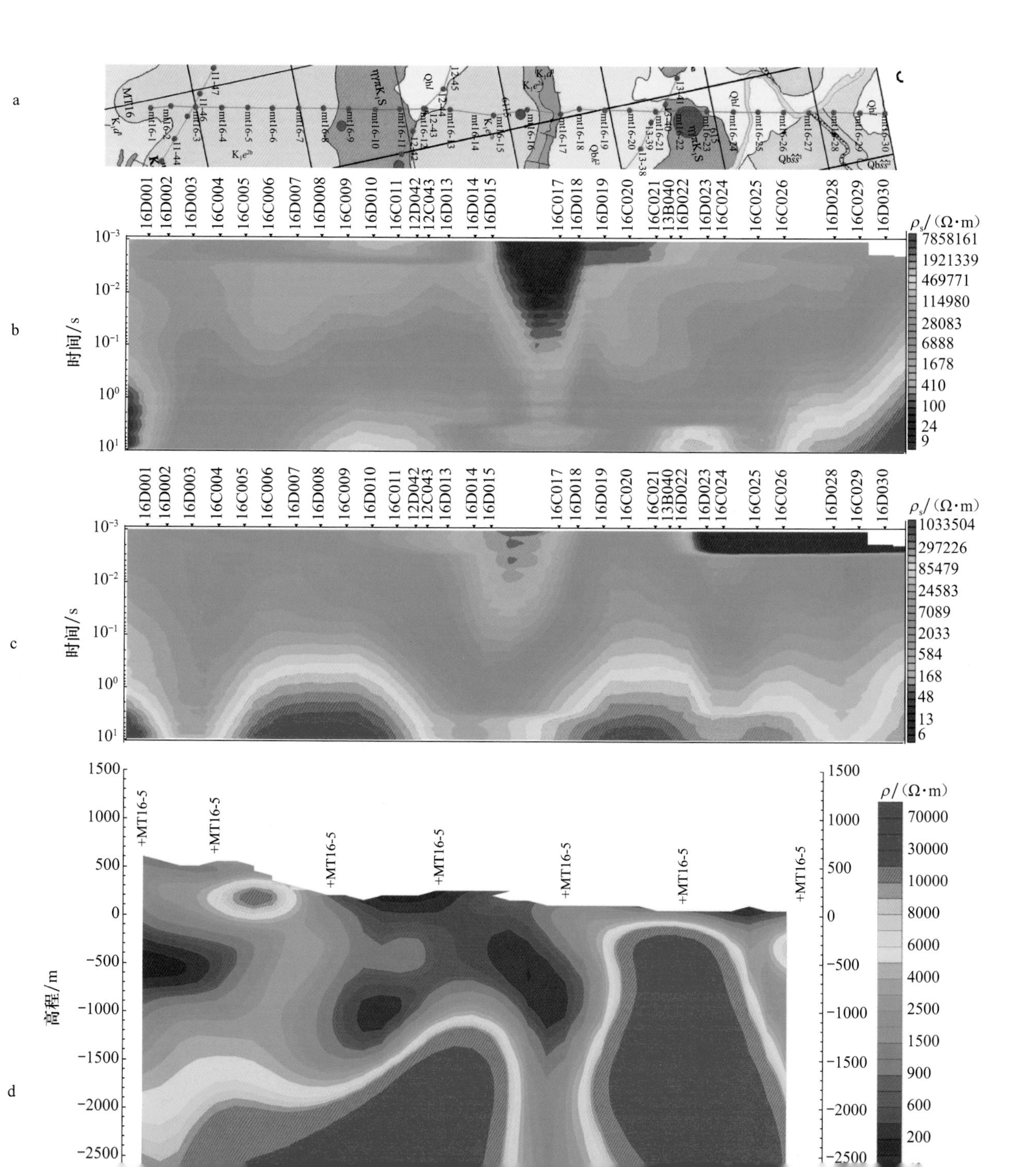

a
b
c
d
16D001
16D002
16D003
16C004
16C005
16C006
16D007
16D008
16C009
16D010
16C011
12D042
12C043
16D013
16D014
16D015
16C017
16D018
16D019
16C020
16C021
13B040
16D022
16D023
16C024
16C025
16C026
16D028
16C029
16D030
时间/s
ρ_s/（Ω·m）
7858161
1921339
469771
114980
28083
6888
1678
410
100
24
9
1033504
297226
85479
24583
7089
2033
584
168
48
13
6
高程/m
+MT16-5
ρ/（Ω·m）
70000
30000
10000
8000
6000
4000
2500
1500
900
600
200

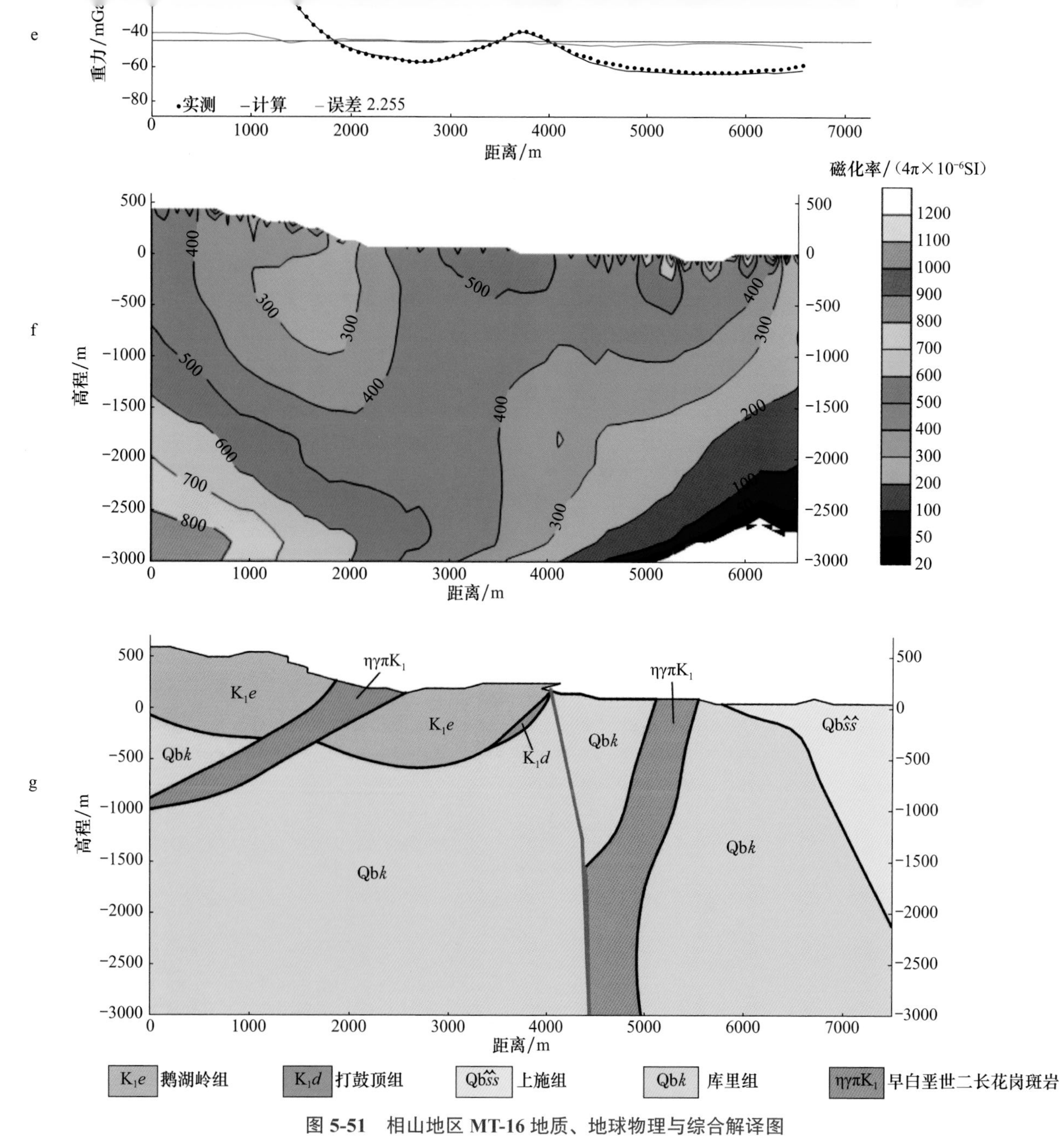

图 5-51 相山地区 MT-16 地质、地球物理与综合解译图

a. 地表地质图；b. TE 模式视电阻率拟断面图；c. TM 模式视电阻率拟断面图；d. MT 二维反演图；e. 解译结果重力 2.75D 模拟图；f. 磁化率断面图；g. 地质 - 地球物理综合解译图

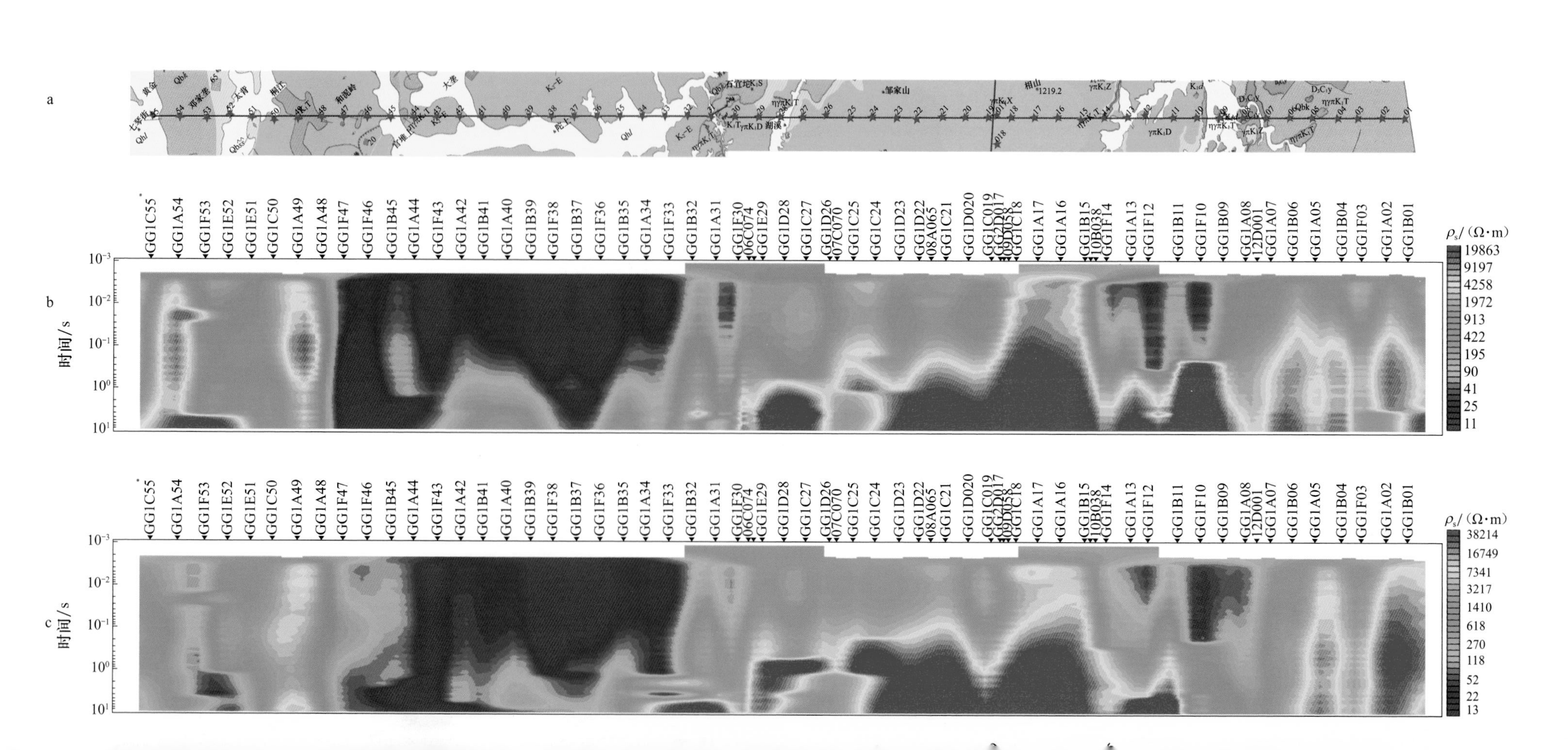

a
b
c
时间/s
10⁻³
10⁻²
10⁻¹
10⁰
10¹
ρs/(Ω·m)
19863
9197
4258
1972
913
422
195
90
41
25
11
38214
16749
7341
3217
1410
618
270
118
52
22
13
GG1C55
GG1A54
GG1F53
GG1E52
GG1E51
GG1C50
GG1A49
GG1A48
GG1F47
GG1F46
GG1B45
GG1A44
GG1F43
GG1A42
GG1B41
GG1A40
GG1B39
GG1F38
GG1B37
GG1F36
GG1B35
GG1A34
GG1F33
GG1B32
GG1A31
GG1F30
06C074
GG1E29
GG1D28
GG1C27
GG1D26
07C070
GG1C25
GG1C24
GG1D23
GG1D22
08A065
GG1C21
GG1D020
GG1C019
GG2D017
09D058
GG1C18
GG1A17
GG1A16
GG1B15
10B038
GG1F14
GG1A13
GG1F12
GG1B11
GG1F10
GG1B09
GG1A08
12D001
GG1A07
GG1B06
GG1A05
GG1B04
GG1F03
GG1A02
GG1B01
邹家山
相山
1219.2
湖溪

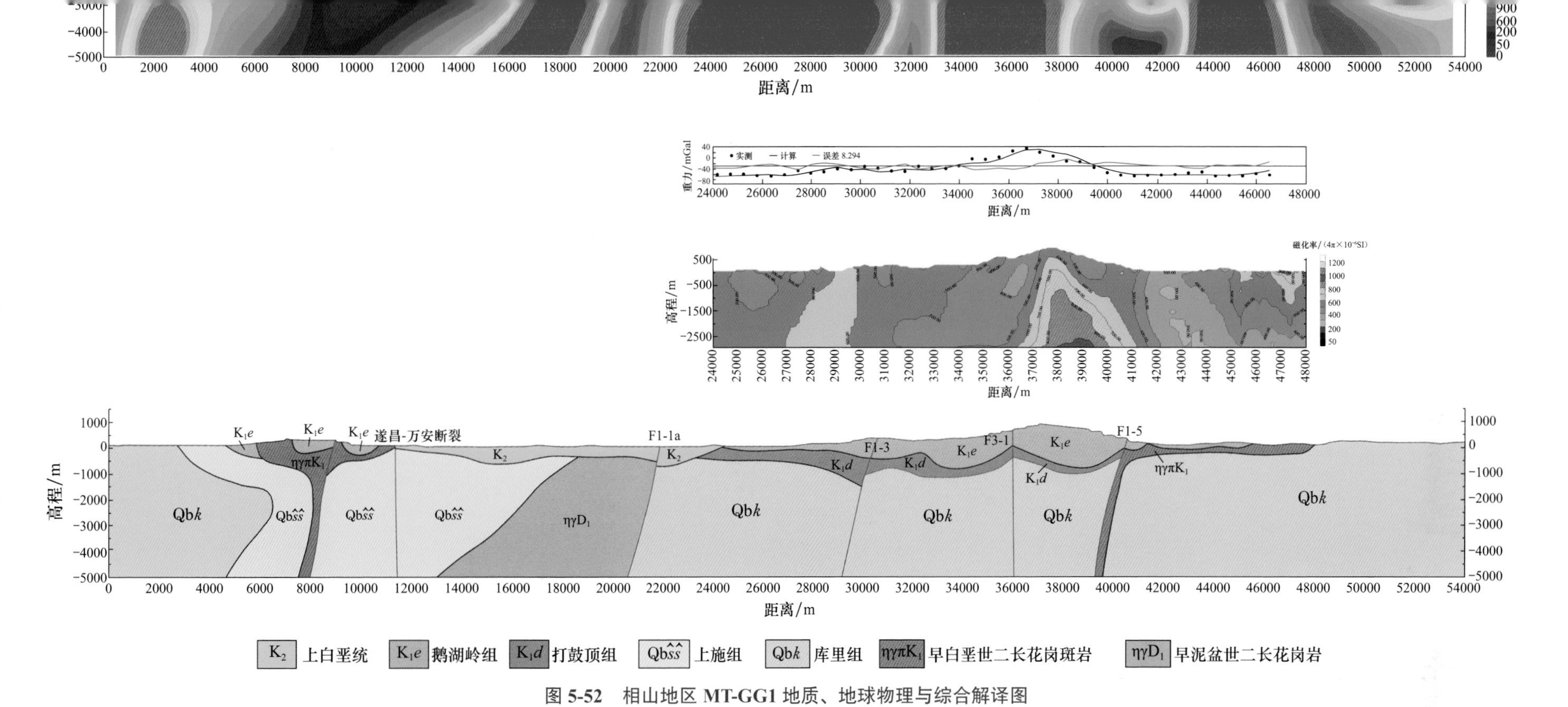

图 5-52　相山地区 MT-GG1 地质、地球物理与综合解译图

a. 地表地质图；b. TE 模式视电阻率拟断面图；c. TM 模式视电阻率拟断面图；d. MT 二维反演图；e. 解译结果重力 2.75D 模拟图；f. 磁化率断面图；g. 地质 - 地球物理综合解译图

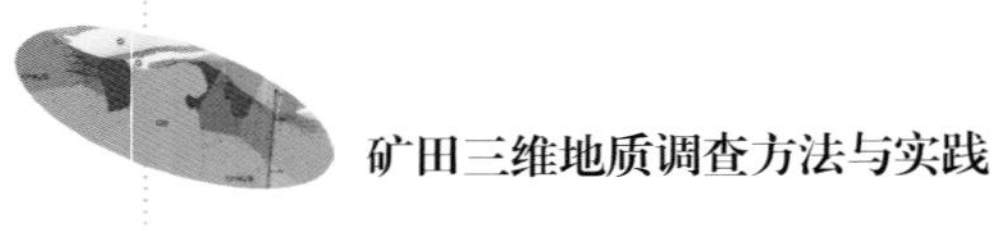

测点，地表出露早泥盆世二长花岗岩；MTGG2-30～MTGG2-27 测点，地表出露基底库里组变质岩；MTGG2-27～MTGG2-10 测点为相山火山盆地范围，地表出露鹅湖岭组、打鼓顶组火山岩和早白垩世花岗斑岩；MTGG2-10 测点以北，地表主要出露基底库里组和上施组变质岩，其中 MTGG2-9 测点一带地表出露一些早白垩世花岗斑岩脉。

在 MT 反演图上（图 5-53），−800m 以下的深部，存在一系列高 - 偏高阻地质体。其中 MTGG2-31～MTGG2-20 测点，在重力上表现为低密度，结合地表填图和地质体延伸趋势，解释为早泥盆世花岗岩；其他高 - 偏高阻地质体鉴于重力二维剖面反演、地面地质填图和相山科学钻探结果，解释为库里组一段变质岩（以石英片岩类为主）；MTGG2-31～MTGG2-21 测点、−4000m 以下的低 - 偏高阻地质体，鉴于物性特征和地面填图结果的延伸分析，以及相应位置横向 MT 测线综合地质 - 地球物理解译结果，该地质体解释为上施组变质岩；从地表的 MTGG2-10 测点到 −5000m 标高的 MTGG2-3 测点，向北倾伏的低 - 偏高阻地质体，依据地表地质填图和重力上高密度的特点，解释为上施组变质岩；显然，该主干测线方位与基底复背斜轴部方位交角相对小些，可能更多的是反映基底复背斜的倾伏特征。

在相山火山盆地范围内，特别是 MTGG2-21～MTGG2-11 测点，从 −800m 标高至地表处的偏高 - 高阻（部分地段可能受地表水系和构造等因素影响，电阻率偏低）地质体，鉴于物性特征分析和地表地质填图、一些勘探工程揭露结果，解释为鹅湖岭组火山岩（主体为碎斑熔岩）；在鹅湖岭组火山岩与基底变质岩之间，存在低 - 偏低阻的不整合界面和打鼓顶组火山岩（以流纹英安岩为主）。在 MTGG2-14～MTGG2-11 测点 600m 标高左右，较连续的低阻异常带被解释为层状构造破碎带，有早白垩世花岗斑岩顺之侵入。

地表 MTGG2-17～MTGG2-15 测点、深部 MTGG2-16～MTGG2-14 测点，陡立的低阻异常带被解释为鹅湖岭组通道相（火山颈相）。受长期的构造活动和热液蚀变作用影响，通道相的鹅湖岭组火山岩电阻率可能被降低。

二、CSAMT 剖面解译结果

在邹家山 - 居隆庵铀矿重点勘查区，布置了 14 条北西 - 南东向 CSAMT 剖面，测线间距 500m，点距 50m，测深 2000m，单条剖面长 4500m。根据物性参数、钻孔特征和地表地质情况，剖面解译如下。

1. CSAMT-L1 地质 - 地球物理综合解译

L1 线地表北西段出露打鼓顶组，南东段为鹅湖岭组，有两条北东向断裂穿过。CSAMT 二维反演电阻率断面图显示出三层结构，中间出现一个连续延伸的低阻带，在北西段出露地表（图 5-54）。在水平距 950～3000m，标高 −90～440m 处有一中高阻异常带，结合相山地区岩石物性参数及地质资料推测为碎斑熔岩；在剖面 0～3000m，标高 −480～20m 处有一低阻异常带，为流纹英安岩；在剖面 0～3000m、标高 −2000～−480m 处为中高、高阻带，推测为青白口系变质岩。在剖面 2450m 附近有一条陡倾的电阻率变异带，推测为邹家山 - 石洞断裂构造带的反映。

2. CSAMT-L2 地质 - 地球物理综合解译

L2 线地表出露情况与 L1 线相同，剖面也具三层结构（图 5-55）。在剖面水平距 1050～2800m，标高 −190～360m 处有一中高阻异常带，为碎斑熔岩；在剖面 0～2900m，标高 −560～160m 处为一低阻异常带，从北西段出露地表以及其物性参数可划定为流纹英安岩层；在剖面 0～2900m，标高 −2000～30m 处为中高、高阻带，推测为青白口系变质岩。在剖面 2750m 附近有一条上部向西倾大约 80°、下部陡立的电阻率变异带，解译为邹家山 - 石洞断裂构造带。

3. CSAMT-L3 地质 - 地球物理综合解译

L3 线地表出露情况和 CSAMT 二维反演电阻率断面图与 L1 线类似，但中间低阻层向南东倾斜更明显（图 5-56）。在剖面 1400～4500m，标高 −430～380m 处的中高阻异常带为碎斑熔岩；剖面 0～4500m，标高 −800～250m 处的低阻异常带是流纹英安岩，北西段出露地表；在剖面 0～4500m，标高 −2000～

-100m 处中高阻带推测为青白口系变质岩。在剖面 2750m 附近有一条向西倾，倾角大约 80°的电阻率变异带，结合该区地质资料推测为平顶山断裂构造带。在剖面 3190m 附近有一条陡立的电阻率变异带，为邹家山 - 石洞断裂构造带；在剖面 3870m 附近有一条陡立的电阻率变异带，结合地质资料推测为如意亭 - 凤山断裂构造带。

4. CSAMT-L4 地质 - 地球物理综合解译

L4 线地表出露情况和 CSAMT 二维反演电阻率断面图与 L3 线相同，差别是中间低阻带产状变化大，在南东段出现下凹而埋深大（图 5-57）。在剖面 810～4500m，标高 -920～380m 处为中高阻异常带，解译为碎斑熔岩；在剖面 0～4500m，标高 -1250～280m 处有一低阻异常带，推测为流纹英安岩，起伏较大；在剖面 0～4500m，标高 -1700～-170m 处为中高阻带，推测为青白口系变质岩。在剖面 2350m 附近有一条向东倾，倾角大约 80°的电阻率变异带，推测为平顶山断裂构造带；在剖面 3050m 附近有一条向东倾，倾角大约 75°的电阻率变异带，为邹家山 - 石洞断裂构造带；在剖面 3900m 附近有一条陡立的电阻率变异带，推测为如意亭 - 凤山断裂构造带。

5. CSAMT-L5 地质 - 地球物理综合解译

L5 线地表出露岩石主要为鹅湖岭组碎斑熔岩，北西段出露打鼓顶组流纹英安岩。在 CSAMT 二维反演电阻率断面图上，表现为三层结构，从上往下为中高阻、低阻和中高阻（图 5-58）。在地面水平距 720～4500m，标高 -430～510m 处有一次高阻异常带，结合地表出露岩石和物性参数解译为碎斑熔岩；在剖面 0～4500m，标高 -720～300m 处有一低阻异常带，推测为流纹英安岩；标高 -300m 以下为次高阻带，解译为青白口系变质岩。

在剖面 2650m 和 3200m 附近各有一条向西陡倾，倾角大约 80°的电阻率变异带，结合区域地质资料推测此处可能为邹家山 - 石洞断裂构造带；在剖面 4350m 附近有一条陡立的电阻率变异带，解译为如意亭 - 凤山断裂构造带。

该测线上的三个钻孔 ZK39-10、ZK39-12 和 ZK83-7 揭示的流纹英安岩与碎斑熔岩的界面分别在 757m、768m 和 884m 处，与 CSAMT 二维电阻率反演剖面中的电阻率分界线完全一致。钻孔 ZK39-10 和 ZK39-12 所揭示的流纹英安岩与基底变质岩的界面也与 CSAMT 划分的界面位置比较吻合。

6. CSAMT-L6 地质 - 地球物理综合解译

L6 线地表岩石主要为鹅湖岭组，北西段出露少量打鼓顶组。在 CSAMT 二维反演电阻率断面图上，北西段为三层结构，南东段因缺失低阻层而显示两层结构，之间推测为邹家山 - 石洞断裂（图 5-59）。在剖面 600～4500m 处的中高阻盖层，由西向东深度变大，最深处为 -750m，推断为碎斑熔岩；在剖面 0～2600m，标高 230～-700m 处有一低阻异常带，由西向东逐渐变深，推测为流纹英安岩；整个剖面标高 -700m 以下为中高阻，结合相山地区岩石物性参数和地质资料推断为青白口系变质岩。

在剖面 850m 附近有一明显向东倾，倾角约 80°的视电阻率变异带，推测为平顶山断裂；在剖面 2600m 附近有一明显上段向西倾，倾角约 80°逐渐变陡至下段向东倾，倾角约 85°的视电阻率变异带，且此处中高阻盖层较浅，为邹家山 - 石洞断裂带；在剖面 3700m 附近有一条向西倾，倾角约 70°的视电阻率变异带，解译为如意亭 - 凤山断裂。

7. CSAMT-L7 地质 - 地球物理综合解译

L7 线地表出露岩石全部为鹅湖岭组碎斑熔岩。CSAMT 二维反演电阻率断面图上，以邹家山 - 石洞断裂为界，北西段呈现出三层结构，南东段为两层结构（图 5-60）。北西段顶层中高阻为碎斑熔岩，中部低阻层为流纹英安岩，下部高阻推测为青白口系变质岩；在剖面 0～2400m 的北西角底部，标高 -1400m 以下出现极高阻异常带，从相山地区区域地质特征推断，有可能是南西侧晚古生代花岗岩的地下延伸部分。南东段上下层分别为碎斑熔岩和青白口系变质岩，中间缺失打鼓顶组。该测线上的钻孔 ZK88-33、ZK406-1 所揭示的鹅湖岭组、打鼓顶组和基底变质岩的界面位置与 CSAMT 所探测的结果吻合程度较好。

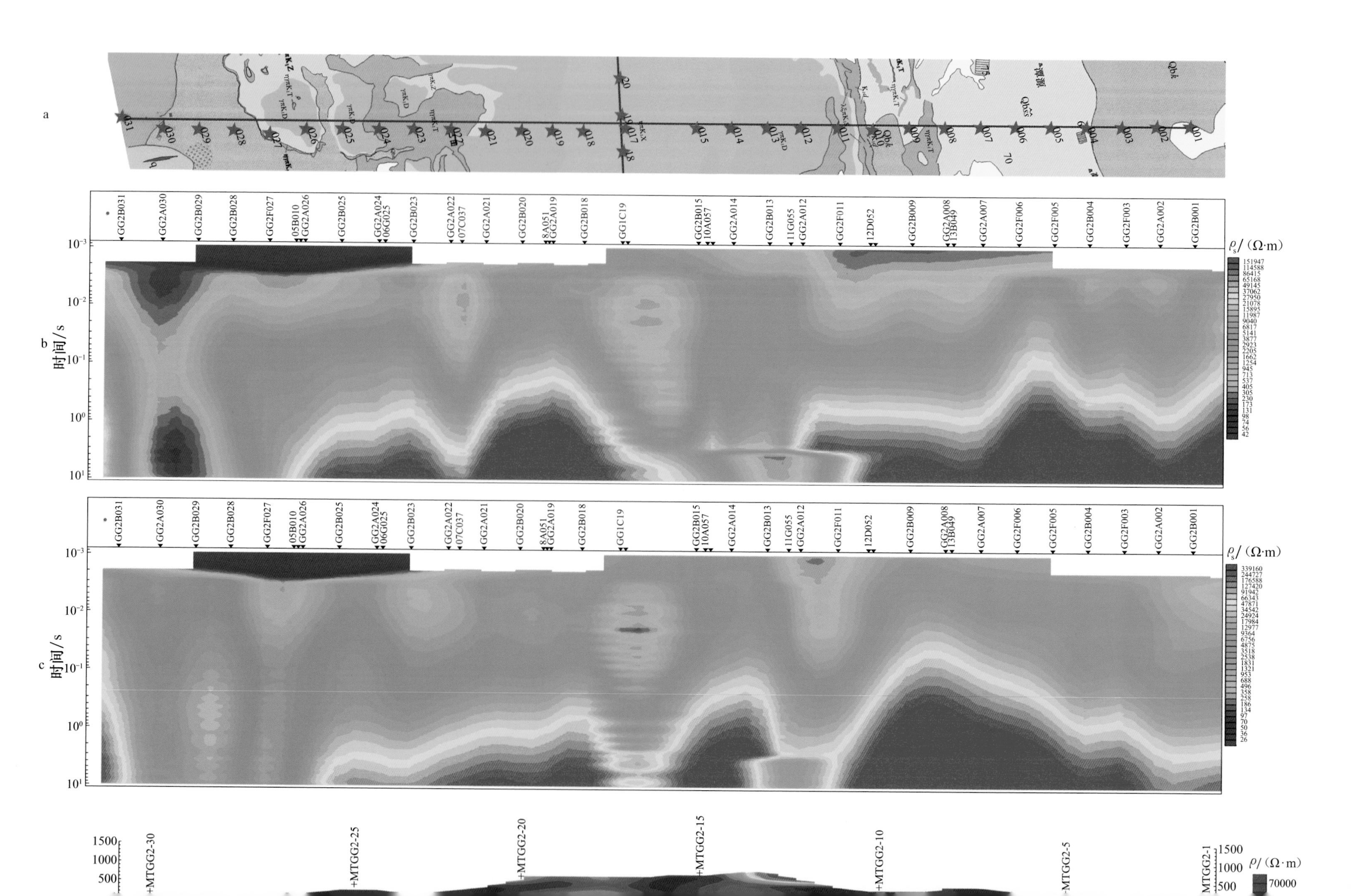

a
b
c
时间/s
ρ_s/（Ω·m）
ρ/（Ω·m）
GG2B031
GG2A030
GG2B029
GG2B028
GG2F027
05B010
GG2A026
GG2B025
GG2A024
06G025
GG2B023
GG2A022
07C037
GG2A021
GG2B020
8A051
GG2A019
GG2B018
GG1C19
GG2B015
10A057
GG2A014
GG2B013
11G055
GG2A012
GG2F011
12D052
GG2B009
GG2A008
13B049
GG2A007
GG2F006
GG2F005
GG2B004
GG2F003
GG2A002
GG2B001
+MTGG2-30
+MTGG2-25
+MTGG2-20
+MTGG2-15
+MTGG2-10
-MTGG2-5
MTGG2-1
Qbk
Qbŝs
潭源

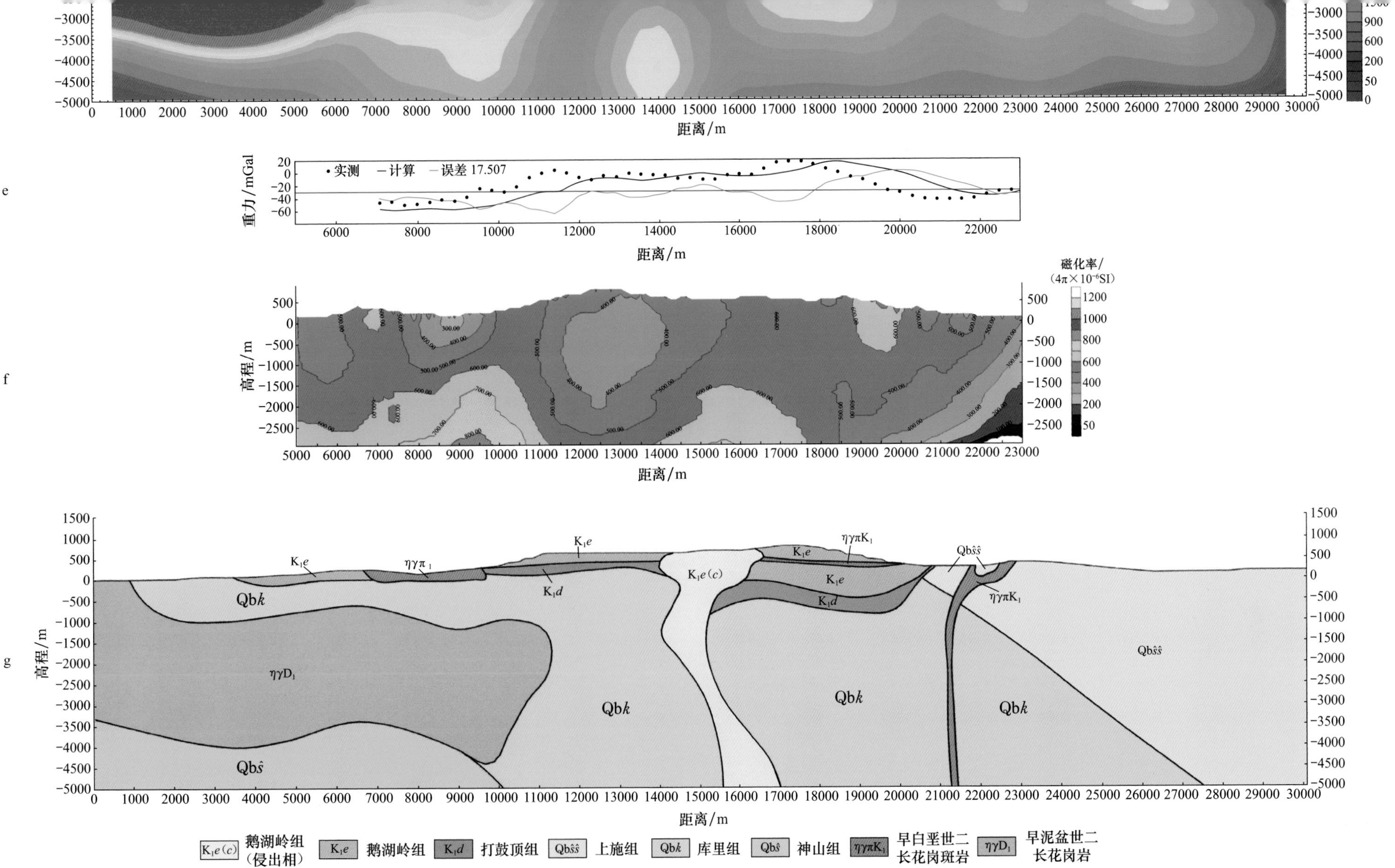

图 5-53　相山地区 MT-GG2 地质、地球物理与综合解译图

a. 地表地质图；b. TE 模式视电阻率拟断面图；c. TM 模式视电阻率拟断面图；d. MT 二维反演图；e. 解译结果重力 2.75D 模拟图；f. 磁化率断面图；g. 地质 - 地球物理综合解译图

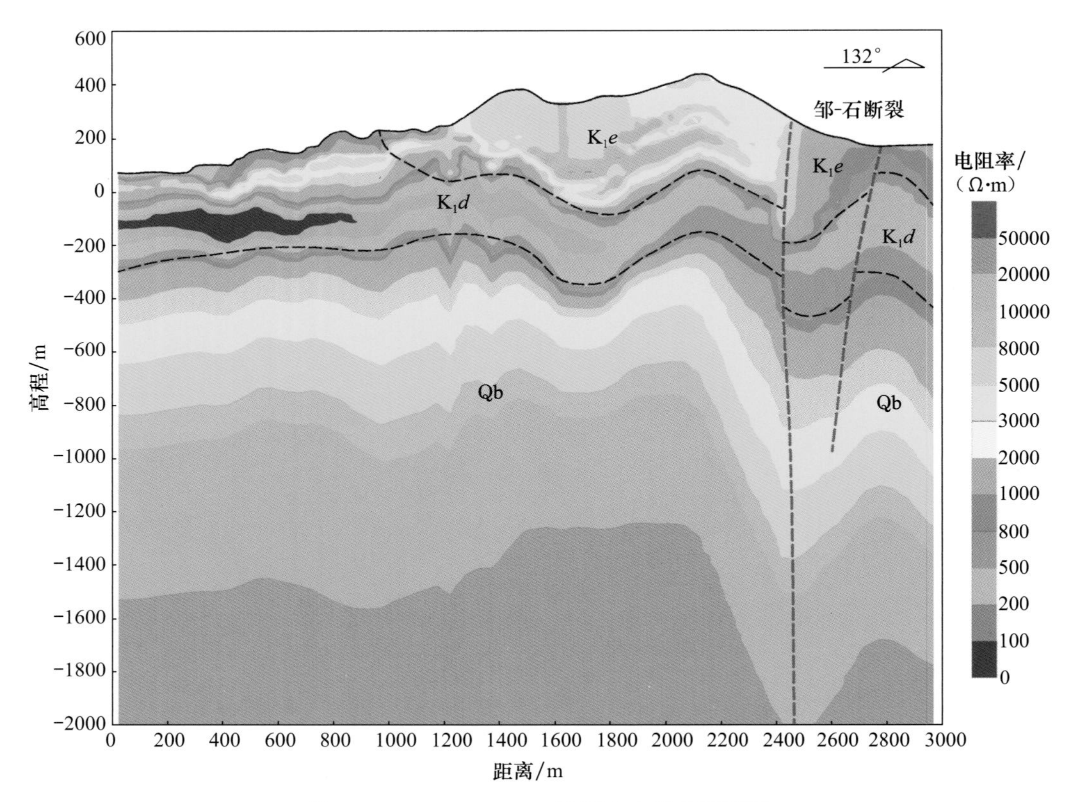

图 5-54　CSAMT-L1 二维反演电阻率断面图

Qb. 青白口系；K_1d. 打鼓顶组；K_1e. 鹅湖岭组；红色竖直虚线为解译的断层

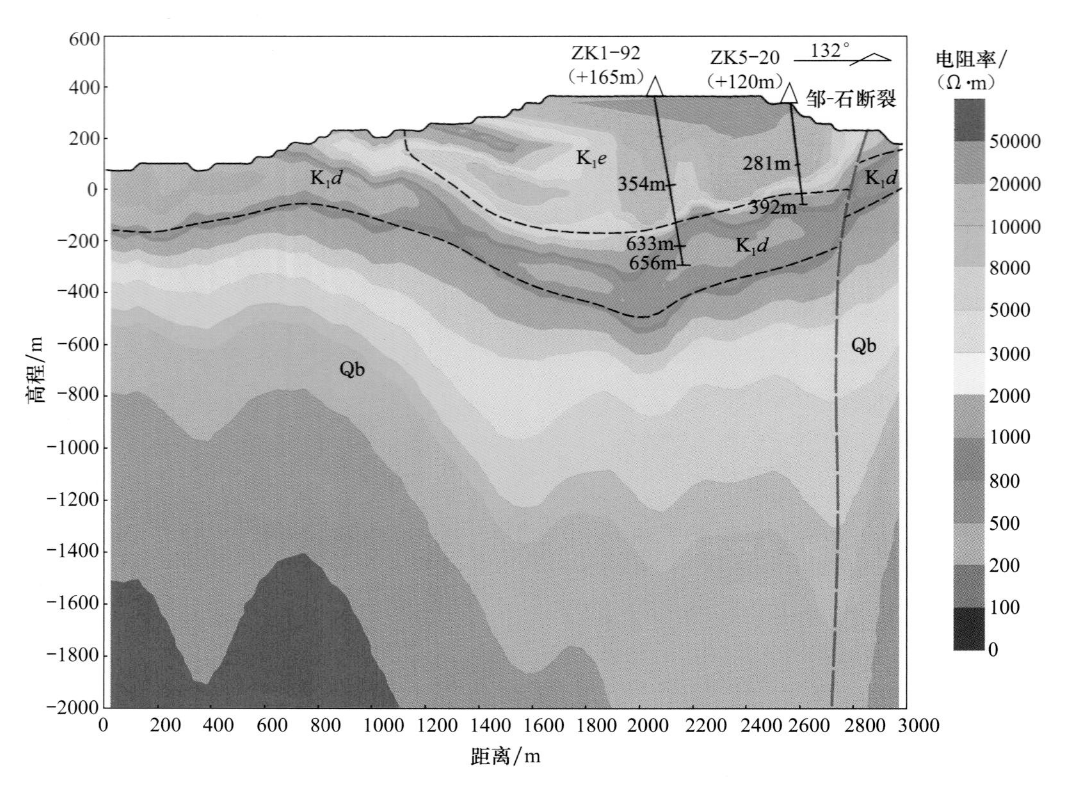

图 5-55　CSAMT-L2 二维反演电阻率断面图

Qb. 青白口系；K_1d. 打鼓顶组；K_1e. 鹅湖岭组；红色竖直虚线为断层；黑色竖直线为钻孔，其上方为钻孔编号及孔口标高

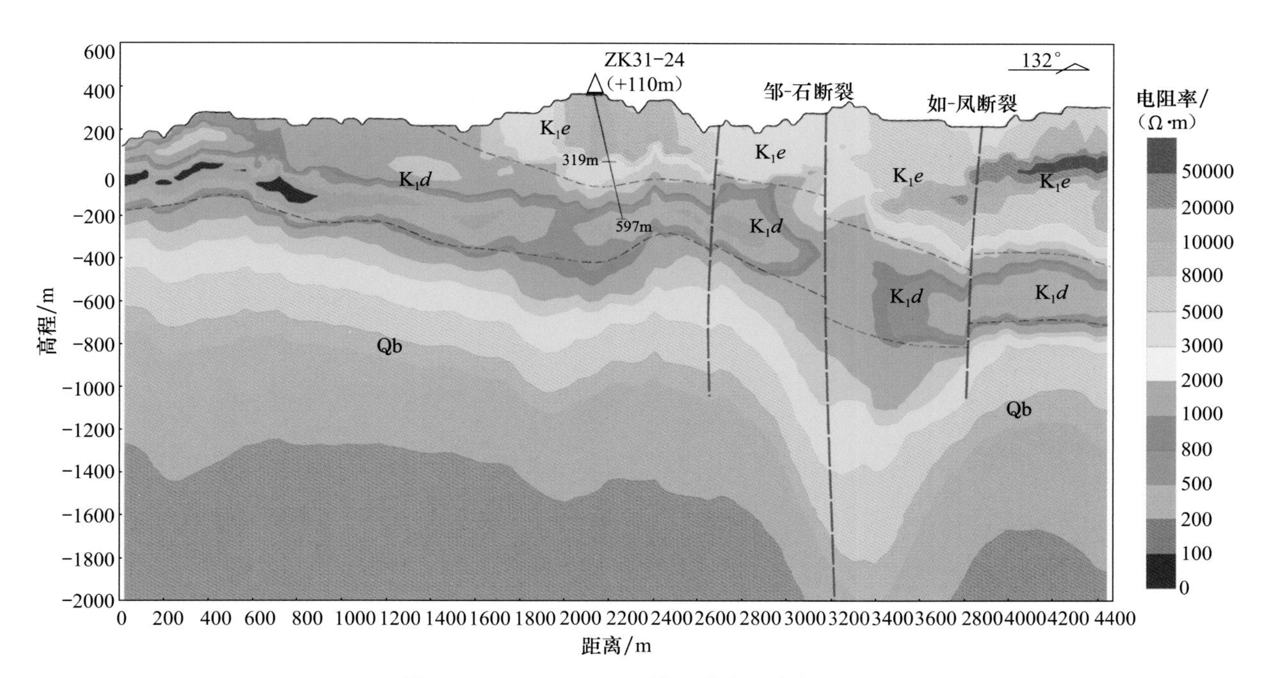

图 5-56 CSAMT-L3 二维反演电阻率断面图

Qb. 青白口系；K_1d. 打鼓顶组；K_1e. 鹅湖岭组；红色竖直虚线为断层；黑色竖直线为钻孔，其上方为钻孔编号及孔口标高

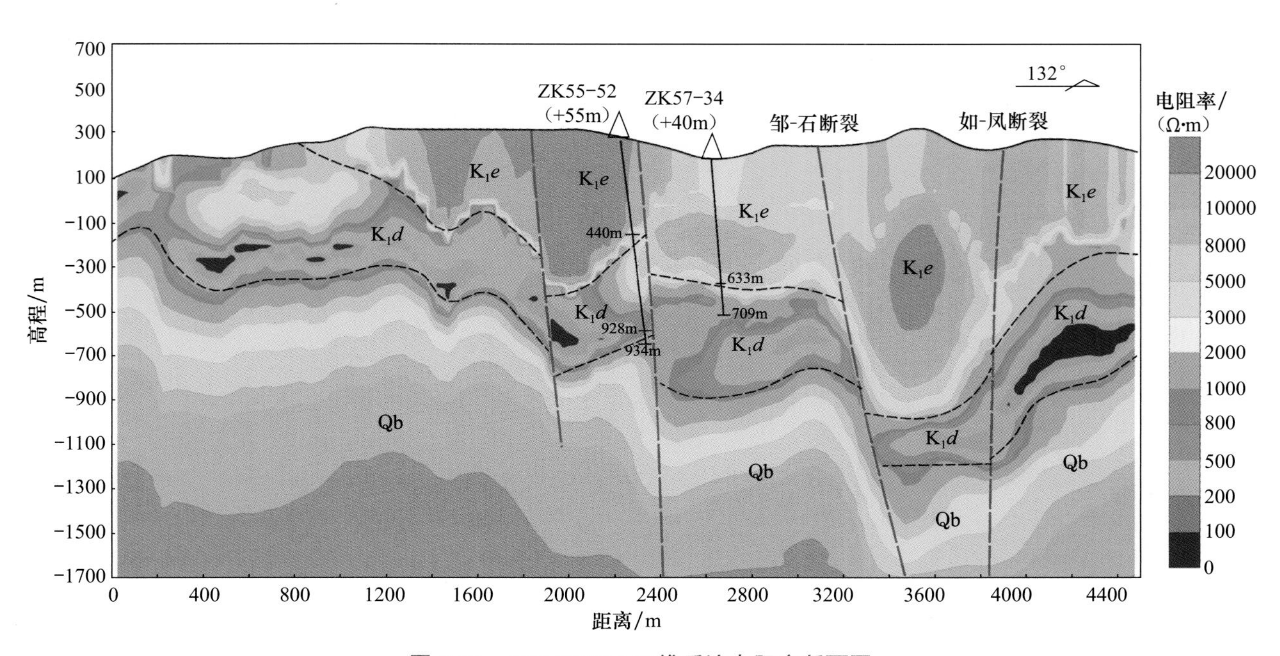

图 5-57 CSAMT-L4 二维反演电阻率断面图

Qb. 青白口系；K_1d. 打鼓顶组；K_1e. 鹅湖岭组；红色竖直虚线为断层；黑色竖直线为钻孔，其上方为钻孔编号及孔口标高

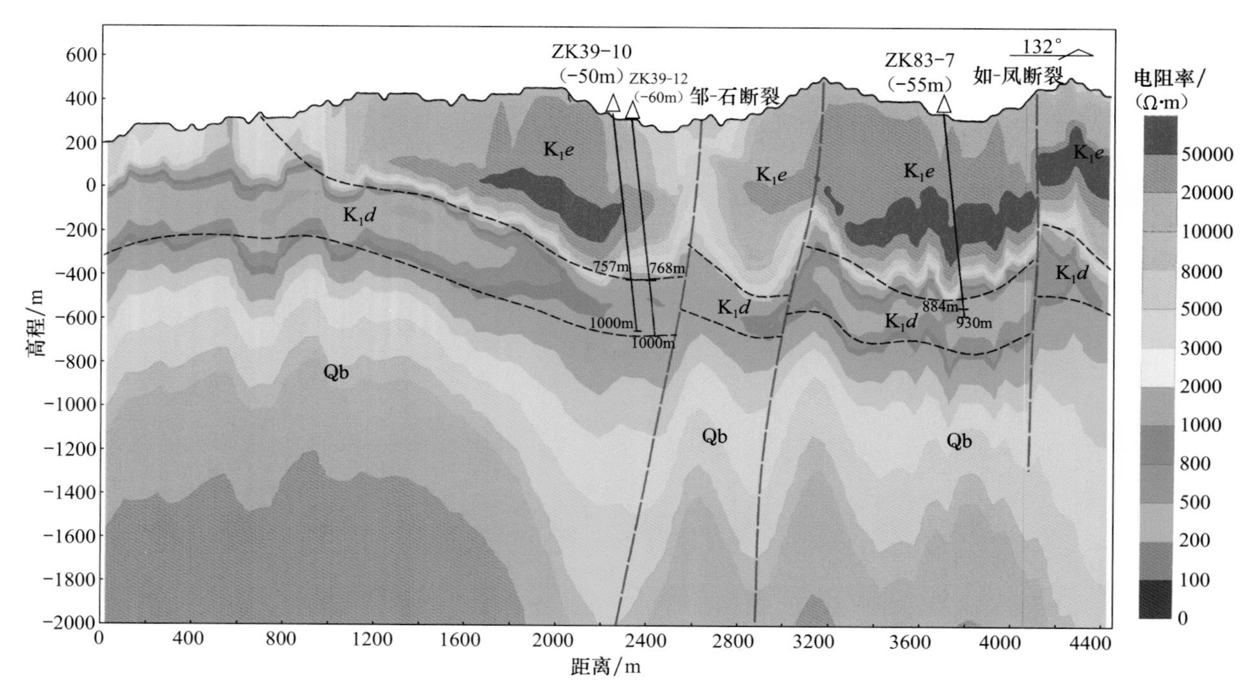

图 5-58 CSAMT-5 二维反演电阻率断面图

Qb. 青白口系；K_1d. 打鼓顶组；K_1e. 鹅湖岭组；红色竖直虚线为断层；黑色竖直线为钻孔，其上方为钻孔编号及孔口标高

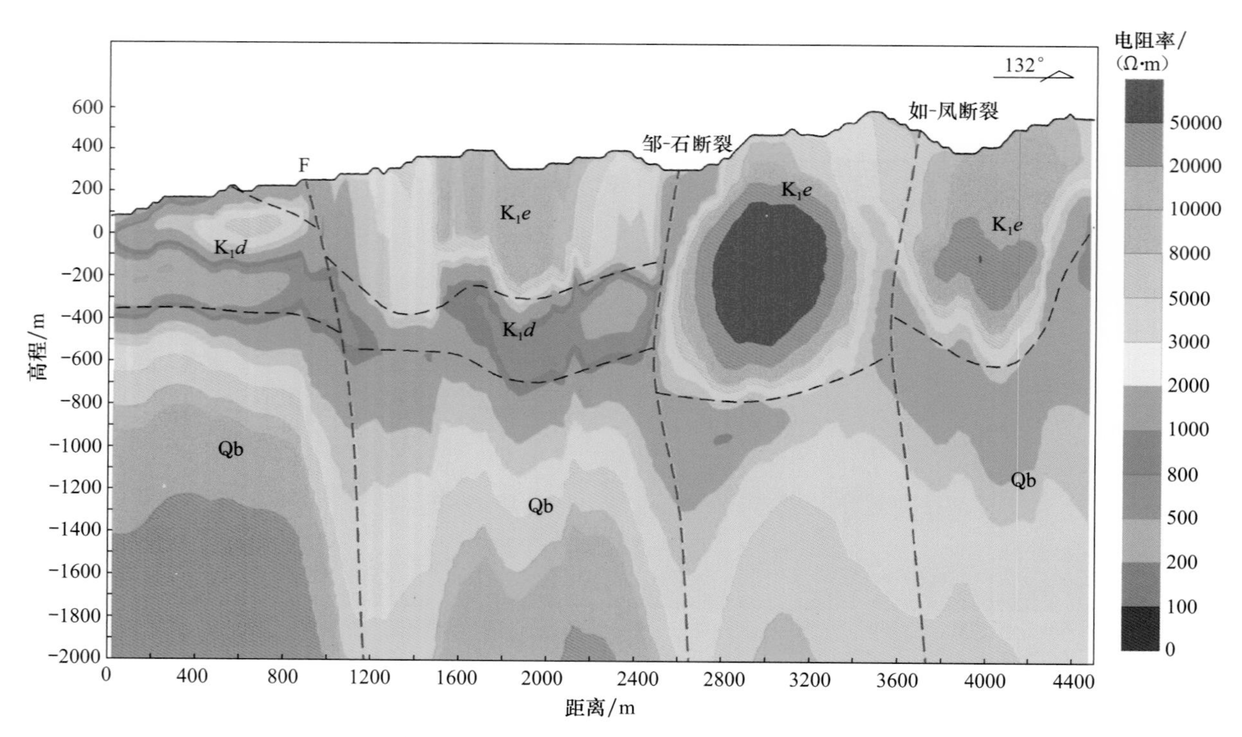

图 5-59 CSAMT-L6 二维反演电阻率断面图

Qb. 青白口系；K_1d. 打鼓顶组；K_1e. 鹅湖岭组；红色竖直线为断层

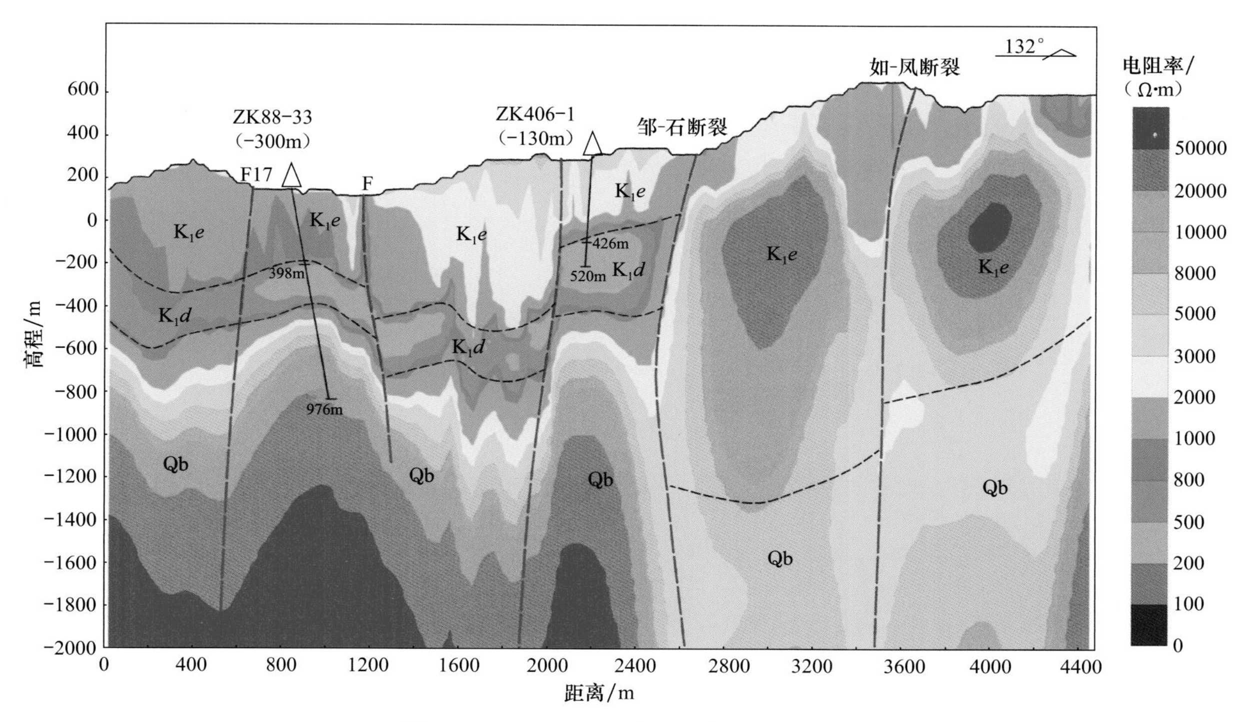

图 5-60 CSAMT-7 二维反演电阻率断面图

Qb. 青白口系；K_1d. 打鼓顶组；K_1e. 鹅湖岭组；红色竖直虚线为断层；黑色竖直线为钻孔，其上方为钻孔编号及孔口标高

在剖面 650m、1180m 附近分别有一条向西、向东倾，倾角约 80° 的视电阻率变异带，推测为居隆庵断裂、平顶山断裂；在剖面 2100m 附近有一条向西倾，倾角约 80° 的视电阻率变异带，2650m 附近有一明显上段向西倾，倾角约 80° 并逐渐变陡，至下段向东倾，倾角约 85° 的视电阻率变异带，这是邹家山－石洞断裂带的反映；在剖面 3650m 附近为如意亭－凤山断裂。邹家山－石洞断裂带南东盘下降幅度较大，垂直落差数百米。

8. CSAMT-L8 地质－地球物理综合解译

L8 线地表主要出露鹅湖岭组，CSAMT 二维反演电阻率断面图显示，低阻层分布范围变小（图 5-61）。整条剖面盖层为中高阻，最大深度在标高 -900m 处，圈定为碎斑熔岩；中部标高在 -300～-800m 处有一低阻带，推测是流纹英安岩的反映；在标高 -900m 以下为中高阻，解译为青白口系变质岩。在剖面 390m、1420m 附近有视电阻率变异带，推断为居隆庵 F13、F17 断裂构造；在剖面 2800m 附近有一上部明显向西倾，倾角约 80°，下部转为向东陡倾的视电阻率变异带，推断为邹家山－石洞断裂；在剖面 3500m、3790m 附近的视电阻率变异带，分别解译为平顶山断裂、如意亭－凤山断裂。

9. CSAMT-L9 地质－地球物理综合解译

L9 线地表出露鹅湖岭组，CSAMT 二维反演电阻率断面图也显示北西段三层结构，东南段两层结构（图 5-62）。该剖面盖层为中高阻，标高为 -900～300m，推测为碎斑熔岩；北西段标高 -800～0m 处有一低阻带，推测为流纹英安岩，在剖面 2700m 左右埋深较浅且被断层切割；标高 -800m 以下为中高阻，推测为青白口系变质岩。在剖面 1180m、2830m、3580m 附近有视电阻率变异带，向东倾，倾角为 70～85°，分别解译为居隆庵 F13 断裂、邹家山－石洞断裂、如意亭－凤山断裂，表现为正断层，尤以邹家山－石洞断裂明显。该测线上钻孔 ZK32-51 所揭示的鹅湖岭组、打鼓顶组、基底变质岩的界面位置与 CSAMT 所解译的结果吻合程度较好。

10. CSAMT-L10 地质－地球物理综合解译

L10 线地表出露鹅湖岭组，CSAMT 二维反演电阻率断面图显示三层剖面结构（图 5-63）。在剖面

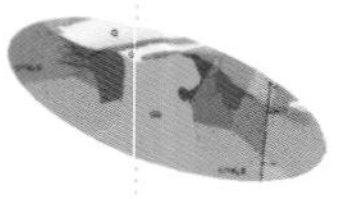

400～4500m 处的中高阻盖层，厚度 400～1000m，为碎斑熔岩；在标高 -600～50m 处断续分布低阻带，厚度不一，推断为流纹英安岩；整个剖面在标高 -500m 以下为中高阻，推测为青白口系变质岩。在剖面 400m、1500m、2500m、3600m 附近有视电阻率变异带，分别解译为居隆庵 F7 断裂、居隆庵 F13 断裂、邹家山－石洞断裂和如意亭－凤山断裂，倾角较陡、倾向多变，总体上表现为正断层，断距最大达近千米。

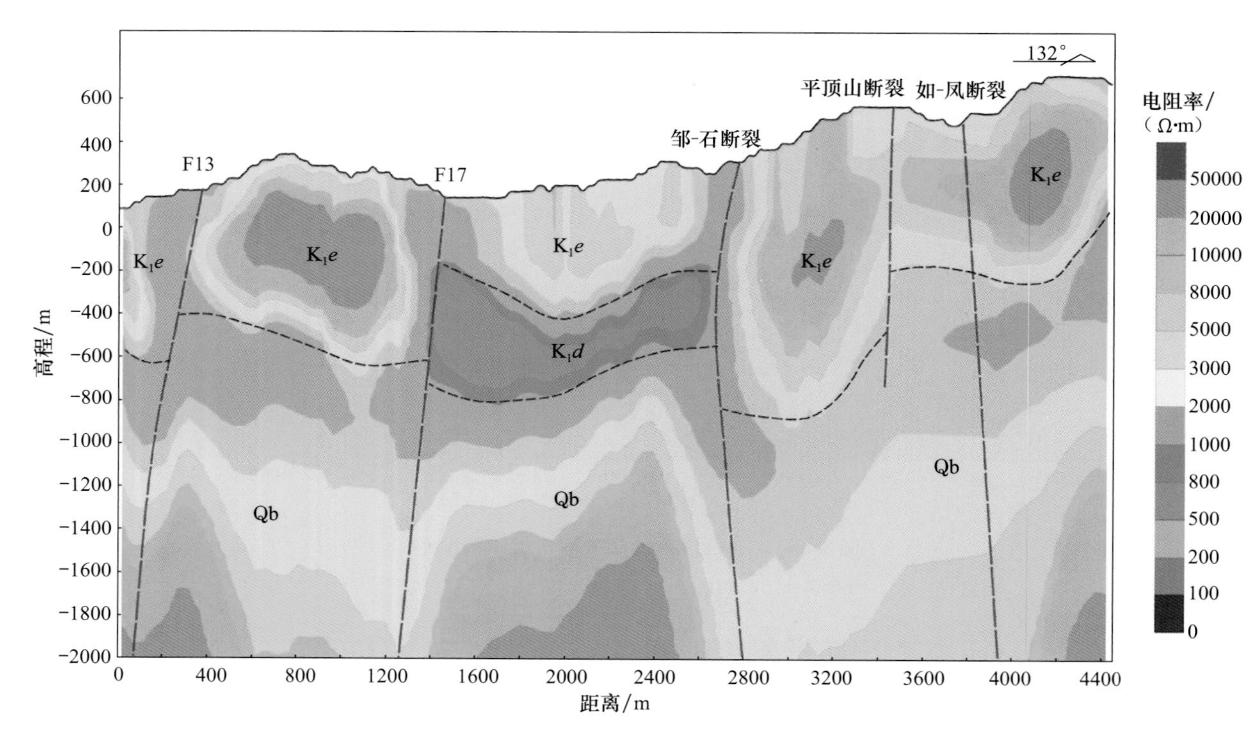

图 5-61　CSAMT-L8 二维反演电阻率断面图

Qb. 青白口系；K_1d. 打鼓顶组；K_1e. 鹅湖岭组；红色竖直虚线为断层

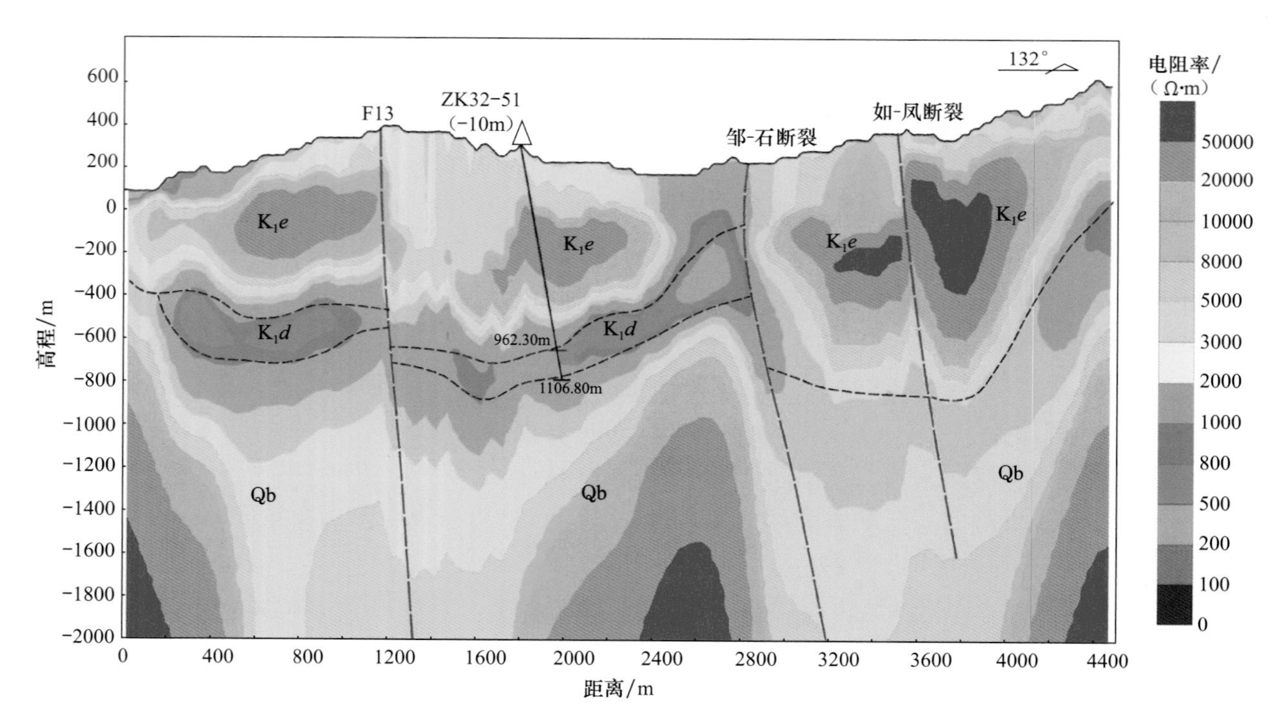

图 5-62　CSAMT-L9 二维反演电阻率断面图

Qb. 青白口系；K_1d. 打鼓顶组；K_1e. 鹅湖岭组；红色竖直虚线为断层；黑色竖直线为钻孔，其上方为钻孔编号及孔口标高

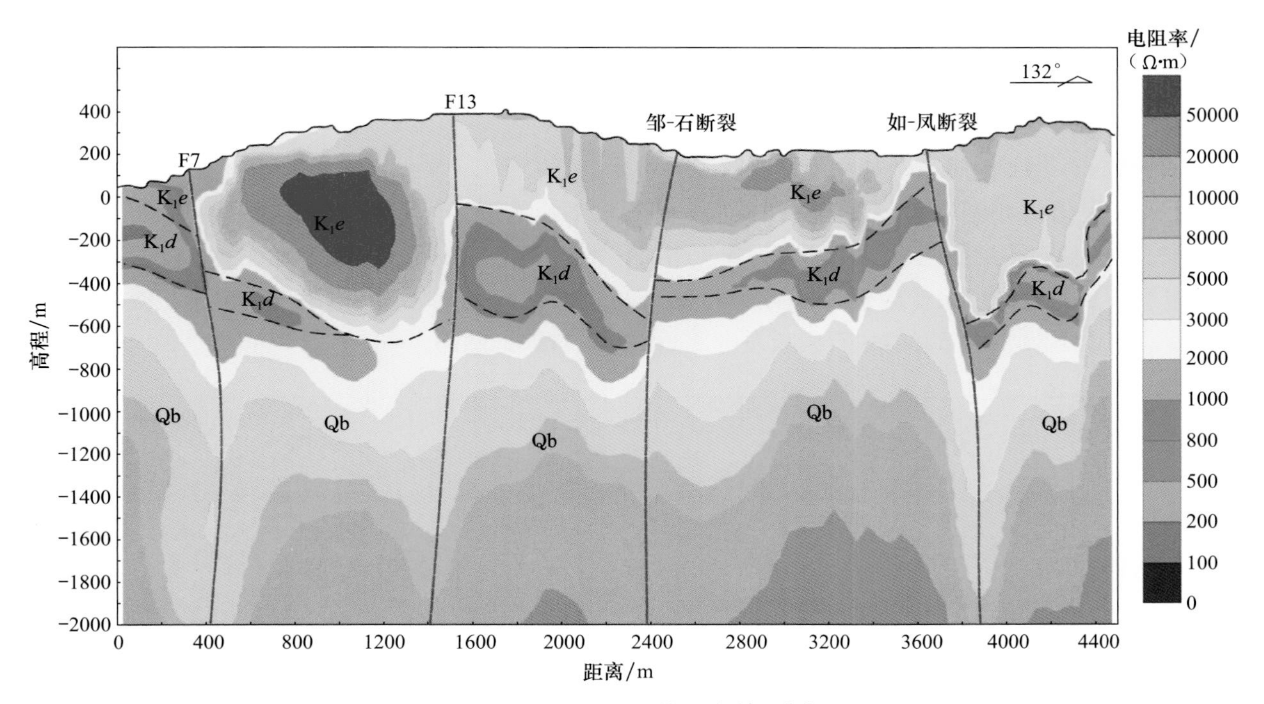

图 5-63 CSAMT-L10 二维反演电阻率断面图

Qb. 青白口系；K_1d. 打鼓顶组；K_1e. 鹅湖岭组；红色竖直虚线为断层

11. CSAMT-L11 地质－地球物理综合解译

L11 线地表出露岩石全部为鹅湖岭组碎斑熔岩。CSAMT 二维反演电阻率断面图三层结构清晰（图 5-64）。标高 -200～520m 为高阻岩层，属碎斑熔岩；标高 -400～-200m 为一连续延伸的低阻层，为流纹英安岩的电性特征；深部中高阻推测为青白口系变质岩。该测线上已有的钻孔 ZK66-2 揭示的流纹英安岩的上下界面深度分别为 534m、577m，与 CSAMT 获得的界面深度基本一致。

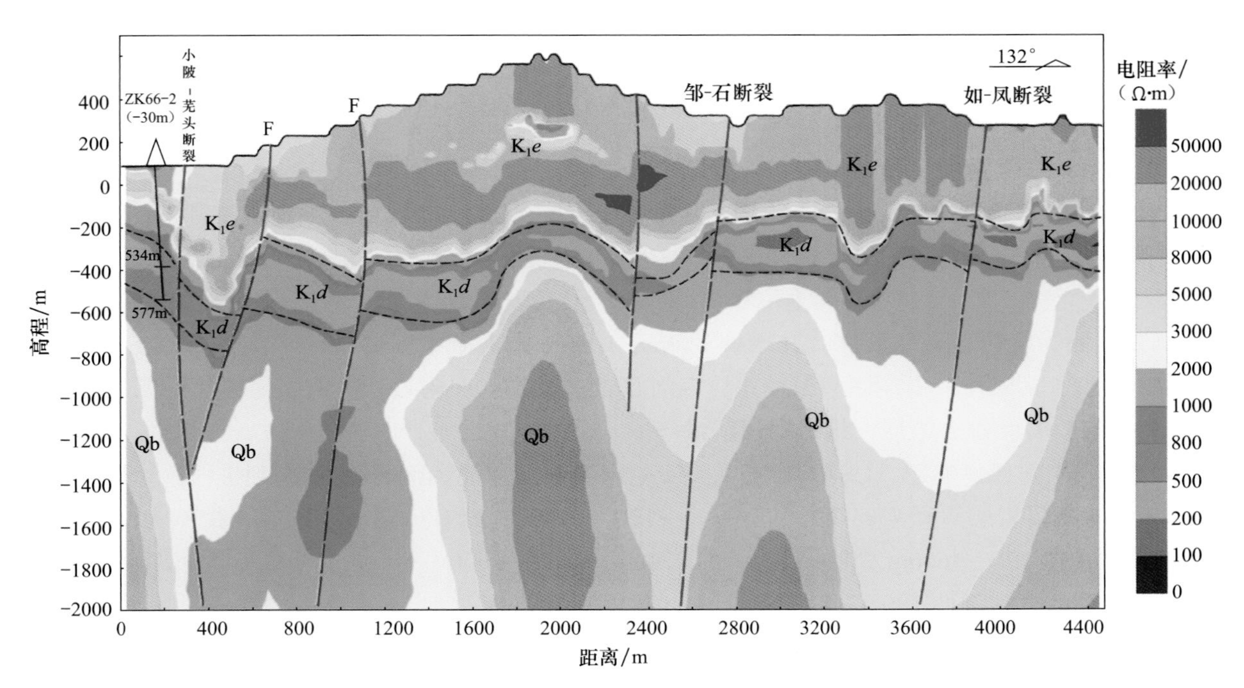

图 5-64 CSAMT-11 二维反演电阻率断面图

Qb. 青白口系；K_1d. 打鼓顶组；K_1e. 鹅湖岭组；红色竖直虚线为断层；黑色竖直线为钻孔，其上方为钻孔编号及孔口标高

在剖面 300m 附近有一电阻率变异带，为小陂－芜头断裂；在 700m 和 1100m 附近有两处电阻率变异带，为平顶山断裂带；在 2350m 和 2760m 附近各有一电阻率变异带，为邹家山－石洞断裂带；在剖面 3900m 附近为如意亭－凤山断裂。

12. CSAMT-L12 地质－地球物理综合解译

L12 线地表出露鹅湖岭组，CSAMT 二维反演电阻率断面图显示清晰的三层结构（图 5-65）。在标高 -600～510m 处有一层高阻岩层，推测为碎斑熔岩；剖面中层的低阻带解译为流纹英安岩；深部的中高阻、高阻层推测为青白口系变质岩。在剖面 500m、2030m 、2750m 附近有电阻率变异带，推测为小陂－芜头断裂、平顶山断裂和邹家山－石洞断裂带，断层倾角较陡，倾向多变。

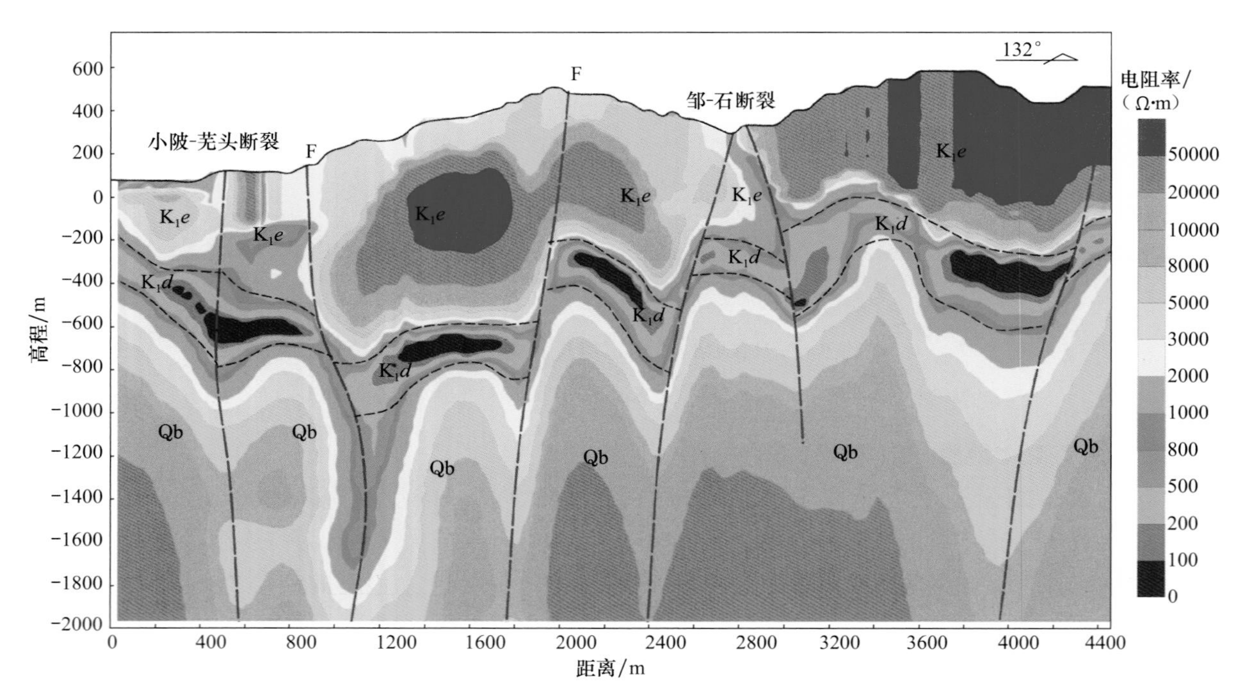

图 5-65　CSAMT-L12 二维反演电阻率断面图

Qb. 青白口系；K_1d. 打鼓顶组；K_1e. 鹅湖岭组；红色竖直虚线为断层

13. CSAMT-L13 地质－地球物理综合解译

L13 线地表出露鹅湖岭组，4 条北东向断裂近平行展布。CSAMT 二维反演电阻率断面图显示三层剖面结构（图 5-66）。在剖面标高 -400～700m 处有一层高阻岩层，推测为碎斑熔岩；标高 -900～-400m 的低阻岩层比较连续完整，偶被断裂切割位移，解译为流纹英安岩；标高 -2000～-900m 处有一层中高阻、高阻岩层，推测为青白口系变质岩。在剖面 350m、1050m 附近有电阻率变异带，解译为小陂－芜头断裂、平顶山断裂；邹家山－石洞断裂带较宽，在剖面 2650～2890m 附近有电阻率变异带反映。

14. CSAMT-L14 综合地质－地球物理解译

L14 线地表出露鹅湖岭组，CSAMT 二维反演电阻率断面图显示剖面具三层结构（图 5-67）。在标高 600～-170m 的高阻岩层解译为碎斑熔岩；标高 -170～-1000m 处有一层低阻岩层，推测为流纹英安岩，厚度变化较大，在 500～1600m 处厚度最大，达 700m；标高 -1000～-1500m 为中高阻、高阻岩层，推测为青白口系变质岩。在剖面 190m、800m、2700m 附近有电阻率变异带，推测为小陂－芜头断裂、平顶山断裂、邹家山－石洞断裂，倾向北西，倾角较陡，表现为正断层。

15. 主要目标地质体解译标志

鹅湖岭组在电阻率剖面中表现为中高阻的电性特征，且在 14 条 CSAMT 剖面中均呈连续分布的形态。该地层厚度变化不均一，自几百米至上千米不等，根据电阻率分布特征推测出鹅湖岭组地层的最厚处位于 L7 线电阻率剖面中，厚度约为 1600m。

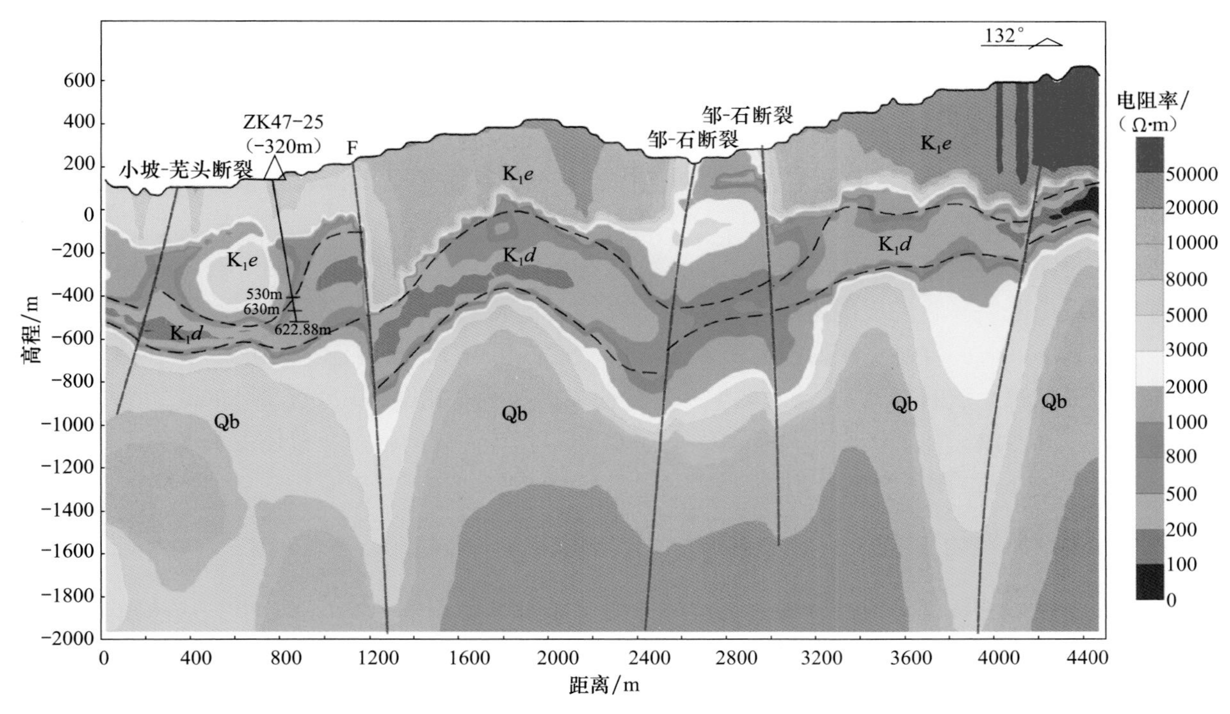

图 5-66 CSAMT-L13 二维反演电阻率断面图

Qb. 青白口系；K_1d. 打鼓顶组；K_1e. 鹅湖岭组；红色竖直虚线为断层；黑色竖直线为钻孔，其上方为钻孔编号及孔口标高

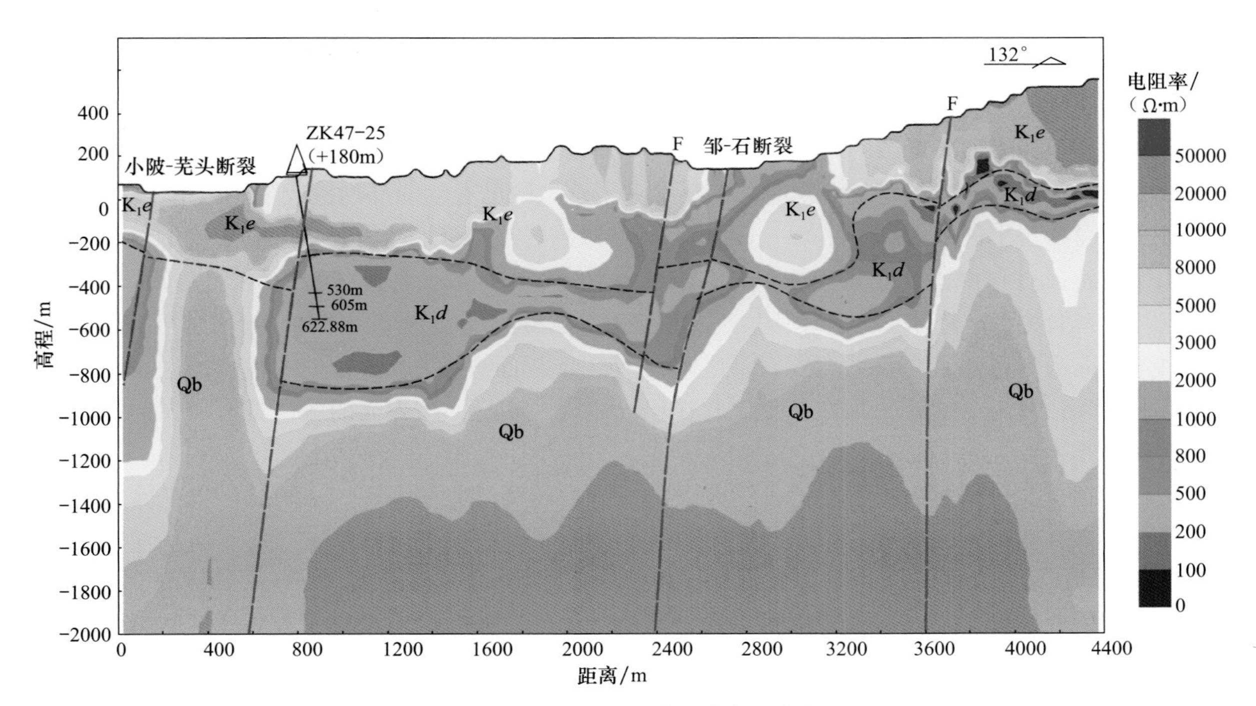

图 5-67 CSAMT-L14 二维反演电阻率断面图

Qb. 青白口系；K_1d. 打鼓顶组；K_1e. 鹅湖岭组；红色竖直虚线为断层；黑色竖直虚线为钻孔，其上方为钻孔编号及孔口标高

打鼓顶组地层的电性特征在电阻率剖面中表现为低阻，该低阻层夹持于上下的中高阻层之间。在

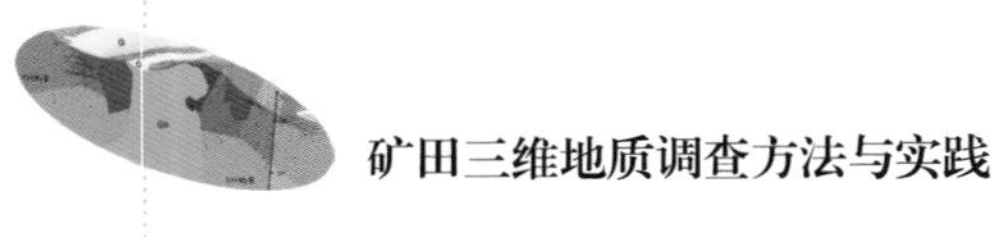

L1～L6 线 CSAMT 剖面的北西侧，低阻体在地表均有出露，最大出露处于 3 线剖面为 0～1400m 处，该低阻体的出露范围与地表打鼓顶组流纹英安岩出露的范围基本一致。打鼓顶组总体上较薄，变化较大，有时尖灭。

基底变质岩在电阻率剖面上体现出高阻电性特征，具有稳定性和连续性，厚度已超过了 CSAMT 探测的设计深度。

打鼓顶组与鹅湖岭组之间的组间界面埋深为 200～-900m，打鼓顶组与基底变质岩之间的组间界面埋深为 -100～-1200m。各组间界面的形态在某些地段变化强烈，主要是火山岩分布受火山机构、地形影响，同时有后期断裂构造的错断。

识别出了研究区内的若干条主要断裂，从西往东有小陂 - 芜头断裂、邹家山 - 石洞断裂、平顶山断裂、如意亭 - 凤山断裂。它们在电阻率剖面上产生的异常，大多造成低阻体的错断、缺失，断裂倾角比较陡直，多为 80°～90°，且切割深度较大，多达基底。邹家山 - 石洞断裂是与成矿关系最为密切的断裂，历来受研究人员重视。该断裂在 14 条剖面中都表现明显，断裂带宽度从几十米到 800m，倾角大于 80°，地表多表现为往北西倾，往下逐渐变陡，在标高 -500m 左右转为倾向南东，总体上表现为正断层，南东盘下降，降幅变化较大，最大降幅在 L6～L9 线可达上千米。

三、深部地质解译质量评述

相山火山盆地三维地质 - 地球物理综合解译遵循前述四项基本原则，由表及里，从已知到未知，从整体到局部，循序渐进地开展解译工作。解译工作采用了两个交互融合：一是多源数据的交互解译，TM 数据、CSAMT 数据、勘探资料、地质图和地质思维相互印证；二是地质人员与物探人员反复交互解译，从物探反演与解译到地质人员解译，再从物探人员重新反演解译到地质人员重新解译，最后由集体讨论定稿。

在系统的岩石物性测试和基本统计的基础上，基于对样本地质和物性特征的综合分析，对该地区主要目标地质体样本进行甄别和再统计，尽可能客观地区分不同地质体及其在不同地质构造环境下的物性差异，为利用地球物理信息进行地质解译奠定了良好的基础。

综合解译是在地表地质填图的基础上展开的，并根据 1：50000 地质图和前人地质勘查研究成果建立了相山火山盆地三维地质概念模型。同时，广泛参考了该地区已有的深部勘探成果（包括 1459 个钻孔资料、勘探线剖面图与中段平面图 383 幅），这些实际勘探数据在三维地质解译中起着重要的标定作用。在目标地质体的解译过程中，也充分考虑了地质体在地下深部与地表浅部的物性差异，以及地质单元尺度与物探点距之间的关系。总体上，解译质量是比较高的，具体不同目标地质体的解译可信度分析如下。

下白垩统火山岩系与青白口系变质岩系之间的不整合界面具有比较典型的电性特征，表现为近乎连续的低阻异常带，其上下地质单元在密度上存在比较显著的差异，该界面的解译具有较高的可信度。上白垩统沉积岩系岩性和地质结构比较简单，物性上表现为低阻特征，其解译的可信度较高。下白垩统鹅湖岭组与打鼓顶组火山岩系电性上具有一定程度的差异，前者主体上表现为高阻，后者主体上表现为偏低阻，两者基本上能够加以区分；但是鹅湖岭组火山颈相也具有偏低阻特征，这主要是从地质结构和物性分析的基础上区分出来的；火山岩系岩性和地质结构很复杂，其解译总体上与已知地质勘探事实吻合，但也存在一些不确定性。早白垩世花岗斑岩多呈缓倾（相山盆地南部和东部）或陡倾（相山盆地北部和西部）脉状，沿着断裂构造或地质单元界面侵入，总体上其厚度远远小于物探测量点距，尽管其样本表现为高阻，但在物探剖面上，其电性特征并不表现为高阻，而是表现为断裂构造或界面所具有的低阻特征，该目标地质体的解译多依赖地质分析，具有很大程度的推断性。基底变质岩系在电性上表现出高阻（石英片岩类）和低阻（千枚岩类），在重力上表现为高密度，其解译总体上是可靠的；侵入其中的晚古生代花岗岩电性上表现为高阻与低密度，在电性上不能与石英片岩类变质岩系区分，该目标地质体的解译多依据重力二维反演并结合地质结构分析，其解译结果存在一些不确定性，可信度有待进一步提高。北东向、南北向区域性主干断裂在不同剖面均表现为一定规模的连续的低阻异常带，结合地表地质图和勘探资料加以厘定，其可信度较高；而北西向构造与物探剖面方向基本一致，主要由地质分析来确定，推测性较大。

三维地质建模方法

三维地质建模（3D Geological Modeling）是在地质体空间结构分析的基础上，运用计算机技术，建立可供展示、编辑、计算与输出于一体的数据模型（Houlding，1994）。我国于20世纪80年代开始对三维地质建模工作进行了初步尝试。2012年中国地质调查局启动三维地质调查试点工作，开启了我国三维地质建模的新篇章。作为三维地质调查试点项目之一，本书在GOCAD（Geological Object Computer Aid Design）软件平台上建成了5个不同范围、不同数据源的三维地质模型。

第一节　三维地质建模软件选择

一、国内外三维地质建模软件发展概况

20世纪80年代以来，三维地学可视化系统逐步应用于地质建模领域，以美国、法国、加拿大、澳大利亚、英国为代表的西方主要国家相继推出多款具有代表性的地学可视化建模软件。加拿大GEMCOM国际矿业软件公司（该公司2013年被法国达索公司收购，现已更名为GEOVIA）于1981年开始研发的Surpac软件是一款全面集成地质勘探信息管理、矿体资源模型建立、矿山生产规划及设计、矿山测量及工程量验算、生产进度计划编制等功能的大型三维数值化矿山软件，兼容多种数据库和数据格式，提供简单易学、功能强大的二次开发功能，被全球120多个国家和地区10000多个授权用户广泛应用。

美国Dynamic Graphics公司(DGI)从1988年着手研制开发的EarthVision空间地质建模软件，在建立复杂地质构造的三维实体地质模型方面颇有独到之处，可用于建立三维油藏构造格架模型、参数模型并形成三维数据体。其对复杂断层的处理功能很强，结果经过网络粗化后可直接输出到相关油藏数值模拟软件进行数值建模。该软件具有很强的二维图形编辑功能和三维可视化功能，并可提供灵活多样的三维显示与人机交互。

法国Earth Decision Sciences (EDS)公司于1990年推出的GOCAD是以工作流为核心的地质建模软件，具有强大的三维建模、可视化、地质解析功能，既可以进行表面建模，也可以进行实体建模；既可以设计空间几何对象，也可以表现空间属性分布，空间分析强大，信息表现方式灵活多样，且几乎能在所有软硬件平台(Sun、SGI、PC-Linux、PC-Windows)上运行，大大提高了地质建模的效率和精度，可满足对复杂地质区域的建模要求，已广泛应用于地质工程、地球物理勘探、矿业开发、水利工程等领域。

加拿大Kirhham Geosystems公司推出的MicroLYNX也是面向地矿企业的三维建模与分析软件，通过对离散点采样、钻探采样和探槽采样等空间数据的处理，生成地质剖面，构建体模型和面模型，可以实现钻孔数据存储与管理、矿藏品位与质量分析、矿山开发与规划图、地质模型分析与建设、地质储量统计分析、开采设计方案制定、中长期生产计划编制等功能。加拿大Gemcom Software公司开发的Gemcom

软件则是一款用于矿产资源勘探与评价、矿井规划与设计以及采矿生产过程自动化的三维软件系统，可以实现钻孔孔位分布显示、三维地质建模、储量和品位分析等功能，允许用户根据自己的经验和专业知识勾画地质模型，实现任意剖面切割、任意角度观察，实现了实体与实体或实体与表面的交切与布尔运算等。此外，还有 Micromine、Mincom、Geoquest、MineMap、GeoVisual、3Dmove、DataMine、RMS、Pertel、Ctech 等具备三维地学模型建模功能的应用软件，这些软件一般都具有地质统计、矿床建模及采矿设计等功能。但由于中外地学类软件设计思想、工作环境、操作流程与规范方面的差异，国外软件在国内应用具有一定的局限性。

我国对三维地学可视化研究起步较晚，但也做了大量有益的探索。近年来国家自然科学基金委员会大力支持地学可视化研究，先后资助了“复杂地质体的三维建模和图形显示研究”、“油储地球物理理论与三维地质图像成图方法”、“地学时空信息动态建模及可视化研究与应用”等一系列大型项目研究。

1989 年，内蒙古自治区煤矿设计研究院与中国矿业大学联合开发了“露天采矿微机 CAD 软件系统”，具有矿床建模、输出地质剖面图等功能。1996 年中国科学院地质与地球物理研究所和胜利油田管理局在国家自然科学基金重点项目“复杂地质体”中，开始运用 GOCAD 软件。2004 年，长沙迪迈数码科技股份有限公司开发了 DIMINE 软件，该软件具有三维地质建模、储量计算及动态管理、测量验收数据快速成图、地下矿开采系统设计、生产计划编制及各种工程图表自动生成等功能，为实现矿山开采的可视化、数值化与智能化进行了较全面的软件技术支撑。2006 年，北京三地曼矿业软件科技有限公司研发了 3DMine 软件，这是一款为矿山地质、测量、采矿及技术管理工作服务的三维软件系统，具有地质勘探数据管理、矿床地质建模、地质储量计算、采矿设计、生产进度计划等功能。此外，还有中国地质大学（武汉）坤迪科技有限公司开发的 GeoEngine、长春科技大学开发的 GeoTrans GIS、中国石油大学开发的 RDMS、南京大学与胜利油田合作开发的 SLGRAPH、中国地质大学（武汉）开发的 GeoView 等一系列软件。所有这些软件都已具备地质体三维可视化功能，也获得一定的应用空间，但软件功能及标准化仍需进一步完善。

二、目前常用三维地质建模软件简介

目前常用三维地质建模软件主要有 Petrel、Surpac、Micromine、C-Tech、GOCAD、MapGIS K9 等，以下逐一简要介绍，并比较其特点及适用范围。

（一）Petrel 软件

Petrel 最初是由挪威 TECHNOGUIDE 石油工业软件技术咨询服务公司组织经验丰富的地球物理、地质、油藏工程及计算机等专业技术人员协作攻关的结晶，后被斯伦贝谢公司收购并得到丰富和深化，是当今世界首家微机版三维可视化地质建模软件。它引进先进储集层理论，实现储集层三维精细油藏描述、三维动态可视化、三维成图，且提供强有力的成套质量控制工具，使其建立的地质静态模型更符合油藏地质特点。其友好的用户界面、对话框和详尽的联机帮助使每个使用者轻松上手，完全兼容微软办公系列的文件格式。利用 Petrel 建模软件针对各种不同类型储层，为世界许多油田建立了许多不同的地质模型，其系统表现出极强的适应性及稳定性。利用 Petrel 生成实体模型（网格模型），对实体模型赋予属性，建立储层物性模型，可用于模拟流体流动。也可以在三维储层模型上进行井眼轨迹数值化拾取，大大提高设计井位速度及钻井命中率。因此，Petrel 能真正实现油藏地质建模和数模一体化，在油藏地质特征认识、地球物理参数分析、开发钻井、开发方案编制和后期开发调整都具有重要作用（表 6-1）。

Petrel 软件具有最佳的精细油藏三维可视化技术，提供成套的检查数据是否匹配等质量控制工具。具有强大的成图和三维显示功能，可实现不同层次、多角度、任意切片、过滤、体积切割等三维储集层动态显示，为油藏优化管理和决策创造条件。整个软件共有五大功能模块，分别为：数据输入、结构建模、

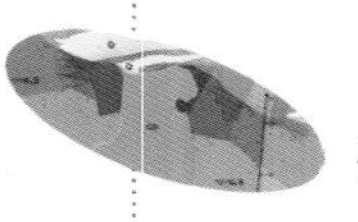

属性建模、网格粗化、三维可视化井轨迹设计。

表 6-1　三维地质建模软件适用性比较

性能	GOCAD	Petrel	Surpac	Micromine	C-Tech MVS
功能方面	从地震反演与解释、速度建模、构造建模、油藏建模到数值模拟、井迹优化设计、油藏风险评价综合一体化	面向油气勘探，具有构造建模、油藏建模、地震解释等功能	面向数字矿山，集成了地质勘探信息管理、矿体资源模型建立、矿山生产规划及设计、矿山测量及工程量验算、生产进度计划编制等功能	模拟了传统的矿体储量计算，并考虑了矿体储量计算规范，人为参与半智能化建模	提供真三维的整体数据建模、分析以及可视化工具
友好性	好	好	较好	一般	较好
基于平台	Windows、Solaris、SGI、HP-unix、Linux	Windows	Windows	Windows / Linux	Windows
可扩展性	任意扩展	任意扩展	任意扩展	任意扩展	任意扩展
系统开放性	提供二次开发工具包	无	提供二次开发函数库	2013 版后提供简单开发功能	无
与其他软件兼容性	用 OpenSprit 插件连接 Seisworks、Openworks、Geoquest 等国际大型石油专用软件	提供 Access、Excel、SQL Server 和 Oracle 数据库接口	提供了 AutoCAD、ArcGIS、DataMine、Moss Genio、MicroLynx、Whittle3D、Whittle4D 的接口	支持 DXF 图形数据共享（AutoCAD、Microstation、ArcView、MapGIS 等）	与 ESRI's ArcView、ArcGIS 无缝集成
可视化性能	三维可视化功能强	三维可视化功能强	较强	较强	较强
复杂构造处理能力	强，能处理复杂构造，包括逆断层、多组断层相交、盐丘等，大量断层系统处理能力强	强，能处理复杂构造	较强	较强	较强
建模速度	快	快	快	较快	较快

（1）数据输入。Petrel 具有灵活多样的输入 / 输出接口，所需数据以文件方式存储于 Petrel 资源管理器中。与 Serisworks、IESX、Charisma、Kingdom、Zmap+、CPS-3、EarthVision、IRAP Mapping、Stratmodel、TI-GREss 等软件产生的层面、断层、电测解释数据，以及钻井分层数据、井位坐标、构造图等文件格式相兼容；Petrel 生成的网格化地质模型也可输入至 ECLIPS、CMG、VIP、LAS 进行数值模拟。除此之外，用户也可使用 Petrel 软件中特有的数据文件格式进行数据的输入。

（2）结构建模。Petrel 以地质分析为基础，充分利用地震数据三维连续性和测井数据垂向高分辨率的优势构建储集层的三维格架模型。Petrel 具有极强的复杂断层处理能力，可对生成的断层模型进行三维网格化，再利用三维网格化的断层模型定义垂向时间域深度，且具有操作简便、速度快的特点。

（3）属性建模。Petrel 为储层属性模型和流体流动模型的关联提供三维网格化的断层模型，实现将地层面与断层之间紧密有机地联系起来，为建立精细地质模型和三维成图起到关键作用。同时，Petrel 中提供成套质量检测工具、基于结构网格点的三维形体构建及随机建模技术，为精确断层模型、储层整体三维地质模型的构建提供了多样化方法和技术支撑，为油藏工程师研究储层提供强有力的工具。

（4）网格粗化。地质建模工作中构建的地质模型通常具有上百万个网络节点，数据量巨大，模型如不经过粗化，将无法在常规单机的数值模拟软件上运行。Petrel 提供了网格粗化功能，可在保留储层地质特征、岩石物性特征及流体分布特征的基础上，通过采用数据控制，减少网格数量，实现对精细油藏模型的粗化。

（5）三维可视化井轨迹设计。Petrel软件可实现基于三维储层属性模型的三维井轨迹设计及动态显示、井眼轨迹数值化拾取及钻井相关参数预测等功能，提供储层横向空间分布、预测钻井到某一地层位置及合成测井曲线等方式，为优化井位设计提供支持。

（二）Surpac软件

Surpac是由Gemcom公司研发的一款真三维空间信息软件，也是当前应用十分广泛的大型三维数字矿业软件包，具有强大的图形绘制处理功能和地质体三维模型构建功能，所构建的模型能够较好地展示地质体的空间形态，进度计划软件包解决了开采计划中物质多样性、目标多样性、采矿地点多样性等复杂情况带来的项目规划难题，真正能为用户制定可靠的生产计划和掘进工程计划。作为一套全面的集成软件系统，拥有强大的技术优势，是地质、采矿、测量和生产管理的共享信息平台，兼容多种流行的数据库和数据格式，提供简单易学、功能强大的二次开发功能，已广泛应用于资源评估、矿山规划、生产计划管理的各个阶段乃至矿山闭坑后的复垦设计等整个矿山生命期的所有阶段中。其成功的重要因素是具有显著的技术优势。

（1）集成化。Surpac是一套将三维可视化技术与当代地质和采矿专业理论有机结合的计算机软件集成系统。软件系统服务于矿山的管理人员和技术人员，不仅极大地改善了采矿工程师、地质师、测量师之间的技术信息交流，更重要的是，为管理层提供实时、准确和综合的信息与生动直观的图像，以便做出迅速而正确的决策。

（2）开放性。Surpac是十分开放的软件系统，具有多种数据接口，能够与CAD软件、GIS软件进行双向的数据交换；可与其他矿山软件(如Vulcan、Mintec、Micromine和Datamine)相互兼容关键性数据文件；能够通过接口或ODBC（开放式数据库互接）与当前所有流行Oracle、SQL Server、Access等的数据库软件进行无缝连接；自身地质数据库管理功能也十分强大，管理方式科学严谨，能处理庞大的矿产资源模型。

（3）专业性和易用性。Surpac软件系统开发过程中不仅采用了先进的软件技术，更融入了当代的地质学和采矿学理论以及专家的经验和智慧，使软件不仅具备强大的专业性分析和处理功能，而且符合勘探和矿山技术人员的工作流程和工作习惯。另外，Surpac界面新颖流畅，软件结构层次分明，易学易用。

（三）Micromine软件

Micromine是目前国际上比较流行、使用较普遍的一种集地质勘查工作现场数据采集、室内管理、三维演示、成果成图、报告编制为一体的计算机软件系统，它包含了地质勘查及GIS服务、钻探及采样质量控制、地质及矿产资源预测评估、采矿及品位控制、露天采场现场管理、项目管理等多项内容，是一款全面包含地质勘查工作过程的地质勘查应用软件。其特点是可以方便地安装在微型计算机甚至笔记本电脑上进行野外现场操作，并可通过网络与管理中心进行数据交换，实施动态管理和监控。由于其具有操作简单、直观显示、动态管理等特点，已被国际上一些大中型矿业地质勘探公司，如Biliton、CRA、BHP等所采用。软件具有以下特点：

（1）精确、快捷。Micromine可建立槽、钻、坑探数据库，并提供严谨的数据检查功能；可实现工程轨迹（槽、钻、坑探）、勘探线位置及岩性位置的精确绘制；提供基于三维可视化环境的地质解释、矿体边界圈定、地质体三维模型构建功能；可自动生成矿体图件。

（2）可靠性高。一方面，Micromine空间数据库是地质报告编写的逆向操作，实现二维空间图纸到三维立体空间的转换；另一方面，Micromine中建立的软件模型及应用地学统计方法进行的矿体储量估算与常规地质勘查报告储量估算相比，误差更小。

（3）方便、直观。Micromine中数据全部具有三维属性，每一个点的位置都是三维空间中的实际点，而非投影；最终形成的矿体、夹石及断层模型直观性强，便于一目了然地了解矿体、夹石及断层的空间位置关系及其形态、产状等，施工指导性强。

（4）储量计算便捷。Micromine 中建立的矿山数据模型，在储量核查时只需对矿体的变化情况进行测量，便可以快速、准确地计算各个矿体各类矿石储量、矿山各级储量总量、已开采储量、保有储量、备采储量的数量、质量及其空间分布规律。

（四）C-Tech 软件

C-Tech 软件是可以在 PC 上运行、适用于地球科学领域的高级可视化分析工具，可以满足地质学家、环境学家、探矿工程师、海洋学家及考古学家等多方面的需求。C-Tech 提供了真三维的体数据建模、分析及可视化工具，用以揭开数据的秘密。另外，C-Tech 能够和 ArcGIS 进行无缝连接，地表模型能够加载高精度的遥感影像和 CAD 模型。它可以将三维应用和分析与 ESRI 的 ArcGIS 进行无缝集成，这是该领域中突破性的进步。C-Tech 分为 EVS PRO 和 MVS 两个功能模块。

C-Tech 主要功能：

（1）钻井数据和采样点数据的置入处理分析；

（2）绘制体数据和等值线数据；

（3）利用专家系统对参数进行评价，使 2D 和 3D 的 Kriging 算法取得最优的变量图；

（4）具备通过对浓度、矿物质、污染物等属性进行颜色显示来实现地质体的三维可视化功能；

（5）具有对于土壤、地下水污染和含有金属岩石的体积或土石方计算的能力；

（6）有限差和有限元素栅格模型的生成；

（7）3D 栅栏图的生成；

（8）多种分析物同时进行分析的能力；

（9）可以从任意角度任意方向进行剖面的切割；

（10）对 MODFLOW、MT3D、CFEST 等进行预处理和后处理能力。

（五）GOCAD 软件

GOCAD 是以工作流为核心的地质建模软件，三维建模、可视化、空间分析能力强大。它的建模是从表面建模到实体建模，可以设计空间几何对象，也可以表现空间属性分布。

（1）真三维地质建模。GOCAD 建模软件综合应用地下各种地质信息，将有关地下地质目标的各方面的信息转化为一个数学模型，采用新型 UVT 坐标转换技术，建模时充分考虑地质目标的断裂系统，可以同时进行各个层面与断层网格建模。

（2）准确建模。GOCAD 套件中采用的 UVT 坐标转换技术，把地震界面赋予了地下地质意义。应用这种古地理网格，地质学家可以对地质目标、储层参数及储层属性建立真实沉积环境下的模型，而不是在现今几何形态或古几何形态发生变形条件下建立的地质模型。

（3）快速建模。GOCAD 建模软件能自动生成断层模型，断层与断层之间的关系自动产生，大大减少人工参与修改的工作；同时自动生成层位模型，不存在层位间的交叉现象，避免了常规建模软件层位相互交叉的现象；实时更新模型，应用新的地质数据可以根据需要，实时地更新、修改地质模型。

（4）兼容性好。GOCAD 实现了平台的无选择性，能够在 32 位或 64 位操作系统稳定运行，在 Windows NT、UNIX 和 Linux 环境中具有类似的用户界面和相同的数据结构，使工作能够在 PC 或高端图形工作站等各种平台上顺利进行。

（5）拥有强大的地质统计分析功能。地质统计学是以区域化变量理论为基础，以变异函数为主要工具，研究那些在空间分布上既有随机性又有结构性，或空间相关性和依赖性的自然现象的科学。在 GOCAD 软件中提供了强大的地质统计分析模块：如空间数据分析、克里金估算（Kriging）、随机高斯模拟等。

（六）MapGIS K9 三维 GIS 平台

MapGIS K9 是武汉中地数码科技有限公司开发的新一代面向网络超大型分布式地理信息系统基础软件平台。系统采用面向服务的设计思想、多层体系结构，实现了面向空间实体及其关系的数据组织、高效海量空间数据的存储与索引、大尺度多维动态空间信息数据库、三维实体建模和分析。系统具有 TB 级空间数据处理能力，能支持局域和广域网络环境下的空间数据分布式计算、分布式分发与共享、网络化空间信息服务，并能够支持海量、分布式的国家空间基础设施建设。MapGIS K9 三维平台（MapGIS-TDE）是 MapGIS K9 平台下的三维 GIS 子平台，以 MapGIS 数据中心服务理念为指导思想，拥有丰富的三维建模方法、多样化的模型可视化表达、专业特色的三维分析及一体化的数据处理分析功能。该平台主要提供行业内基于真三维 GIS 的 GIS 数据存储管理、三维 GIS 显示、三维 GIS 分析方面的解决方案，为用户提供一个表达准确、专业分析、操作方便的三维地理信息系统平台。

MapGIS-TDE 体系结构分为两个层次：MapGIS-TDE 基础平台和 MapGIS-TDE 构建平台。MapGIS-TDE 基础平台是建立在 MapGIS K9 内核模块之上的三维数据管理及基础显示平台，提供对三维空间数据库和数字高程库的管理。MapGIS-TDE 构建平台是一个开放的、可扩展的三维开发平台，提供系列面向三维应用的专业建模、分析及可视化工具；用户可借助构建平台提供的面向专业应用的建模、分析与可视化接口构建自己的三维模型。

（1）高效三维空间数据管理。MapGIS-TDE 基础平台提供的三维空间数据库采用全新的估计拓扑、面向实体的三维空间数据模型，引入了对象类、要素类、数据集、空间数据集等概念。采用三维矢量空间数据索引技术及多尺度数据组织模式，实现了多种三维矢量模型数据的一体化存储管理及三维数据的快速提取与检索功能。

（2）通用三维显示平台。三维显示平台提供统一的三维空间绘制引擎接口，同时支持 OPENGL 1.3 和 DIRECT X 三维渲染引擎。提供多种显示接口及三维场景操作方式，极大地降低了应用系统开发的工作量，减轻了应用系统开发人员在不同三维渲染引擎上的耗费，提高了开发效率。

（3）快速地表景观建模、可视化及分析。针对地表三维景观应用，MapGIS-TDE 在构建平台中提供了一系列针对三维景观应用的快速建模、可视化及分析工具。

地表景观快速建模。MapGIS-TDE 针对地表景观提供了如建筑物及道路快速批量生成、交互式道路建模、交互式屋顶建模、修饰物生成等一系列三维实体建模工具，可快速生成包括建筑物、屋顶、道路、标注、修饰物、地表修饰物等多类三维实体。

地表景观可视化。在 MapGIS-TDE 平台中针对地表景观漫游的可视化，在基础显示驱动之外还提供了包括键盘和鼠标控制、路径飞行、设置绘制参数等一系列可对场景显示及漫游进行控制的工具，可实现场景的灵活显示与控制。

地表景观分析工具。MapGIS-TDE 构建平台中提供了距离计算、面积计算、可见性计算、高度计算等多种实用的空间分析工具进行地表景观分析。

（4）丰富的 DEM 建模、可视化与分析工具。MapGIS-TDE 构建平台中提供了包括数字高程建模工具、海量高程模型可视化工具和高程库分析工具在内的一整套针对数字高程模型的快速构建、可视化及分析工具。

三、三维地质建模软件选择历程

在前期建模实践中，笔者尝试过 MapGIS K9、Micromine、Surpac、Petrel 和 C-Tech 等国内外多种不同建模软件，但澳大利亚三维地质填图的成果模型展示（http://minerals.dmitre.sa.gov.au/geological_survey_of_sa/geology/3d_geological_models）给了我们很大的启发，由此获得了基于 PDF 的三维地质模型通用平台展示思路，最终选择 GOCAD 软件作为成果数据提供平台。同时，自 2013 年以后，国内各三维填图项

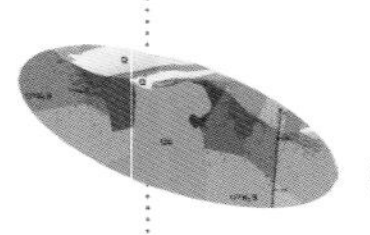

目组都已进入地质建模工作阶段，经过前期的软件应用比较与摸索，建模软件由以前的多样化趋向统一，大多数项目组选择 GOCAD 软件。我们及时调整建模技术方案，通过与软件厂商 Paradigm 公司的多次交流，对 SKUA/GOCAD 软件数据导入、剖面提取、体数据建模、钻孔建模、多学科数据综合建模流程等进行了探索与实践，使本项三维地质建模工作进入了稳健前进阶段。

每个三维地质建模软件在建模方法和流程上都有优势和不足，不存在一个适用于任何地质条件下、可以做各项工作的软件。在具体操作上，需根据研究对象、地质体复杂情况和研究目标，有针对性地进行选择。对于相山火山－侵入杂岩的复杂地质情况及多种数据源的实际情况，Gocad 是一种比较理想的建模软件（郑翔等，2013；张洋洋等，2013）

第二节　三维地质模型构建方法及构建过程

笔者以 GOCAD 为建模软件平台，尝试了两种三维地质模型构建方法和技术，分别为利用数字地质填图数据直接进行浅表层三维建模，以及利用物探解译获得的深部地质剖面资料和矿山勘探资料进行三维建模。

一、数字地质填图建模

（一）数字地质填图建模的概念

三维地质填图需要大量的物探、钻孔等资料支撑，成本昂贵。另外，目前全国开展的数字地质调查积累的大量空间数据尚未得到进一步开发利用。因此，本书首次尝试在 GOCAD 软件平台上，利用数字地质填图数据直接进行浅表层三维地质建模，并提出“数字地质填图建模”概念。

数字地质填图建模，是基于三维地质建模专业软件，利用数字地质填图系统的野外路线 PRB 数据（P 为地质点，R 为分段路线，B 为点间地质界线）直接进行三维地质建模的技术方法。具体实现途径是：在 GOCAD 软件平台上，先利用 PRB 数据中的 B 数据及其对应的产状生成各个分段地质界面，再把同类分段地质界面组合生成更大范围的地质界面；对建立好的地质界面尽可能利用已有的钻孔、坑道等勘探数据进行约束、离散光滑插值（Discrete Smooth Interpolation，DSI）等处理，生成符合实际地质情况的地质界面；用建立好的地质界面组合成面模型和体（网格）模型（吴志春等，2015a）。

数字地质填图三维模型，可以对测区的地下地质情况进行一定深度的可视化，具有三维空间计算、动态更新和任意方向切制剖面图输出等功能，是区域地质调查成果的新型表达方式，也可作为今后深层次三维地质建模的基础。数字地质填图建模所需的基本源数据是填图过程中的野外路线数据和地形数据，比较容易获取，建模成本低，因而具有广阔的应用前景。

（二）数字地质填图建模的技术流程

数字地质填图建模的技术方法，主要由三大部分组成：根据野外数字填图路线数据构建界面，将界面组合成面模型，将面模型生成体模型。其中以界面的构建最为关键，界面大致划分为模型的边界面、DEM 面、断层面、地层界面、第四系界面、岩体界面、残留顶盖界面、俘虏体界面 7 种类型。构建界面的先后顺序应遵循从模型的边界面、DEM 面、断层面到其他界面的原则；其他界面的构建遵循先新后老的原则。构建的面，要比实际范围稍大些，以便后面剪裁。

1. 模型的边界面

在 MapGIS 软件中绘制模型的边界线，确保绘制的边界线与要构建的模型范围完全一致。模型的边界线可以是地质图的矩形内图框，也可以是任意的形状，只要是完全密闭的线。在 MapGIS 软件中将 WL 格式的模型边界线转换成 DXF 格式，导入 GOCAD 软件。在 GOCAD 软件结构化建模流程（Structural

Modeling Workflow，SMW）模块中，运用“根据线生成模型边界面”的功能，设置模型的深度和高度后自动生成模型的边界面。

生成的模型边界面之间能够完全拼接，边界面中的三角网大小相同，且相邻两个边界面的相交部位的节点空间位置完全一致。这便于后期面模型的组合，降低了面模型组合过程中的错误率。

2. DEM 面

构建地形面的数据源是具有高程值的等高线。在使平面（*X* 轴和 *Y* 轴）比例尺与高程方向（*Z* 轴）比例尺一致后，在 GOCAD 软件中先将高程的线数据转换成点数据，再以点数据生成面，从而创建 DEM 面。因 GOCAD 软件不能直接读取 MapGIS 软件的 WL 格式数据，须用 MapGIS 的“文件转换→全图形方式输出 DXF”功能将 WL 格式数据预先转换成 DXF 格式。为防止转换导致数据丢失，应先将地形图中的等高线颜色和线型统一。创建 DEM 面的方法主要有 3 种。

（1）在面编辑菜单中通过点数据直接生成面。该方法直接简便，操作简单。其缺点是：当等高线之间缺少高程数据或等高线疏密不均时，生成的面效果较差，而且范围小于实际范围，即使加密网格，也难达到理想的效果。

（2）运用向导菜单中的功能生成面。该方法可以对数据进行插值，生成的面效果较好。但数据分布不均匀时，面的形状存在突变现象；面的范围不能通过向等高线数据之外进行数据插值而延伸。

（3）在结构化建模流程中生成面。它可以任意定义面的范围和面中三角网格的大小，如果所需面的范围比数据范围小，则截取范围内的数据生成面；如果所需面的范围比数据范围大，则可通过数据插值填补空白区再生成面，插值方法为 DSI。与前述两种方法相比较，该方法具有明显的优势，因此本书选择这一方法构建 DEM 面。

3. 断层面和地层界面

运用数字地质填图过程中获取的 PRB 数据，进行断层面和地层界面的构建（吴志春等，2015b）。具体操作流程如图 6-1 所示。

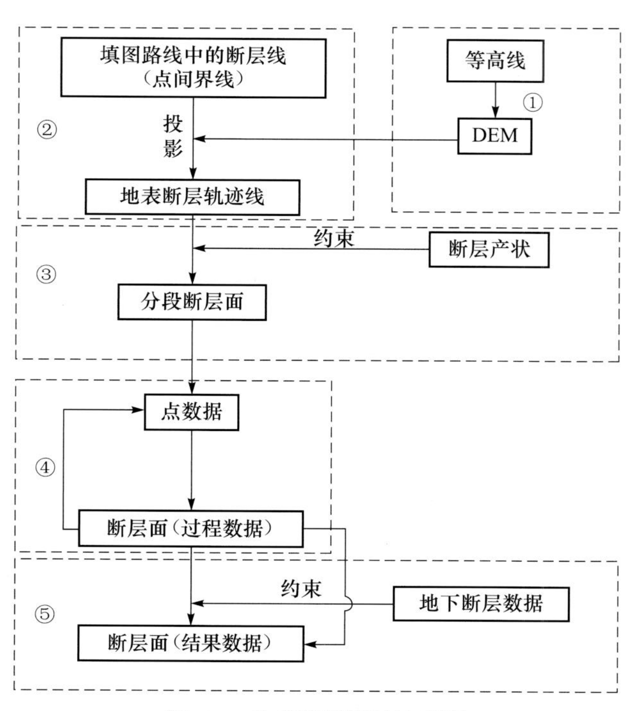

图 6-1　构建断层面的流程图

①构建 DEM 面；②填图路线中的断层线导入 GOCAD 软件及投影到 DEM 面；③根据断层轨迹线及对应产状生成分段断层面；④根据分段断层面生成断层面（过程数据）；⑤地下断层数据约束断层面

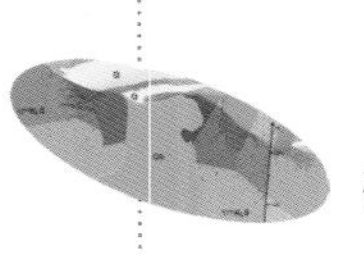

（1）把填图路线中的断层线或地层界线投影到DEM面。在SMW中生成DEM面后，将路线中的点间界线（B）（图6-2a）线文件增加一项高程属性（为默认值0）；在GOCAD软件中加载DXF格式的界线数据（图6-2b）；这时界线与DEM面不吻合，通过加密界线上的节点后再投影到DEM面，形成与DEM面吻合的地表轨迹线（图6-2c）；若有钻孔等其他数据，应加载作为约束条件（图6-2d）。

（2）根据轨迹线及其对应界面的产状，生成分段地质界面。先把产状数据换算成切向量（x，y，z）。在Excel表格中，将产状数据换算成切向量（x，y，z）的公式为

$$x = \cos[\text{radians}（倾角）]\sin[\text{radians}（倾向）] \tag{6-1}$$

$$y = \cos[\text{radians}（倾角）]\cos[\text{radians}（倾向）] \tag{6-2}$$

$$z = -\sin[\text{radians}（倾角）] \tag{6-3}$$

根据需要的深度对切向量（x，y，z）中的x、y、z分别乘以一个固定的数值，以轨迹线和计算所得数值拉伸出一系列分段地质界面（图6-2e），分段地质界面沿轨迹线向DEM界面两侧延伸。若一个地质界面在相邻路线的产状一致，可先连接不同路线中对应的轨迹线，再加密其间的节点，然后根据轨迹线和产状生成地质界面；否则，应分别生成分段地质界面。

（3）根据分段地质界面生成一个面。将可连接的分段地质界面的节点转换成点数据合并在同一个文件中，或将分段地质界面合并成一个面文件。用合并后的数据在SMW中生成一个面（图6-2f）。如果生成的面仍达不到要求，可通过加密或抽稀面中的三角网格再次生成。

（4）地下地质界面数据的约束。当研究区没有地质界面的地下数据时，执行前一步骤即可。当有地下数据（如钻孔、坑探、采矿、物探解译等数据）时，需要对生成的地质界面进行再次约束，重新拟合生成新的面（图6-2g）。先将地下地质界线数据转换成点数据作为控制点，再运用GOCAD软件的“约束”（Constraints）和“离散光滑插值”（DSI）功能进行约束和拟合处理。这样处理后的地质界面，既能够与控制点相吻合，又能够平滑过渡，可逼真地模拟实际地质情况（图6-2g）。

（5）删除DEM面以上的部分，即得到所要构建的断层面或地层界面（图6-2h）。

4. 第四系界面

将WL格式的第四系界线转换成DXF格式导入到GOCAD软件后，界面的构建可以分为以下4个步骤。

（1）以第四系界线将DEM面裁剪成第四系范围和基岩范围两部分。加密第四系界线上的节点，将加密后的线在Z轴方向上垂直投影到DEM面（图6-3a）；以此界线将DEM面裁剪分成两部分；加密第四系范围DEM面的网格，以保证第四系最窄处至少存在一个三角网结点。

（2）升降DEM面。将基岩范围的DEM面沿Z轴方向整体抬升50m，结合工作区内第四系大概厚度，将第四系范围的DEM面整体降低一定的高度（图6-3b）。

（3）构建第四系界面。分别将第四系界线、DEM面的节点转化成点数据；删除重复的边界点数据；将基岩范围、第四系范围和界线上提取的点数据合并成一个点文件；根据这些点数据在SMW中生成一个新的面。

（4）用界线数据和地下界面数据约束已生成的面。将第四系界线和地下第四系界面数据转换成点数据，合并成一个点文件。将这些点数据作为控制点，对生成的面进行约束（如果没有地下界面数据，则直接用地表界线数据作为约束）。用DEM面对约束后的面进行剪切，保留DEM面之下的面即得到第四系界面（图6-3c）。

5. 岩体界面

GOCAD软件主要适用于比较平缓、产状变化不大的层状地质体界面的构建，而对于岩体界面的构建较为困难。针对此情况，本书设计了如下方法及流程，如图6-4所示。

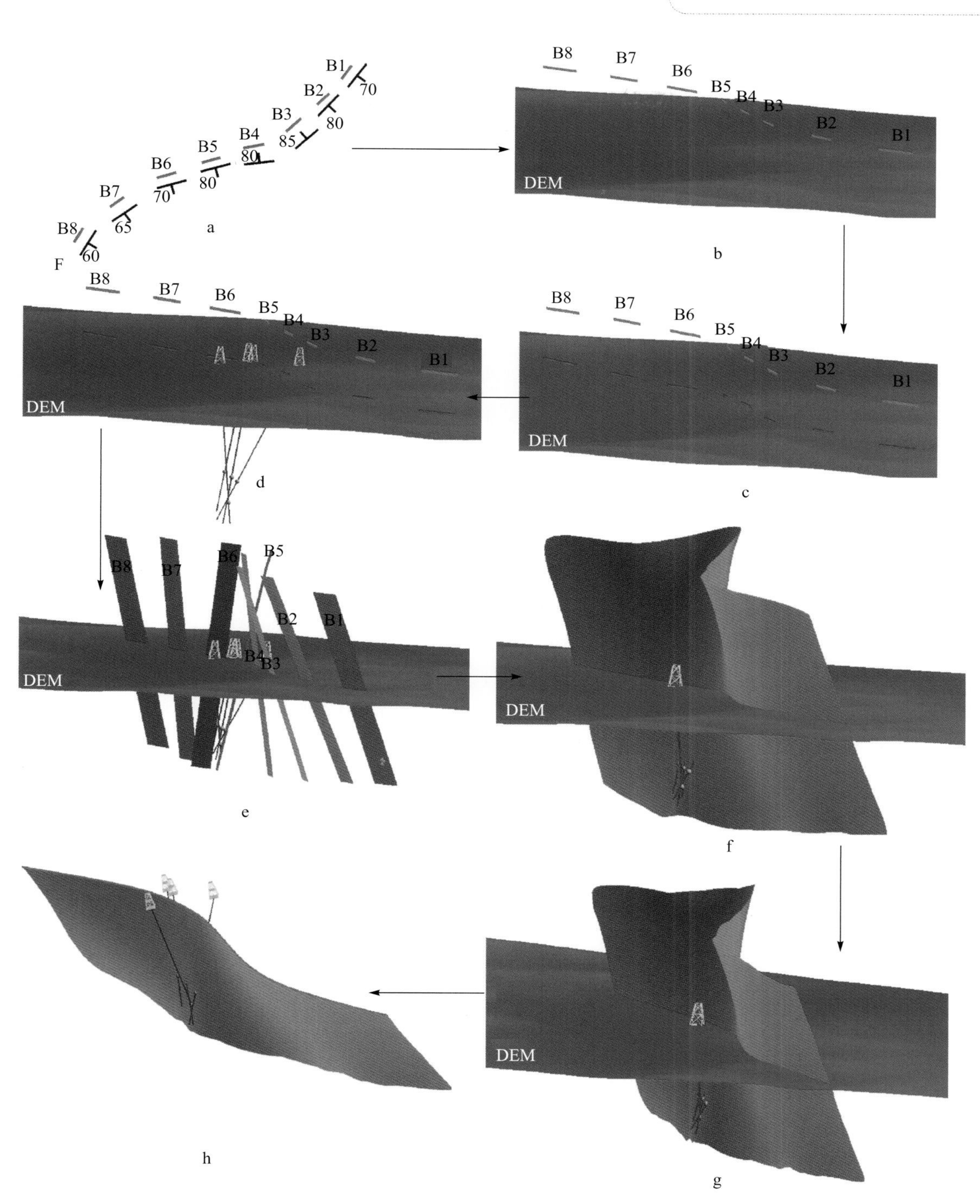

图 6-2 断层面的构建流程及效果图

黄色塔状物为钻孔位置

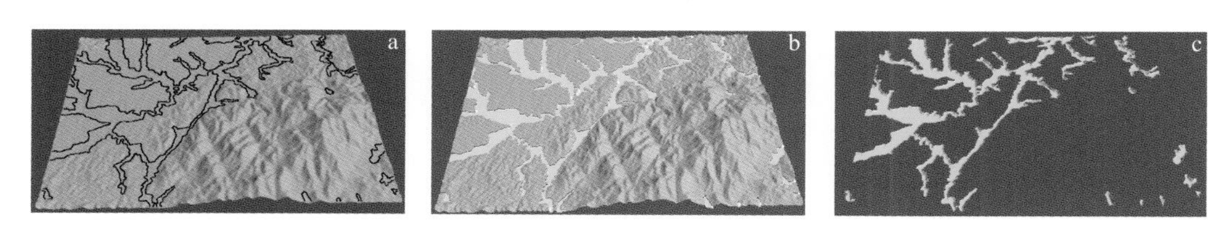

图 6-3 构建第四系界面的流程及效果图

a. 第四系界线投影到 DEM 面；b. 第四系范围的 DEM 面下移一定距离，基岩范围 DEM 面上移 50m；c. DEM 面与生成的面进行裁剪，DEM 面底部为第四系界面

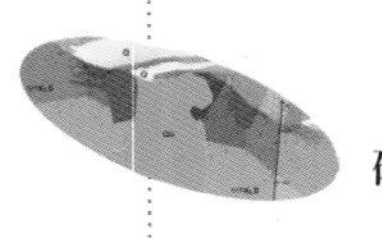

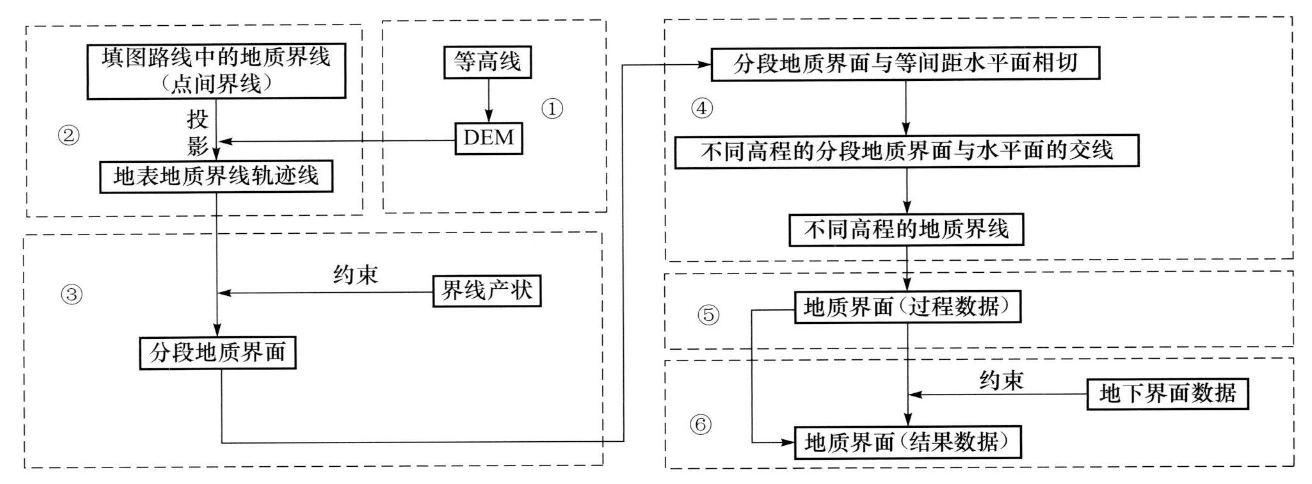

图 6-4　构建岩体地质界面的流程图

①构建 DEM 面；②填图路线中的地质界线导入 GOCAD 软件及投影到 DEM 面；③根据地质界线轨迹线及对应产状生成分段界面；④根据分段界面生成不同高程的地质界线；⑤连接不同高程的地质界线生成地质界面；⑥地下界面数据约束生成的地质界面

（1）生成不同高程的地质界线。先将填图路线中的点间界线（B）导入 GOCAD 软件（图 6-5a），并投影到 DEM 面（图 6-5b）；根据地表轨迹线和对应产状生成分段地质界面（图 6-5c）；连接不同高程的地质界线生成地质界面；在海拔 0m 处生成一个涵盖整个工作区的水平面，改变面的高程值生成一系列相等高差的水平面（图 6-5d）；运用这些水平面裁剪各分段地质界面（图 6-5e）；按高程分别提取水平面与分段地质界面的交线（图 6-5f）；连接相同高程的分段地质界线；加密线中的节点，对加密节点后的线进行光滑处理，得到不同高程的地质界线（图 6-5g）。在加密节点时，不同高程的地质界线加密程度应基本保持一致，否则生成的面中容易出现“坏”三角网格。

（2）生成岩体界面。在生成上述不同高程的地质界线后，运用面编辑菜单中的“根据线生成面”功能选择地质界线生成地质界面（图 6-5h）。在生成过程中，应按高程大小依次进行。运用该功能时，可以在两线之间自动等间距插入线，使地质界面更加平滑。生成之后，可以运用光滑面、简化边界节点、编辑三角网等方法优化岩体界面。如果有地下数据（如钻孔、坑探、采矿、物探解译等数据），与前述构建断层面和地层界面一样，应再次约束修改岩体界面。

6. 残留顶盖界面

创建残留顶盖界面（图 6-6）与生成断层面和地层界面的流程（图 6-1）基本类似，区别是：由点间界线（B）生成地质界线的过程，可以在数字填图系统中进行，也可以在 GOCAD 软件中完成。若是在数字填图系统中进行，则是运用地质界线的“V 字形法则”连接；若是在 GOCAD 软件中完成，则与创建岩体界面中的地质界线生成方法相同。生成地质界线后，将其垂直投影到 DEM 面上形成界线的地表轨迹线。

7. 俘虏体界面

岩浆体内的围岩俘虏体，应尽量在建模中给予表现，以丰富与完善三维地质模型。构建俘虏体界面的方法相对较简单：①将俘虏体边界数据矢量化；②矢量化后的数据转换成点数据；③运用 GOCAD 软件中生成椭球体（Ellipsoid）的功能，根据点数据生成椭球体；④将点数据作为控制点，反复对椭球体进行约束、DSI 插值和平滑处理，直到界面符合要求。

二、地质剖面建模

基于地质剖面数据建模的方法流程，主要由数据预处理及录入、地质界面构建、面模型构建和实体模型构建 4 个主要步骤组成（图 6-7）。

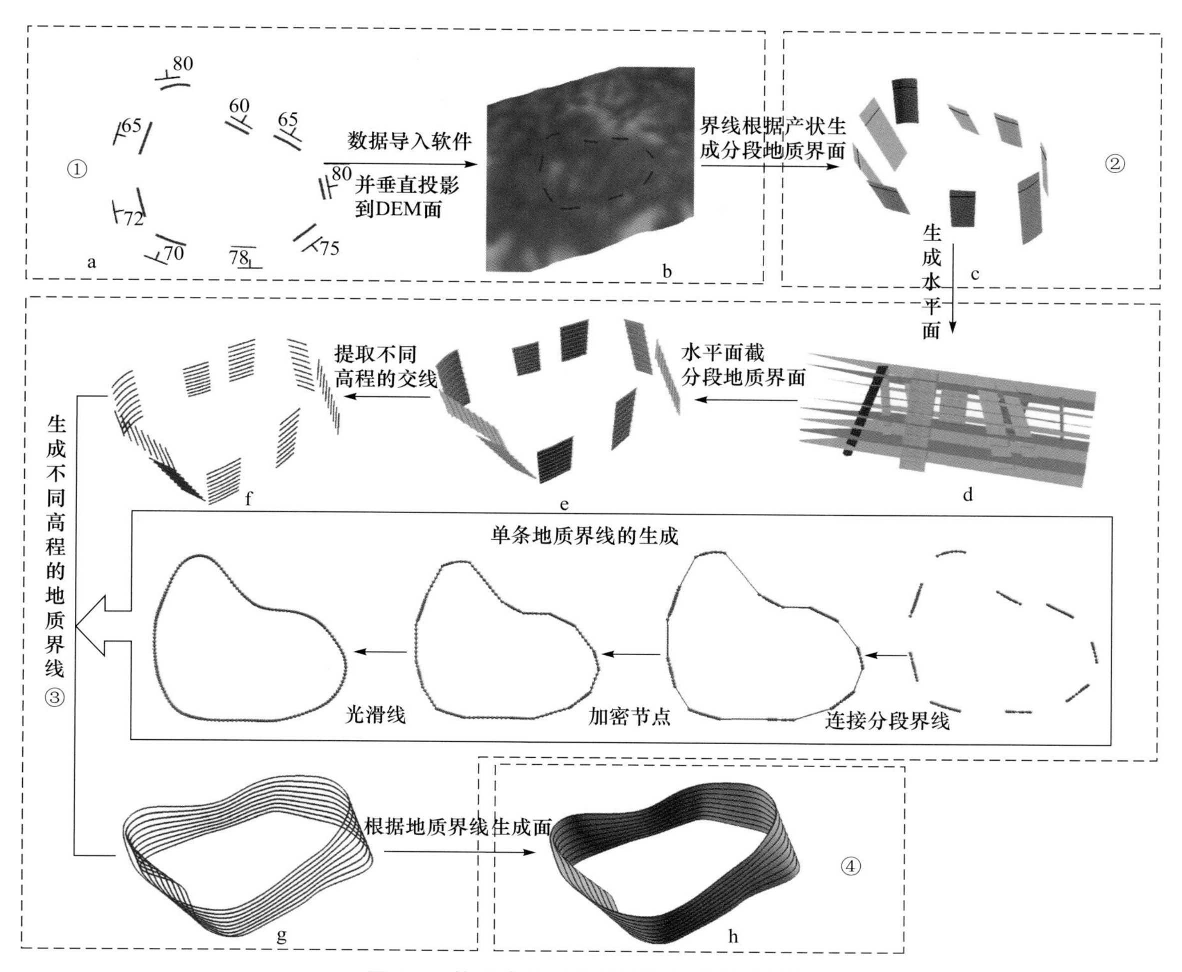

图 6-5 构建岩体地质界面的流程及效果图

①填图路线中的地质界线导入 GOCAD 软件及投影到 DEM 面；②根据地质界线轨迹线及对应产状生成分段界面；③根据分段界面生成不同高程的地质界线；④连接不同高程的地质界线生成地质界面

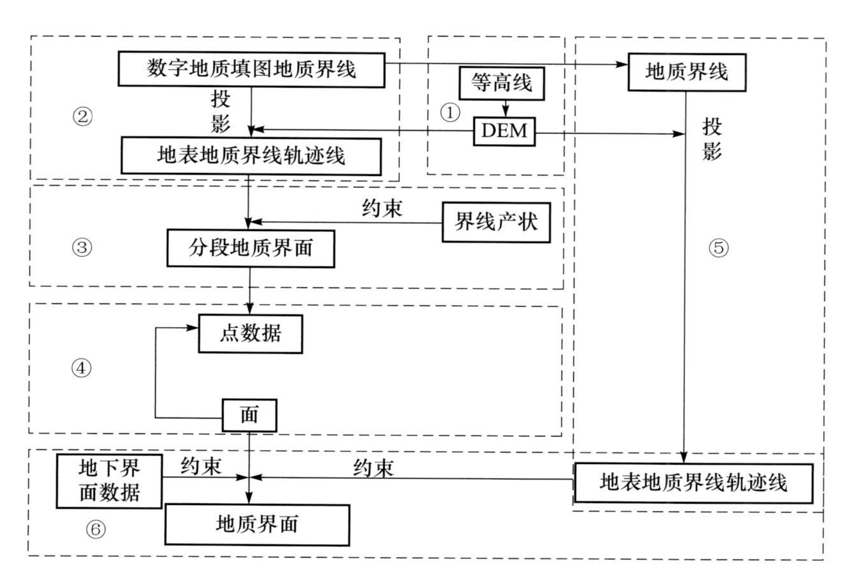

图 6-6 构建残留顶盖地质界面的流程图

①构建 DEM 面；②点间界线（B）数据导入 GOCAD 软件及投影到 DEM 面；③根据地质界线轨迹线及对应产状生成分段界面；④根据分段界面生成地质界面（过程数据）；⑤连接点间界线生成地表地质界线并投影到 DEM 面；⑥地表地质界线、地下界面数据约束已生成的地质界面

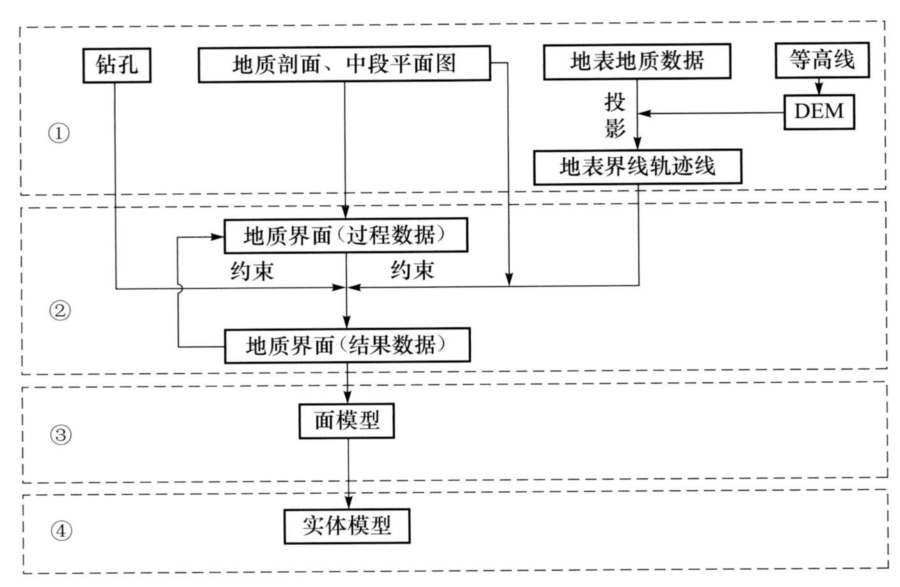

图 6-7　地质剖面建模流程图

①数据预处理及录入；②地质界面构建；③面模型构建；④实体模型构建

（一）数据预处理及录入

1. 钻孔数据

将钻孔数据整理成钻孔测斜表、钻孔位置表、钻孔岩性表、钻孔矿化数据四个 Excel 表格，分别转换成文本文件。完成换成后，严格按上述排列的表格顺序，将其数据导入 GOCAD 软件。需要注意的是：表格中只能含有数字和英文字母，不能有汉字和特殊符号。钻孔位置表含钻孔名（wellname）、坐标 *X*、坐标 *Y*、开孔海拔高度（Kb）、钻孔深度（depth）等；钻孔测斜表含钻孔名（wellname）、终孔深度（MD）、倾角（inclination）、方位角（Azimuth）等；钻孔岩性表含钻孔名（wellname）、分层深度（depth）、分层（maker）等；钻孔矿化数据表含钻孔名（wellname）、顶测深（top）、底测深（bottom）、品位（Grade）等内容。

2. 栅格数据

栅格数据主要是一些纸质扫描及其他软件导出的 JPG、TIF 等格式的图片数据，如 MT 反演图、CSAMT 反演图、地质图、遥感影像图、勘探线剖面图、中段平面图等。栅格数据导入系统的主要步骤包括以下几个方面。

（1）栅格图件的几何校正，读取图片四个角点坐标。因扫描仪的系统性误差和随机性误差，扫描图像存在一定程度的扭曲和旋转变形。几何校正的目的之一是消除变形，另一目的是给图像赋予一个地理参数。在 MapGIS 软件中进行几何校正的主要步骤：①将 JPG、TIF 等格式图片转换成 MSI 格式；②在“投影变换”模块中生成与图片大小一致的图框；③运用生成的图框，在“图像处理”模块中对图像进行逐格网几何校正。将校正后的 MSI 格式图像裁剪成矩形，读取四个角点的坐标，并将平面坐标换算成三维（*X*、*Y*、*Z*）坐标。其后将矩形图片转换成 TIF 格式。

（2）栅格图片导入 GOCAD 软件。将矩形 TIF 格式图片导入 GOCAD 软件，导入后的图片位于 Voxet 图层中。在 Voxet 菜单中，运用“Resize Voxet with Points”功能在坐标设置对话框（图 6-8）中输入各对应角点的坐标值。图片左上角坐标值填入 Origin 和 Point_w 的对应项内，右上角对应填入 Point_u，左下角对应填入 Point_v。图 6-9 为 MT 剖面导入 GOCAD 后的三维显示效果图。

（3）纹理贴图。地质图和遥感影像图导入 GOCAD 软件后，在 DEM 面纹理属性中将之设置成 DEM 面的纹理，就能够三维显示。图 6-10 为遥感影像纹理贴图后的三维效果图。

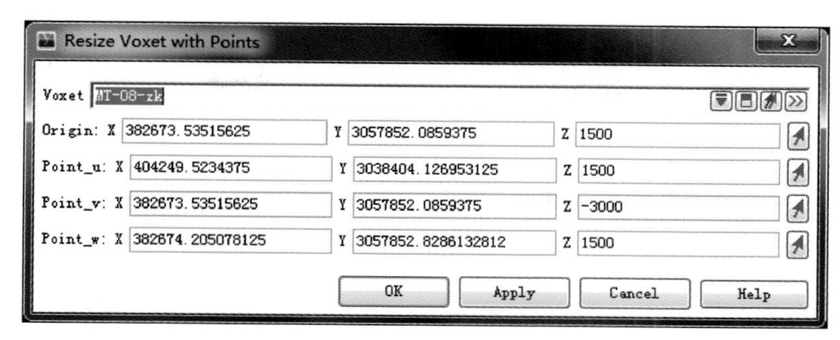

图 6-8　图片坐标设置对话框

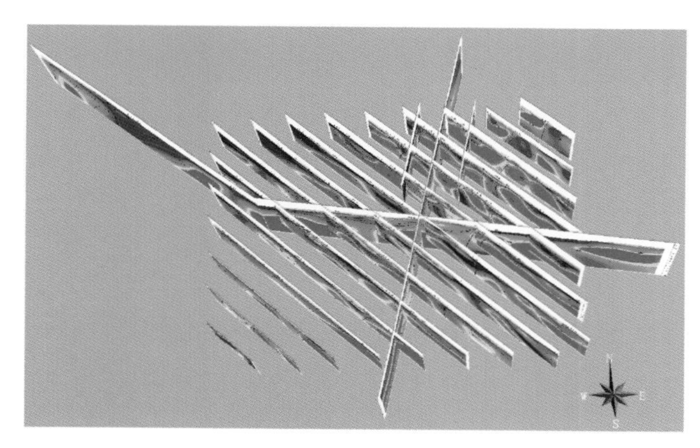

图 6-9　MT 剖面三维显示效果图

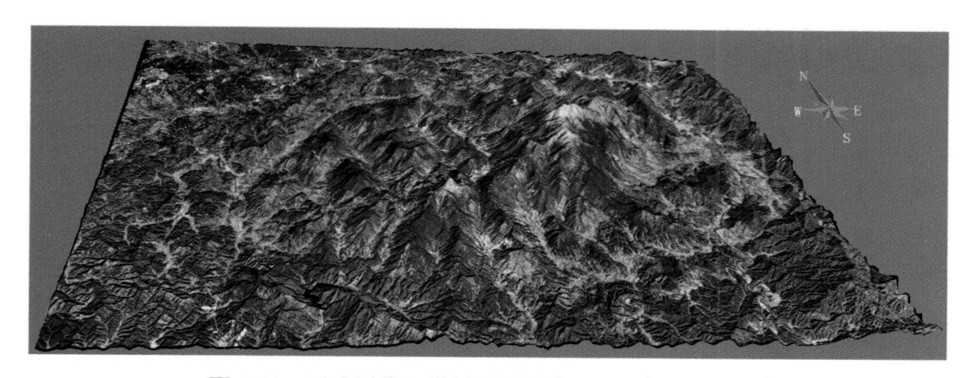

图 6-10　遥感影像三维显示果图［ALOS（4、3、2）］

3. 矢量数据

把矢量数据导入 GOCAD 软件，可以简单概括为以下 3 个步骤。

（1）将矢量数据的比例尺、投影参数统一。为建模收集的数据存在不同的比例尺、不同的坐标系类型及不同的投影椭球参数。为了便于数据的使用和管理，本书将所有数据投影变换成统一的比例尺（1∶1000），统一的坐标系（投影平面直角坐标系），统一的椭球参数（北京 54 坐标系，投影分带为 3°带，投影带号为 39，投影中心点经度为 117°）。

（2）转换矢量数据格式。由于 GOCAD 软件不能直接读取 WL 格式、WT 格式等图件的数据，所以必须先将图件的数据转换成统一的 DXF 格式，以便 GOCAD 软件读取。在数据转换中，需按图层分别进行，不能先合并图层再统一转换。

（3）矢量数据的导入及错误检查。将 DXF 格式数据按不同图层分别导入 GOCAD 软件，导入后对数据进行错误检查。在 GOCAD 软件中等高线呈三维立体形式呈现，若高程值漏填，则会默认高程值为 0；

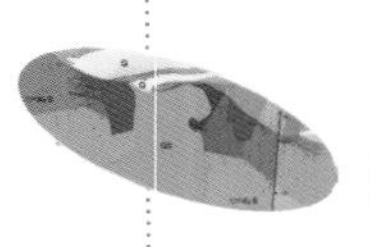

若高程值填错，则在增大 Z 轴比例尺时会显示与相邻等高线偏离较大，较容易发现。发现有错、漏赋高程值，须在 MapGIS 软件中修改后重新转换数据格式和导入 GOCAD 软件。

（二）地质界面构建

基于剖面数据的三维地质模型建模，需要构建的面分为模型的边界面、DEM 面、断层面、第四系界面、地层界面、岩体界面和俘虏体界面 7 种不同类型（吴志春等，2016）。其中模型的边界面、DEM 面、第四系界面和俘虏体界面的构建方法，与数字地质填图建模中的方法一致，在此不再赘述。

1. 断层面

系统分析建模区内各断层的性质及新老关系，按先新后老的顺序构建。对数据库中的断层点、线、面数据进行归类，将同一条断层的数据放在同一个组（Group）中。断层面的构建可以归纳为以下 4 个步骤。

（1）断层线数据预处理。矢量化剖面中的断层线，矢量化过程中节点可以适当稀疏，矢量化后将同一条断层的线合并成同一文件，并对所有断层线中的节点进行加密，以保证每条断层线中节点之间的间距基本一致（图 6-11a）。导入断层所对应的钻孔和地表数据（图 6-11b）。将断层线的两端按趋势延长一小段距离（图 6-11c），目的是确保所构建的断层面比实际断层面稍大。

（2）根据剖面中的断层线生成断层面。运用软件中“线生成面”的功能，连接同一断层的相邻断层线，构建出一个初始断层面（图 6-11d）。在连接时，相邻断层线之间可以等间距插入数条断层线（插入的线数量可以人工设置），用以弥补断层数据的不足。在断层走向上对生成的断层面按趋势延伸处理（图 6-11e）。

（3）在 SMW 中重新生成断层面。将上一步骤生成的初始断层面的节点转换成点数据，并设置其属性为断层。在 SMW 中重新生成效果更好的断层面，使生成的面能够符合建模要求（图 6-11f）。

（4）原始断层数据约束断层面。将剖面中的原始断层线（两端未延长的断层线）、地表断层轨迹线和钻孔中的断层数据都转换成点数据，并将这些点数据合并成一个文件。以这些点数据作为控制点（Control point），运用“约束”（Constraints）和“离散光滑插值”（DSI）功能进行约束、插值拟合处理，处理后的断层面达到吻合、平滑过渡、逼真模拟的效果（图 6-11g）。去除断层线延长部分的断层面，保留原始断层线范围的断层面，保留部分的断层面就是需要构建的断层面（图 6-11h）。

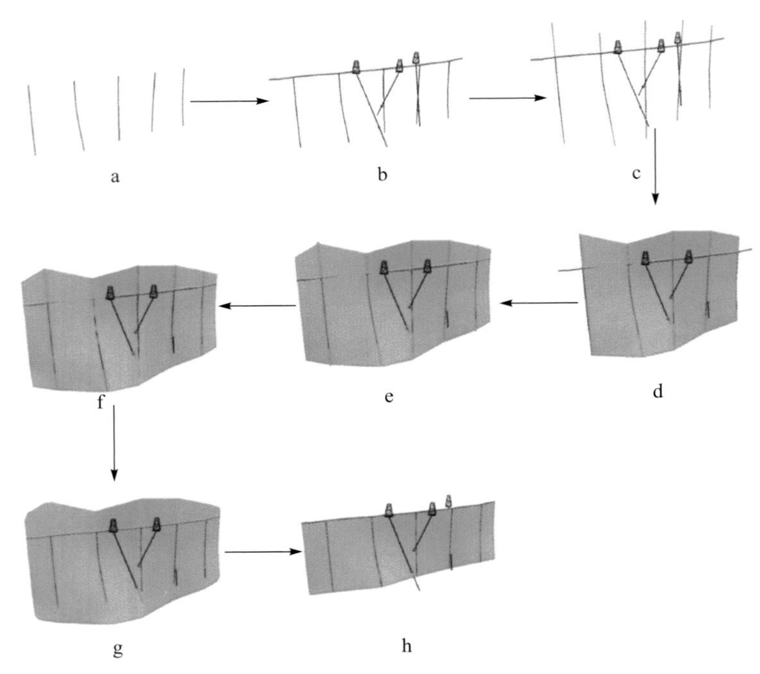

图 6-11　断层面构建流程及效果图

2. 地层界面

1）褶皱

当地层产状变化不大，且没有断层切割时，地层面的构建方法与断层面的构建方法相一致。当地层产状变化较大时，如褶皱构造，此时无法在 SMW 中直接构建地层界面。褶皱构造的构建需遵循以下 4 个步骤。

（1）地质界线数据预处理。矢量化剖面中的地质界线（图 6-12a），导入地表地质界线（图 6-12b）。根据褶皱形态，将剖面中的地质界线补充完整（图 6-12c），反映出褶皱形态。

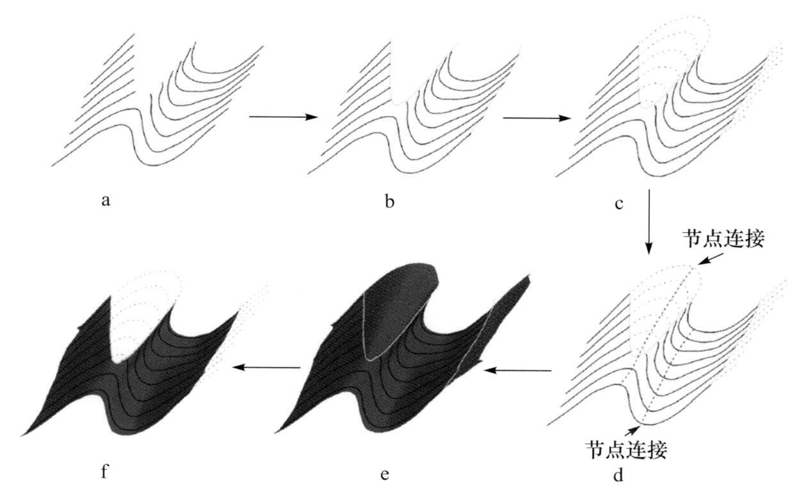

图 6-12　褶皱构造构建流程及效果图

（2）设置线之间的连接方向。当地质界面产状变化较大时，运用"连接线生成面"功能生成的地质界面与实际地质界面差异较大，尤其是褶皱的核部部位。运用"节点连接"（Node link）功能将相邻地质界线进行合理相连，节点连接的作用是生成面时将对应的两点进行连接，图 6-13 为未运用"节点连接"功能（图 6-13a）与运用"节点连接"功能（图 6-13b）生成的面效果对比图。在相邻地质界线的褶皱核部都设置"节点连接"功能（图 6-12d）。

（3）根据剖面中的地质界线生成地质界面。运用"连接线生成面"功能，依次连接相邻地质界线。在连接线时，可以在相邻地质界线之间内插数条地质界线，使生成的地质界面更加平滑过渡。

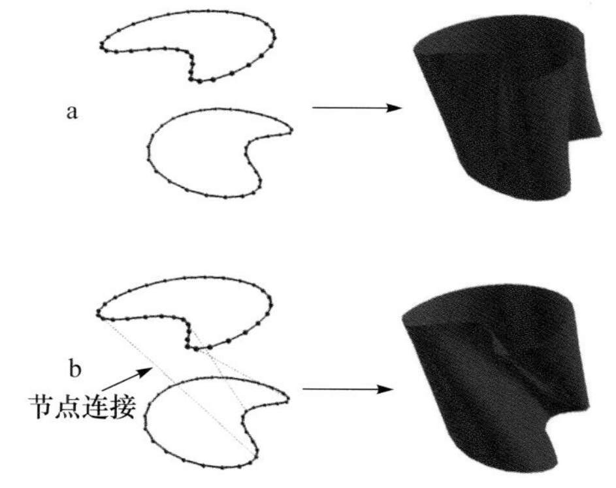

图 6-13　运用与未运用"节点连接"功能生成的面效果对比图

（4）剖面的地质界线和地表地质界线约束地质界面。运用原始剖面中的地质界线和地表地质界线对已经建立的地质界面进行约束处理。运用"约束"（Constraints）和"离散光滑插值"（DSI）功能进行约束、插值拟合处理，以达到吻合、平滑过渡、逼真模拟的效果（图 6-12e）。用地表 DEM 面裁剪已经构建好的地质界面，去除地表面以上的地质界面，保留地表面以下的地质界面（图 6-12f）。

2）地层断层效应

当断层切穿整个地层面时（图 6-14a、b），断层两侧的地层界面分别构建。对断层两侧的地质界线进行延长处理，断层两侧的地质界线均穿过断层面（图 6-14c），使构建好的地层面均穿过断层面（图 6-14d、e）。用断层面裁剪断层两侧的地层面，去除多余部分的地层面（图 6-14f），并对裁剪边界线进行优化处理。

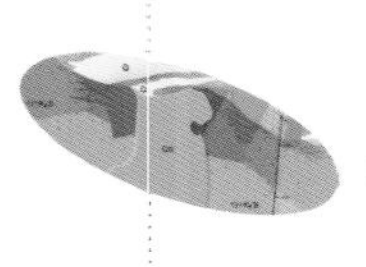

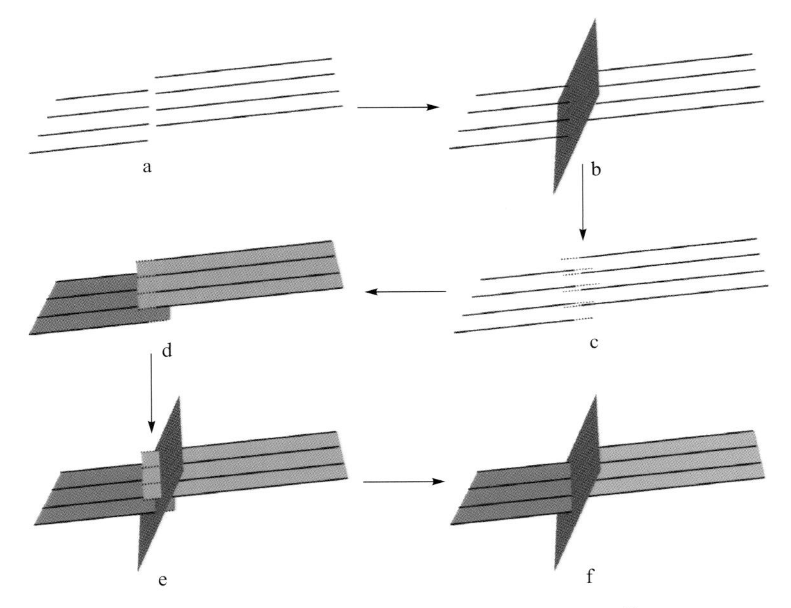

图 6-14　断层切穿地层面时地层界面构建流程及效果图

当断层只切穿地层面的局部且断层两侧发生明显位移时（图 6-15a、b），该情况下的地层面构建方法与断层面切穿整个地层面时的构建方法不同。此种情况下，地层界面的构建步骤具体如下：

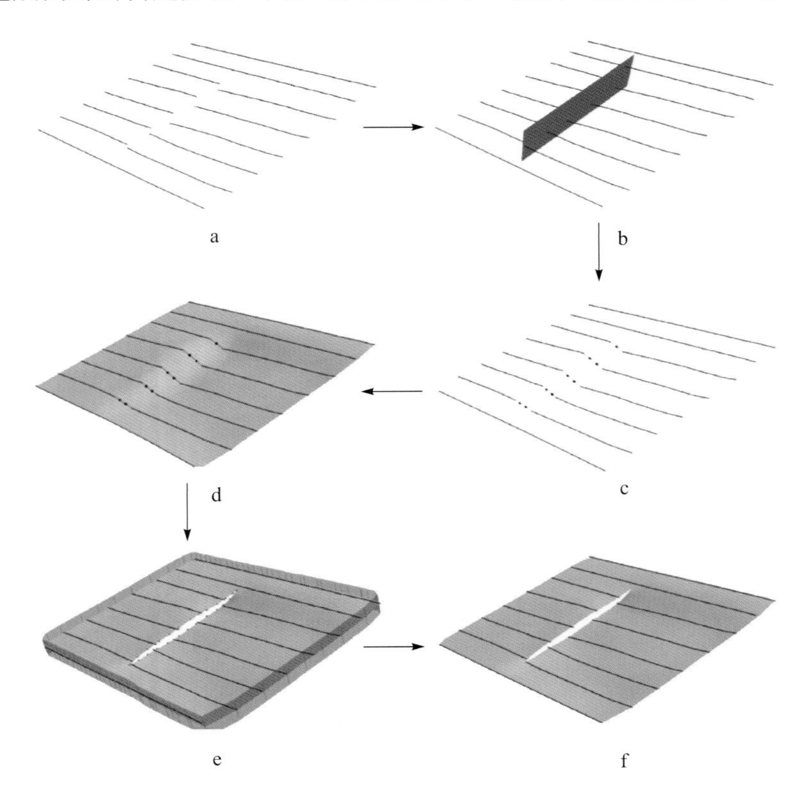

图 6-15　断层未完全切穿地层面时地层界面构建流程及效果图

（1）地层界线数据处理。矢量化地层界线，将断层两盘被错断的同一地层界线顺势相连。将原始地质界线中的节点设置为控制节点，对连接后的地质界线进行平滑处理，断层两侧的局部地质界线能够平滑过渡（图 6-15c）。

（2）构建地层界面。用“连接线生成面”的方法将上述处理后的地层界线生成一个初始地层面，将初始地层面中的节点转换成点数据。在 SMW 中用点数据再次生成更为平滑的地层界面（图 6-15d）。

（3）断层面切割地层界面，设置约束条件。用断层面切割地层界面，对断层切割地层面后产生的两条边界设置约束，目的是使这两条地层边界线始终紧靠断层面，并对这两条边界线进行优化处理，让边界线旁的三角网自动调整大小，消除因断层面切割地层面后产生的“坏”三角网格。用原始地层界线（未进行处理的地层界线）对切割后的地层面进行约束，同时对地层面的四周边界进行边界约束，确保地层面的大小不发生改变，只让边界上的节点在 Z 轴方向上移动。图 6-15e 为约束设置后的效果图。

（4）DSI 处理。对设置约束后的地层面进行 DSI 处理，执行 DSI 处理后，断层两盘的地层面将会自动发生位移，并达到与地层原始界线完全吻合的效果（图 6-15f），且地层面的范围不发生改变。

3. 岩体界面

1）简单岩体

在剖面资料中，岩体边界线的数量是非常有限的，单凭少量的边界线无法准确构建岩体界面。因此需要增加大量辅助线，将辅助线和岩体边界线共同作为建模数据。制作辅助线时要严格受已有地质数据的约束，且要符合实际地质情况。以下为简单岩体界面的构建方法：

（1）提取岩体边界地质界线与水平面的交点。矢量化剖面中的岩体边界线(图 6-16a)，并生成一个涵盖整个岩体边界线的水平面，再连续调整高程值生成一系列不同高程的水平面（图 6-16b）。提取各水平面与边界线的交点（图 6-16c）。在边界线变化较大的部位，适当减小两水平面之间的间距，增加水平面的数量。

（2）生成不同高程的地质界线。将上一步骤提取的相同高程的交点用辅助线相连接，也可以用自动生成包络线的方式让封闭的线将点相连接，生成一系列水平状态的封闭曲线（图 6-16d）。将线中与交点相对应的节点设置为控制节点，加密线中的节点，进行 DSI 处理，得到各水平面上的岩体边界线。

（3）生成岩体界面。依据各水平面上的边界线（图 6-16e），运用“连接线生成面”功能生成岩体界面（图 6-16f）。运用该功能时，要按高程依序选择边界线，并可自动适当地等间距插入一些线。

（4）约束、平滑岩体界面。将剖面中的原始岩体边界线合并成一个文件，以它们的节点作为控制点对岩体界面进行约束、平滑处理。约束过程中始终要以离控制点最近的三角网节点作为拉伸对象，当三角网节点与控制点位置达到一致后平滑过程会自动调整其他节点，使整个岩体界面呈平滑过渡状态（图 6-16g）。把岩体界面、DEM 面和底界面组合在一起生成岩体的面模型（图 6-16h）。

2）复杂岩体

具有分枝的岩体界面无法一次性构建完成，需要将复杂岩体细分成数个较简单的岩体分别进行构建，再将简单的岩体界面组合成复杂的岩体界面，该种建模方法与理念也适用于其他复杂地质界面的构建。复杂岩体界面具体构建方法如下：

（1）复杂岩体简化成数个简单岩体。矢量化剖面中的岩体界线（图 6-17a）。对复杂岩体进行综合分析，将复杂的岩体简化成数个较简单的岩体。对单个简单岩体的地质界线进行简单处理（图 6-17b），使建立的单个简单岩体范围比实际稍大些。

（2）逐个构建单个简单岩体界面。单个简单岩体界面的构建方法与上文简单岩体的构建方法一致。当单个岩体延伸方向不与 Z 轴方向一致时，构建的平面应垂直于岩体延伸方向。提取岩体边界线与平面的交点，根据交点数据和运用 DSI 技术构建不同平面（交面）上的地质界线。当岩体边界地质界线变化较大时，应增加平面数量。在不同平面上的地质界线连接成岩体地质界面之前，沿岩体边界地质界线增加一系列的节点连接，控制相邻地质界线的连接方向，使生成的地质界面与岩体边界地质界线相吻合。对生成的单个简单岩体地质界面进行约束、DSI 处理，使生成的地质界面与已知地质数据相吻合，且平滑过渡（图 6-17c～e）。

（3）组合已构建的单个岩体地质界面。将所有已构建好的岩体地质界面进行互相裁剪，去除多余部

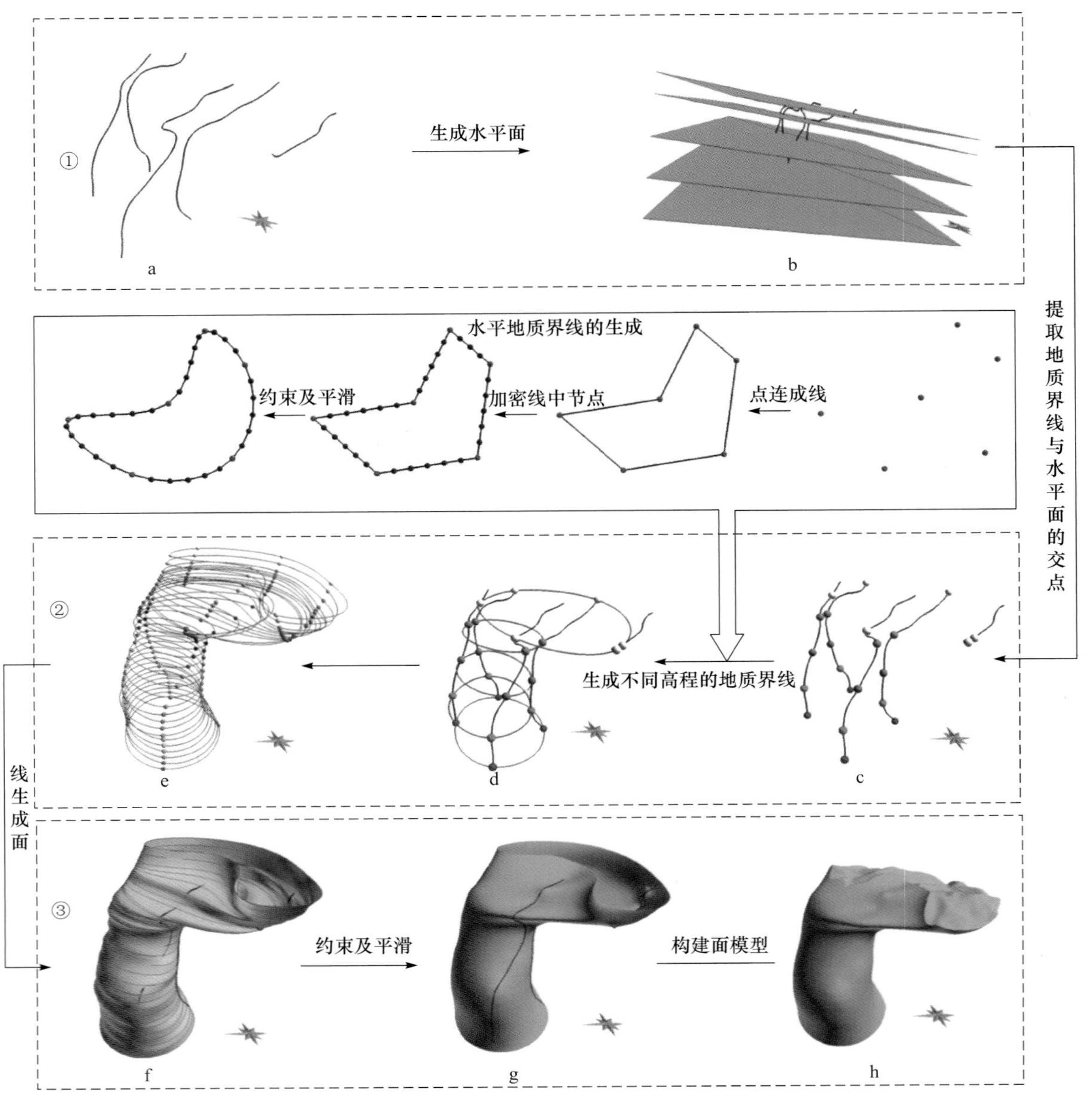

图 6-16　构建简单岩体地质界面的流程及效果图

①提取岩体地质界线与水平面的交点；②生成不同高程的地质界线；③生成岩体界面

分的地质界面（图 6-17f～h）。所有去除了多余部分地质界面的岩体界面合并成同一个文件，并对该文件中的所有面块合并成一个面块。运用“新建区域”（region）功能对简单岩体之间的接触部位创建工作区，对区域范围内的地质界面进行平滑处理，使简单岩体之间的接触界面能够平滑过渡（图 6-17i），其他范围的地质界面不发生改变。运用模型边界面（DEM 面、底界面、四周边界面）对已经处理好的岩体界面进行裁剪处理，去除模型边界面之外的地质界面，保留范围内的岩体地质界面（图 6-17j）。

（三）面模型构建

以 DEM 面为顶界面、模型周边的竖直面作为边界面、一定高程的水平面作为底界面，将上述构建的断层面、第四系界面、地层界面、岩体界面、残留顶盖界面和俘虏体界面等按先新后老的顺序依次组合生成 Model 3D 模型。如果模型范围较大或者较复杂则应分块组合，即沿贯穿建模区的断层面或地层界面将其划分成数个小模型，先逐个组合后进行叠合显示。相邻小模型之间应实现无缝拼接。

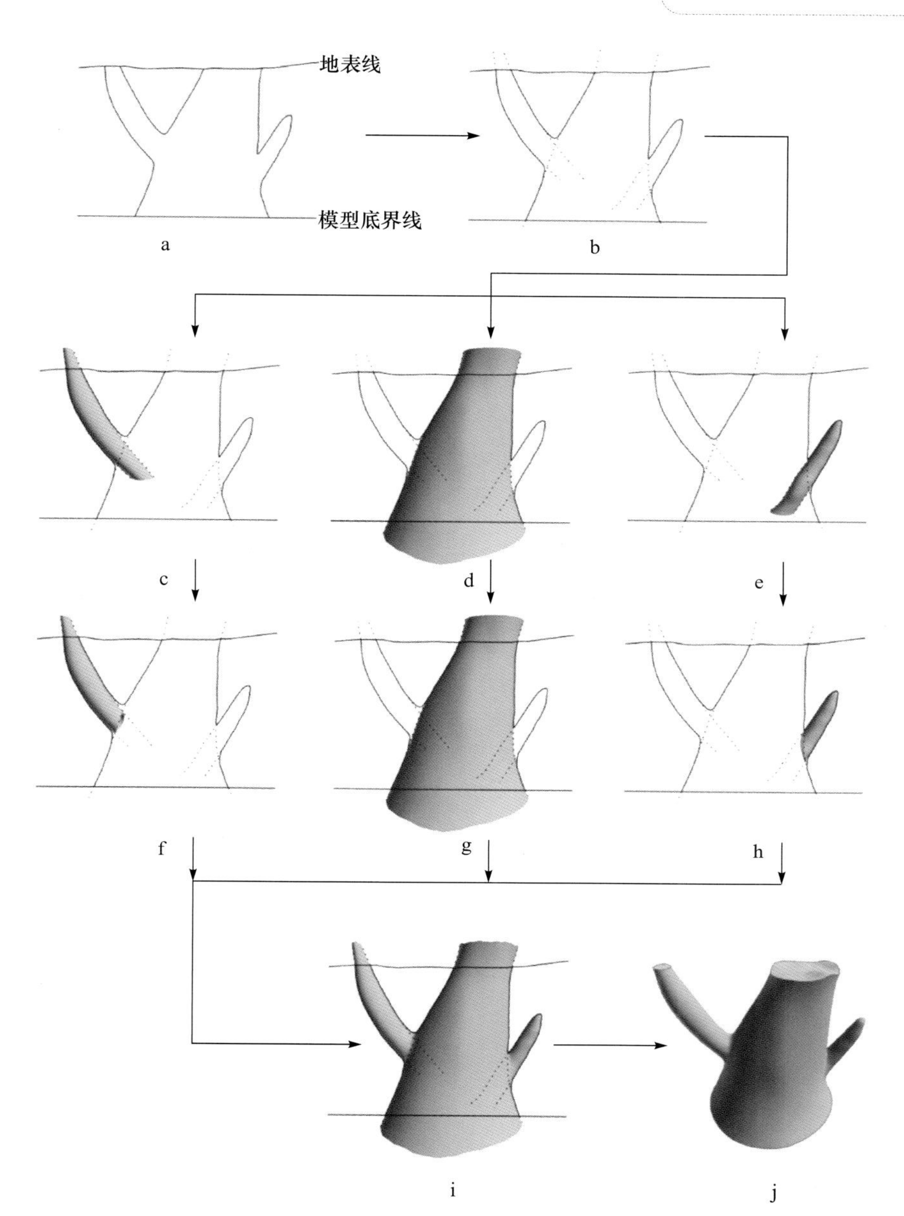

图 6-17 构建复杂岩体地质界面的流程及效果图

这样组合生成 Model 3D 模型的过程，也是对已经构建的各种面进行错误检查的过程。如果能够生成 Model 3D 模型，则说明面与面之间是密封的，面的内部没有错误；如果不能则说明面与面之间不密封，面的内部可能存在错误。存在错误时，在出错位置会有颜色异常的线条显示。这时应修改面中的错误，直至能够生成 Model 3D 模型，进行单独备份保存。

（四）实体模型构建

面模型是用于对地质体进行密闭包裹的模型，只能显示地质体的边界轮廓，而不能体现地质体的属性。因此，需要进一步将面模型构建成为实体模型。构建方法是：在 GOCAD 软件中用许多立方体充填面模型，赋予这些立方体对应的地质体属性。这样充填构成的地质体，边部呈锯齿状，为了提高模型的精度和美观性，应适当减小单个立方体的大小（数据量将成倍增加）。

在构建实体模型之前，应先创建一个属性表。属性表中包含属性编号、所属建模单元、地质体代号、颜色、花纹符号等信息，各种信息相互链接，这样可以方便地给各地质体赋予相应的属性。

第三节　三维地质模型

本次建立了5个模型，分别为陀上幅三维地质模型、相山火山盆地三维地质结构模型、邹家山－居隆庵三维地质模型、邹家山矿床三维模型和沙洲矿床三维模型。其中，陀上幅三维地质模型由野外数字地质填图路线数据直接构建，钻孔数据作为约束条件；相山火山盆地三维地质结构模型和邹家山－居隆庵三维地质模型，主要根据物探解译的地质剖面，结合地表填图数据进行建模，勘探线剖面图、采矿中段平面图、钻孔数据等作为约束条件；邹家山矿床三维模型和沙洲矿床三维模型，是根据勘探线剖面图、采矿中段平面图、钻孔数据、地质图等建立的。

一、模型简介

（一）陀上幅三维地质模型

陀上幅三维地质模型是采用数字地质填图建模方法构建的，模型范围为1：5万陀上幅（G50E003008）标准图幅范围，覆盖了相山火山盆地主体部分，面积约456km^2，Z轴方向深度500m，底界面与DEM面平行（图6-18）。建模单元与地表填图单元一致，共24个单元（表6-2）。以野外数字地质填图路线PRB数据为主要建模数据源，地质图、地质剖面图、遥感影像数据等为辅助数据源，利用钻孔、勘探线剖面、中段平面图数据对地质界面进行约束（表6-3）。

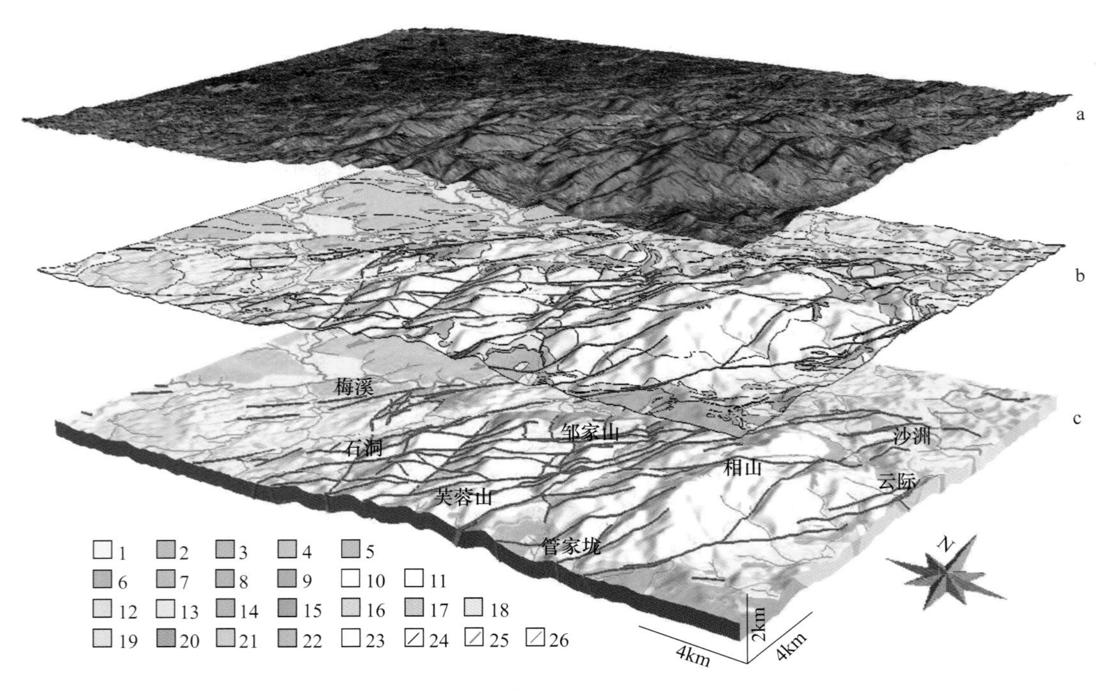

图 6-18　陀上幅三维地质模型

a. 三维遥感影像图（RGB（ETM7，ETM4，ETM1）+ALOS PAN）；b. 矢量三维地质图；c. 三维地质模型；1. 第四系；2. 上白垩统莲荷组二段砂岩；3. 上白垩统莲荷组一段砾岩；4. 上白垩统塘边组三段粉砂岩；5. 上白垩统塘边组二段砂岩；6. 上白垩统塘边组一段粉砂岩；7. 上白垩统河口组三段砾岩；8. 上白垩统河口组二段复成分砾岩；9. 上白垩统河口组一段砾岩；10. 下白垩统鹅湖岭组二段中心相含花岗质团块碎斑熔岩；11. 下白垩统鹅湖岭组二段过渡相碎斑熔岩；12. 下白垩统鹅湖岭组二段边缘相含变质岩角砾碎斑熔岩；13. 下白垩统鹅湖岭组一段砂岩、凝灰岩；14. 下白垩统打鼓顶组二段流纹英安岩；15. 下白垩统打鼓顶组一段砂岩、凝灰岩；16. 青白口系上施组二段千枚岩；17. 青白口系上施组一段片岩；18. 青白口系库里组二段片岩；19. 青白口系库里组一段片岩；20. 早白垩世二长花岗斑岩；21. 早泥盆世二长花岗岩；22. 煌斑岩脉；23. 硅化脉；24. 地质界线；25. 断层；26. 河流

表 6-2　各模型建模单元表

模型	建模单元		模型	建模单元	模型	建模单元
陀上幅三维地质模型	Q	K_1e^1	邹家山矿床三维模型	K_1e^{2b}	相山火山盆地三维地质模型	Q
	K_2l^2	K_1d^2		K_1e^{2a}		K_2
	K_2l^1	K_1d^1		K_1e^1		K_1e
	K_2t^3	$Qb\hat{s}\hat{s}^2$		K_1d^2		K_1d
	K_2t^2	$Qb\hat{s}\hat{s}^1$		K_1d^1		T_3z
	K_2t^1	Qbk^2		Qb		$Qb\hat{s}\hat{s}$
	K_2h^3	Qbk^1		F		Qbk
	K_2h^2	$\eta\gamma\pi K_1S$	邹家山－居隆庵三维地质模型	Q		$Qb\hat{s}$
	K_2h^1	$\eta\gamma D_1J$		K_1e		$\eta\gamma\pi K_1S$
	K_1e^{2c}	q		K_1d		$\eta\gamma D_1$
	K_1e^{2b}	χ		Qb		F
	K_1e^{2a}	F		$\eta\gamma\pi K_1S$		
沙洲矿床三维模型	Q			F		
	$\eta\gamma\pi K_1S$					
	Qb					
	F					

表 6-3　数字地质填图建模数据一览表

数据类型	数据情况
标准图框	1：5 万陀上幅标准图框
等高线数据	1：5 万陀上幅标准图幅地形图
野外路线 PRB 数据	1：5 万陀上幅数字地质调查野外路线 232 条
野外实测产状数据	主要是区调野外路线中的产状
钻孔数据	497 个勘探钻孔
地质图	1：5 万陀上幅地质图
遥感影像	TM/ETM+、ASTER、ALOS 三种类型遥感影像

（二）邹家山、沙洲矿床三维模型

分别从相山矿田的西部成矿区和北部成矿区各选一个典型铀矿床，构建三维地质模型，用于精细刻画不同地质体在三维空间展布特征及其与铀矿体的空间关系。矿床三维模型的构建采用地质剖面建模方法，建模数据主要为勘探线剖面、钻孔编录资料、采矿中段平面图、等高线、地表地质图等（表 6-4）。矿床模型范围小、深度较大，与陀上幅浅表层、大范围的三维地质模型一起，为后期物探剖面地质解译、三维建模提供约束条件。

表 6-4　邹家山矿床建模数据源一览表

数据类型	数量	数据源简介
勘探线剖面	26 条	图片格式（JPEG），勘探线间距 50m
钻孔资料	415 个钻孔	包含孔位表、测斜表、岩性表和矿化蚀变表等，孔间距 25~50m
采矿中段平面图	10 幅	图片格式（JPEG），中段之间的高差为 40m

续表

数据类型	数量	数据源简介
等高线数据	建模区域	矢量化数据
地质图	1幅	MapGIS格式的矢量化数据

邹家山矿床三维模型建模面积约 1km^2，建模深度与勘探剖面深度一致，最深处为 1000m，建模单元共 7 个（表 6-2）。沙洲矿床三维模型建模面积约 0.83km^2，深度 360m（图 6-19）。用于建模的数据信息包括 290 个钻孔数据、5 个采矿中段平面图和 34 条勘探线剖面数据。钻孔间距 25~50m，采矿中段之间的高差为 40m，勘探线间距 50m。

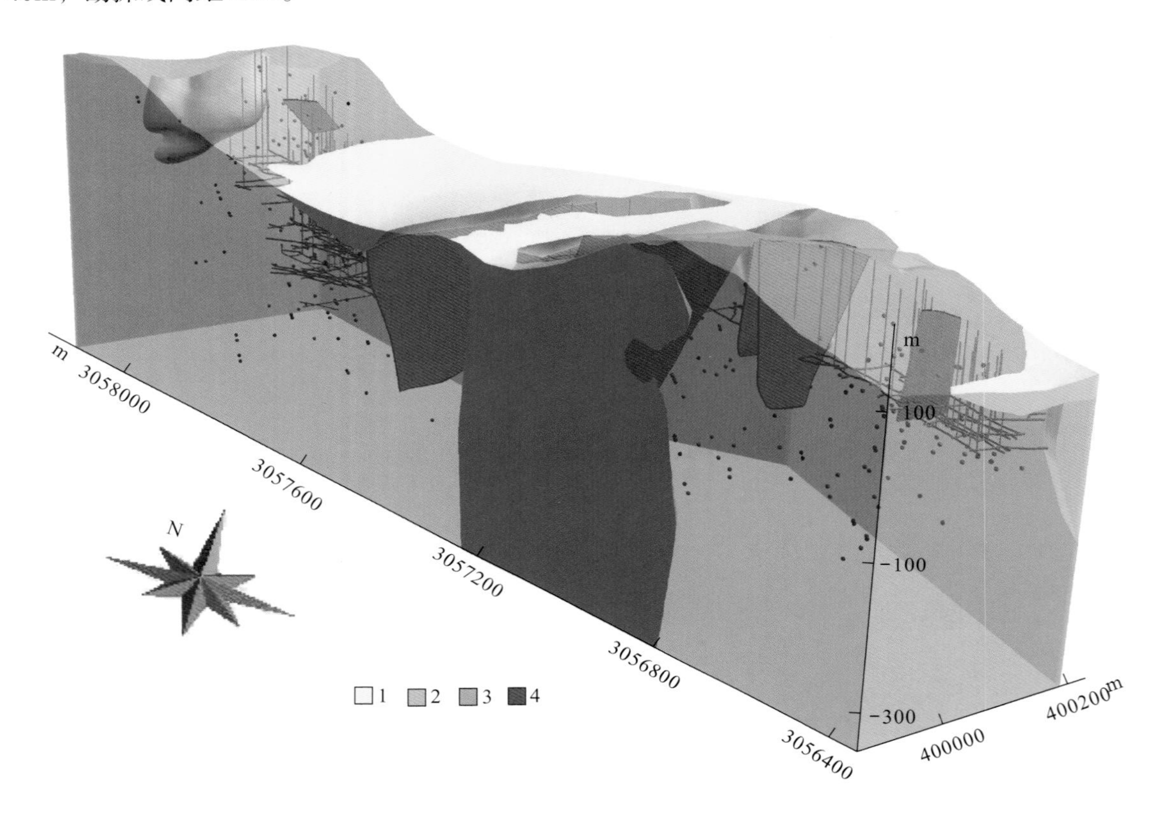

图 6-19　沙洲矿床三维模型

1. 第四系；2. 青白口系千枚岩、片岩；3. 早白垩世二长花岗斑岩；4. 断层。

（三）邹家山－居隆庵三维地质模型

邹家山－居隆庵地区位于盆地的西部，是铀矿重要的勘查区，区内有邹家山、居隆庵、牛头山等铀矿床，在牛头山地区深部存在丰富的铅、锌、银多金属矿化。对该成矿有利区域构建三维地质模型，可以揭示深部成矿地质要素的空间组合关系。在该区施测了 14 条相互平行的可控源大地电磁测深（CSAMT）剖面，剖面间距 500m，单条剖面长 4500m。以 CSAMT 解译的地质剖面为主要建模数据，地质图、钻孔、勘探线剖面图、中段平面图等数据为辅助数据。模型面积约 32km^2，深度 3000m，共有 6 个建模单元（表 6-2）。

（四）相山火山盆地三维地质模型

运用多源数据融合建模方法对上述 4 个已构建的模型和深部探测等其他建模数据融合，构建了相山火山盆地三维地质模型。建模范围涵盖了整个相山火山盆地，面积约 582km^2，深度 3000m，有 11 个建模单元（图 6-20、表 6-2）。建模数据包括：前期三维模型 4 个、均匀覆盖全区的大地电磁测深（MT）地质解译剖面 19 条、CSAMT 地质解译剖面 14 条、地质图、勘探资料、地表等高线和遥感影像等。勘探资料有 1459 个钻孔、中段平面图和勘探线剖面图共 447 幅。

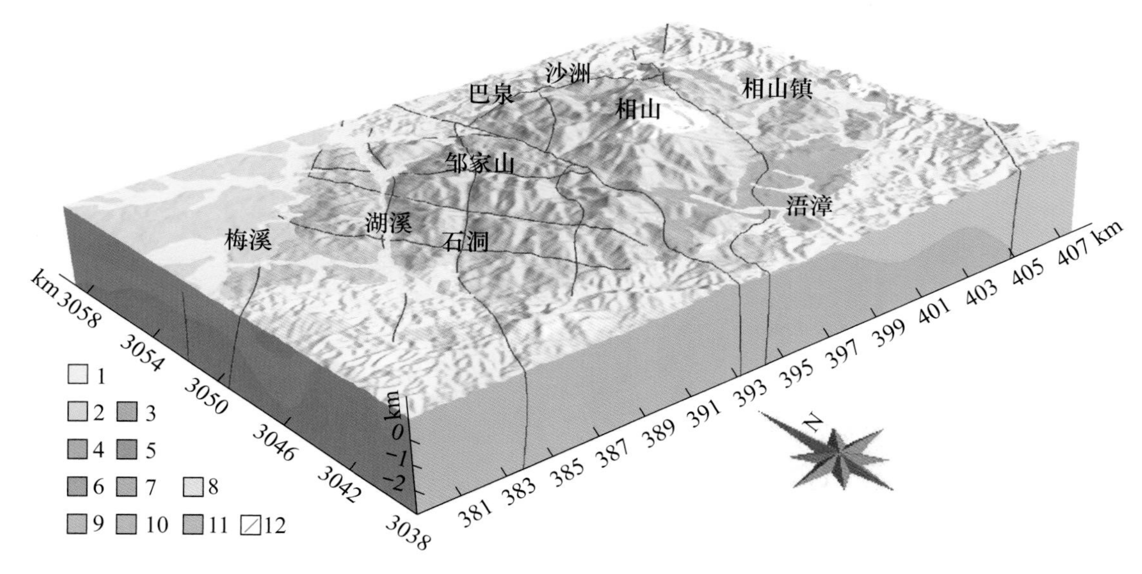

图 6-20　相山火山盆地三维地质模型

1. 第四系；2. 上白垩统红层；3. 下白垩统鹅湖岭组碎斑熔岩；4. 鹅湖岭期火山通道；5. 下白垩统打鼓顶组流纹英安岩；6. 上三叠统紫家冲组砂岩；7. 青白口系上施组千枚岩；8. 青白口系库里组片岩；9. 青白口系神山组千枚岩；10. 早白垩世二长花岗斑岩；11. 早泥盆世二长花岗岩；12. 断层

二、模型的性能与运行环境

（一）模型性能

与传统的地质图、物探解译地质剖面图、勘探线剖面图、采矿中段平面图、钻孔剖面图等相比，三维地质模型具有众多优点。

1. 空间关系的确定性

传统地质图件以二维形式表达地质状况，而延伸至地下深部的地质结构只能通过读者的想象力去构建。因地质现象的多解性和读者专业知识的差异性，将导致读者对图幅所表现的地质内容产生理解差异。面对同一幅地质图件，不同读者所理解的地质内容可能会有较大的差异。而三维地质模型是以三维数据集形式表达的，模型制作者对地质体的空间展布情况及各地质体相互关系的认识，得到了清晰的确定性表达。因此，通过三维地质模型，人们不再依赖想象构建地质结构，不容易出现因人而异的理解偏差。所以，三维地质模型是地质图的升级，大大方便了各行各业人员阅读和使用，有利于区域地质调查成果的推广应用。

2. 三维可视化

借助软件平台图形工具，读者可对模型进行不同方式、不同角度的观察。常用的显示方式有以下 4 种。

（1）三维景观显示：清楚地展示从地表到建模深度范围内各地质体的三维空间展布情况和相互关系，可以从不同角度、不同距离进行全景观看。

（2）针对性地选择显示：在三维景观全景显示基础上，观察者可以有针对性地选择地质体或界线进行显示，从而可以更好地观察地质体的具体形态、地质体的空间接触关系。

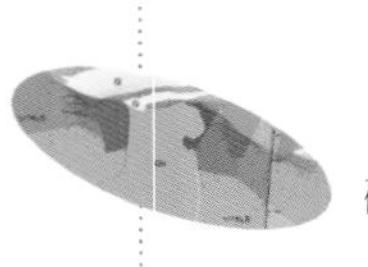

（3）透明显示：通过改变地质体的透明度，可以同时穿透展现里外远近各个位置上的地质体。即可以透过近前的地质体观察远处的地质体，可以透过外围的地质体观察中心部位的地质体。

（4）切割显示：可以通过观察任意方向的切割剖面，了解内部地质结构（图 6-21）。

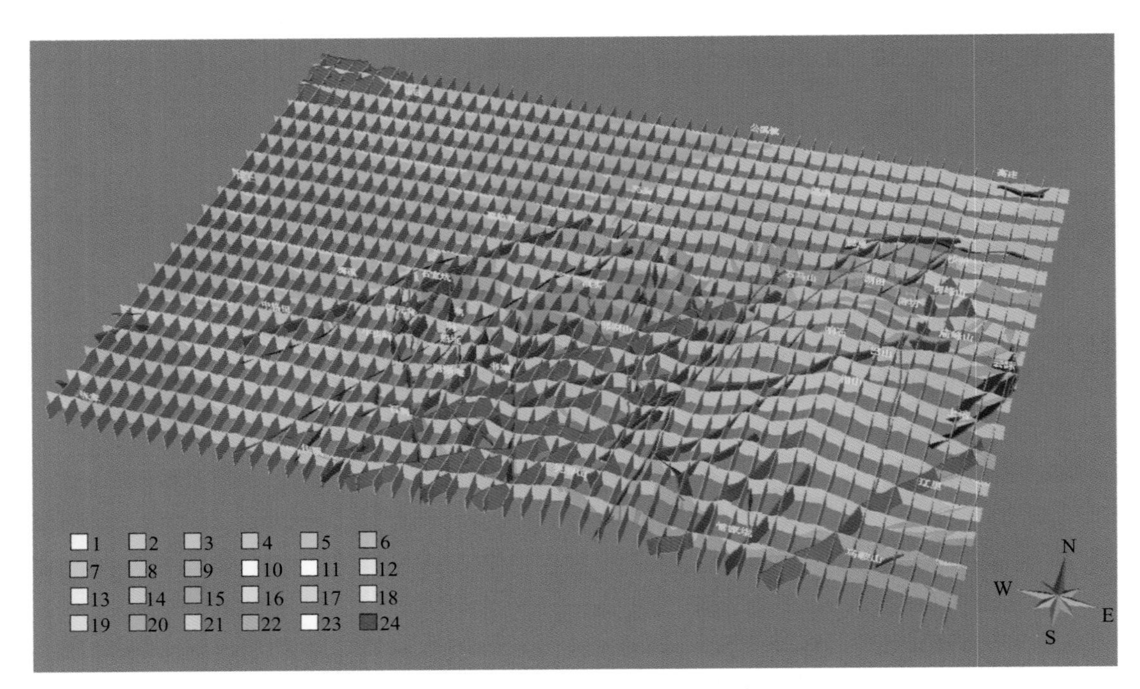

图 6-21　陀上幅三维地质实体模型切片显示

1. 第四系；2. 上白垩统莲荷组二段砂岩；3. 上白垩统莲荷组一段砾岩；4. 上白垩统塘边组三段粉砂岩；5. 上白垩统塘边组二段砂岩；6. 上白垩统塘边组一段粉砂岩；7. 上白垩统河口组三段砾岩；8. 上白垩统河口组二段复成分砾岩；9. 上白垩统河口组一段砾岩；10. 下白垩统鹅湖岭组二段中心相含花岗质团块碎斑熔岩；11. 下白垩统鹅湖岭组二段过渡相碎斑熔岩；12. 下白垩统鹅湖岭组二段边缘相含变质岩角砾碎斑熔岩；13. 下白垩统鹅湖岭组一段砂岩、凝灰岩；14. 下白垩统打鼓顶组二段流纹英安岩；15. 下白垩统打鼓顶组一段砂岩、凝灰岩；16. 青白口系上施组二段千枚岩；17. 青白口系上施组一段片岩；18. 青白口系库里组二段片岩；19. 青白口系库里组一段片岩；20. 早白垩世二长花岗斑岩；21. 早泥盆世二长花岗岩；22. 煌斑岩脉；23. 硅化脉；24. 断层面

3. 可动态编辑与更新

三维地质模型具备较好的可修改性，可根据数据的更新进行实时动态修改。如本书构建的陀上幅三维地质模型主要依据数字填图的路线数据构建，今后随着勘探工作的深入，钻孔、采矿界面等数据的不断获取，可以采用约束的方式不断修正模型。

4. 分析和计算功能

通过模型的三维透视功能，可以对各地质体和地质现象进行全方位的空间关系分析，揭示其成因联系和改造过程，进而重塑地质演化历程，探寻成矿规律与成矿控制条件。

三维地质模型具有对各个地质体和界面进行有关参数快速计算的功能，如地（矿）层厚度、矿体体积、地质体的面积、接触界面的面积、轴面产状、枢纽产状、视倾角、断层断距等参数计算。也可以在任意方向、任意位置进行模拟钻探、采掘，从而有助于勘探的快速进行、采矿工程的模拟设计和工程量的计算。

5. 成图与输出功能

可以切制任意标高、任意方向、任意角度的平面地质图和地质剖面图，并进行输出打印，也可以对整个模型或者单个地质体进行成图与输出打印。

6. PDF 软件平台展示功能

GOCAD 软件为专业的三维建模软件，购买价格昂贵，非专业人员使用较为困难。为了能够让更多人方便地使用构建好的模型，笔者开发了基于 PDF 平台的模型展示系统。该展示系统主要有如下功能：①模型可以进行动态平移和旋转，让用户从任意方向观察模型，如前视、后视、侧视、俯视等观察。②动态改变模型的大小，让用户按需要观察模型局部特征。③设置 3D 场景背景色。④控制 3D 场景，对地质体进行可见、不可见、透明等设置。这样可以在模型中选择某个或某几个地质体进行突出显示。⑤改变光照效果，让模型显示在设定的光线环境中。

（二）对运行环境的要求

GOCAD 软件是一款以工作流程为核心的地质建模软件。它是 1989 年由法国南希大学的 Jean-Laurent Mallet 教授提出研究方案，经地质学、计算机科学、地质统计学、地球物理和油藏工程学等领域的专家学者共同研制而成，能在现今常用的软硬件平台上运行。应用该软件所构建的三维地质模型，对运行环境的要求如下。

1. 模型运行的软件要求

模型可以在目前所有通用的操作系统下运行，如 Windows、Solaris、SGI、HP-unix、Linux 等。表 6-5 列出了在 Windows 操作系统中运行的环境要求。

表 6-5　模型运行所需软件条件

组件	要求
操作系统	•Windows 7 Enterprise x86 and x64 edition • Windows Vista x86 and x64 (Business, Enterprise, or Ultimate Edition) • Windows XP Professional (Service Pack 2) x86 edition
应用软件	•Microsoft Internet Explorer 6.0 以上 •Microsoft .NET 框架 4.0 以上 SKUA-GOCAD2.5.2 以上

2. 模型运行的硬件平台

与 GOCAD 软件一样，能在现今几乎所有的计算机硬件平台上运行。为取得较理想的运行效果，建议使用高性能图形工作站运行（硬件要求见表 6-6）。

表 6-6　模型运行所需的硬件条件

组件	组件的要求
处理器（Processor）	Intel Core、Xeon 和 AMD 系列 CPU。推荐使用 Intel Core、Core 2 Duo（双核）、Core 2 Quad（四核），Xeon 系列，AMD 系列的 Athlon、Opteron 和 Phenom
内存（Memory）	4GB RAM 以上，大数据量模型需要更大的内存支持
硬盘（Hard disk）	100GB 以上，推荐使用 1TB 以上高速（大于 7200 转）硬盘或 SSD 固态硬盘
图形适配器（Graphics adapter）	不低于 1280 × 1024 分辨率的 3D 显卡、支持 OpenGL，推荐 NVIDIA Quadro 4000、5000、6000，FX3800、4800、5800，K5000 系列显卡

三、模型分析

基于 MT 剖面（图 6-22）和 CSAMT 剖面综合地质 − 地球物理解译成果，建立了相山火山盆地三维地质结构模型和邹家山 − 居隆庵三维地质模型。通过模型空间结构分析，对相山地区三维地质结构特征、构造演化及铀成矿有利因素取得了一些新认识（郭福生等，2017b；Guo Fusheng *et al.*, 2017）。

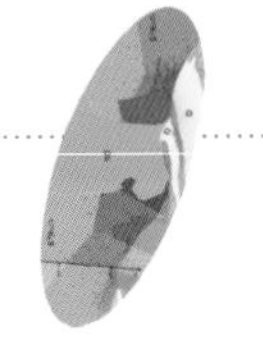

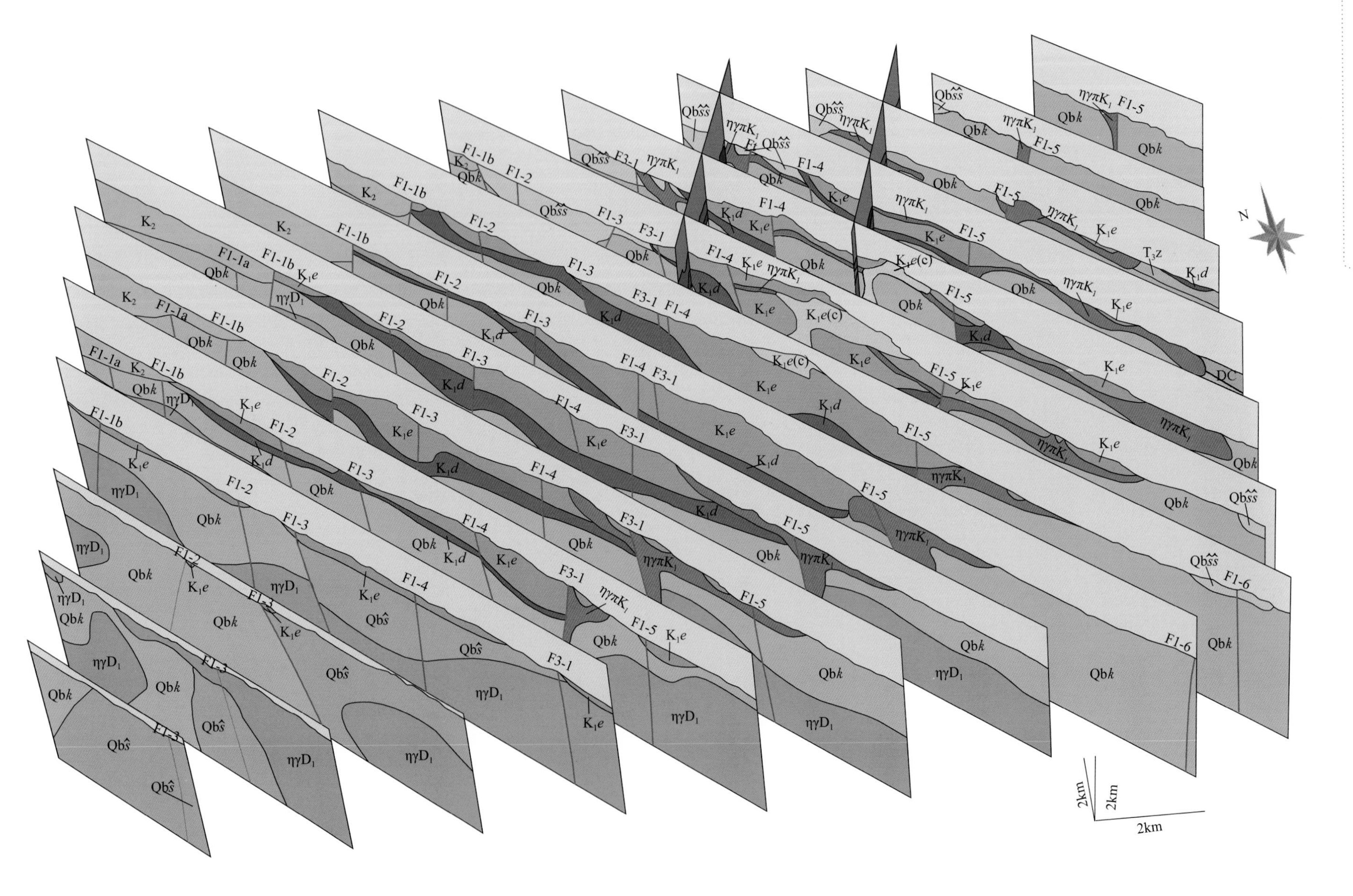

图 6-22 相山地区 **MT** 地质解译剖面三维展示图

1. 相山地区变质岩－花岗岩双基底的识别及其三维地质特征

相山白垩纪火山盆地发育于青白口系变质岩基底之上，在盆地南部外围还有加里东期花岗岩体出露。

通过区域地质填图，区内变质岩可以划分为神山组、库里组和上施组，每个组均分为上、下两个岩性段。总体而言，各组下段主体为石英片岩类，表现为高阻；上段主体为泥质千枚岩类，表现为中低阻；变质岩总体表现为高密度、偏低磁性。而基底加里东期花岗岩体则表现为高阻、低密度、偏高磁性特征。

基于上述物性特征和地表地质填图结果，在 MT 系列测量剖面上，识别出相山火山盆地下伏基底的三维空间分布特征：变质岩基底地层构成一个北东东向并向北东东倾伏的复式背斜，相山火山盆地位于该背斜核部倾伏端之上；南部有加里东期花岗岩侵入，该岩体在 MT-2 测线上出露于地表，在 MT-3 测线上岩体隐伏于 −600m 标高以下，在 MT-4 测线上岩体顶面抬升至 0m 标高左右，在 MT-5、MT-6 和 MT-7 测线上岩体均分布于 −1000m 标高以下。总体上，加里东期花岗岩由南西向北东倾伏，在探测深度范围内（−3000m 以上）终止于 MT-7～MT-8 测线。

基于上述剖面解译结果，建立了相山地区变质岩和花岗岩基底的三维地质模型（图 6-23）。

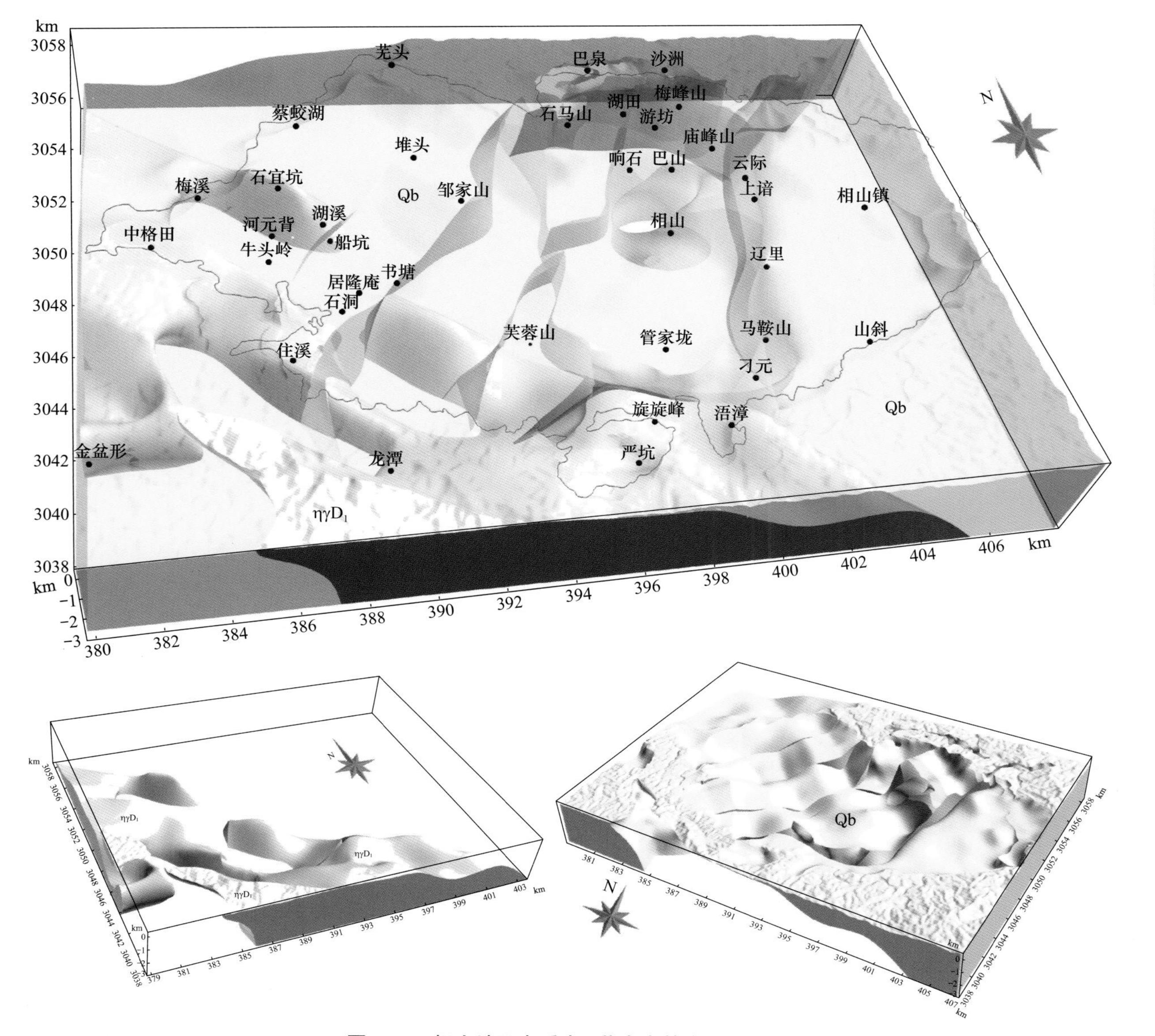

图 6-23　相山地区变质岩 / 花岗岩基底三维模型

Qb. 青白口系变质岩；$\eta\gamma D_1$. 早泥盆世二长花岗岩；红色线条为盆地边界

从图 6-23 可以看出，在相山地区石宜坑—书塘—芙蓉山—浯漳一线西南，存在青白口系变质岩和古生代花岗岩双基底，而北部为变质岩单基底。根据主干剖面 GG-MT2（探测深度 −5000m 标高以上）解释结果，基底中的晚古生代花岗岩具有似层状的空间展布特征。

2. 相山火山盆地与基底变质岩系之间不整合界面的识别及其三维地质特征

相山火山盆地地表出露的火山岩主要有两套：一是鹅湖岭组火山岩，主体为碎斑熔岩，在物性上总体表现为高阻、低密度、中等 – 偏高磁化率；二是打鼓顶组火山岩，主体为流纹英安岩，在物性上总体表现为中 – 偏低阻、中密度、偏低磁化率。

在穿越相山火山盆地的 9 条 MT 剖面图上（MT-4～MT-12），都存在一条近于连续或趋势上可连接的低阻 – 偏低阻异常带。结合物性特征、地质结构分析，并参考大量钻孔勘探资料，该异常带之上的似层状高阻 – 偏高阻地质体为鹅湖岭组火山岩系；下部的高阻 – 偏高阻或其与中 – 偏低阻组合，为变质岩系或变质岩系与花岗岩体的组合。近于连续或趋势上可连接的低阻 – 偏低阻异常带是打鼓顶组火山岩和（或）不整合界面存在的典型标志。

该低阻带标高在 MT-4 测线上为 −100m 左右，在 MT-5 测线上为 −100～−700m，在 MT-6 测线上为 −100～−1300m，在 MT-7 测线上为 −100～−1500m，在 MT-8 测线上为 −100～−1000m，在 MT-9 测线上为 −200～−1800m，在 MT-10 测线上为 −100～−1500m，在 MT-11 测线上为 −100～−1500m，在 MT-12 测线上为 −300～−700m。总体上由南、北两边向中心变深，最深处在 MT-9 测线的 8600m（MT9-80 测点）～11200m（MT9-70 测点）。该不整合界面的识别，对相山火山盆地三维空间分布特征的地球物理探测具有重要意义。

基于上述不整合界面的剖面解译结果，建立了相山地区基底顶界面 / 火山盆地底界面的三维地质模型，并提取其标高等值线（图 6-24）。

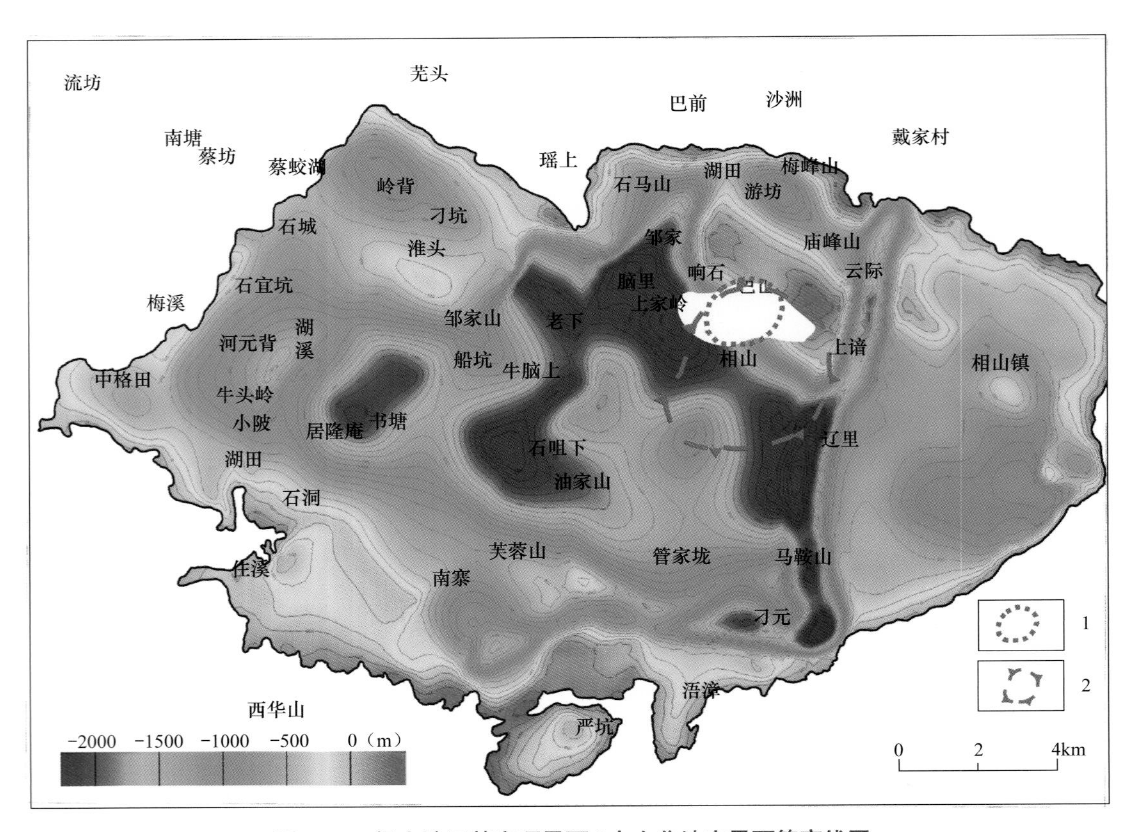

图 6-24　相山地区基底顶界面 / 火山盆地底界面等高线图

1. 主火山颈（深部，−3000m）；2. 主火山口（浅表）

由图 6-24 可以看出，相山地区基底顶界面 / 火山盆地底界面标高总体上表现为南北分带、东西分块的三维地质格局。

1）南北分带

相山地区基底顶界面总体表现为北西西－南东东走向的隆起带－凹陷带相间格局，北部湖田－上谙为隆起带，中北部蔡蛟湖北－邹家山北－相山－辽里为凹陷带，中部蔡蛟湖－邹家山－马鞍山为隆起带，中南部河元背－书塘－管家垅为凹陷带，南部住溪－浯漳为隆起带。

2）东西分块

以北东走向的 F1-3（邹家山－石洞断裂）和 F1-5（严坑－马口断裂）为界，相山地区基底顶界面在三维空间展布上表现为西部块体、中部块体、东部块体三分格局。西部块体位于 F1-3 以西，其基底顶界面标高总体在 −700m 以上，在书塘西边与河元背东边有局部凹陷，基底顶界面可深达 −1600m 标高；邹－石断裂的北东段（如邹家山北东一带），基底表现为西高东低，而其南西段（如书塘一带），基底则表现为西低东高。东部块体位于 F1-5 以东，其基底顶界面标高均在 −700m 以上，且相对比较平缓，没有太大的起伏。中部块体位于 F1-3 和 F1-5 之间，其基底顶界面标高主体在 −700m 以下；其内的中北凹陷带基底顶界面标高多在 −1000m 以下，可达 −2000m；其内的中南凹陷带基底顶界面标高亦多在 −1000m 以下，可达 −1800m。

3. 相山火山盆地打鼓顶组火山岩系的识别及其三维地质特征

上述 MT 反演剖面图上低阻－偏低阻异常带反映了相山下白垩统火山岩与青白口系变质岩（相山盆地南部还有早泥盆世花岗岩体）之间不整合界面和打鼓顶组火山岩在深部的展布和形态特征。

打鼓顶组火山岩表现为偏低阻、中密度、中－偏低磁化率。在 MT-4 测线，只存在不整合界面，打鼓顶组火山岩不存在或很少，可以忽略；在 MT-5 测线，其厚度在 300m 左右，且厚度变化不大；在 MT-6 测线，其厚度在 500m 左右，厚度变化也不甚大；在 MT-7 测线，其厚度在 700m 左右，厚度变化性增大，在 MT7-77～MT7-67 测点，厚度可达 800～1200m；在 MT-8 测线，其厚度在 500m 左右，厚度变化不甚大，在 MT8-77～MT8-65 测点，由北西向南东深部倾斜；在 MT-9 测线，打鼓顶组火山岩厚度变化很大，测线 8600m（MT9-80 测点）～11200m（MT9-70 测点）最大厚度可达 1700m；在 MT-10 测线，其厚度变化也很大，测线 8000m（MT10-66 测点）～8400m（MT10-61 测点）最大厚度可达 1500m；在 MT-11 测线，其厚度变化较大，测线 6300m（MT11-58 测点）一带最大厚度可达 1000m；在 MT-12 测线，其厚度在 200m 左右，且厚度变化小。

厚度大的打鼓顶组火山岩主要出现在 MT5-MT12 测线，尤其是 MT7-MT11 测线，火山盆地西部，该地层厚度较大，在 MT9、MT10、MT11 测线，其厚度超过 1km，甚至厚达 2km。

在剖面解译的基础上，建立了相山火山盆地打鼓顶组火山岩三维地质模型，并提取其底界面标高等值线（图 6-25）和厚度等值线（图 6-26）。

图 6-25 和图 6-26 显示，相山火山盆地打鼓顶组火山岩底界面在邹家山东－相山主峰－马鞍山西一带凹陷，芙蓉山北、书塘西、牛头岭东几个凹陷呈串珠状，两条凹陷带总体呈北西西－南东东走向。打鼓顶组火山岩的厚度并不与之协调一致，邹家山东－响石西一带打鼓顶组厚度大，石宜坑－书塘北－管家垅打鼓顶组火山岩厚度较大，呈北西西－南东东走向的带状分布，该组火山岩厚度与其底界面凹陷之间的不一致性，可能是后期断块作用的结果。即在打鼓顶组火山喷发旋回之后，鹅湖岭组火山喷发旋回之前，相山地区发生过比较强烈的断块构造差异升降运动，形成了该地区南北方向上隆－凹相间的基本构造格局。

4. 相山火山盆地鹅湖岭组火山岩系、主火山口的识别及其三维地质特征

鹅湖岭组火山岩系主体碎斑熔岩表现为高阻、低密度、中－偏高磁地球物理特征。在 MT-4 测线，其厚度在 300m 左右，且厚度变化不大；在 MT-5 测线，距离起点 13000m（MT5-33 测点）～15600m（MT5-

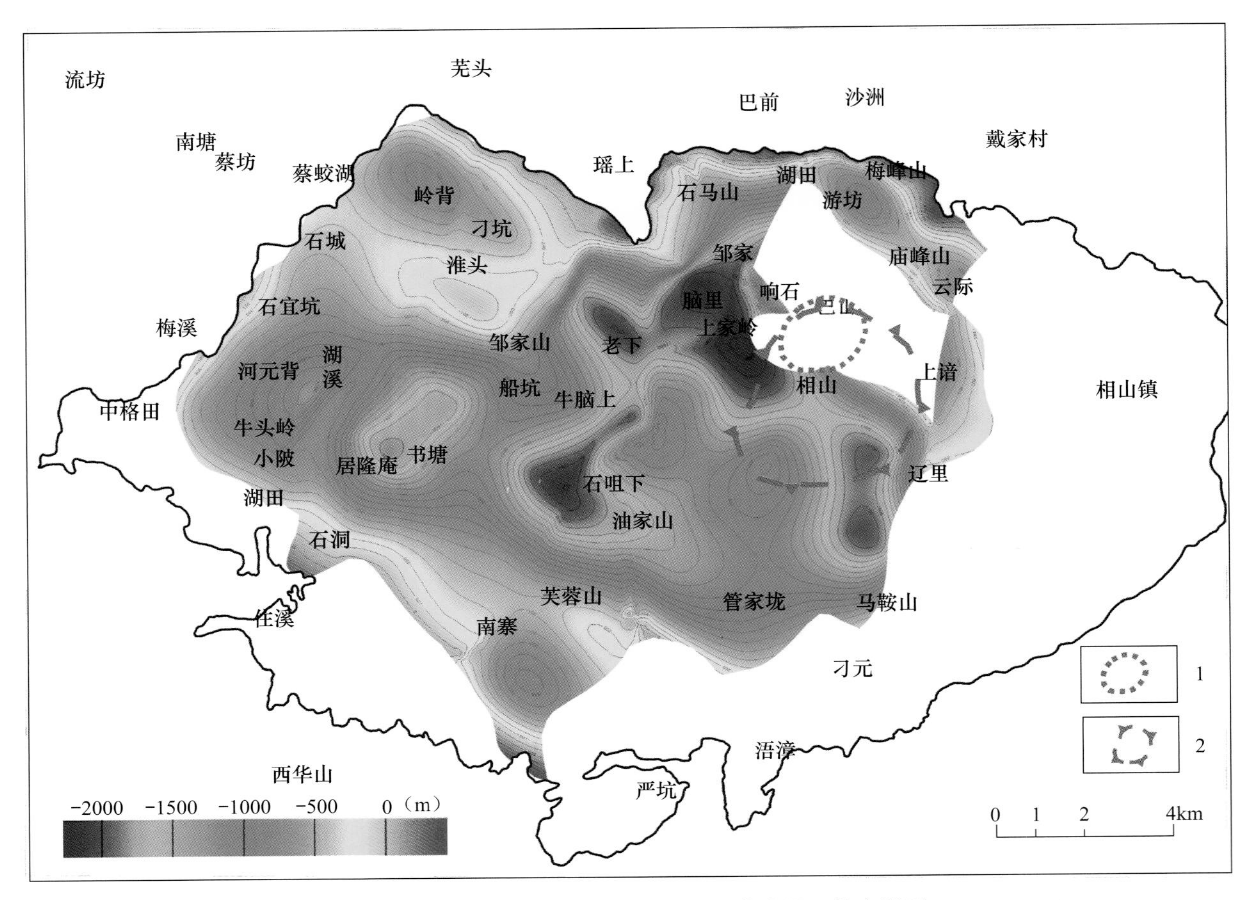

图 6-25　相山火山盆地打鼓顶组火山岩底界面等高线图

1. 主火山颈（深部，−3000m）；2. 主火山口（浅表）

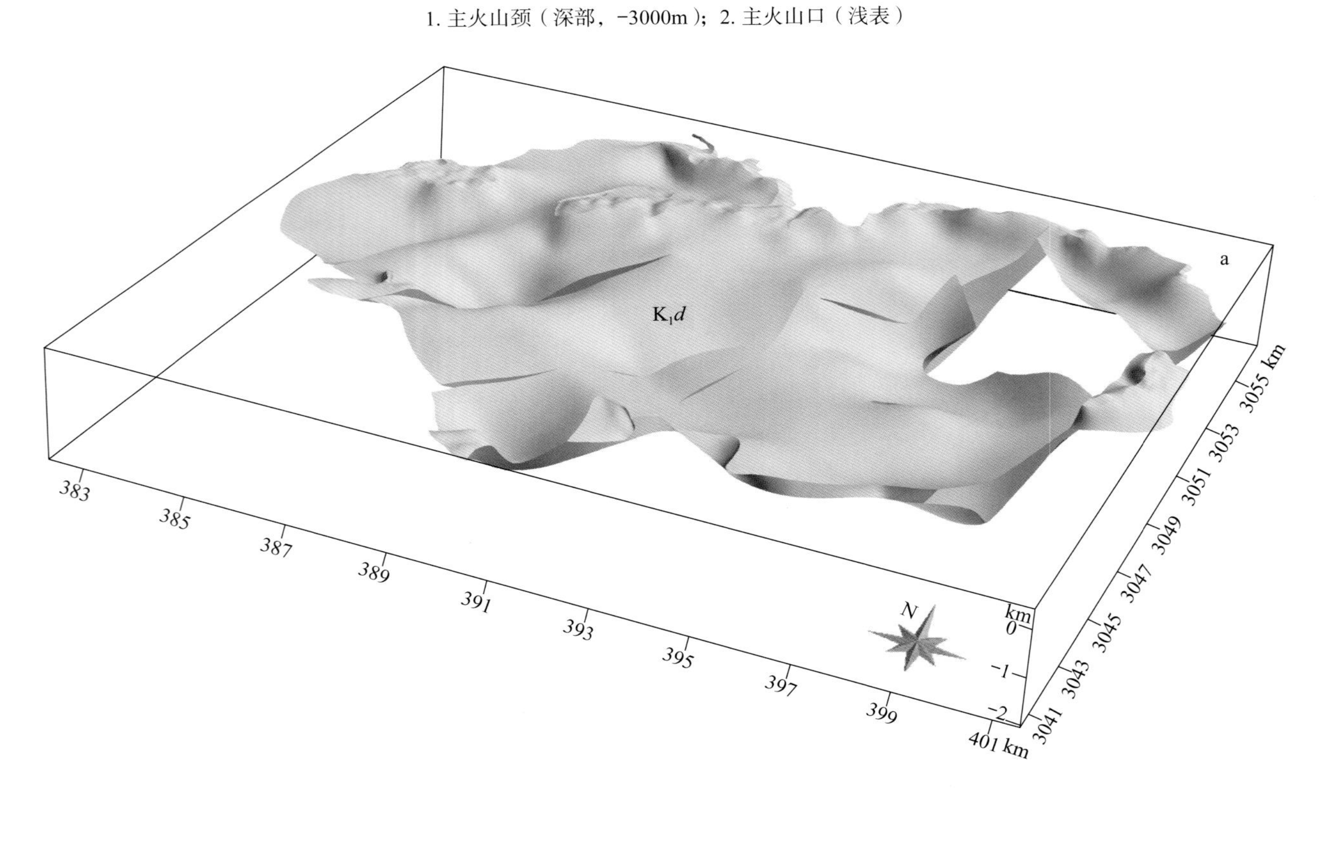

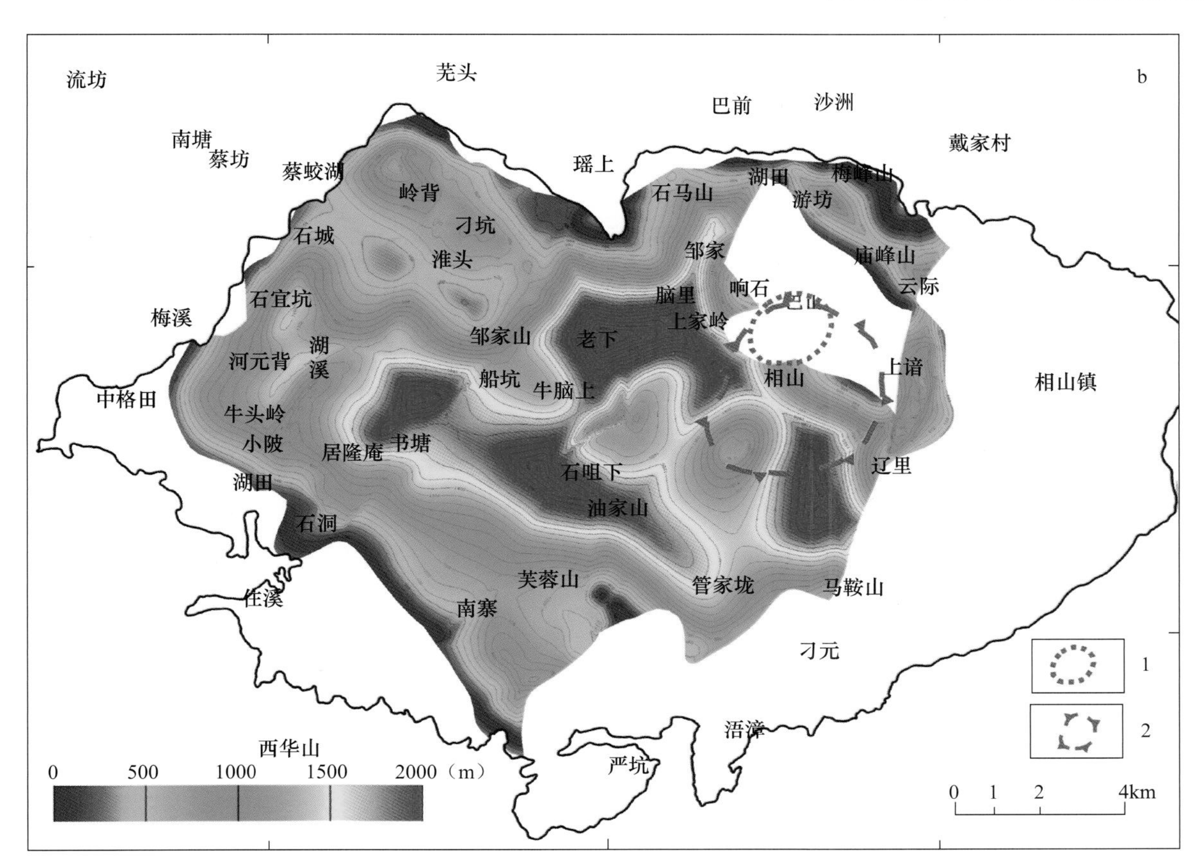

图 6-26 相山火山盆地打鼓顶组火山岩空间展布（a）与等厚度图（b）

1. 主火山颈（深部，-3000m）；2. 主火山口（浅表）

22 测点），其厚度超过 1000m，厚度变化明显增大；在 MT-6 测线，9600m（MT6-63 测点）～11500m（MT6-56 测点），其厚度超过 1400m，厚度变化较大；在 MT-7 测线，13800m（MT7-62 测点）～19200m（MT7-41 测点），其厚度超过 1400m，厚度变化较大；在 MT-8 测线，12200m（MT8-70 测点）～ 19800m（MT8-40 测点），其厚度超过 1200m，厚度变化较大；在 MT-9 测线，11200m（MT9-70 测点）～18500m（MT9-41 测点），其厚度可达 1700m，厚度变化很大；在 MT-10 测线，9200m（MT10-62 测点）～14000m（MT10-43 测点），其厚度可达 2000m，厚度变化很大；在 MT-11、MT-12 测线，其厚度均不超过 800m，厚度变化性也减小。总体而言，鹅湖岭组火山岩系的厚度由盆地周边向中心（偏东北部）增大，在 MT-10 测线 MT10-62～MT10-43 测点达到最大（2000m 左右）。

在剖面解译的基础上，建立了相山火山盆地鹅湖岭组火山岩三维地质模型，并提取其底界面标高等值线（图 6-27）和厚度等值线（图 6-28）。

图 6-27 和图 6-28 显示，相山火山盆地鹅湖岭组火山岩底界面在邹家山东 - 响石 - 巴山 - 辽里 - 马鞍山 - 管家垅 - 芙蓉山北一圈之内为深凹陷，尤其是相山西侧、芙蓉山北侧两地。前者界面标高在 -700m 以下，可深达 -1400m，与相山火山盆地鹅湖岭组火山岩主火山口相对应；后者界面标高也在 -700m 以下，可深达 -1000m，可能是一次级火山口存在的反映。此外，在书塘西边，也存在一较小范围的鹅湖岭组火山岩底界面凹陷，也可能是一次级火山口存在的反映。在上述鹅湖岭组火山岩系底界面凹陷区，鹅湖岭组火山岩系厚度都比较大，与 900m 以上厚度等值线范围大致相同。

在河元背东侧、芙蓉山南侧、严坑、淮头北、游坊、上谙、马鞍山北西侧等地，还存在一些更小范围的界面凹陷，但其幅度有限，且鹅湖岭组火山岩厚度并不大，未必都与次级火山口有关，更有可能是古地形起伏或局部断陷所致。

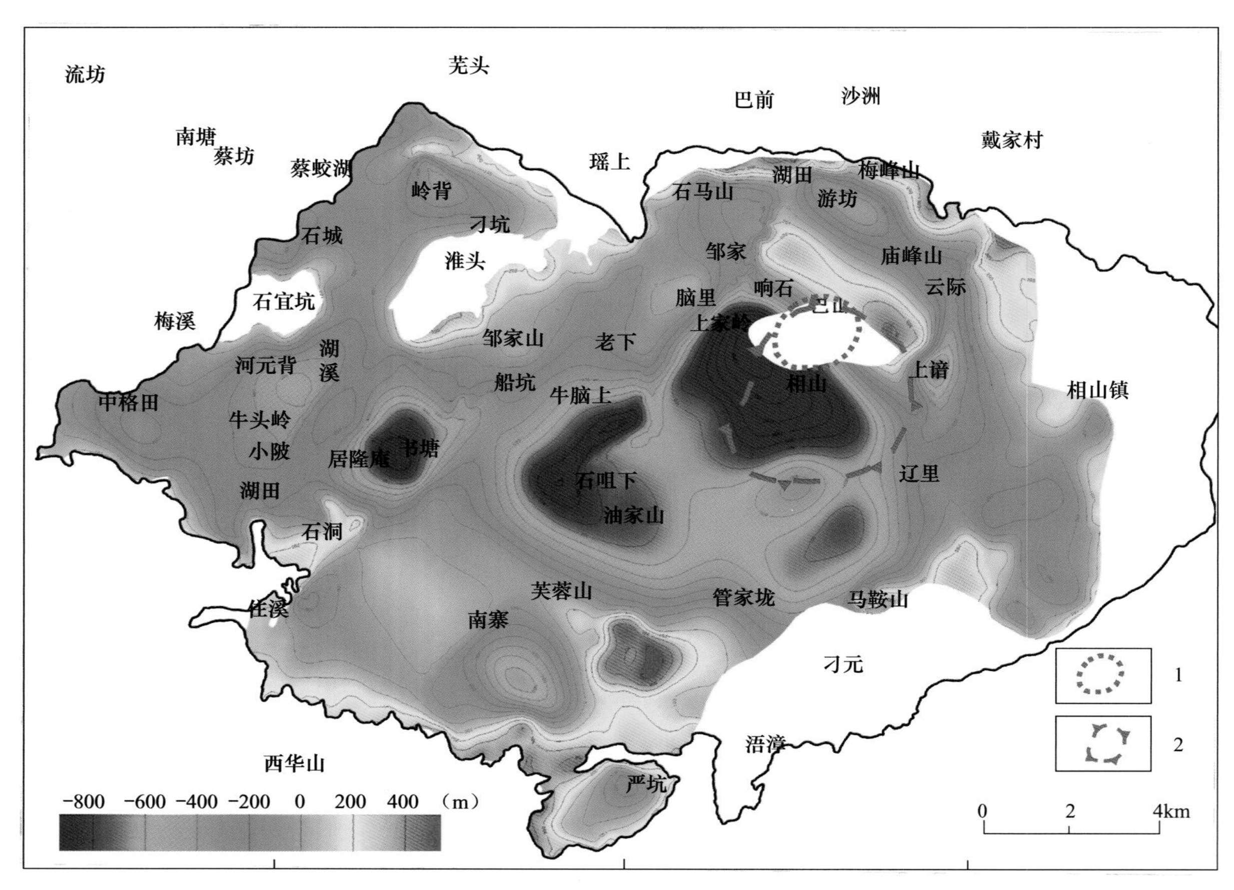

图 6-27 相山火山盆地鹅湖岭组火山岩底界面等高线图

1. 主火山颈（深部，-3000m）；2. 主火山口（浅表）

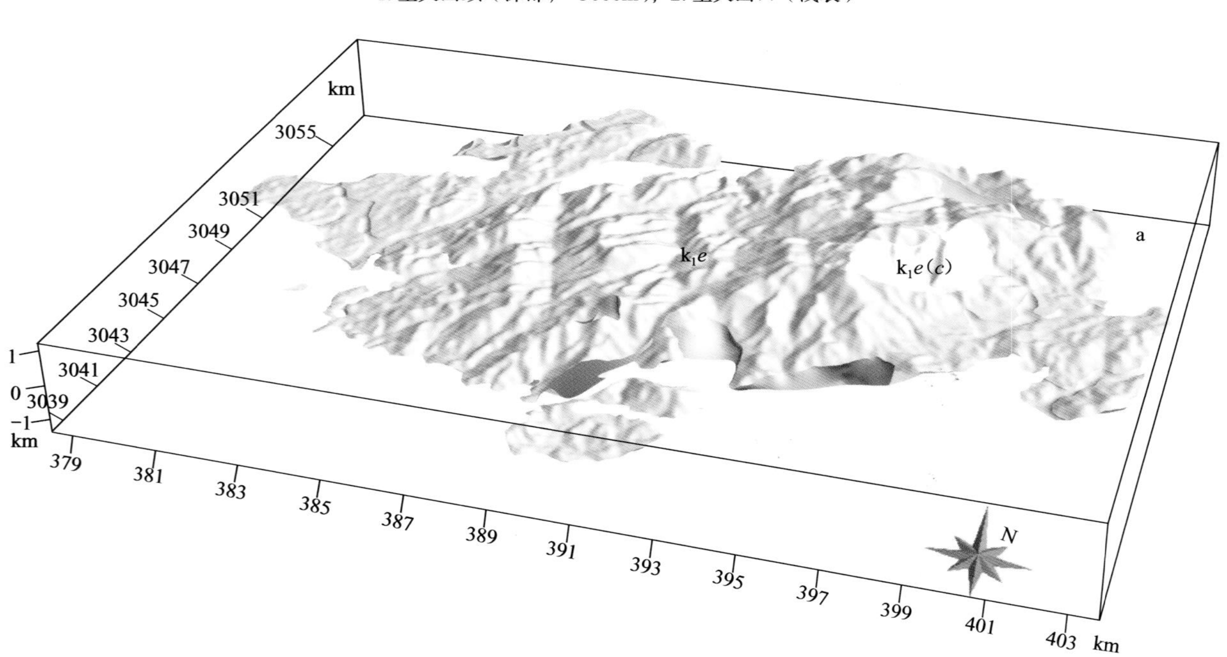

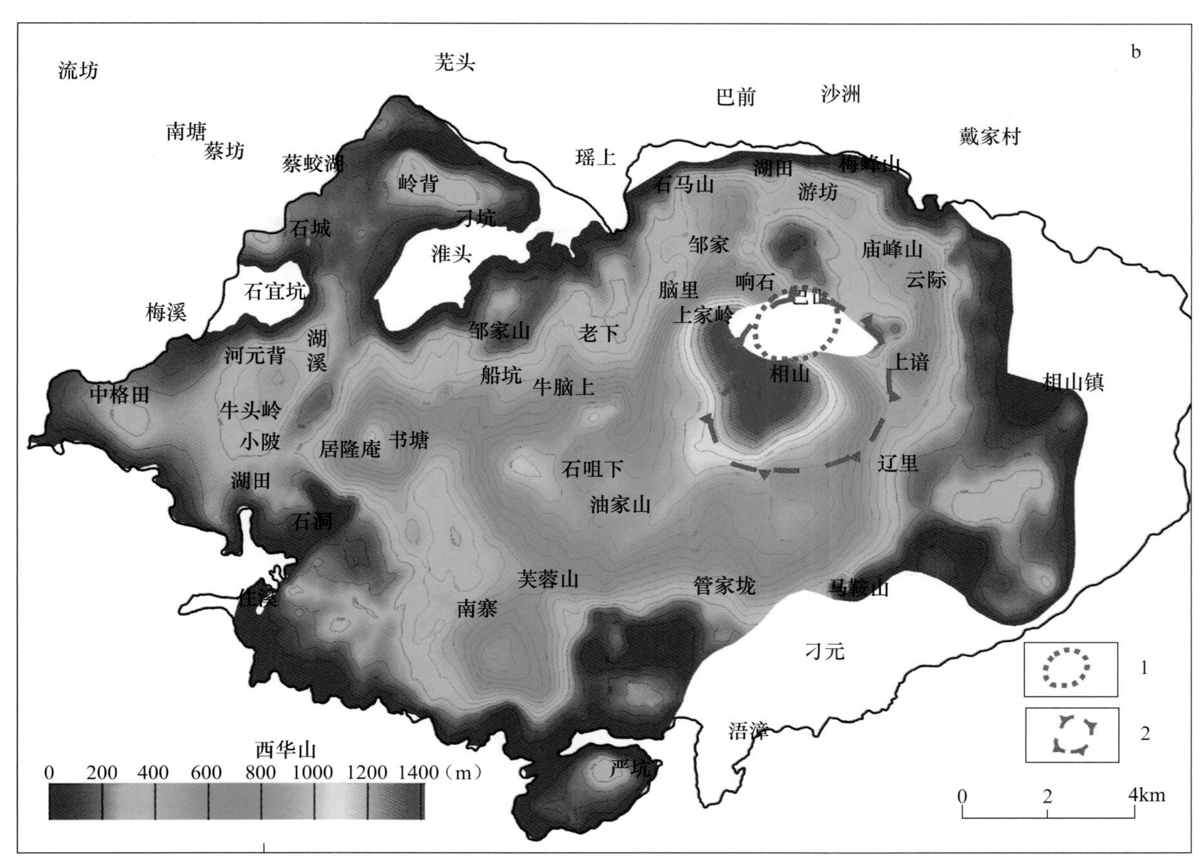

图 6-28 相山火山盆地鹅湖岭组火山岩空间展布（a）与等厚度图（b）

1. 主火山颈（深部，-3000m）；2. 主火山口（浅表）

在 MT-10 和 MT-11 测线，深部位置在相山主峰北西 1km 至巴山一带，出现自下而上贯通式的低阻异常，被解释为鹅湖岭组碎斑熔岩喷发的通道相（火山颈相）。由于火山通道长期而强烈的构造活动和热液蚀变作用影响，岩石的电阻率大幅降低。在剖面解译的基础上，建立了相山火山盆地鹅湖岭组碎斑熔岩通道相三维地质模型（图 6-29）。该火山通道位于上述鹅湖岭组火山岩底界面深凹和火山岩厚度极大处，在三度空间上呈陡立管状，从深部向上到 -100～0m 标高，逐渐收窄，总体略向南东倾伏；继续向上，则明显表现出向南东扩散的特点，区域扩大到以相山主峰为中心、半径约 2km 的范围。该侵出相具有显著的低阻、低密度、高磁地球物理特征。

相山火山盆地主火山口及相应的侵出相地质单元的识别，对相山地区鹅湖岭组火山岩相的进一步划分、铀矿地质勘查均具有重要意义。显然，鹅湖岭组火山岩可以划分出喷发相（底部的火山碎屑岩、火山碎屑沉积岩等，部分原划分为边缘相的碎斑熔岩也可能属喷发成因）、溢流相（碎斑熔岩主体）、侵入－侵出相（即中心相的大部分）。

5. 主干断裂构造的识别及其三维地质特征

在相山地区，基于 MT 综合地质解译及相关分析，识别和厘定了 7 条北东向、4 条北西向、1 条南北向主干断裂构造，以及 1 条弧形火山塌陷构造和一组北西西向基底断裂构造（图 6-30）。

1）北东－南西向主干断裂构造

蔡坊－洋坑断裂构造（F1-1a）：在 MT-5～MT-9 测线上均有显示，向北西倾斜，是本次新识别出来的主干断裂构造；位于白垩纪盆地中，具有正断层性质。

中格田－石宜坑－芜头断裂构造（F1-1b）：在 MT-4～MT-10 测线上均有显示，该断裂总体向北西倾斜，只是在其北东端（MT-10 测线上）转为向南东倾斜；位于白垩纪盆地南东边缘，具有正断层性质。

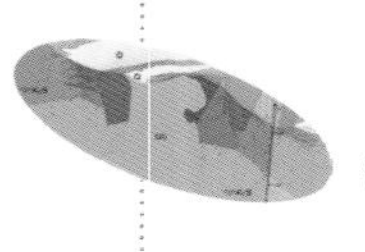

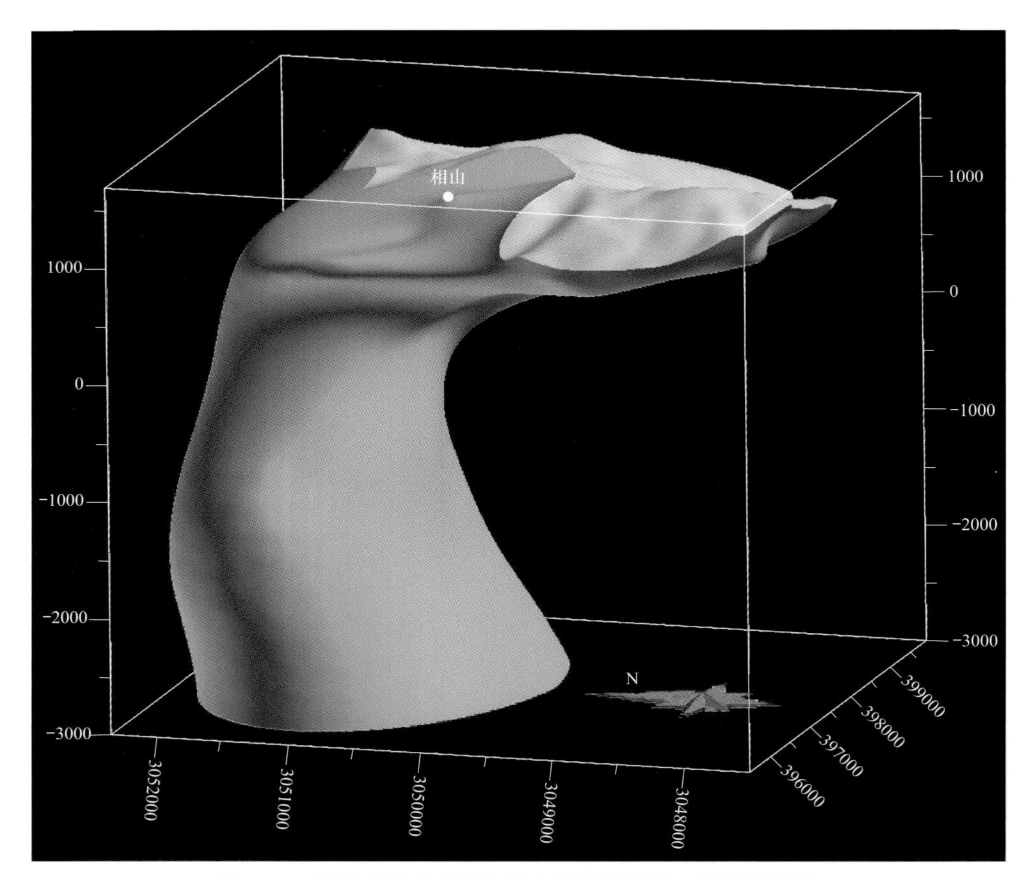

图 6-29　相山盆地鹅湖岭组碎斑熔岩通道相三维地质模型

地表出露范围为粉红色，地下部分为蓝色

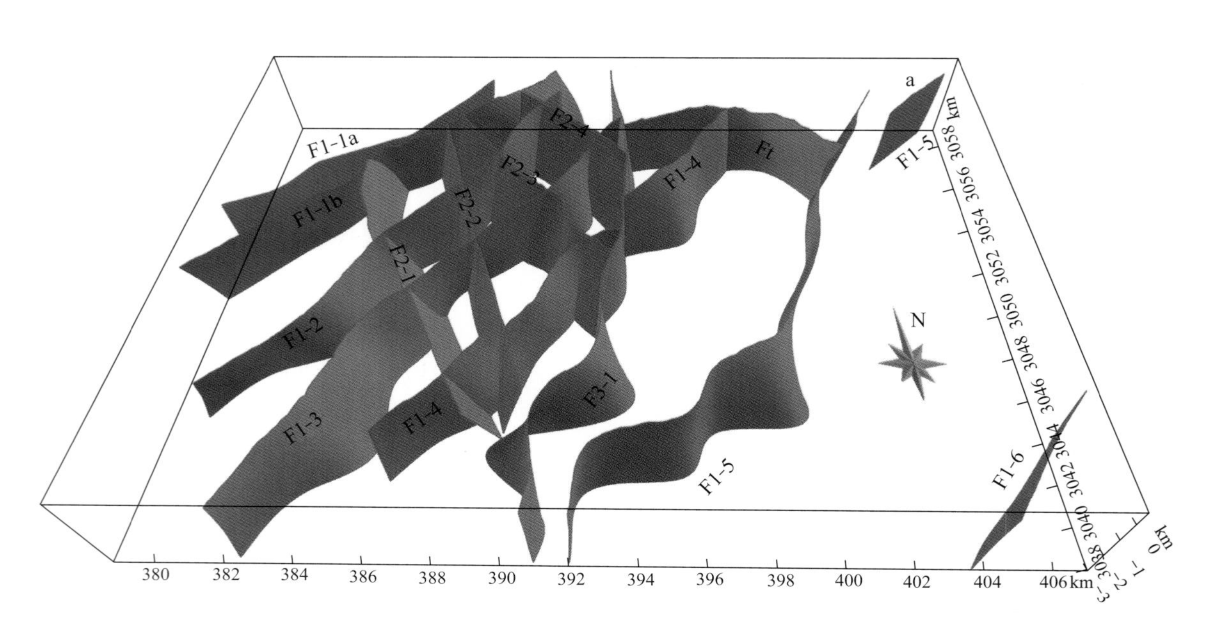

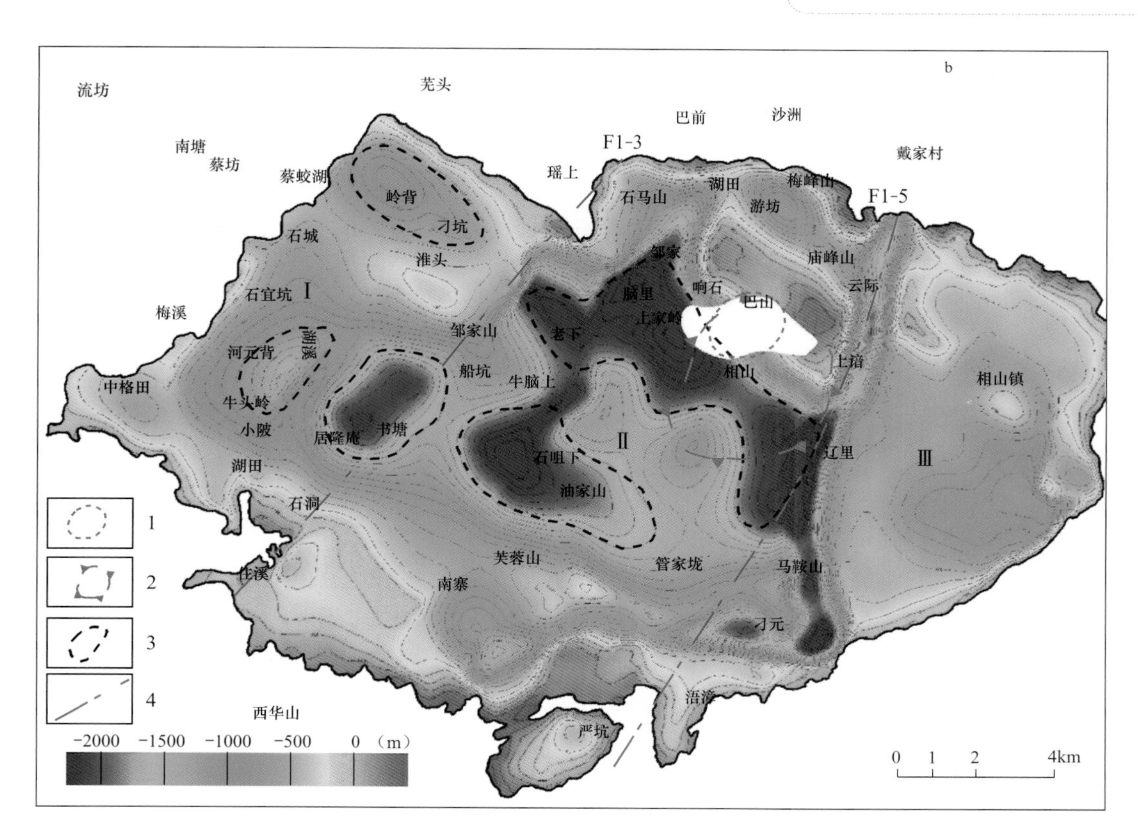

图 6-30 相山盆地断裂构造模型（a）和断块格局（b）

1. 主火山颈（深部，-3000m）；2. 主火山口（浅表）；3. 基底顶界面凹陷；4. 基底分块构造。Ⅰ. 西部地垒；Ⅱ. 中部地堑；Ⅲ. 东部地垒

小陂－芜头断裂构造（F1-2）：在 MT-3～MT-10 测线上均有显示，该断裂陡立或向北西倾斜；在 MT-6 测线上，该断裂表现出比较明显的正断层性质，其北西盘（上盘）下降、南东盘（下盘）上升。

邹家山－石洞断裂构造（F1-3）：在 MT-1～MT-10 测线上均有显示，该断裂在倾向上时有变化，在 MT1、MT6～MT8 测线上向北西倾斜，其他测线上向南东倾斜；总体而言，该断裂南西段书塘一带表现出东升西降（MT-6 测线），而其北东段邹家山一带则与之相反，表现出东降西升的特点（MT-9 测线）。

南寨－庙上－布水断裂构造（F1-4）：在 MT-4～MT-11 测线上均有显示，该断裂在倾向上时有变化，在 MT4、MT6～MT9 测线上向北西倾斜，在其他测线上向南东倾斜或陡立；在 MT-5、MT-8 测线上表现出比较明显的正断层性质。

严坑－马口断裂构造（F1-5）：在 MT-5～MT-14 和 MT-J1 测线上均有显示，该断裂在倾向上有所变化，在 MT5、MT9～MT14 和 MT-J1 测线上向北西倾斜，在其他测线上向南东倾斜或陡立；该主干断裂构造与火山岩 / 变质岩基底不整合界面一起，对相山火山盆地东部大面积出露的早白垩世二长花岗斑岩具有显著的联合控制作用。

陈坑－上河断裂构造（F1-6）：在 MT-8、MT-9 测线上有显示，该断裂构造陡立或向北西倾斜。

2）北西－南东向主干断裂构造

由于 MT 测线方向与北西向断裂构造走向一致或小角度相交，难以对该方向的断裂构造进行识别判断，仅依据区域地质填图结果，厘定了河元背－小陂－石洞（F2-1）、济河口－书塘－白花垅（F2-2）、堆头－邹家山－石咀下－张家边（F2-3）、芜头－王田（F2-4）4 条北西向主干断裂构造。

3）近南北向主干断裂构造

南北向罕坑－油家山－寨里－上家岭断裂构造（F3-1）在 MT-4～MT-11 测线上均有显示，该断裂总体向东倾斜或陡立，只是在 MT-5 测线上明显向西倾斜；该主干断裂构造的南段（MT-5、MT-6 测线）与

火山岩 / 变质岩基底不整合界面一起，都对相山火山盆地南部寨里一带大面积出露的早白垩世二长花岗斑岩具有显著的控制作用。

4）弧形断裂构造

瑶上－巴前－戴家弧形断裂构造（Ft）总体呈东西走向，在 MT-11～MT-13 测线上均有显示，特别是在近南北向的 MT-15、MT-16 测线上，低阻带表现明显；该断裂总体向北倾斜，对相山火山盆地北缘外侧的一系列花岗斑岩脉具有明显的控制作用，具有火山塌陷构造成因特点。

5）北西西－南东东向基底断裂构造

在相山火山盆地盖层中，很少见到该方向的断裂构造。但是，前述基底顶界面 / 火山盆地底界面、打鼓顶组与鹅湖岭组火山岩的三维地质模型，却清晰地显示出北西西－南东东走向的基底隆起与凹陷构造格局，蔡蛟湖北－淮头北－相山－辽里凹陷带、河元背－书塘－芙蓉山北－管家垅凹陷带可能受该方向的基底主干断裂构造控制。

6）断裂构造空间格局与断块运动特征

上述主干断裂构造在空间格局上具有一定的层次性和分区性。在火山盆地盖层层次上，大致以南北向的 F3-1 断裂为界，相山火山盆地西部，北东向与北西向主干断裂构造组合，构成菱格状构造格局，而盆地东部未见此类构造格局。在火山盆地深部基底层次上，受北西西－南东东向的基底断裂控制，形成隆凹相间的构造格局，并被北东－南西向主干断裂切割，形成更次级的构造升、降块体。

6. 邹家山－居隆庵重点勘查区三维地质特征与铀矿化

在邹家山－居隆庵成矿有利区布置了 14 条北西－南东向 CSAMT 剖面，对该地区变质岩基底、火山岩盖层、断裂构造带等地质单元的三维空间展布，具有较好的探测效果。

在该地区，基底变质岩表现为高阻或偏高阻；盖层火山岩中，鹅湖岭组熔岩表现为高阻或偏高阻，打鼓顶组表现为低阻或偏低阻；盖层火山岩与基底变质岩之间的不整合界面表现为低阻带；断裂构造表现为上下切割地质单元的电阻率降低带或高－低阻变异梯度带，大规模的格架断裂常常错断地质单元或地质界线。

通过对 14 条 CSAMT 剖面综合地质－地球物理解释，建立起该地区基底变质岩顶界面（图 6-31）、打鼓顶组火山岩底界面（图 6-32a）、鹅湖岭组火山岩底界面三维地质模型（图 6-33a），并提取了各火山岩的厚度等值线（图 6-32b、图 6-33b）。

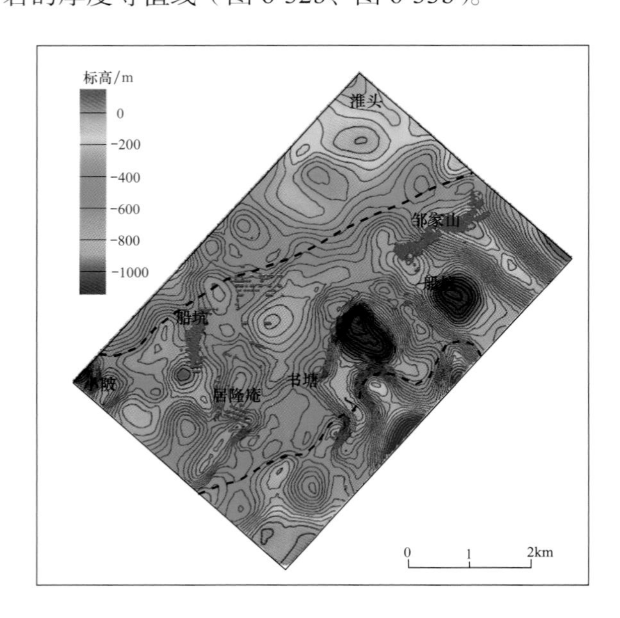

图 6-31　邹家山－居隆庵地区基底顶界面标高等值线图

点线示意基底隆 / 凹分界；红点示意钻孔截矿投影点

由图 6-31 可见，邹家山－居隆庵地区基底顶界面起伏变化很大，形态复杂。总体表现为北、南两侧隆起，主体在 −500m 标高以上；中间相对凹陷，主体在 −500m 标高以下，在邹家山南、书塘北西，局部标高深达 −1300m；这种格局被更次级的隆、凹复杂化。已探明的铀矿化主要分布于中间凹陷带内，邹家山矿床产于一个北西向的次级基底隆起－凹陷相伴区域的北西部，从隆起区到凹陷区，矿化标高变深，即由北东向南西倾伏。居隆庵、李家岭矿床铀矿化主要呈南北向展布，产于次级隆起向次级凹陷延伸部位或两者过渡带上。

由图 6-32 可知，打鼓顶组底界面与基底顶界面在起伏变化和形态特征上具有一致性，除一些该组火山岩系缺失的地段外（如书塘东边、船坑东边和北边局部）。打鼓顶组火山岩系厚度在空间上变化较大，且并不与其底界面的隆凹相一致，这反映出该火山旋回喷发的复杂性及其后断块构造运动的不均衡性。

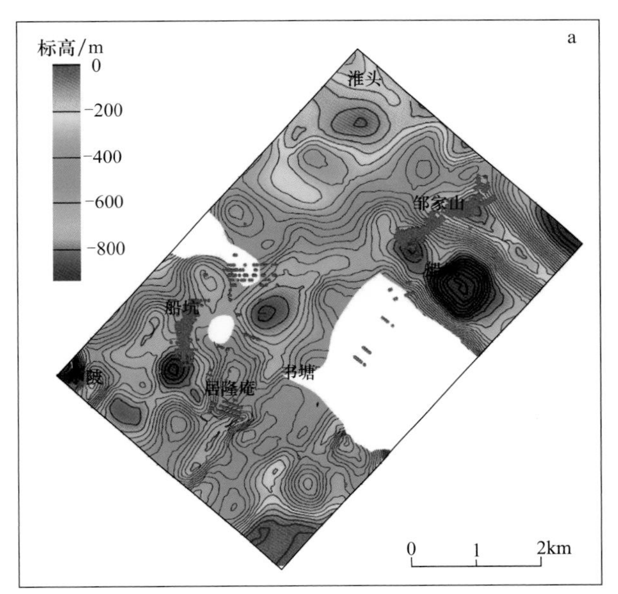

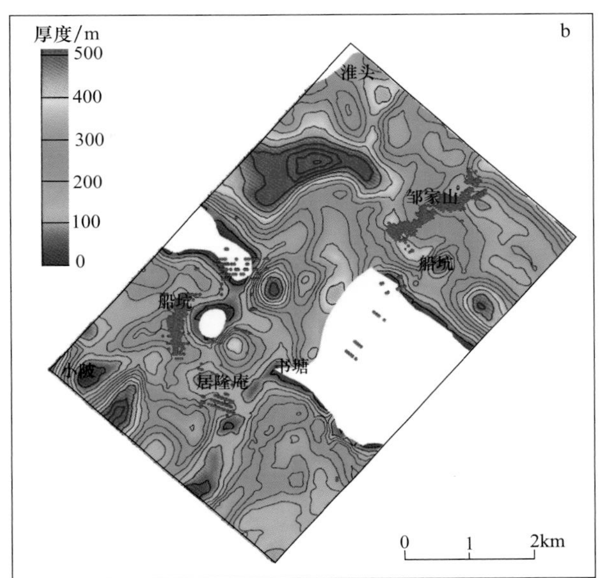

图 6-32　邹家山－居隆庵地区打鼓顶组底界面标高（a）与厚度（b）等值线图

红点示意钻孔截矿投影点

图 6-33 显示出鹅湖岭组底界面的起伏及其厚度在空间上的变化。显然，该组火山岩底界面凹陷处，其厚度增大，在书塘北西边，其厚度近 1700m；隆起处其厚度减薄，两者具有很强的一致性。已探明的铀矿化主要分布于中间凹陷（鹅湖岭组增厚）边缘的内外侧，这表明，鹅湖岭组火山岩厚度突变部位对铀成矿有利。

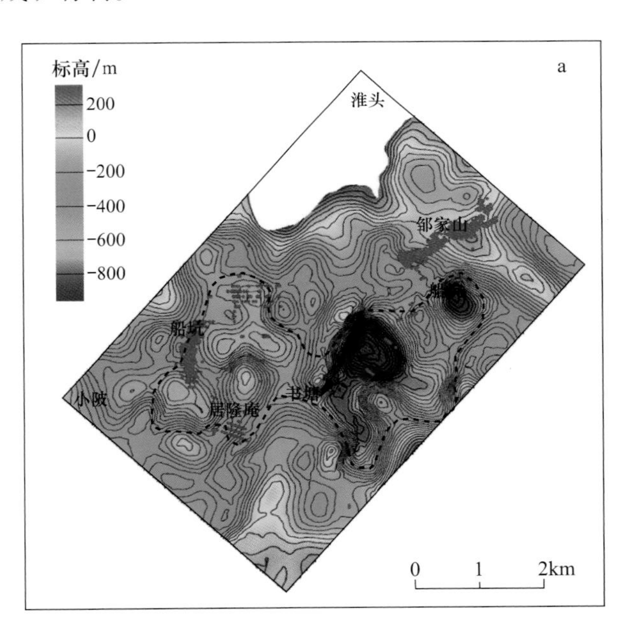

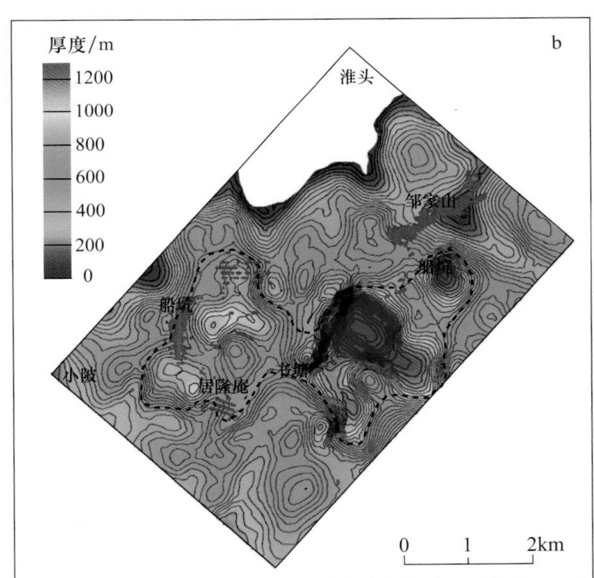

图 6-33　邹家山－居隆庵地区鹅湖岭组底界面标高（a）与厚度（b）等值线图

点线示意底界面凹陷区（a）和火山岩系厚度大（b）的区域，两者范围具对应性；红点示意钻孔截矿投影点

7. 相山火山盆地三维地质演化

综合上述深部信息解译结果，相山火山盆地构造格局在基底层次上表现为南北成带（三隆间两凹）、东西分块（两垒夹一堑），在盖层层次上呈现西部菱块分割、东部相对完整的特点；火山活动打鼓顶旋回

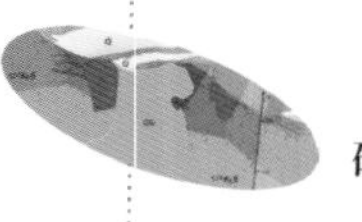

表现为串珠式带状，鹅湖岭旋回表现为中心式活动特征（图 6-34、图 6-35）。这些构造格架的形成，经历了基底褶皱、断裂形成与复活、火山岩浆活动等多期次构造演化。

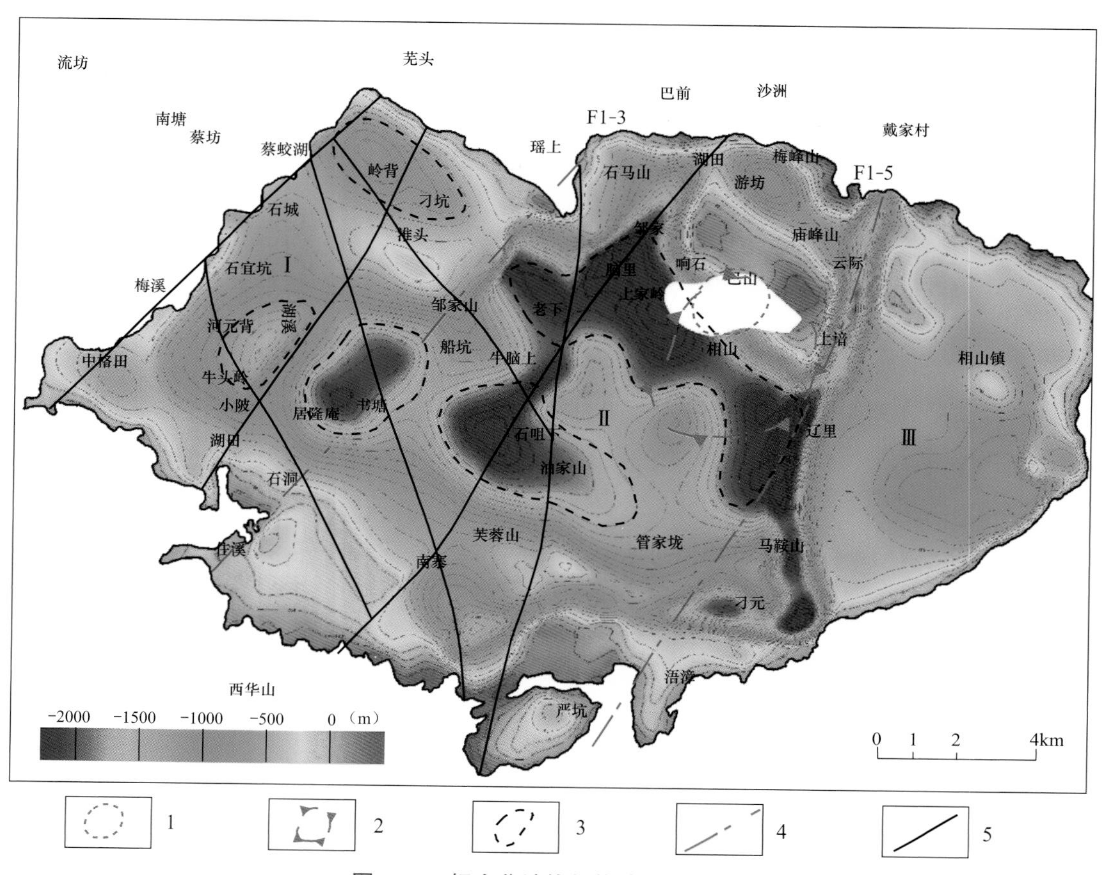

图 6-34　相山盆地格架构造综合解译图

1. 主火山口（深部，-3000m）；2. 主火山口（浅表）；3. 基底凹陷；4. 基底分块构造；5. 盖层格架构造，在相山盆地西部呈菱格状。
Ⅰ. 西部地垒；Ⅱ. 中部地堑；Ⅲ. 东部地垒

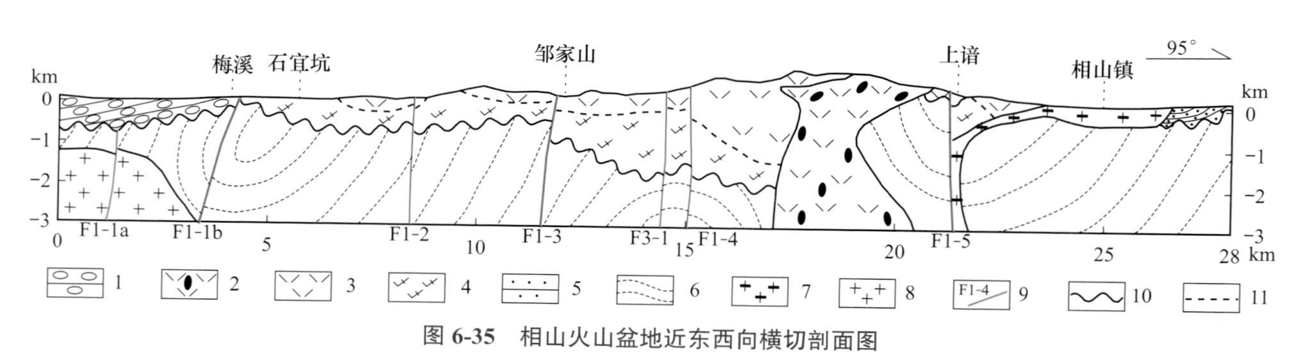

图 6-35　相山火山盆地近东西向横切剖面图

1. 上白垩统红层；2. 火山通道（侵出相）；3. 下白垩统鹅湖岭组；4. 下白垩统打鼓顶组；5. 上三叠统紫家冲组；6. 青白口系库里组；7. 早白垩世二长花岗斑岩；8. 早泥盆世二长花岗岩；9. 断层及编号；10. 角度不整合；11. 平行不整合

相山火山盆地发育于青白口纪浅变质基底岩系之上，盆地的主体由下白垩统火山－沉积岩系组成，西北部被上白垩统红层覆盖，具有三层结构特征。

经南北向挤压的雪峰－加里东期构造运动，基底变质岩系形成北东东向潭港－相山复式褶皱，相山早白垩世火山盆地处于该复式背斜北东段（相山复式背斜）的核部。相山复式背斜轴向约为 60°，由两个次级背斜和一个次级向斜组成，从北往南分别为元头－河东次级背斜、康村－下源次级向斜、林头次级背斜，组成北东东向“M”型复式背斜褶皱。核部位置被中生代碎屑沉积岩、火山－沉积岩以角度不整合覆盖。

在雪峰－加里东期褶皱形成过程中，相山复背斜核部有二长花岗岩（乐安、焦坪单元）侵入，形成相山火山盆地南部的二元结构基底。与此同时，北东向、北西西向基底断裂发育，以北东向永丰－抚州断裂规模最大，同方向的断裂在相山火山盆地基底中可能还包括小陂－芜头、邹家山－石洞、上谙－罗山等断裂，这些断层穿切褶皱并常延伸到盖层的碎屑沉积岩、火山－沉积岩及附近的侵入岩体中。它们具有多期活动的特点，在不同的阶段具有控盆、控岩、控矿的作用。

燕山中期随着区域断裂右旋走滑作用，产生近南北向拉张，北西西－南东东向的基底断裂复活，在相山复式背斜核部形成早白垩世打鼓顶期火山旋回的产物——流纹英安质火山碎屑沉积岩和熔岩。该期火山作用可能具有串珠式带状活动的特点，受北西西－南东东向基底张性断裂和北东向走滑断裂联合控制。之后，在这两组断裂的控制下进一步发生断陷活动，形成隆凹相间的古地形。经过短暂停歇，规模巨大的鹅湖岭期火山旋回形成，在打鼓顶期火山旋回的基础上，以相山－巴山一带为主要火山活动中心，以芙蓉山北、书塘西为次级火山活动中心，经历喷发－沉积、溢流、侵出－侵入多个阶段，形成早白垩世鹅湖岭期火山旋回的产物——流纹质火山碎屑沉积岩（喷发相）、碎斑熔岩（溢流相）和含大量花岗质团块的碎斑熔岩（侵入－侵出相）。该期火山作用具有中心式活动的特点。火山活动晚期沿火山环（弧）状塌陷构造、区域断裂构造、火山岩系与基底变质岩系之间的不整合界面发生潜火山岩侵位，形成弧形分布的脉状或似层状花岗斑岩（图 6-36）。在火山岩浆活动期后，富铀岩浆热液与深循环大气降水混合，并沿着断裂构造、塌陷构造、组间界面等薄弱地带活动，产生大规模的热液蚀变，在适当的物理－化学环境下，铀组分解络、还原、吸附、沉淀、富集成矿，在相山火山盆地形成一系列铀矿床、矿点和矿化点，构成相山铀矿田。

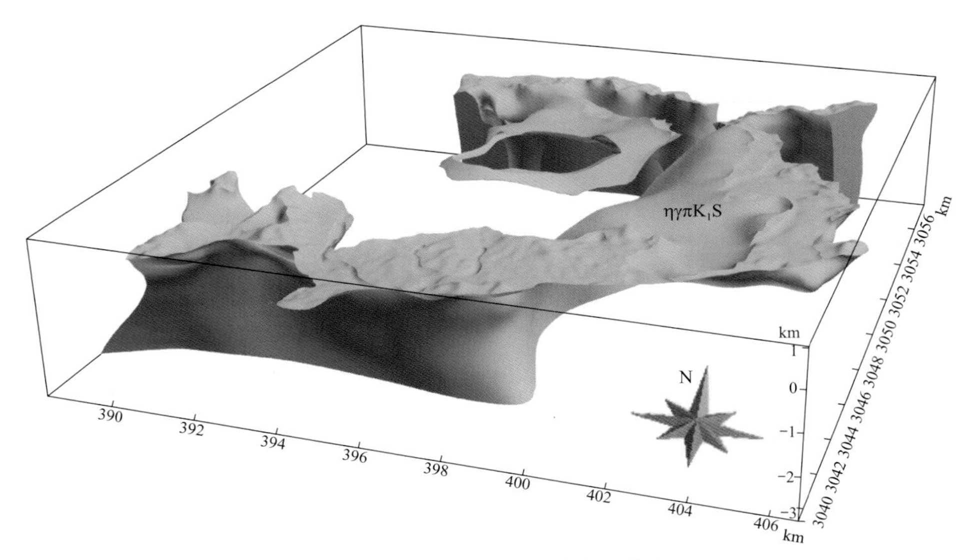

图 6-36　相山盆地早白垩世粗斑花岗斑岩空间展布图

燕山晚期区域应力场转变为伸展拉张，北东向断裂复活，在相山火山盆地西北侧，沿永丰－抚州断裂形成晚白垩世红盆，沉积了一套以冲积扇、河流相为主的红色碎屑岩；相山火山盆地内沿梨公岭－中格田－石宜坑－芜头、小陂－芜头、石洞－邹家山、咸溪－浯漳－上谙等北东向断裂带发生拉张活动，形成地垒－地堑式正断层，伴随基性岩脉、酸性岩脉侵入。末期沿各断裂发生走滑挤压，在相山火山盆地西部，北东向断层与牛头岭－石洞、济河口－白花垅等北西向断裂常相互穿切，组成一系列的菱形断块。喜马拉雅期以来受区域挤压应力作用影响，沿各主干断裂主要发生逆冲、走滑活动，并在相山中部形成近南北向如意亭－张家边断裂左行走滑断层。

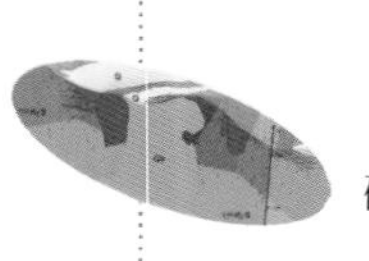

8. 相山火山盆地三维铀矿勘查新目标

相山铀矿田近 60 年来的地质勘查与开采总结出“三界面”找矿规律，在相山火山盆地西部，铀矿化受切穿基底的断裂构造及其次级构造、火山构造（火山塌陷构造、火山通道）、鹅湖岭组 / 打鼓顶组组间界面（尤其是其产状变陡部位）联合控制，含矿主岩为碎斑熔岩、流纹英安岩及次火山岩（邱爱金等，2002；范洪海等，2003；林锦荣等，2014）。本书对相山地区深部地质特征所进行的地质 – 地球物理综合解释及三维地质模型的建立，使这些找矿地质要素的三维空间特征逐渐变得清晰起来。已探明的铀矿化产于盆地内次级正负构造单元的转折部位，并与火山构造相联系。例如，邹家山铀矿床产于蔡蛟湖北 – 淮头北 – 相山 – 辽里、河元背 – 书塘 – 芙蓉山北 – 管家垅两条凹陷带之间夹持的隆起带与西部地垒 / 中部地堑转折复合部位，并有火山塌陷构造发育；居隆庵、李家岭铀矿床产于河元背 – 书塘 – 芙蓉山北 – 管家垅凹陷带与西部地垒 / 中部地堑转折复合部位，可能有次级火山口发育。

在邹家山 – 石洞断裂构造（F1-3）与严坑 – 马口断裂构造（F1-5）之间，即相山火山盆地中部地堑区，其地质结构更加复杂，次级的正负构造单元交织，断裂构造发育，打鼓顶组、鹅湖岭组火山岩厚度变化大，其转折变异部位是铀成矿的重要场所。此外，围绕相山主火山通道及其周边开展铀矿地质研究与勘查，应予以重视。

相山火山盆地三维地质空间格局的探索，为相山地区新一轮铀矿勘查指明了方向，对上述有利地段，需要做更加深入细致的地质 – 地球物理 – 地球化学探测与分析，以期提出精准的铀矿勘查靶区。此外，相山盆地南西侧加里东花岗岩（乐安岩体）的北侧，厘定出印支期富铀花岗岩体（咸口岩体），在两者接触带中已产有罗山铀矿床，该矿床的形成与咸口岩体有关（周佐民等，2015；孙文良等，2016）。咸口印支期富铀岩体距相山矿田仅约 15km，咸口岩体可能仅仅是相山地区印支期富铀花岗岩体出露地表的一个窗口，在地下的花岗岩基底有可能存在印支期富铀花岗岩体。伴随着燕山期的火山（次火山）活动，富铀花岗岩中的铀作为铀源被活化、迁移、富集成矿。相山盆地西部变质岩 – 花岗岩双基底的鉴别，为本区铀成矿物源的研究提供了新思路。该区是否具备与白面石铀矿床（章邦桐等，2003；董晨阳等，2010）和俄罗斯红石铀矿田（Chabiron *et al.*，2003）相似的成矿地质条件，即存在变质岩与富铀花岗岩双基底、铀成矿作用与印支期富铀花岗岩有关？相山盆地矿床主要产于西部，是否与东西两地基底差异有关？这是值得进一步研究的问题。

第七章 结语

第一节 相山火山盆地三维地质调查新进展

（1）基本查明了相山火山盆地主要岩浆岩体的产状、火山机构特征及火山口与岩浆通道的位置，发现了大量隐爆碎屑岩及霏细（斑）岩脉，厘定了相山盆地岩浆演化序列、精确年代格架及其物质来源。

地表地质填图和钻探、坑采资料分析表明，相山火山盆地流纹英安岩主要呈岩床状（似层状），其岩浆通道可能构成串珠式带状；碎斑熔岩主要呈蘑菇状（岩盖状）；粗斑花岗斑岩主要为岩墙－岩床组合体（横断面常构成“T”型或“7”型）。

通过 ALOS 遥感影像数据处理和解译，在相山火山盆地中发现具有复杂结构的环形构造，结合岩石磁组构测量确定的岩浆流动方向、火山集块岩分布、碎斑熔岩中变质岩及同源岩屑、浆屑的分布特点及产状、环状断裂和节理的分布特征，厘定了相山火山－侵入岩区两个亚旋回火山活动的火山岩浆通道数量和位置。打鼓顶期主要岩浆通道位于相山顶或其西侧（书塘附近），次岩浆通道位于河元背；鹅湖岭期火山活动主岩浆通道也位于相山顶，次岩浆通道位于河元背、阳家山（芙蓉山）、严坑、柏昌。火山机构具有继承性和发展性。

通过对相山火山盆地岩浆岩产状形态、精确同位素年代学及岩石地球化学的系统调查或测试研究，特别是首次系统测定了相山火山盆地不同层位熔结凝灰岩的精确年龄，厘定了相山火山盆地经历了两个亚旋回的火山－次火山岩浆活动。第一亚旋回称为打鼓顶期，同位素年龄为 142～135Ma，第二亚旋回称为鹅湖岭期，同位素年龄为 135～132Ma。两个亚旋回的火山活动均经历了从爆发相—喷发溢流相（或侵出溢流相）—次火山岩相的岩浆作用过程。两个亚旋回的岩浆岩都属酸性岩类，每个亚旋回从早到晚都具有往 SiO_2 减少方向演变的特征，反映了岩浆房的层状分异特点。

对相山西部大量钻孔岩心的观察表明，深部发育了大量灰绿色异源角砾岩浆隐爆角砾岩、紫红色（或灰绿色）热液隐爆角砾岩、隐爆碎粒岩、隐爆碎粉岩等隐爆碎屑岩，以及灰白色（黑色、灰绿色）霏细（斑）岩、细斑花岗斑岩等脉岩。它们都可呈脉状或筒状分别穿插流纹英安岩、碎斑熔岩、粗斑花岗斑岩、变质岩等围岩，也可被碎斑熔岩、粗斑花岗斑岩侵入切割。这些隐爆碎屑岩及细斑花岗斑岩脉、霏细（斑）岩脉具有多期次发育的特点，多数见有较多细脉浸染状黄铁矿，有的见富黄铁矿或镜铁矿的角砾，显示它们和富 S、Fe 气液活动有较密切关系。上述岩石以前一般被归入“砂岩、砾岩、粉砂岩”或“凝灰岩”而未引起重视。

对相山火山盆地主要的火山－侵入岩的岩石地球化学和 Pb、Sr、Nd 同位素地球化学的大量研究表明，除碎斑熔岩边缘相岩石稀土配分模式及微量元素蛛网图略有区别（轻稀土含量较低而重稀土含量略

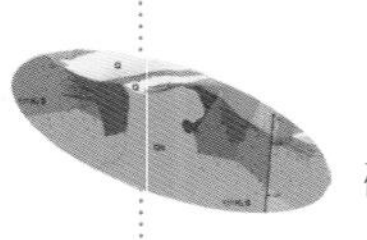

高，可能与变质岩角砾加入有关）外，其他主要岩浆岩具有几乎一致的稀土配分模式和微量元素蛛网图型式，同位素组成也很相似，表明它们具相同的物源，主要为壳源，混有少量幔源物质。

（2）基本查明了相山地区主要断裂的分布、性质和序次关系，总结了断裂系统对铀多金属成矿的控制规律，提出了构造控矿的有利位置。

通过遥感影像构造解译和野外构造剖面测量、路线剖面的观察，节理统计和构造岩组分析，运用构造解析方法，分析了相山火山盆地及周缘断裂系统的成生关系，按规模和主次划分为三个级别。一级断裂包括西北角的北东向遂川断裂和东侧近南北向的宜黄断裂。遂川断裂自加里东运动以来控制着研究区及邻区上三叠统—下侏罗统含煤断陷盆地、下白垩统火山－沉积盆地及上白垩统—古新世红色碎屑岩盆地的形成与演化。二级断裂由相山火山－沉积盆地内北东向、北西向和南北向断裂组成，属于与遂川断裂活动同一应力场（南北向挤压）的产物，位移性质主要为平移，也有一些表现为逆断层。三级断裂为上述二级断裂两侧派生的南北向、东西向断裂，形成的局部应力场为北西－南东向挤压。

总结了断裂系统对铀多金属成矿的控制规律，提出构造控矿的有利位置。区域性大断裂控制了含矿建造的发育；东西向和北东向断裂控制矿带的分布；北东向断裂及其伴生的北西向断裂联合控制矿体的产出。虽然不同矿区的控矿断裂方向不同，但铀多金属矿床（矿化带）及矿体的形态、产状、规模和分布都受控矿构造的控制。成矿最有利的部位是不同方向的断裂破碎带交汇部位、主断裂的分支断裂破碎带和低序次派生断裂及其交汇部位，以及多期次、不同力学性质活动的叠加部位。

（3）通过典型铀矿床观察分析，基本查明了矿田内铀矿化与铅锌矿化地质特征；利用 ^{39}Ar-^{40}Ar 法新获得 7 个矿化蚀变年龄数据（140～109Ma），厘定了铀铅锌矿化时序；系统总结了铀铅锌矿化的地球化学特征，提出铀矿化流体具有多来源性，铅锌成矿物质来源与赋矿围岩具有密切联系。

在空间上，相山火山岩盆地的铅锌矿化与铀矿化发育位置往往不同，从钻孔资料看，铅锌矿化主要产于地表 700m 以下的深部，地下 1500～2050m 的变质岩中仍可产有铅锌硫化物脉；而铀矿化主要产于地表至地下 1000 余米。总体上铅锌矿化部位低于铀矿化。在深部可见铀矿化与铅锌矿化叠置出现（如 ZK26-11 孔 850～880m）。

相山铀矿化主要发生于相山火山盆地的各类次火山岩－火山岩中。铀矿（化）体受构造裂隙及断层破碎带控制。矿床由多个规模有限的单矿体组成，单矿体为脉状，其分布受赋矿的构造裂隙控制。

铅锌矿的赋存围岩也主要为碎斑熔岩、流纹英安岩及粗斑花岗斑岩。铅锌矿（化）体均呈细脉状、脉状产于围岩的构造裂隙中。矿化脉体厚度一般为 0.3～1cm，最厚可达 25cm 左右。脉体多近于平行分布，未见斑岩型矿床中特征性的网脉与浸染状构造。但霏细（斑）岩和隐爆碎屑岩中常可见黄铁矿呈细脉－浸染状产出。

两类矿床矿石组构具有一定的差异。铀矿床的矿石具有块状、浸染状构造，交代结构发育，而铅锌矿床的矿石组构简单，以块状构造为主。铀矿床常见的矿物组合为沥青铀矿（晶质铀矿）－黄铁矿（赤铁矿）－萤石－方解石－水云母等，富矿石中含有微量的方铅矿、闪锌矿、黄铜矿、辉钼矿、黄铁矿等金属硫化物，铅锌矿石矿物组成以方铅矿、闪锌矿、菱铁矿、方解石为主，少量的黄铜矿与黄铁矿。

对铀矿而言，金属硫化物在不同的矿床中含量差异很大，赋存于粗斑花岗斑岩中的沙洲铀矿床，部分地段可见铀矿体中有少量的方铅矿伴随着大量的黄铁矿脉产出，而在碎斑熔岩和流纹英安岩等火山岩中的铀矿床极少见有方铅矿出现，黄铁矿出现的规模与频数也大为减少。

利用 ^{39}Ar-^{40}Ar 法获得沙洲矿床铀矿脉中水云母的年龄为 133.7～137.9Ma，邹家山矿床铀矿脉中水云母年龄为 122.8Ma，牛头山 ZK26-101 孔铀矿脉旁水云母年龄为 109.2Ma，而铅锌矿脉旁绢云母年龄为 138.3～139.9Ma。结果表明，矿田铀矿化持续时间较长，可能具有多阶段性，同时，花岗斑岩内铀矿化时间与斑岩体形成时间一致，暗示铀矿化与该期岩浆活动关系密切。

铀矿化蚀变岩石稀土元素配分型式及微量元素蛛网图与相山正常火山－次火山岩围岩有较大不同，

明显富集重稀土元素；铀矿化流体同位素组成分析结果也显示出相山矿田的铀矿化流体具有多来源性。铅锌矿 Pb、S 同位素及其蚀变矿物微量元素组成则指示其成矿物质来源与赋矿围岩具有密切成因联系。

（4）系统测定了主要填图单位各类岩石的电阻率、磁化率、极化率、密度和波速等物性参数，总结了各填图单位的物性特征，为开展地球物理工作奠定了坚实的基础。

对 1386 块岩心标本、243 块地表岩石标本进行了物性测定。获得了研究区各主要填图单位各类岩石的电阻率、磁化率、极化率、密度、波速五种物性参数。测试参数的归纳与统计表明，变质基底与火山－侵入杂岩盖层在密度、磁性和电性参数方面皆有较明显差异，是该区最主要的物性界面。基底变质岩具有弱磁性、高密度、高（石英片岩类）低（千枚岩类）两类电阻率、高极化率和低波速的特性；碎斑熔岩、粗斑花岗斑岩具强磁性、低密度、高电阻率、低极化率和高波速的特征；流纹英安岩的物性参数介于上述两者之间。逆质量磁化率（密度 / 磁化率）和密度的交会分析可较为明显地将物性交会区域划分为四个区，分别对应四类填图单元，这为开展重、磁联合反演提供了参考。

（5）通过两条骨干剖面和 17 条精细剖面 MT 测量和二维反演，结合地面高精度重力和磁力资料二维、三维反演结果，圈定了主要地层、岩体和断裂带等目标地质体的空间展布。

完成了两条骨干剖面和 17 条精细剖面 MT 测量数据的预处理和二维非线性共轭梯度反演，结合地面高精度重力和磁力测量二维、三维反演结果，初步厘清了相山铀矿田地下电性结构，并圈定了主要地层、岩体、断裂的空间展布，取得以下成果：

格架性断裂构造有 7 条为北东向、4 条为北西向和 1 条为近南北向，其中在盆地北西角新识别出来的北东向主干断裂，隐伏于白垩纪红层盆地之下。盆地北部发现 1 条弧形火山塌陷构造。这些构造表现为一定规模、一定空间上延续的低阻异常带。盆地西部火山岩盖层存在北东向、北西向主干断裂组合，构成菱格状构造。基底界面则表现为，两条北东向断裂夹持中部地堑块体，同时有东西向的隆凹相间格局。

识别出相山火山盆地－基底变质岩系之间的不整合界面，该界面在 MT-4～MT-12 剖面上，表现为近乎连续的低阻异常带，该界面之上为下白垩统打鼓顶组和鹅湖岭组火山－沉积岩。

打鼓顶组火山岩表现为低阻、中密度，主要出现在 MT5～MT12，尤其是 MT6～MT9 线，火山盆地西部，该地层厚度较大；在河元背－船坑－杏树下一带，呈现一近东西向的厚层的流纹英安岩凹槽，其东西长约 12km，南北宽约 2km，在 MT9、MT7 线，其厚度超过 1km，相山铀矿田西部探明的主要铀矿床分布在该凹槽内或其边缘。

鹅湖岭组火山岩总体表现为高阻、低密度，主要出现在 MT5～MT12 线，尤其是 MT6～MT10 线。盆地中部鹅湖岭组厚度大，在 MT10 线上，厚度达到 2km。在 MT10～MT11 线，即相山主峰北西 1km 处至巴山一带，出现自下而上贯通式的低阻异常，解释为鹅湖岭组碎斑熔岩喷发中心的火山颈相，由于火山通道强烈的热液蚀变作用影响，岩石的电阻率已大幅降低。该火山通道总体上呈陡立管状，深部向南东倾伏，浅部向南东撒开，地表半径约 2km。

结合地表地质填图和岩性特征，在青白口纪变质基底地层中识别出上施组、库里组、神山组的展布特征，每个组均分为上下两个岩性段。总体而言，下段主体为石英片岩，表现为高阻、高密度，上段主体为千枚岩，表现为中低阻、高密度。在三维空间上，构成一个向北东东倾伏的复式背斜，相山火山盆地发育于其核部倾伏端之上。南西部有加里东期花岗岩侵入，该岩体出现在 MT4～MT7 线，由南西向北东倾伏。

对研究区的 1：50000 重力数据和 1：25000 地面高精度磁法进行了异常分离和三维精细反演，利用获得的密度三维数据体和磁化率三维数据体构建了初始三维地质－地球物理模型。利用重、磁三维反演结果圈定了碎斑熔岩各岩相相互关系；显示该区南部基底密度比北部明显较低，南部基底中存在半隐伏的古生代花岗岩体。

（6）通过 14 条 CSAMT 剖面探测，查明了邹家山－居隆庵关键成矿部位主要地层接触界面和断裂的

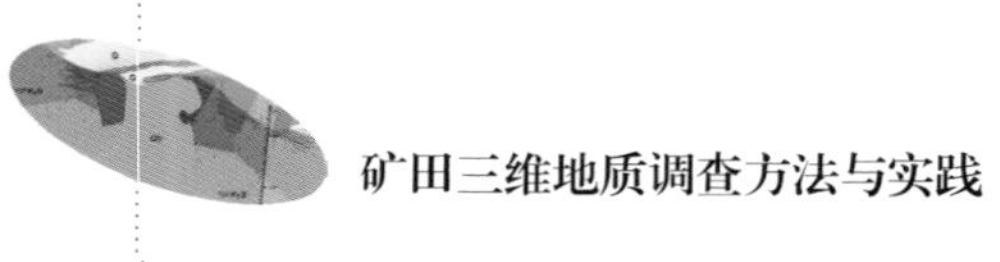

空间展布。

通过 14 条 CSAMT 剖面探测，查明了相山铀矿田邹家山－居隆庵关键成矿部位主要地层接触界面和断裂的展布。利用二维反演结果圈定的非隐伏构造位置及空间展布与地质填图结果吻合，圈定的碎斑熔岩和流纹英安岩界面与钻孔资料基本吻合，充分说明 CSAMT 探测结果可为相山地区三维地质填图提供可靠的深部地质结构信息。

（7）在系统集成各种资料并建立数据库的基础上，依托 GOCAD 软件平台，构建了陀上幅三维地质模型、相山火山盆地三维地质结构模型、邹家山－居隆庵三维地质模型、邹家山矿床三维模型和沙洲矿床三维模型，模型性能良好，能满足相关功能要求。

本项研究首次尝试在 GOCAD 软件平台上，利用数字地质填图数据直接进行浅表层三维地质建模，并提出“数字地质填图建模”概念。陀上幅三维地质模型由野外数字地质填图路线数据直接构建，钻孔数据作为约束条件。数字地质填图三维模型，可以对测区的地下地质情况进行一定程度的可视化，具有三维空间计算、动态更新和任意方向切制剖面图输出等功能，是区域地质调查成果的新型表达方式，也可作为今后深层次三维地质建模的基础。数字地质填图建模所需的基本源数据是填图过程中的野外路线数据和地形数据，比较容易获取，建模成本低，因而具有广阔的应用前景。

其他 4 个模型的构建方法是地质剖面建模，即以地质剖面数据为主要建模数据，钻孔、地质图等为约束条件。相山火山盆地三维地质结构模型和邹家山－居隆庵三维地质模型，主要根据 MT、CSAMT 解译的地质剖面，结合地表填图数据进行建模，勘探线剖面图、采矿中段平面图、钻孔数据等作为约束条件；邹家山矿床三维模型和沙洲矿床三维模型，是根据勘探线剖面图、采矿中段平面图、钻孔数据、地质图等建立的。

模型具有空间关系的确定性、三维可视化、可动态编辑与更新、分析和计算功能、成图与输出功能，为揭示相山盆地三维结构和深部找矿提供了直观实用信息。

（8）对火山－侵入杂岩矿集区三维地质调查与建模技术方法组合进行了探索，总结出两种建模方法。

针对火山－侵入杂岩矿集区的三维地质调查，摸索出有效的总体技术方法与流程。首先开展地表地质填图工作，并充分收集钻探、采矿、物探测深等前人资料。开展岩石物性测量、重磁反演和大地电磁测深工作，用钻孔数据和地表地质图作为约束条件，开展多种地球物理方法数据源的交互解译。通过地质专题研究（岩浆系统、构造系统、成矿系统），探讨测区三维地质结构。

以解决基本地质问题和深部找矿为目的，以深部物探可识别度为准则，选择合适的目标地质体。根据区域地球物理、岩石物性特征选择有效的物探技术方法。物探剖面部署原则是：剖面应垂直穿过主要断裂构造，穿过火山口，以最大程度揭示基本构造格架；应穿过主要重、磁异常带，探索重磁异常的深部成因；穿过典型矿床，为深部找矿及成矿模型构建提供依据。注重应用矿集区强电磁干扰去除技术，提高电磁数据的信噪比；采用带地形二维电磁反演与解释技术，提高强切割地形下电磁法应用效果。解译过程中，要辩证认识物性参数及其在不同地质条件下的变化性，正确利用地球物理信息进行地质解译；重视多元信息对比分析与综合，逐步迭代反演与解译，使地球物理模型既要与各类地球物理参数信息相匹配，同时又与基本的地质事实和地质规律相吻合。

三维建模遵循由表及里、从粗到细的原则，分层次、分阶段建模，按照从地质概念模型、地质地球物理模型到地质结构模型的顺序有效开展工作。通过多种软件的遴选，确定了 GOCAD 软件为比较适合于火山－侵入杂岩区的三维建模，总结出其实用技巧及地质界面构建的关键技术。摸索出“数字地质填图建模”“地质剖面建模”两种建模方法，既能直接利用数字地质填图数据，又可综合应用物探解译的深部地质剖面和矿山勘探剖面。其中数字地质填图建模是很有推广价值的三维建模方法，它可以作为地表区域地质填图的一种新的表达方式，同时也可以作为一种过渡性模型，用作更深层次三维建模的约束条件。

三维地质调查工作强调多源数据的交互解译与有机融合，物探数据、勘探资料、地质图、地质演化规律相互印证。强调地质人员全程参与，与物探人员、计算机人员沟通交流，多学科融合，以便正确理解地球物理信息的地质含义，在三维空间里理解所有地质体、构造的几何形态和成因关系。

第二节　三维地质调查的技术关键与对策思考

一、三维地质调查的难点

地质体和地质现象的复杂性，地质、物探、化探、遥感和钻探等建模数据类型的多样性，各类数据地质解译的多解性，使得深部地质调查与解释工作比较困难。加之所获得的深部地质数据往往是离散的、局部的，有较大的片面性，不同专家对同一地质现象可能得出不同的推论，这些都增加了三维地质调查的难度。

（1）三维地质调查受到深部地质数据量有限的制约。目前深部数据来源主要是地球物理探测，以及少量的钻探资料，有些技术方法本身的探测深度和分辨率就具有局限性，更有经济原因造成的数据密度和覆盖面的不足。因此，对原始地质数据的获取具有艰难性，只能在有限的数据量内提高数据质量与地质解译水平。另外，过去已经形成的许多地质资料却由于技术原因得不到充分利用。因此，需要对各种来源的、不同精度和分辨率的地质数据进行耦合解译分析，尽可能使已有数据成为建模可利用的、可靠的信息。

（2）对不同学科、不同尺度的数据进行三维空间分析与对比时难以融合。三维地质调查涉及地质、地球物理、计算机建模等众多学科领域，不同学科，甚至同一学科不同方法对地质现象的表述方式及数据体特征不尽相同。如何实现基于不同学科、不同尺度的数据融合，实现基于三维空间的分析与对比是三维地质调查的难点之一。

（3）少约束条件下地球物理数据的多解性，使得在三维空间理解地质体、构造之间的空间、成因和演化关系难度较大。漫长的地质演化历程造就了千姿百态的区域地质结构，在地表地质调查中，各个地质体性质及其相互关系研究的复杂性造就了地质科学的博大精深。要把这种研究推广到地下深处，难度就更大，除了地质现象本身的复杂性外，还有物性界面与地质界面的差异性。这就使得如何在三维空间中理解所有目标地质体之间的空间、成因和演化关系成为一大难点，由于物探、钻探工程耗费大，验证性有限导致多解性问题长期悬而未决。

（4）三维地质调查的技术流程仍欠成熟，缺乏大家认可的统一流程，因而地质学家、地球物理学家、建模技术人员的水平以及相互沟通能力是高质量建模的关键。三维地质建模软件众多，但没有哪一套软件平台可以做所有的数据处理与三维地质建模工作。目前，只能使用多套软件进行建模工作，达到相互补充和相互印证的目的。软件建模技术还不够自动化，人机交互量大。

（5）就相山地区而言，已完成的钻探工程绝大多数深度较浅，而且只分布于西部和北部，导致物探资料的反演解译因约束因素少而出现多解性较大；由于测深数据的密度不够，本次圈出的火山口（或岩浆通道）中，有些没有深部数据的支持，仅是根据地表地质现象及遥感影像推断的；相山火山－侵入杂岩的岩石物性（尤其是电性和磁性）变化区间较大，增加了地球物理数据反演及解译的难度。所以相山火山盆地不同期次火山机构、侵入体的空间结构的揭示，需要进一步开展物探测深和钻探工作。对于打鼓顶期、鹅湖岭期次火山口（岩浆通道）的位置和地下延伸情况，尚需加密布设 MT、CSAMT 测深剖面，以便使根据地表地质现象及遥感影像推断的所有火山口得到深部数据的检验。对于 MT、CSAMT 数据，可以进一步开展三维反演与解译，与二维、拟二维反演与解译结果进行对比研究。在东南部开展超深钻孔揭示，增加关键剖面物探数据的反演解译约束，同时有望对深部加里东期侵入体和成矿构造进行

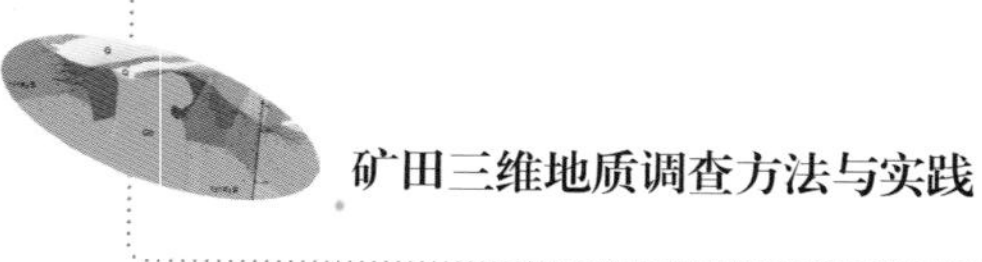

验证。

二、三维地质调查的技术关键点

三维地质调查的技术关键点主要包括地质体本身的复杂程度、路线剖面的密度与详细程度、定位精度、约束参数的数量、勘查方法的分辨率和地质学家的专业水平等。

1. 选择合适的地球物理方法，获取真实有效的深部信息

重力、磁法、电法等各种地球物理方法均以介质特定的物理属性为基础，其探测深度与精度各不相同，而开展综合地球物理探测可实现取长补短，相互验证并减小多解性。笔者根据相山地区典型岩石（地层）的物性特征，本着多物性、全空间揭示异常，全局控制、局部细化的原则，在开展区域重磁数据二维、三维精细反演的基础上，根据火山岩盖层与变质基底之间存在明显电性差异的特点，设计MT骨干剖面探测盆地深部变质基底、火山－侵入杂岩及主要构造的格架，设计面积性MT剖面探查盆地目标地质体三维形态，在有利成矿部位设计面积性CSAMT探查主要地质体接触界面和断裂构造的三维形态。

2. 设计合适的工作量和精度，确保项目科学实施

在地表填图过程中，要充分理清地质体特征、空间组合关系及地质演化史。根据区域构造格局，部署切合实际的物探测量剖面以及其他地质数据采集工作。

本书数字地质填图建模是在地表数字地质填图的基础上，直接运用野外路线PRB数据构建的浅表三维地质模型。在野外路线地质数据采集时，应尽量保证每条路线中的B过程（点间界线）具有有效的产状数据。在地质界线产状变化大的部位，需要适当增加产状数据加以控制。物探数据主要为区内面积性重力、磁力数据，以及19条MT剖面、14条CSAMT剖面，针对火山盆地和成矿重要部位布置与主要构造线大角度相交的剖面。在数据采集前，对区内典型岩石标本进行了系统的物性测量与统计。电磁数据采集在优选有效频率的基础上采用多次叠加方式，在区内电磁噪声系统研究总结的基础上，对原始数据进行了电磁噪声识别与去噪处理。相山铀矿田已有近60年的勘探历史，尽量多地收集矿田勘探开采资料，但不同时期的地质认识存在差异，地质人员要将收集到的不同时期的钻孔、勘探剖面、地质路线等资料重新厘定，使之与最新成果资料保持一致。

3. 对目标地质体物性测量样本进行地质甄别与再统计，正确理解地球物理信息的地质含义

在进行系统的岩石物性测试和统计时，要基于地质特征分析之后对样本进行甄别和再统计，辩证地认识物性数据及其变化性，需要考虑地表与地下、浅部与深部、构造与热液蚀变影响、不同地质单元接触带，以及钻孔岩心与原地岩石等不同条件下，岩石物性可能存在的变化性。

相山地区地质结构复杂，岩性变化大，加之构造破碎、热液蚀变叠加影响，各地质单元物性存在很大的变异性。在基于区域地质演变认识的基础上，对所测定的样本进行区分甄别，辩证地分析各地质单元的地质产状和相关地质作用所带来的物性变异，对物性参数进行了再统计，在地质解译时考虑这些因素，以便对深部地质单元作出客观判断。

4. 应用矿集区强电磁干扰去除技术，提高电磁数据的信噪比

相山铀矿田为正在开采的老铀矿基地，区内存在高压电、通信设施、民用电、矿山机械等产生的强电磁干扰，对电磁勘探应用效果有一定影响。在野外数据采集前，开展了研究区电磁噪声调查，总结区内典型噪声类型及特征，为野外工作设计和数据处理提供依据。在邹家山铀矿田三维结构探查中，采用人工源CSAMT方法，加强场源激发强度以提高信噪比，进而提高原始数据质量。利用先进的时频分析技术（Hilbert-Huang变换、形态滤波）、互参考技术等进行电磁去噪处理，突出有效异常，提高参与反演数据的信噪比。

5. 采用带地形二维电磁反演与解释技术，提高强切割地形下电磁法应用效果

相山地区山势较陡峻，山谷切割深度一般为300～1000m，最高峰相山的海拔为1219.2m，其他地方海拔一般为500～800m，低洼处海拔在100m左右。测区绝大多数地方植被茂密，路径稀少，岩石露头差，通视条件较困难。此类地形地势对地面电磁数据产生严重影响，造成数据畸变，进而影响电磁法的探测效果。笔者在提高测地精度的基础上，采用正则化方法，引入物性空间分布的先验约束，通过Gauss-Newton、Quasi-Newton、非线性共轭梯度等优化求解技术，实现稳健的强切割地形条件下地面电磁资料反演。

6. 选择合适的建模软件是三维地质建模的基础

尽管三维地质建模软件商业化已有几十年历史，但至今还没有一款被普遍认可的建模软件。笔者在三维地质建模软件选择方面经历了一个不断尝试和比较的过程，在建模软件选择过程中共经历了项目前期Surpac软件建模技术验证阶段、Micromine软件概念模型构建阶段、Petrel软件和DGSSInfo软件自动建模尝试阶段、GOCAD软件系统建模阶段4个过程。最终确定GOCAD软件为比较适合本工作区（火山－侵入杂岩区）的三维地质建模软件。

7. 确定合适的建模技术方法是三维地质建模的关键

GOCAD软件是以工作流程为核心的地质建模软件，在其SMW模块中能对简单的沉积岩区实现半自动化建模，但在地质情况复杂的火山－侵入杂岩区，该模块无法实现。本书采用“建立原始资料数据库→构建地质界面→将地质界面组合成面模型→将面模型填充成体模型→体模型赋属性”的建模思路，将构建模型的过程进行细分，将不同类型的地质界面的构建作为建模过程中的重点和难点。三维地质建模是一个反复尝试的过程，在地表填图和收集前人资料的过程中，先要构思建模区深部三维地质体的展布，然后构建初步的三维地质概念模型，随着地质工作程度的深入，不断修正概念模型。地表填图完成以后，结合地质图、钻孔、概念模型等数据在三维空间（三维地质建模软件中）对物探剖面进行地质解译，建立物探解译标志，构建简单的初步模型。在物探解译标志、物探地质剖面和三维地质模型之间不断反复修正，确定物探解译标志和物探地质剖面，最终根据已有资料构建三维地质成果模型。

8. 多源数据的融合是三维地质建模的核心

三维地质建模需要在地表填图的基础之上，综合运用地质、物探、化探、遥感、钻探等技术手段获取地下深部地质信息。建模数据多源性是其最大的特点，模型构建的关键是将这些数据有效融合。不同数据融合的关键点如下：

（1）确定统一的比例尺、坐标系统、投影参数、建模单元、建模单元属性编号、建模单元色标等，在原始资料数据库中将所有数据进行统一。

（2）浅表数字地质填图建模单元可以与地表填图单元一致，或作少量合并。深部三维地质模型的建模单元在地表填图单元的基础之上适当合并，重点突出物探能够识别的目标地质体。建立不同层次的模型时，分别建立不同的数据库，对原始数据中的地质单元进行不同层次的合并。

（3）建模过程中应尽可能直接利用原始数据建模，尽量减少对原始数据的修改与处理，尤其是精度较高的原始数据。

数据融合的原则是，用可信度较高的数据约束和校正可信度较低的数据，不可修改可信度高的数据。本书在进行物探剖面解译时，用地质图和钻孔数据进行约束，保证了可信度高资料的充分利用。

9. 地质界面构建的关键技术

（1）地质界面空间插值技术。地质界面的构建是三维地质建模的关键。受经济条件和地质复杂程度的限制，用于构建地质界面的原始数据总是不够，仅利用这些数据构建的地质界面会比较粗糙。为了提高地质界面的可视化效果，需要在已有的数据基础之上进行数据插值。GOCAD软件提供了DSI技术，与传统的连续函数插值方法相比较，应用DSI法插值时，在保持控制点空间位置不变的情况下，综合考虑地质体的属性与空间形态特征之间的关系来对未知区域进行插值。在整个插值过程中，控制点的空间位置始终保持不变，不断调整插值点空间位置，使生成的面达到最优效果。该插值方法可最大限度地解决

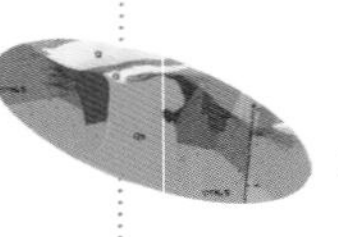

地质数据的不足。

（2）约束技术。建模过程中应用可信度较高的数据约束和校正可信度较低的数据，不可修改可信度高的数据。数字地质填图建模和基于地质剖面数据建模过程中，都是先以主要建模数据构建初步的地质界面，再用可信度更高的数据（如钻孔数据）约束和校正已经构建的地质界面，达到构建的地质界面能够与所有的地质数据相吻合，尤其是与精度较高的数据相吻合。随着后期建模数据的不断增加，增加的数据可以作为约束条件对已经构建的地质界面进行不断修改与更新。

（3）三角网编辑操作。三维地质建模中，地质界面一般以不规则三角网 (TIN) 表达，在计算机上对地质界面的编辑操作都是转化为对三角网的操作，这些操作可以优化已经构建好的地质界面。GOCAD 软件提供了一系列三角网操作简易功能：添加（删除、移动）三角网节点、增加（删除）三角网、打碎三角网、瓦解三角网、转换对角三角网等。

10. GOCAD 软件建模实用技巧

在利用 GOCAD 软件进行相山地区三维建模的过程中，我们总结了以下几点实用技巧，可供相关建模人员参考。

（1）在 GOCAD 软件中新建工程时，将模型单位设置成米，深度轴的正值修改为“向上”（默认值为“向下”）。设置完后，*Z* 轴为高程，*Z* 轴向上高程值增大，向下高程值减小，*Y* 轴为正北，*X* 轴为正东。工程的坐标参数以第一次导入工程的数据为准，后期需导入数据的坐标参数均要与第一次导入工程的数据保持一致。

（2）GOCAD 软件中导入钻孔数据时应严格遵循钻孔测斜、钻孔位置、钻孔岩性分层、钻孔曲线数据的先后顺序加载数据。钻孔测斜数据中的倾角（inclination）为钻孔与 *Z* 轴所夹锐角，钻孔岩性数据中岩性代号中只可以用字母和数字，不能有汉字、希腊字母或特殊符号。

（3）在建面过程中，先构建模型的边界面（DEM 面、模型的底界面、模型的四周边界面），再建断层面，最后建其他地质体界面。地质体界面创建时应遵循“先建新地质体的界面，后建老地质体的界面”的原则。模型组合时，按地质体先新后老的顺序逐个依次组合地质体，在组合的过程中应注意新老关系及切割关系，组合完单个地质体后在整个地质界面中将其剥离，最后将所有地质体重新组合成三维地质模型。

（4）模型建成后，需要对模型进行一些整饰，以便于增加地理因素和强化地质表达，大致有以下几个方面。

汉字标注。在 GOCAD 软件平台上不能显示汉字，需要标注一些中文地名就较为困难。解决的办法是，将汉字转换成线文件就可以在 GOCAD 软件中显示。具体处理方法如下：首先在 MapGIS 软件中将文字数据的比例尺投影变换成为 1：1000，再编辑文字（点文件）的属性结构，在点属性结构中增加高程值属性（点的高程值可以为 0），最后将 WT 格式的点文件转换成 DXF 格式文件。为了防止在格式转换过程中导致数据丢失，在转换之前将地名的颜色统一改成黑色（MapGIS 软件中颜色代号 1）。处理完成后将转换好的 DXF 格式数据（线文件）导入 GOCAD 软件中。

在 MapGIS 软件中，所有中文地名都放在同一个图层文件中，当 GOCAD 软件加载地名数据之后要分别将单个地名存放一个文件。导入 GOCAD 软件后的文字可能太小或太大，且字体不是直立的，需要对字体放大（缩小）和旋转，具体处理方法为：①对地名文件进行备份，目的是保留字体进行旋转和放大（缩小）等处理之前所处的位置。②缩放字体大小。对字体的 X、Y、Z 同时乘以一个合适的系数，该系数大于 1 为字体放大，小于 1 为字体缩小，可以通过先对一个地名进行调试来确定这个系数值，再将这个系数运用于其他地名。③ 翻转字体。由于字体是水平的，Z 值是一个固定值，需要将字体的 Y 值与 Z 值对调，可以在属性中输入代码“T=Y；Y=Z；Z=T;”来实现。④运用平移功能将缩放和翻转之后的字体平移回原来所在位置，可以通过增加或减小 X、Y、Z 值来实现该功能。

在模型的地表面添加水系信息。水系可以分为线状水系和面状水系，在处理过程中将这两类分开处理。处理线状水系时，将 WL 格式的线状水系数据导入到 GOCAD 软件中，处理方法与等高线处理方法一致。导入后加密水系线的节点，再将水系线在 Z 轴方向上垂直投影到 DEM 面，按相关规范修改线的粗细和颜色。处理面状水系时，在面状水系线文件导入 GOCAD 软件之前，先检查水系线是否闭合。确认水系线完全闭合后，将水系线导入软件并加密线中的节点，将水系线在 Z 轴方向上垂直投影到 DEM 面。然后用水系线对 DEM 面进行切割，去除非水系部分的 DEM 面，保留水系部分的 DEM 面，并将水系部分的 DEM 面修改成对应的水系颜色，将这部分修改颜色后的 DEM 面叠加在模型表面。

模型中地质界线显示。在模型中一部分断层面参与构建地质体，一部分位于地质体内部，不参与构建地质体。当断层面位于模型内部时，在地表面（DEM 面）上无法显示出断层面。为了在展示整个模型时能够较好地展示断层信息，可以提取断层面与 DEM 面的交线，将该断层线改成红色并加粗叠加到 DEM 面上。为了凸显地表地质界线和增强模型三维显示效果，将单个地质体的轮廓线设置为显示状态，将轮廓线设置成黑色或灰色。

三、对三维地质调查的几点思考

1. 完善地质思维的表达方式至关重要

三维地质建模的关键在于地质表达方式的创新，需要地质学家从过去侧重地质思维（加上地史演化，属 4D 范畴）转变到兼顾重视现实表达方式上来。地质思维兼有逻辑思维与艺术思维，着重高度概括，忽略许多细节，因而在建模需要无缝连接时存在依据不足，同时用想象建立起来的各种模式难以用数学参数表达出来。编程员的信息技术思维难于理解地质体相互关系的深层次含义，导致在三维建模过程中，思维方式矛盾突显。三维模型是在三维空间里对地质“事实”的记录、解释和简化，它迫使我们必须在三维空间里理解所有地质体、地质现象的几何形态和成因关系。

2. 地质人员的全程参与是顺利开展建模的基础

三维建模需要地质、物探、计算机人员通力合作，其中地质人员的全程参与特别重要，包括对地质现象的 4D 理解（含地史演化）、对地球物理场解译的综合思考。要重视培养掌握区域地质知识、物探解译常识和信息技术技能的复合型建模人员。三维地质建模的技术方法仍欠成熟，缺乏大家认可的统一流程。地质学家、地球物理学家、建模技术人员的水平以及相互沟通能力是高质量建模的关键。

3. 实施分阶段建模，不断完善三维地质模型

由于当前客观原因，三维地质调查无法以网格式部署物探、钻探工作量，所以目前建模单位应该是目标地质体。矿集区三维地质建模要以控矿构造、含矿地质体为主要目标地质体。三维地质建模是一个不断完善的过程，当前可以依据现有资料构建地质结构概念模型，也就是地质图三维建模，然后有针对性地开展物探工作，不断完善深部地质结构解释。这样也便于实现多学科之间的数据融合，对已经建立的成矿模式在三维空间里接受检验。

4. 数字地质填图建模是很值得探索并推广的技术方法

数字地质填图建模值得进一步探索，它甚至可以作为地表区域地质填图的一种新型表达方式。过去区域地质调查图件的图切剖面、盆地模型、成矿模型等也试图揭示地下情况，但由于受条件限制只能用二维纸质图件来表达。在 1：5 万图切剖面图上，1cm 相当于 500m 深。在当今信息化时代，从地表填图数据直接进行三维建模（可暂定大致 200m 以浅），可以将这些图切剖面、立体模型图件实现实体化、可视化。同时，它也可以作为一种过渡性模型，用作钻孔设置的参考条件，或作为更深层次三维建模的约束条件。

5. 建立不同类型的三维地质调查技术流程，重视国产三维地质建模软件的研制

根据可获取和可利用资料的类型、数量、品质等，探索适合不同区域地质条件、不同目标任务的三

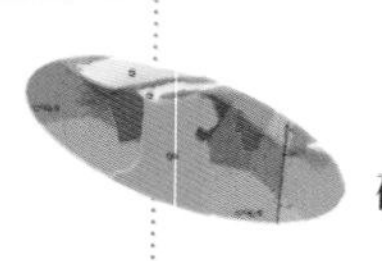

维地质调查技术流程，包括工作手段、工作量、数据精度要求、软件平台、成果表达形式等。对于物探工作，要开展不同地质条件区的物性与岩性关系对比研究，建立二者的对应关系。同时，重视地球物理正演工作，即根据目标地质体的岩性确定地球物理模型，由地球物理模型正演地球物理响应。

目前三维地质建模软件众多，各有特色，要完成一项工作，往往要多套软件交互使用，建模自动化程度也很不够。中地数码集团的MapGIS平台和中国地调局发展研究中心研发的数字地质调查系统DGSSInfo，已逐步成为国内区域地质调查领域的主流软件和工具，产生了很好的社会和经济效益。从国家战略资源信息安全的角度看，自主研发我国的三维地质建模软件十分迫切。

参考文献

陈昌彦，张菊明，杜永廉，等．1998．边坡工程地质信息的三维可视化及其在三峡船闸边坡工程中的应用．岩土工程学报，20（4）：1～6

陈东越，陈建平，陈三明，等．2013．辽东白云金矿地质体三维模型的构建与储量估算．桂林理工大学学报，33（1）：14～20

陈辉，邓居智，吕庆田，殷长春，邱姜歆．2015．九瑞矿集区重磁三维约束反演及深部找矿意义．地球物理学报，58（12）：4478～4489

陈建平，于淼，于萍萍，等．2014．重点成矿带大中比例尺三维地质建模方法与实践．地质学报，88（6）：1187～1195

陈正乐，潘家永，刘国奇．2012．江西相山铀矿床成矿规律总结研究（内部报告）．北京：中国地质科学院地质力学研究所

陈正乐，王平安，王永，等．2013a．江西相山铀矿田山南矿区控矿构造解析与找矿预测．地球科学与环境学报，35（2）：8～18

陈正乐，王永，周永贵，等．2013b．江西相山火山－侵入杂岩体锆石 SHRIMP 定年及其地质意义．中国地质，40（1）：217～231

程朋根，文红．2011．三维空间数据建模及算法．北京：国防工业出版社

戴清峰，方根显，林万里．2015．江西相山火山岩型铀矿田邹家山与牛头岭矿区地球物理特征对比研究．地质与勘探，51（3）：555～562

戴世坤，徐世浙．1997．MT 二维和三维连续介质快速反演．石油地球物理勘探，32（3）：305～317

邓居智，陈辉，殷长春，周彪华．2015．九瑞矿集区三维电性结构研究及找矿意义．地球物理学报，58（12）：4465～4477

董晨阳，赵葵东，蒋少涌，等．2010．赣南白面石铀矿区花岗岩的锆石年代学、地球化学及成因研究．高校地质学报，16（2）：149～160

董树文，高锐，李秋生，等．2005．大别山造山带前陆深地震反射剖面．地质学报，79（5）：595～601

范洪海，凌洪飞，王德滋，等．2003．相山铀矿田成矿机理研究．铀矿地质，19（4）：208～213

方锡珩，侯文尧，万国良．1982．相山破火山口火山杂岩体的岩石学研究．岩矿测试，19（4）：1～10

高锐，李秋生，赵越，等．2002．燕山造山带深地震反射剖面启动探测研究．地质通报，21（12）：905～907

高阳，陈三明，韦龙明，等．2013．广东石人嶂矿床三维建模及利用块体模型进行储量估算的研究．矿产勘查，4（5）：558～564

龚健雅，夏宗国．1997．矢量与栅格集成的三维数据模型．武汉测绘科技大学学报，22（1）：7～15

郭福生，吴志春，谢财富，等．2012．数字地质填图系统的几点改进意见及实用技巧．中国地质，39（1）：252～259

郭福生，吴志春，李祥，等．2017a．江西相山火山盆地三维地质建模的实践与思考．地质通报，36（9）（待刊）

郭福生，林子瑜，黎广荣，等．2017b．江西相山火山盆地地质结构研究：来自大地电磁测深及三维地质建模的证据．地球物理学报，60（4）：1491～1510

郭福生，谢财富，姜勇彪，等．2017c．江西相山－鹿冈区域地质及铀多金属成矿背景．北京：地质出版社

郭福生，杨庆坤，孟祥金，等．2016．江西相山酸性火山－侵入杂岩体地球化学特征与岩石成因，地质学报，90（4）：769～784

郭福生，杨庆坤，谢财富，等．2015．江西相山酸性火山－侵入杂岩精确年代学与演化序列研究．地质科学，50（3）：684～707

何观生，戴民主，李建峰，等．2009．相山流纹英安斑岩锆石 SHRIMP U-Pb 年龄及地质意义．大地构造与成矿学，33（2）：299～303

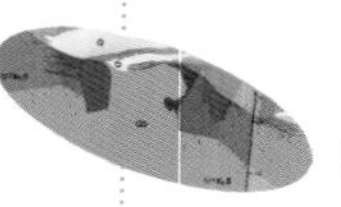

侯卫生，吴信才，刘修国，等. 2006. 基于线框模型的复杂断层三维建模方法. 地质科技情报，25（5）：109～112
侯卫生，吴信才，刘修国，等. 2007. 一种基于平面地质图的复杂断层三维构建方法. 岩土力学，28（1）：169～172
胡进娟. 2008. 基于平面地质图的沉积地层三维模型构建方法研究. 南京：南京师范大学硕士学位论文
黄地龙，柴贺军，黄润秋. 2001. 岩体结构可视化软件系统研究. 成都理工学院学报，28（4）：416～420
黄志章，李秀珍，蔡根庆. 1999. 热液铀矿床蚀变场及蚀变类型. 北京：原子能出版社
江西省地地质矿产局. 1984. 江西省区域地质志. 北京：地质出版社
晋光文，王家映，王天生. 1982. 一种大地电磁张量阻抗的计算方法. 地球物理学报，25（增刊）：550～559
柯丹，韩绍阳，侯惠群，等. 2005. 三维可视化技术在矿产资源勘探领域中的应用探讨. 世界核地质科学，22（2）：108～113
李邦达. 1993. 江西相山碎斑熔岩成因及其控矿作用的讨论. 地质论评，39（2）：101～110
李超岭，张克信，于庆文，等. 2008. 数字地质填图 PRB 粒度理论框架研究. 地质通报，27（7）：945～955
李德仁，龚健雅，朱欣焰，等. 1998. 我国地球空间数据框架的设计思想与技术路线. 武汉测绘科技大学学报，23（4）：297～303
李清泉，李德仁. 1998. 三维空间数据模型集成的概念框架研究. 测绘学报，27（4）：325～330
李延栋，丁伟翠，郑宁，等. 2011. 博览群图提升地质制图的科学技术水平. 地球信息科学学报，13（6）：711～719
林锦荣，胡志华，谢国发，等. 2014. 相山火山盆地组间界面、基底界面特征及其对铀矿的控制作用. 铀矿地质，30(3)：135～140
林子瑜，李子颖，龙期华，等. 2013. 相山铀矿田三维地质新认识. 铀矿地质，29（4）：199～207
凌洪飞，徐士进，沈渭洲，等. 1998. 格宗、东谷岩体 Nd、Sr、Pb、O 同位素特征及其与扬子板块边缘其他晋宁期花岗岩对比. 岩石学报，14（3）：269～277
刘保金，胡平，孟勇奇，等. 2009. 北京地区地壳精细结构的深地震反射剖面探测研究. 地球物理学报，52（9）：2264～2272
柳建新，童孝忠，郭荣文，等. 2012. 大地电磁测深法勘探 - 资料处理、反演与解释. 北京：科学出版社.
吕鹏，张炜，刘国，等. 2013. 国外重要地质调查机构三维地质填图工作进展. 国土资源情报，（3）：13～18
毛先成，邹艳红，陈进，等. 2011. 隐伏矿体三维可视化预测. 长沙：中南大学出版社
潘懋，方裕，屈红刚. 2007. 三维地质建模若干基本问题探讨. 地理与地理信息科学，23（3）：1～5
朴化荣. 1990. 电磁测深法原理. 北京：地质出版社
祈光，吕庆田，严加永，等. 2012. 先验地质信息约束下的三维重磁反演建模研究——以安徽泥河铁矿为例. 地球物理学报，55（12）：4194～4206
邱爱金. 2001. 江西相山铀矿田东西向隐伏构造的发现及其地质意义. 地质论评，47（6）：637～641
邱爱金，郭令智，郑大瑜，等. 2002. 大陆构造作用对相山富大铀矿形成的制约. 北京：地质出版社
邵飞，邹茂卿，何晓梅，等. 2008a. 相山矿田斑岩型铀矿成矿作用及深入找矿. 铀矿地质，24（6）：321～326
邵飞，陈晓明，徐恒力，等. 2008b. 江西省相山铀矿田成矿模式探讨. 地质力学学报，14（1）：65～73
邵毅，马春，毛先成，等. 2010. 丁家山铅锌矿床三维可视化预测. 北京：地质出版社
时国，郭福生，谢财富，等. 2015. 赣中相山铀矿田基底变质岩原岩恢复及其形成环境. 中国地质，42（2）：457～468
孙波，刘大安. 2015. 复杂地质界面三维重构与评价方法. 岩石力学与工程学报，34（3）：556～564
孙文良，谢财富，郭福生，等. 2016. 江西咸口印支期花岗岩体的铀含量特征及成矿潜力分析. 高校地质学报（录用待刊）
汤井田，何继善. 2005. 可控源音频大地电磁法及其应用. 长沙：中南大学出版社.
汤井田，任政勇，化希瑞. 2007. 地球物理学中的电磁场正演与反演. 地球物理学进展，22（4）：1181～1194
汤井田，周聪，肖晓. 2013. 复杂介质条件下 CSAMT 最小发收距的选择. 中国有色金属学报，23（6）：1681～1693
王椿镛，王贵美，林中洋，等. 1993. 用深地震反射方法研究邢台地震区地壳细结构. 地球物理学报，36（4）：445～452

王椿镛，张先康，吴庆举，等. 1994. 华北盆地滑脱构造的地震学证据. 地球物理学报，37（5）：613～620
王功文，张寿庭，燕长海，等. 2011. 基于地质与重磁数据集成的栾川钼多金属矿区三维地质建模. 地球科学，36（2）：360～366
王家映. 1987. 一维大地电磁资料的直接反演法，地质科技情报，6（6）：104
王圣祥. 1998. 邹家山矿区火山隐爆角砾岩的发现及其意义. 华东铀矿地质，（2）：49～49
魏世臧，郭春茂，周仰贞. 1983. 葛洲坝工程二江泄水闸抗滑稳定的三维地质力学模型实验研究. 水利学报，（6）：36～44
魏祥荣，龙期华. 1996. 遥感、重力资料在相山盆地铀控矿构造分析中的应用. 国土资源遥感 28（2）：37～44
魏子新. 2010. 上海城市地质及其社会服务机制探讨（摘要）. 上海地质，31（增刊）：1～2
吴冲龙，何珍文，翁正平，等. 2011. 地质数据三维可视化的属性、分类和关键技术. 地质通报，30（5）：642～649
吴冲龙，翁正平，刘刚，等. 2012. 论中国“玻璃国土”建设. 地质科技情报，31（6）：1～8
吴仁贵. 1999. 相山地区如意亭剖面火山建造特征. 华东地质学院学报，22（3）：201～208
吴志春，郭福生，姜勇彪，等. 2016. 基于地质剖面构造三维地质模型的方法研究. 地质与勘探，52（2）：363～375
吴志春，郭福生，郑翔，等. 2015a. 基于 PRB 数据构建三维地质模型的技术方法研究. 地质学报，89（7）：1318～1330
吴志春，郑翔，张洋洋，等. 2015b. 数字地质填图数据构建断层面的方法. 辽宁工程技术大学学报（自然科学版），34（11）：1264～1270
武强，徐华. 2004. 三维地质建模与可视化方法研究. 中国科学（D 辑），34（1）：54～60
肖晓，汤井田，周聪，等. 2011. 庐枞矿集区大地电磁探测及电性结构初探. 地质学报，85（5）：873～886
徐峰. 2014. 基于平面地质图的地质知识规则构建与三维建模. 南京：南京师范大学硕士学位论文
杨宝俊，唐建人，李勤学，等. 2003. 松辽盆地隆起区地壳反射结构与“断开”莫霍界面. 中国科学（D 辑），33（2）：170～176
杨东来，张永波，王新春，等. 2007. 地质体三维建模方法与技术指南. 北京：地质出版社
杨水源. 2013. 华南赣杭构造带含铀火山盆地岩浆岩的成因机制及动力学背景. 南京：南京大学博士学位论文
杨水源，蒋少涌，姜耀辉，等. 2010. 江西相山流纹英安岩和流纹英安斑岩锆石 U-Pb 年代学和 Hf 同位素组成及其地质意义. 中国科学（D 辑），40（8）：953 ～969
杨水源，蒋少涌，赵葵东，等. 2013. 江西相山铀矿田如意亭剖面火山岩的年代学格架及其地质意义. 岩石学报，29（12）：4362～4372
张宝一，尚建嘎，吴鸿敏，等. 2007. 三维地质建模及可视化技术在固体矿产储量估算中的应用. 地质与勘探，43（2）：76～81
张万良. 2012. 相山矿田铀矿地质研究进展与趋势. 资源调查与环境，33（1）：22～27
张万良，余西垂. 2011. 相山铀矿田成矿综合模式研究. 大地构造与成矿学，35（2）：249～258
张先康，王椿镛，刘国栋，等. 1996. 延庆—怀来地区地壳细结构——利用深地震反射剖面. 地球物理学报，39（3）：356～364
张先康，张成科，赵金仁，等. 2002. 长白山天池火山区岩浆系统深部结构的深地震测深研究. 地震学报，24（2）：135～143
张洋洋，周万蓬，吴志春，等. 2013. 三维地质建模技术发展现状及建模实例. 东华理工大学学报（社会科学），32（3）：403～409
章邦桐，陈培荣，孔兴功. 2003. 赣南白面石过铝花岗岩基底为 6710 铀矿田提供成矿物质的地球化学佐证. 地球化学，32（3）：201～207
郑翔，吴志春，张洋洋，等. 国外三维地质填图的新进展. 东华理工大学（社会科学版），2013，32（3）：397～402
钟登华，李明超，王刚. 2004. 大型水电工程地质信息三维可视化分析理论与应用. 天津大学学报，37（12）：1046～1052
周良辰，林冰仙，王丹，等. 2013. 平面地质图的三维地质体建模方法研究. 地球信息科学学报，15（1）：46～54

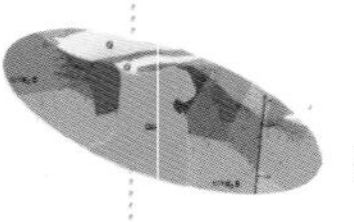

周万蓬，郭福生，刘林清，等. 2015. 中国东南部碎斑熔岩问题再探讨. 资源调查与环境，36（2）：98～103

周万蓬，谢财富，郭福生. 2016. 赣中乐安加里东期花岗岩体岩石学及主微量元素特征. 矿物岩石地球化学通报，36（2）：259～269

周佐民，谢财富，孙文良，等. 2015. 江西乐安县咸口花岗岩体的锆石 LA-ICP-MS 定年及构造意义. 地质学报，89（1）：83～98

朱大培，牛文杰，杨钦，等. 2001. 地质构造的三维可视化. 北京航空航天大学学报，27（4）：448～451

朱良峰，吴信才，刘修国. 2004. 城市三维地质信息系统初探. 地理与地理信息科学，20（5）：36～40

朱日祥. 2007. 地球内部结构探测研究——以华北克拉通为例. 地球物理学进展，22（4）：1090～1100

Cai J H, Tang J T. 2009. An analysis method for magnetotelluric data based on the Hilbert-Huang transform. Exploration Geophysics, 40(2): 197～205

Carr G R, Andrew A S, Denton G J, *et al.* 1999. The "Glass Earth": Geochrmical frontiers in exploration through cover. Australian Institute of Geoscientist Bulletin, 28: 33～40

Chabiron A, Cuney M, Poty B. 2003. Possible uranium sources for the largest uranium district associated with volcanism: The streltsovkacaldera(Tramsbaikalia, Russia). Mineralium Deposita, 38: 127～140

De Kemp E A. 2000.3-D visualization of structural field data: examples from the Archean Caopatina Formation, Abitibi greenstone belt, Québec, Canada. Computer & Geosciences, 26(5): 509～530

DeGroot-Hedion C, Constable S. 1990. Occam's inversion to generate smooth, two-dimensional models from magnetotelluric data. Geophysics, 55(12): 1613～1624

Doe B R, Zartman R E. 1979. Plumbotectonics: the phanerozoic//Barnes H L. Geochemistry of Hydrothermal Ore Deposits. New York: Wiley Inter Science, 1979: 22～70

Egan S S, Kane S, Buddin T S, *et al.* 1999. Computer modeling and visualization of the structural deformation caused by movement along geological faults. Computer & Geosciences, 25(3): 283～297

Esterle J S, Carr G R. 2003. The Glass Earth. Australian Institute of Geoscientists News, 72: 1～6

Farquharson C G, Craven J A. 2009. Three-dimensional inversion of magnetotelluric data for mineral exploration: An example from the McArthur River uranium deposit, Saskatchewan, Canada. Journal of Applied Geophysics, 68(4): 450～458

Glynn P E A. 2000. 3D visualization of structural field data: examples from the Archean Caopatina Formation, Abitibi greenstone belt, Québec, Canada.Computer & Geosciences, 26(5): 509～530

Glynn P, Jacobsen L, Phelps G, *et al.* 2011. 3D/4D Modeling,Visualization and Information Frameworks: Current U.S. Geological Survey Practice and Needs. in Three-dimensional Workshops For 2011. Minneapolis, Minnesota: Geological Survey of Canada

Goleby B, Korsch R, Fomin T, *et al.* 2002. Preliminary 3D geological model of the Kalgoorlie region, Yilgarn Craton, Western Australia, based on deep seismic-reflection and potential-field data. Australia Journal of Earth Science, 49: 917～933

Gordon R. 2006. New approaches for discovery: An economic look at the impact of new technology applied to wealth creation in exploration. SEG Meeting abstracts

Graymer R W, Ponce D A, Jachens R C, *et al.* 2005. Three-dimensional geologic map of the Hayward fault, northern California: Correlation of rock units with variations in seismicity, creep rate, and fault dip. Geology, 33(6):521～524

Guo F S, Li G R, Liu L Q, *et al.* 2017. Where are the Volcanic Calderas in the Xiangshan Volcanic Basin of Jiangxi? Implications from Anisotropy of Magnetic Susceptibility. ACTA GEOLOGICA SINICA (English Edition), 91(1): 359～360

Houlding S W. 1994. 3D Geosciences Modeling: Computer Techniques for Geological Characterization. Berlin: Springer-Verlag

Ichoku C, Chorowicz J, Parrot J-F. 1994. Computerized construction of geological cross sections from digital maps.Computers & Geosciences, 20(9):1321～1327

Kaufmann O, Martin T. 2008. 3D geological modelling from boreholes, cross-sections and geological maps, application over former natural gas storages in coal mines. Computers & Geosciences, 34(3):278～290

Larsen J C, Mackie R L, Manzella A, *et al.* 1996. Robust smooth magnetotelluric transfer function. Geophysical Journal International, 124(3): 801～819

Lü Q T, Qi G, Yan J Y. 2013. 3D geologic model of Shizishan ore field constrained by gravity and magnetic interactive modeling: A case history. Geophysics, 78(1): B25～B35

Malehmir A, Tryggvason A, Juhlin C, *et al*, 2006. Seismic imaging and potential field modeling to delineate structures hosting VHMS deposits in the Skellefte Ore District, Northern Sweden. Tectonophysics, 426: 319～334

Malehmir A, Tryggvason A, Lickorish H, *et al.* 2007. Regional structural profiles in the western part of the Palaeoproterozoic Skellefte ore district, northern Sweden. Precambrian Research, 159:1～18

McDonough W F, Sun S S. 1995. The composition of the Earth. Chemical Geology, 120(3-4): 223～253

Milkereit B, Green A, Sudbury Working Group. 1992. Deep geometry of the Sudbury structure from seismic reflection profiling. Geology, 20: 807～811

Miller C F, Bradfish L J. 1980. An inner Cordilleran belt of muscovite-bearing plutons. Geology, 8(9): 412～416

Rodi W, Mackie R L. 2001. Nonlinear conjugate gradients algorithm for 2D magnetotelluric inversion. Geophysics, 66(1): 174～187

Russell H A J, Rivera A, Wang S, *et al.* 2011. From atmosphere to basement: development of a framework for groundwater assessment in Canada. in Three-Dimensional Workshops for 2011. Minneapolis, Minnesota: Geological Survey of Canada

Sun S S, McDonough W F. 1989. Chemical and isotopic systematics ofocean icbasalts: implications for mantle composition and processes. In: Saunders A D and Norry MJ(eds.). Magmatism in Ocean Basins. Geological Society Speccial Publivations, London, 42: 313～345

Trad D O, Travassos J M. 2000. Wavelet filtering of magnetotelluric data. Geophysics, 65(2): 482～491

Yuan X C, Klemper S L, Tang W B. 2003. Crustal structure and exhumation of the Dabie Shan ultrahigh-pressure orogen, eastern China, from seismic reflection profiling. Geology, 31(5): 435～438

Zartman R E, Doe B R. 1981. Plumbotectonics-the model. Tectonophysics, 75(1-2): 135～162

The 3D Geological Survey of Xiangshan Volcanic Basin of Southeast China

GUO Fusheng, XIE Caifu, DENG Juzhi, YANG Haiyan, LIN Ziyu, WU Zhichun *et al.*

Abstract

Xiangshan volcanic basin located in the southeastern of China is widely known as the largest volcanic-type uranium ore field in China. Defining the 3D geologic structure in the basin is of great importance to a new round of uranium polymetallic deposits exploration. In 2012, the China Geological Survey officially launched a 3D geological survey pilot work, and opened a new chapter in China's 3D geological survey. The 3D geological survey in Xiangshan volcanic basin undertaken by the authors is one of the projects. Comprehensive analyzing on the data of surface geological mapping, drillings and adits, remote sensing interpretation, three-dimensional gravity and magnetic inversion, as well as deep well logging, considering the situation of deep geologic bodies, magnetotelluric sounding (MT) was deployed in entire volcanic basin. The multidisciplinary interactive interpretation was used to determine the 3D spatial distribution characteristics and genesis of geological bodies above 2000 m depth in this basin. The 3D geological model was built on the GOCAD software platform, which would provide helps for further prospecting and exploration.

This pilot project conducted in Xiangshan achieved remarkable results: (1) Xiangshan volcanic basin has double bases with metamorphic base and Caledonian granite base beneath the volcanic rocks. Overlying volcanic rocks and sedimentary rocks are characterized by low resistivity anomaly, which makes a clear unconformity interface. (2) Daguding Formation mainly develop in the west of the basin with stratoid distribution, Ehuling Formation displays a mushroom shape of low resistivity anomaly in Xiangshan Peak with the radius of about 2km. (3) Large scale faults were identified (seven with North-East strike, four with North-West strike, one with North-South strike, and one with arc-shape in the northern basin margin), which show continuous low resistivity.

This book has resulted from 3D geological survey and modeling conducted in Xiangshan volcanic basin in Jiangxi Province, which introduces the 3D geological survey of the main achievements and experiences, and also describes a series of magnetotelluric sounding profiles, geological interpretation maps and 3D geological modeling processes. Readers may find the authors have puzzled over the meaning of 3D geological survey and modeling. In fact, the learning process has been slow and is still incomplete. Herein, the authors illustrated what has accepted basically and easy to understand.

The book is divided into seven chapters. The first chapter introduces the recent progress of 3D geological survey at domestic and oversea, and the brief introduction of 3D geological survey in Xiangshan volcanic basin. The second chapter summarizes the general geology and mineral resources, geophysical field characteristics and petrophysical characteristics of the study area. The third chapter introduces the overall technical process and physical property testing and interpretation process of 3D geological survey. In the fourth chapter, the principle and division scheme of target geological bodies are proposed. In chapter five, both the data acquisition method of 3D geological survey and the main results are described in detail. Chapter six describes the two modeling methods developed on the GOCAD software platform, including the data bases, main performance and operating environment of the models. Besides, it reviews the development of 3D geological modeling software. Chapter seven summarizes the main achievements of the project. In addition, it points out the difficulties and technical points existed in 3D geological survey, and puts forward some experiences and suggestions.

The two modeling methods of "digital geological mapping modeling" and "geological profile modeling" described in this book can not only directly use digital geological mapping data, but also the integrated geophysical interpretation of the deep geological profile. It is noteworthy that the "digital geological mapping modeling" method is of great value to popularize. It can be used as a new expression of surface geological mapping, and also used as a transitional model for deeper 3D geological survey as basic work deployment and modeling constraints.

This book would be beneficial for research and teaching staffs, related professional graduates and senior undergraduates on domain of regional geology, geophysics, 3D modeling technology.